U0291393

浙江水利年鉴

2022 YEARBOOK OF ZHEJIANG WATER RESOURCES

《浙江水利年鉴》编纂委员会　编

中国水利水电出版社
www.waterpub.com.cn
·北京·

图书在版编目（CIP）数据

浙江水利年鉴. 2022 / 《浙江水利年鉴》编纂委员会编. -- 北京 : 中国水利水电出版社, 2022.12
ISBN 978-7-5226-1057-3

Ⅰ. ①浙… Ⅱ. ①浙… Ⅲ. ①水利建设－浙江－2022－年鉴 Ⅳ. ①F426.9-54

中国版本图书馆CIP数据核字(2022)第196742号

书　名	**浙江水利年鉴 2022** ZHEJIANG SHUILI NIANJIAN 2022
作　者	《浙江水利年鉴》编纂委员会　编
出版发行	中国水利水电出版社 （北京市海淀区玉渊潭南路 1 号 D 座　100038） 网址：www.waterpub.com.cn E-mail：sales@mwr.gov.cn 电话：（010）68545888（营销中心）
经　售	北京科水图书销售有限公司 电话：（010）68545874、63202643 全国各地新华书店和相关出版物销售网点
排　版	中国水利水电出版社微机排版中心
印　刷	涿州市星河印刷有限公司
规　格	184mm×260mm　16 开本　25.25 印张　539 千字　8 插页
版　次	2022 年 12 月第 1 版　2022 年 12 月第 1 次印刷
印　数	001—700 册
定　价	**280.00** 元（附光盘 1 张）

2021年6月30日，省委书记袁家军（前排中）赴台州市三门县考察“连心塘”海塘加固工程，了解海塘安澜工程推进情况　　（胡元勇　摄）

2021年7月27日，国家防总副总指挥、水利部部长李国英（前排左二）在余姚市检查指导防汛工作　　（张凯凯　摄）

2021 年 6 月 30 日，省委副书记、省长郑栅洁（左三）在新安江水电站检查防汛工作　　（余　勤　摄）

2021 年 10 月 31 日，省委副书记、代省长王浩（左二）赴台州市三门县检查海塘安澜千亿工程建设推进工作　　（余　勤　摄）

2021年8月25日，省委副书记黄建发（前排右二）在绍兴市调研，巡河检查曹娥江 （高　洁　摄）

2021年12月20日，副省长徐文光（中）主持召开浙江省美丽河湖工作专班暨全面推行河湖长制工作联席会议

（省水利信息宣传中心　供图）

2021年11月5日，水利部副部长陆桂华（前排左三）在宁波市调研水土保持等工作　　（佟光臣　摄）

2021年3月11日，省水利厅召开党史学习教育动员部署会

（省水利信息宣传中心　供图）

2021年3月22日，第三届浙江省亲水节暨第二十九届“世界水日”主题宣传活动在嘉兴举行 （省水利信息宣传中心 供图）

2021年5月14日，浙江省农村饮用水达标提标行动收官新闻发布会宣布：浙江省在全国率先基本实现“城乡同质饮水”目标

（省水利信息宣传中心 供图）

2021年8月3日，浙江省寻找“最美水利工程”主题活动结果正式揭晓并举行授牌仪式（省水利信息宣传中心　供图）

2021年4月23日，温州市平阳县鳌江干流治理水头段防洪工程全面完工（苏巧将　摄）

2021年6月1日，省重点水利工程丽水市松阳县黄南水库举行主体工程完工仪式（包小红　摄）

2021年6月29日，浙江有史以来跨流域最多、跨区域最大、引调水线路最长和投资规模最大的水资源战略配置工程——浙东引水工程全线贯通（图为姚江上游西排工程）（王　镒　摄）

2021年7月25日12时30分前后，第6号台风“烟花”在舟山市普陀区登陆（图为宁波市亭下水库在台风“烟花”影响前提前预泄腾空库容）

（俞佳莉　摄）

2021年12月15日，温州市瓯飞一期围垦工程（北片）荣获中国建设工程鲁班奖（国家优质工程）

（吴　炎　摄）

《浙江水利年鉴》编纂委员会

《浙江水利年鉴》编辑部

编 辑 说 明

一、《浙江水利年鉴》是由浙江省水利厅组织编写，反映浙江水利事业改革发展和记录浙江省年度水利工作情况、汇集水利统计资料的工具书。从2016年开始，逐年连续编辑出版，每年一卷。

二、《浙江水利年鉴2022》全面系统地记载了2021年度浙江省水利工作的基本情况，收录水利工作的政策法规文件、统计数据及相关信息。共设21个专栏：综述、大事记、特载、水文水资源、水旱灾害防御、水利规划计划、水利工程建设、农村水利水电和水土保持、水资源管理与节约保护、河湖管理与保护、水利工程运行管理、水利行业监督、水利科技、政策法规、能力建设、党建工作、学会活动、地方水利、厅直属单位、附录、索引。

三、专栏包含正文、条目和表格。标有【 】者为条目的题名。

四、正文中基本将“浙江省”略写成“省”。

五、《浙江水利年鉴2022》文稿实行文责自负。文稿的技术内容、文字、数据、保密等问题均经撰稿人所在单位和处室把关审定。

六、《浙江水利年鉴2022》采用中国法定计量单位。数字的用法遵从国家标准《出版物上数字用法》（GB/T 15835—2011）。技术术语、专业名词、符号等力求符合规范要求或约定俗成。

七、《浙江水利年鉴2022》编纂工作得到浙江省各市水利部门和省水利厅各处室、直属单位领导和特约撰稿人的大力支持，在此表示谢忱。为进一步提高年鉴质量，希望读者提出意见和建议。

目　录

水旱灾害防御

水利规划计划

水利工程建设

农村水利水电和水土保持

水资源管理与节约保护

河湖管理与保护

政策法规

能力建设

党建工作

学会活动

地方水利

厅直属单位

附 录

索 引

综　　述

Overview

001～005 页

2021年浙江水利发展综述

2021年是中国共产党成立100周年，是“十四五”开局之年。浙江水利系统坚持以习近平新时代中国特色社会主义思想为指导，深入贯彻落实“节水优先、空间均衡、系统治理、两手发力”的治水思路，聚焦“党建统领、业务为本、数字变革”三位一体统筹发展，攻坚克难，真抓实干，各项水利工作取得显著成效。

一、投资建设换挡加速

2021年4月，省发展改革委和省水利厅联合印发《浙江省水安全保障“十四五”规划》，擘画了未来5年全省水利改革发展蓝图。编制并印发《浙江高质量发展建设共同富裕示范区实施方案（2021—2025）》《关于支持山区26县跨越式高质量发展若干意见的通知》，助力浙江高质量发展，建设共同富裕示范区。省水利厅开展重大水利项目前期“攻坚月”行动，成立工作专班，组织召开技术审核会22次，组织技术讨论会100余次，完成11项可研报告审查、7项项建报告审查，项目投资339.5亿元；柯城区寺桥水库等11项可研报告获批，投资规模175.8亿元，批复投资规模同比增长39.3%。海塘安澜千亿工程全面启动，由省政府印发《浙江省海塘安澜千亿工程建设规划》，围绕“安全提标、生态提质、融合提升、管护提效”，年内实现开工239km。开化水库、温州市瓯江引水工程等11项重大工程开工建设，扩大杭嘉湖南排八堡排水泵站等一批工程加快推进，浙东引水工程和千岛湖配水工程实现全线贯通，不断发挥水利建设的有效投资拉动作用。全年完成水利投资621.8亿元，超年度计划24%，再创历史新高。全省水利建设投资落实好、中央投资建设计划完成率高，获国务院督查激励。

二、水旱灾害成功防御

面对“烟花”“灿都”台风和干旱天气影响考验，各级水利部门投身水旱灾害防御，实现确保人员不伤亡、水库不垮坝、重要堤防不决口、重大基础设施不受冲击。年初，全省经历8年来最严重旱情，通过加大水库联网联调，发挥农饮工程作用，截至2021年10月底，省水利厅紧急调度浙东引水工程供水超2亿m^3，保障全省居民基本生活用水不受影响。组织开展汛前大检查，全省出动6.33万人次，检查工程4.28万处（点），发现并整改问题和隐患1423处。全省1.18万处水毁水利工程在主汛期前全部完成修复或落实安全度汛措施。落实防汛抢险和洪水调度专家1200人，储备编织袋、土工布、救生衣（圈）、舟艇等2.38亿元防汛抢险物资。全省经受了梅汛局部极端天气、江河超警洪水和“烟花”“灿都”台风等大战大考，全省水利系统加密监测预报预警，科学调度工程，实现汛情平稳可控。在防御台风“烟花”中，各级水利部门全力指挥调度水利工程预泄预排23.6亿m^3，拦洪强排37.3亿m^3，定向发送预警短信115.2万条，得到国家防总副总指挥、水利部部长李国英和省委书记袁家军的批示肯定。

三、水库安全守牢守稳

全省各级水利部门大力推动水库除险加固、安全鉴定常态化，全年完成水库除险加固182座、安全鉴定1017座，努力实现安全鉴定超期存量和当年到期清零，力争2022年三类坝水库存量全部清零。全面开展系统治理，制定《浙江省小型水库综合评估指导意见》《浙江省水库系统治理“一库一策”方案编制导则》，完成4103座水库核查评估，为下一步分类处置夯实基础。盯紧安全运行，全面落实水利工程安全管理“三个责任人”(行政责任人、技术责任人、巡查责任人)，省、市、县三级联动，开展水库安全度汛大排查大整治专项行动，投入近2万人次对4296座水库开展全覆盖排查，发现问题全部整改到位。逐库制定控制运行计划，汛期期间，对151座病险水库严格落实空库或限蓄措施，确保平稳度汛。

四、河湖治理不断迈进

美丽河湖建设连续3年纳入省政府民生实事，省水利厅发布《浙江省幸福河湖建设行动计划》《幸福河湖创建促进高质量发展建设共同富裕示范区试点省工作方案》，以县为单元先行先试，统筹推进德清、嘉善、景宁共3个国家水系连通及水美乡村建设试点县和11个省级第一批幸福河湖试点县建设。

全域推进美丽河湖建设，完成农村池塘整治1126个、综合治理中小河流571km，基本建成水美乡镇128个、美丽河湖127条，年度目标顺利达成并再增长10%。河（湖）长制构建新机制，河长制办公室从省治水办改设至省水利厅。完善相关制度，研究制定《浙江省全面推行河湖长制实施绩效的评价考核办法》等9项制度。持续开展河湖“清四乱”（四乱：乱占、乱采、乱堆、乱建）行动，发现问题1453个，清理非法占用河道岸线85.6km，拆除违法建筑8.4万m^2，完成县级及以上河道划界标志牌或界桩设置6.96万个。

五、农村水利作用凸显

农村饮用水达标提标三年行动正式收官。围绕“县级统管、城乡同质”，3年累计投入214亿元，新增1054万达标人口，同期改善人数位居全国第一。全省农村饮用水达标人口覆盖率超过95%，城乡规模化供水人口覆盖率超过85%，农村供水工程供水保证率超过95%、水质达标率超过92%，率先基本实现“城乡同质饮水”目标。完成6312座高坝屋顶山塘安全评定，整治病险山塘441座、圩区15266.67hm^2，推进6个大中型灌区现代化改造，同步开展美丽山塘创建。推进水土保持，明确各级政府行政首长负责制，并纳入到省委、省政府年度考核督查计划。聚焦水土流失重点治理区，以流域为单元扎实开展生态清洁小流域建设，2021年，全省共完成水土流失治理面积约428.96km^2，不断推动生态资源转化为乡村振兴、惠民富民的经济优势，在国家“十三五”期末水土保持规划实施评估中，浙江省再次获得优秀等次。

六、行业监管持续深化

省水利厅印发《浙江省节约用水“十四五”规划》，研究制定“十四五”省、市、县三级用水总量和用水效率控制指标，持续开展县域节水型社会达标建设，推进流域水量分配。省水利厅联合省发展改革委、省财政厅出台《浙江省节水型企业水资源费减征管理办法》，完善节水激励体系，减轻企业负担，优化营商环境。在国家“十三五”期末实行的最严格水资源管理制度考核中，浙江省再次获得优秀等次，首次排名第一，获得国务院办公厅通报表扬。

持续推进第二轮安全生产综合治理三年行动，组织开展水旱灾害防御暨安全生产汛前等18项督查检查，共派出各类监督检查人员6010人次，检查各类项目（对象）约3746个，水利安全生产状况连续排名全国第一。

七、智慧水利赋能提效

以数字化改革为契机，利用智慧水利先行先试试点的先发优势，初步构建起全域覆盖、上下贯通的水利整体智治体系。“数字流域”实现流域范围内水旱灾害防御相关信息要素与业务实时互动和创新协同智能应用；“工程建设系统化管理”聚焦建设项目“质量、进度、资金、安全”全生命周期管理需求，实现建设管理智慧化精细化；“水利工程数字化管理”迭代建设海塘防潮研判、水库风险研判等智能分析场景，构建“数据全面归集、四级联动体系、智能决策应用”工程管理架构；“水电站生态流量监管”强化生态流量的智能预警能力，基本实现数据全汇聚、监管全方位、业务全贯通三大业务目标；“一体化水利政务服务”完成政务服务事项梳理、业务库建设、机关内部“最多跑一次”系统建设等任务，构建智慧监管大屏，实现全省各级水利部门全流程在线监管和智能预警。

八、改革创新蹄疾步稳

全省各级水利部门推进水利工程“三化”（产权化、物业化、数字化）改革，省管海塘海宁黄湾段和武义、玉环等县（市）部分水利工程取得不动产权证书，规模以上水利工程取得不动产权证率和物业化管理率分别已达39%和71%。农业水价综合改革持续巩固，开展“五个一百”创建活动，完成200座示范工程试点，力争5年万座工程更新升级，在2020年度全国粮食安全考核农业水价综合改革子项中，浙江省名列全国第一。河湖库砂石资源利用探索迈进。制定印发《关于加强河湖库疏浚砂石综合利用管理工作的指导意见》，以“政府主导、水利主管、企业经营、集约处置”为原则，探索“以河养河”的水生态价值转换新机制。

九、党建工作统领全局

浙江水利系统坚持党建统领，深化

“三联三建三提升”机制，推动党员干部在重大水利项目建设一线，防汛防台一线践行“五个模范”。推进党史学习教育，以学习贯彻习近平新时代中国特色社会主义思想为主线，细化党史学习教育39项具体任务，发动党组（党委）、党支部、党员三级学，累计开展专题学习2115场、参与学习43696人次，掀起学习热潮。开展“浙水润民·为民服务”专题实践活动，深化“百县千企万村”行动，突出“码上提、马上办”，省、市、县联动服务2.7万人次，帮助解决问题5212个，满意率100%。聚力人才队伍建设，把水利人才工作纳入全省水利改革发展总体布局，出台《浙江省水利人才发展“十四五”规划》，首创高级工程师线上无纸化考试，迭代上线“水利云课堂”，努力将水利系统单位多、数量大的人数优势升级成质量高、合力强的人才优势。

大 事 记

Memorabilia

007～021 页

2021 年大事记

1 月

5 日 省水利厅公布第二批浙江省节水宣传教育基地名单。建德市节水宣传教育基地、宁波市节水教育基地、鄞州区节水宣传教育基地（钟公庙实验小学）、瑞安市节水宣传教育基地、海宁市节水宣传教育基地、浙江省平湖市灌溉试验重点站、柯桥区节水展览馆、衢州市节水宣传教育基地、温岭市幼小学生水情科教中心、遂昌县节水宣传教育基地共 10 个基地、节水展馆入选。

7 日 省水利厅召开厅务会议，总结交流厅系统 2020 年工作，研究部署 2021 年工作任务。厅党组书记、厅长马林云主持会议并讲话。会议强调，要坚持系统思维、系统方法，聚焦“党建统领、业务为本、数字赋能”三位一体统筹发展，强党建、强业务、强智治、强改革、强队伍、强安全，努力打牢高质量之基，激活竞争力之源，走好现代化之路，为推进浙江水利高质量发展，争创水利现代化先行省开好局、起好步。

18 日 省水利厅印发《浙江省水利旱情预警管理办法（试行）》（以下简称《办法》）以规范水利旱情预警工作，防御和减轻旱情灾害。《办法》明确规定预警主体、预警信号（等级）、预警对象及内容、发布条件及适用范围等，进一步明确省、市、县三级水行政主管部门的预警职责以及预警发布规范。

22 日 水利部、共青团中央、中国科协联合公布第四批 29 家国家水情教育基地名单，浙江省长兴县河长制展示馆成功入选。

2 月

3 日 省长郑栅洁主持召开省政府第 62 次常务会议，审议《浙江省海塘安澜千亿工程行动计划》等文件。会议指出，实施海塘安澜千亿工程要注重补短板、强基础、防大灾，注重生态优先、融合发展，提高资金使用效率，协同推进海塘安全提标、生态提质、融合提升，实现海塘岸带“安全＋”综合功能。

4 日 省水利厅审查并印发《长三角生态绿色一体化发展示范区嘉善片区水利规划》，标志长三角生态绿色一体化发展示范区嘉善片区水利建设将进入实施阶段。

5 日 省水利厅党组召开扩大会议，传达学习习近平总书记在十九届中央纪委五次全会和中共中央政治局第二十七次集体学习时的重要讲话精神以及省“两会”精神，研究部署贯彻落实举措。厅党组书记、厅长马林云主持会议并讲话。会议强调，要强化政治监督，深化“清廉水利”建设，贯彻中央、省委各项部署精神，切实把省“两会”精神转化为加快水利高质量发展的强大动力，认真梳理涉及水利的相关事项，补短板，强监管，确保各项任务落到实处。

8日 省水利厅召开全厅机关干部职工大会，回顾总结2020年工作，表彰2020年度厅系统先进集体和优秀个人。厅党组书记、厅长马林云出席会议并讲话。会议强调，广大干部职工要力争“在全国水利同行中走前列、在省级部门中做先进、在重大考验中打胜仗”，奋力实现浙江水利高质量发展，全力争创水利现代化先行省，以优异成绩庆祝中国共产党成立100周年。

18日 省水利厅召开厅党组扩大会议，传达学习全省推进数字化改革大会精神，研究部署贯彻落实举措。厅党组书记、厅长马林云主持会议并讲话。会议强调，要提升数字化改革的效率效能，扎实推进各类水利业务数字化应用的开发、建设和使用，按照省委、省政府和水利部的有关部署以及浙江水利行业自身发展需求，牢牢盯住水利数字化转型的主要任务目标，集中力量攻关。

24日 省人大常委会副主任史济锡与省人大常委会委员、农委主任委员徐鸣华等赴省水利厅调研水利工作。厅党组书记、厅长马林云等全体厅领导参加。史济锡肯定了2020年全省水利事业取得的成就，强调要把握好水利立法和用法的关系，明确“立法之后要重用”。

25日 中国建筑行业协会公布2020—2021年度第一批中国建设工程鲁班奖（国家优质工程）名单，宁波市北仑区梅山水道抗超强台风渔业避风锚地工程（北堤）入选。

全省水利工作会议在杭州召开。省水利厅党组书记、厅长马林云出席会议并讲话。会议指出，全省水利系统要坚持党建统领、业务为本、数字赋能，按照省委、省政府“改革突破争先、服务提质争先、风险防控争先”的新要求，在加强党的全面领导上争先，在建水网上争先，在防风险上争先，在惠民生上争先，在强监管上争先，在数字化改革上争先，争当建设社会主义现代化先行省的排头兵。

3月

1日 水利部召开全国水旱灾害防御视频会议。省水利厅党组书记、厅长马林云在浙江分会场参会，就浙江水旱灾害防御工作作典型发言。

3日 省水利厅党组书记、厅长马林云主持召开水利数字化改革专题会，深入学习贯彻落实全省数字化改革大会精神，专题研究部署水利数字化改革工作。会议强调，全厅要进一步提高站位、统一认识，把数字化改革的理念和实践贯穿到水利改革发展全过程、覆盖到改革发展全领域，坚持系统观念、科学方法，加强战略谋划和顶层设计，结合水利实际找准工作着力点。

4日 省水利厅、省生态环境厅公布2020年度县级以上集中式饮用水水源地安全保障达标评估结果。全省80个县级以上饮用水水源地中，72个等级为优（占比90%），8个等级为良。县级以上集中式饮用水水源地水质达标率较2019年上升3.3个百分点，首次达到100%。

省财政厅对2020年度省级部门财政管理绩效综合评价工作情况进行通报，省水利厅被评为2020年度省级部门财政管理绩效综合评价先进单位，位列省政府部门第二名。

5日　省水利厅召开厅党组会议，传达学习中央有关重要会议精神。厅党组书记、厅长马林云主持会议并讲话。会议强调，要深刻领会精神实质，切实把思想和行动统一到中央和省委的部署要求上来，结合行业实际出台水利改革方案，切实发挥全面深化改革在构建水利新发展格局、推动水利高质量发展中的关键作用，重点突破水利数字化改革。

8日　全省水利系统党风廉政建设工作视频会议召开。厅党组书记、厅长马林云出席会议并讲话。会议强调，要坚持以习近平新时代中国特色社会主义思想为指导，全面贯彻落实中央纪委、省委和省纪委部署要求，坚持"党建统领、业务为本、数字赋能"三位一体统筹发展，深化"清廉水利"建设，为推进浙江水利高质量发展、争创水利现代化先行省提供坚强保障。

11日　省水利厅召开党史学习教育动员部署会，传达贯彻中央、省委党史学习教育动员大会精神，动员部署厅系统党史学习教育工作。厅党组书记、厅长马林云出席会议并讲话。他强调，要深入学习贯彻习近平总书记在党史学习教育动员大会上的重要讲话精神，贯彻落实中央和省委有关部署要求，教育引导广大党员立足"红色根脉"，扛起"三地一窗口"的政治担当，学习百年党史、汲取奋进力量，提升"党建统领能力、业务为本能力、数字赋能能力"，争当全省党史学习教育的排头兵，为争创水利现代化先行省提供坚强保障。

省水利厅召开党组会议，传达学习《习近平在浙江》采访实录，研究部署下一步贯彻落实措施。会议强调，要深刻领悟习近平战略思维，制定水利改革发展目标任务；要深刻领悟习近平科学理念方法，聚焦"党建统领、业务为本、数字赋能"三位一体统筹发展；要深刻领悟习近平为民情怀，积极办好水利民生实事；要深刻领悟习近平务实工作作风，持续深化"清廉水利"建设。

16日　省水利厅召开厅党组理论学习中心组扩大学习会，全面学习贯彻全省推进数字化改革大会精神。厅党组书记、厅长马林云主持会议并讲话。他强调，要对标省委、省政府、水利部要求，牢牢把握水利数字化改革方向，确保水利数字化改革取得新成效，将水利数字化改革打造成为展示"重要窗口"的水利标志性成果。

22日　省水利厅、中共嘉兴市委、嘉兴市人民政府在嘉兴南湖畔联合主办第三届浙江省亲水节暨"3·22"世界水日、中国水周主题宣传活动。本次活动围绕"启航新征程 共护幸福水"主题，由"忆往昔·饮水思源 喝水不忘挖井人""看今朝·浙水安澜 砥砺奋进正当时""新征程·勇立潮头 水利儿女再出发"三个篇章组成，开展人物访谈、视频连线、观看短片等活动，展现习近平新时代中国特色社会主义思想在浙江水利实践的新成效，弘扬新时代水利精神，激励和鼓舞浙江水利人投身新时代水利改革发展事业，动员全省人民共同节水护水爱水。

23日　水利部党组成员、副部长魏山忠主持开展中央水利建设投资计划执行调度会商，安排部署2021年度中央水利投资计划执行工作。浙江是全国5个水利建设激励省份之一，省水利厅党组书记、厅长马林云就浙江水利建设投资落实情况作典型发言。

4 月

15日 浙江省平阳县鳌江干流治理水头段防洪工程全面完工。该防洪工程整治鳌江干流8.36km，新建堤防8.41km，采取隧洞引流、截弯取直、封堵海水等治理手段，是国家江河湖泊治理骨干项目，也是省重点六江固堤项目，为全省百项千亿防洪排涝工程之一，是鳌江流域防洪减灾能力建设的重要工程。

15—17日 开化水库工程初步设计审查会在京召开。水利部规划计划司、太湖流域管理局、省水利厅、省移民办等单位参加。与会领导、专家在听取开化水库工程初步设计成果汇报后，分水文、地质、规模、水工等12个专业进行认真讨论、深入审查，形成初步审查意见。会议原则同意初步设计报告内容，并在水文分析、工程地质、工程规模、建筑结构等方面提出需要修改和完善的意见。

20日 2021年公祭大禹陵典礼在绍兴大禹陵祭祀广场举行。活动包括现场祭祀和网上公祭，现场祭祀典礼分为肃立雅静、奏乐、击鼓撞钟、敬献花篮、恭读祭文、行礼、献祭舞、颂唱大禹纪念歌、礼成等九项仪程。

28日 杭州市青山水库防洪能力提升工程初步设计获得省发展改革委批复。该工程是东苕溪流域防洪骨干工程，也是省市重点工程、长三角一体化重大开工项目。该工程概算总投资19952万元，施工总工期20个月，主要建设内容为新建泄洪洞和电站尾水渠加固等，其中新建泄洪洞长581m，上游段衬后洞径宽8m、高9m，下游段宽8m、高8m，在水库汛限水位23.16m时过流能力达到364m^3/s。

5 月

6日 副省长、省防指常务副指挥长刘小涛赴杭州、湖州检查防汛工作。省政府办公厅副主任李耀武，省防指副指挥长、省水利厅厅长马林云参加。刘小涛指出，要大力推进防洪减灾数字化建设，强化数字赋能，提升防御工作能力，完善防御工作体系，严格执行汛期24小时值班值守制度，加强监测预报预警，强化水利工程运行监管和科学调度，守牢守住安全底线。

7日 省水利厅等8个部门联合印发《关于“十三五”期末实行最严格水资源管理制度考核结果的通报》，公布相关考核结果。宁波、台州、杭州、绍兴、嘉兴、温州6市考核成绩等次为优秀，其余各市考核成绩等次为良好。

8日 省水利厅印发《关于开展“美丽山塘”建设的通知》，在全省范围内部署开展“美丽山塘”建设，明确分类制定处置政策、实施“安全+美丽”措施、深化“三化”改革、制定建设计划安排共四项任务，配套制定《浙江省“美丽山塘”评定管理办法（试行）》《浙江省“美丽山塘”评定标准（试行）》。

11日 省水利厅召开全省水旱灾害防御工作暨水库安全度汛工作视频会议，传达水利部水旱灾害防御视频会议、水库安全度汛视频会议和省防指成员单位暨全省防汛工作视频会议精神，分析研判2021年水旱灾害防御形势，对水旱灾害防御重点工作进行再动员再部署。省防指副指挥长、省水利厅厅长马林云强调，要深入贯彻习近平总书记关于防灾减灾救灾重要论述，认真落实水利部及省委、省政府有关部署要求，全省水利系统要切实履行监测预报预警、水工程调度、抢险技术支撑“三大职责”，高质量高标准做好2021年水旱灾害防御和水库安全度汛工作。

浙江省党史学习教育第十三巡回指导组进驻省水利厅工作会议召开。省第十三巡回指导组组长滕勇出席并作指导讲话，厅党组书记、厅长、厅党史学习教育领导小组组长马林云汇报省水利厅系统党史学习教育开展情况并作表态发言。滕勇强调，省水利厅要在省委的坚强领导下，以高度的政治责任感和使命感，主动担当作为，积极履职尽责，推动学习教育取得扎实成效，为浙江打造党史学习教育样板地、争创社会主义现代化先行省贡献力量。

12日 省水利厅召开厅党组理论学习中心组扩大学习会，传达学习习近平总书记近期重要讲话精神和省委有关重要会议精神，研究部署贯彻落实意见。厅党组书记、厅长马林云主持会议并讲话。会议强调，要结合水利实际主动作为，坚持“党建统领、业务为本、数字赋能”，紧盯全年“六大争先”任务，对标对表做好水利各项工作，争创水利现代化先行省。

13日 省水利厅召开全省水利“遏重大”工作视频会议，传达学习省委、省政府2021年有关安全生产和“遏重大”工作要求，部署水利建设施工领域“遏重大”和全省安全生产风险普查工作。厅党组书记、厅长马林云强调，要强化职责分工，落实责任主体，开展风险普查，摸清安全底数，全面排查隐患，构建双重预防机制，突出重点领域，开展专项治理，推进数智改革，赋能安全监管，夯实能力建设，提升本质安全。

17日 省水利厅部署开展水库安全度汛大排查大整治专项行动，要求各级水利部门认真贯彻落实习近平总书记等中央领导对水库安全管理的重要批示指示精神，按照水利部水库安全度汛视频会议、省安全生产大排查大整治专项行动部署会要求，平安度汛。

19日 省水利厅召开党史学习教育专题学习暨厅党组理论学习中心组扩大学习会，厅党组书记、厅长马林云主持会议并讲话。会议传达学习习近平总书记在推进南水北调后续工程高质量发展座谈会上的重要讲话精神，并围绕新民主主义革命时期、社会主义革命和建设时期的历史，开展党史学习专题研讨交流。

20日 省水利厅党组书记、厅长马林云主持召开强降雨防御会商会，听取水雨情、工程调度、防御措施等情况汇报，分析研判雨情水情和防御形势，要求结合此次强降雨特点，突出抓好山塘、水库安全度汛，针对性地做好各项防御工作。

27 日　省水利厅召开全面深化改革领导小组、法治政府建设领导小组专题扩大会，专题研究 2021 年浙江水利改革总体方案和 2021 年度法治政府建设工作要点。厅党组书记、厅长马林云主持会议并强调，全省水利系统要以数字化改革为总牵引，深入推进水利重要领域和关键环节的改革创新工作。

副省长、省防指常务副指挥长刘小涛赴新安江电站水库检查防汛工作，他强调，全省各地各有关部门单位要提高政治站位，深入贯彻习近平总书记关于防灾减灾救灾重要论述和批示指示精神，认真落实国家防总、水利部和省委、省政府有关部署要求，坚持人民至上、生命至上，有力有序开展水库山塘风险隐患排查整改。

6 月

2 日　省水利厅印发《关于开展“平安护航建党百年”水利安全隐患大排查大整治专项行动的通知》，要求加强组织领导，狠抓整改落实，严格督查问效，加大监管执法力度，彰显管理刚性，确保专项行动取得实效。

4 日　副省长、省防指常务副指挥长刘小涛赴东阳市横锦水库检查防汛工作。刘小涛强调，要深入贯彻习近平总书记关于防灾减灾救灾重要讲话和指示批示精神，认真落实国家防总、水利部和省委、省政府有关部署要求，坚持人民至上、生命至上，从严从紧从细抓好隐患排查、监测预警、物资储备等工作。

10 日　浙江入梅。省水利厅印发《关于平安护航建党 100 周年　切实做好梅汛期水旱灾害防御工作的通知》，要求各地要强化风险意识，牢固树立底线思维，对标“防住为王”，落实落细各项防御措施，确保人民群众生命财产安全，最大限度减轻灾害损失。

16 日　省水利厅召开厅党组扩大会议，传达学习省委十四届九次全会精神，讨论研究并原则通过《浙江高质量发展建设共同富裕示范区水利行动计划（2021—2025 年）》，部署贯彻落实举措。厅党组书记、厅长马林云主持会议并讲话。会议要求，要全面梳理涉水相关事项，按照《水利行动计划》，严格抓好落实，构建完善浙江水网、高标准建设农村水利基础设施、全域创建幸福河湖、筑牢防洪安全屏障，缩小城乡在水安全保障上的差距，基本实现优质水资源在区域上的空间均衡。

21 日　省水利厅组织召开全省水库山塘安全度汛工作视频会议，贯彻落实中共中央、国务院及水利部和省委、省政府领导对水库山塘安全度汛工作的指示批示精神，分析研判当前水库安全度汛形势，就水库山塘安全度汛工作进行再部署、再落实。厅党组书记、厅长马林云出席会议并强调，全省水利系统要抓实抓细水库安全度汛措施，水库山塘安全度汛责任落实，整治隐患，紧盯病险，强化预报、预演、预警、预案，严格控运，加强巡查，确保安全度汛。

29 日　省水利厅党组书记、厅长马林云为姚江上游西排工程授“全国工人先锋号”奖牌，宣布曹娥江至宁波引水工程（引曹南线）试运行正式启动，标志浙东引水工程全线贯通。

30 日　省委书记袁家军、省长郑栅洁分别在台州三门、杭州建德考察调研水利工程，检查指导防汛防台工作。袁家军指出，各地要严抓工程质量，全面提高海塘的防灾减灾能力，确保人民群众生命财产安全。郑栅洁强调，要采取科学有效举措应对气候、水情、苗情等变化，坚持系统思维、统筹兼顾，做好防汛防洪和防旱抗旱准备，发挥水利工程的综合效益、长期效益和整体效益。

《中国水利报》发表省水利厅党组书记、厅长马林云署名文章《压实责任 精准发力 全力打赢‘遏重大’攻坚战》。

7 月

1 日　省水利厅召开厅党组会议，传达学习国家防总副总指挥、水利部部长李国英在水利部“三对标、一规划”专项行动总结大会的讲话精神。厅党组书记、厅长马林云主持会议并讲话。会议强调，厅系统各处室、各单位要深刻认识把握推动新阶段水利高质量发展的重要意义、内涵要求和目标任务，坚持对标对表、加强工作谋划，对标“节水优先、空间均衡、系统治理、两手发力”治水思路，对标新阶段水利高质量发展要求，对标省委、省政府的部署要求，聚焦“党建统领、业务为本、数字赋能”三位一体统筹发展，推动浙江水利高质量发展，争创水利现代化先行省。

5 日　省水利厅、省发展改革委、省财政厅联合印发《浙江省节水型企业水资源费减征管理办法》，明确省级节水型企业水资源费减征的工作目标、实施对象范围、减征标准、具体操作办法和部门职责，为完善节水工作体系、补齐节水奖励制度短板、推动国家节水行动在浙江走深做实提供法律、制度保障。

6 日　省水利厅党组召开理论学习中心组扩大学习会，认真学习习近平总书记在庆祝中国共产党成立 100 周年大会上的重要讲话精神、浙江省庆祝中国共产党成立 100 周年大会精神，开展专题研讨交流，研究部署贯彻落实意见，并围绕改革开放新时期和党的十八大以来的历史，开展学习研讨交流。厅党组书记、厅长马林云主持会议并讲话。会议强调，要把领会重要讲话精神与学习贯彻“十六字”治水思路结合起来，守牢政治安全底线和水旱灾害防御底线，高质量办好水利民生实事，高标准推进水利“三服务”，加快建设智慧水利。

20 日　省水利厅召开厅党组理论学习中心组扩大学习会，传达贯彻习近平总书记最新重要讲话精神，学习贯彻《中共中央关于加强对“一把手”和领导班子监督的意见》（以下简称《意见》）和省委贯彻落实《意见》的十三项实施意见精神，研究部署贯彻落实的意见。厅党组书记、厅长马林云主持会议并讲话。会议强调，要结合树立浙江水利好形象，办好水利民生实事，为浙江高质量发展建设共同富裕示范区贡献水利力量，围绕“建设变革型组织、提高领导干部塑造变革能力”，全面推进六大建设。

22 日　全省防御第 6 号台风“烟花”工作会议召开，省委书记袁家军作出批示，省委副书记、省长郑栅洁赴省防指检查指导防台工作，并在会议上讲话。袁家军在批示中强调，要认真贯彻落实习近平总书记关于防汛救灾工作的重要指示精神，迅速投入到防范台风“烟花”第一线，各级领导要靠前指挥，科学组织预报预警、风险隐患排查管控、应急力量部署准备、水网预泄预排、人员转移疏散，确保不死人、少伤人、少损失。

23 日　副省长、省防指常务副指挥长刘小涛召集省水利厅、省气象局等部门召开防台风会商会，集中研判第 6 号台风“烟花”的防御形势及风险分析，并就防御“烟花”进行专门部署。省政府办公厅副主任李耀武，省防指副指挥长、省水利厅厅长马林云参加会议。会议要求，要全面精准分析防御风险，加强水库巡查检查，科学精准调度水利工程，切实保障农村饮用水安全。

24 日　11 时，省水利厅将水旱灾害防御（防台）应急响应提升至Ⅰ级。要求各地加强值班值守，密切关注天气变化，加密与气象部门会商，根据台风发展态势，加密预报预警频次。

省委书记袁家军，省委副书记、省长郑栅洁赴省防指检查指导，部署全省防汛防台工作。袁家军宣布全省提升防台风应急响应至Ⅰ级。袁家军强调，各地各有关部门要迅速投入到防御台风“烟花”第一线，加强“监测—研判—预报—预警”，充分发挥数字化防控平台和体系化工作机制作用，加强风险隐患排查管控，加强应急预案细化完善，加强应急力量部署，加强汛情发布、舆论引导。郑栅洁强调，要预报预警到位，排查处置到位，转移避险到位，应急救援到位。

25 日　12 时 30 分，第 6 号台风“烟花”在舟山普陀区登陆。登陆时强度为台风级，中心最低气压 965hPa，中心最大风速 38m/s。

26 日　省委常委会召开扩大会议。省委书记袁家军主持会议，传达学习贯彻习近平总书记关于防汛救灾工作重要指示精神和国务院总理李克强重要讲话精神，研究部署下一步防汛防台救灾工作。会议强调，要继续深入细致做好防汛防台救灾各项工作，全面排查隐患，加强巡查和值班，加快恢复生产生活，扎实做好卫生防疫工作，总结经验、查漏补缺。

国家防总副总指挥、水利部部长李国英赴浙江检查指导第 6 号台风“烟花”防御工作，并听取浙江省防御台风“烟花”情况汇报，指导部署防御工作。李国英强调，坚决贯彻落实习近平总书记关于防汛救灾工作的重要指示和国务院总理李克强讲话要求，要考虑台风影响滞后性，树立全过程管理理念，重点做好防洪调度，做好低洼地区的排水，做好山洪灾害防御，加强病险水库风险管控。

9 时 50 分，第 6 号台风“烟花”在嘉兴平湖沿海再次登陆。登陆时中心附近最大风力 10 级（强热带风暴）。

8 月

2 日　水利部公布新一批节水型社会建设达标县（市、区）名单，浙江省桐庐县、宁波市鄞州区、永嘉县、平阳县、瑞安市、湖州市吴兴区、湖州市南浔区、安吉县、新昌县、磐安县、东阳市、衢州市柯城区、江山市共 13 个县（市、区）入选。

浙江省出台《浙江省节水用水“十四五”规划》，提出到 2025 年，全省节水型社会建设达标率达到 100%，所有设区市达到国家节水型城市标准；持续实施节水标杆引领，打造节水标杆酒店 100 个、节水标杆校园 200 个、节水标杆小区 300 个，培育 300 家节水标杆企业，建成高标准的省级节水宣传教育基地。

3 日 在全省水利高质量发展助推共同富裕示范区建设会议暨市级水利局长会议上，2021 年浙江省寻找“最美水利工程”主题活动结果正式揭晓并举行授牌仪式。新安江水电站、钱塘江海塘、杭州市千岛湖配水工程与闲林水库、宁波市姚江大闸、温州市珊溪水利枢纽工程、湖州市环湖大堤、绍兴市曹娥江大闸枢纽工程、嘉兴市杭嘉湖南排工程、衢州市乌溪江引水工程、舟山市大陆引水工程（排名不分先后）入选十大“最美水利工程”名单，杭州市三堡排涝工程等 10 个工程入选“最美水利工程”提名名单。

3—4 日 全省水利高质量发展助推共同富裕示范区建设暨市级水利局长会议在杭州召开。厅党组书记、厅长马林云出席会议并讲话。会议强调，要坚持以习近平新时代中国特色社会主义思想为指导，深入学习贯彻习近平总书记“七一”重要讲话精神，践行“十六字”治水思路，聚焦“党建统领、业务为本、数字赋能”，决战决胜“下半场”，聚力聚焦“浙水安澜”，争当高质量发展建设共同富裕示范区模范生。

5—6 日 省水利厅党组书记、厅长马林云等厅领导带队，分 7 个组前往厅直属各单位对新冠疫情防控工作进行检查指导。

11 日 省水利厅党组书记、厅长马林云主持召开强降雨防御会商会，听取水雨情、工程调度、防御措施等情况汇报，专题研究部署近期强降雨防范工作。会议强调，要加强监测预报预警，严格落实病险水库空库运行措施，科学调度水利工程，严防小流域山洪灾害，加强信息报送。

12 日 省水利厅与中国农业发展银行浙江分行正式签署“支持水网建设　推进共同富裕”“十四五”框架合作协议。

省水利厅召开厅党组扩大会议，传达贯彻习近平总书记最新重要讲话精神，学习贯彻中央、省委有关会议及文件精神。厅党组书记、厅长马林云主持会议并讲话。会议要求，要建好水网促发展，提升水安全保障能力；要按照“在锤炼党性上力行、在为民服务上力行、在推动发展上力行”的要求，高质量发展建设共同富裕示范区；要抓好疫情防控各项措施，建立暗访督查和群众举报等监督机制。

18 日 省水利厅海塘安澜千亿工程工作领导小组第一次会议召开。厅党组书记、厅长、厅海塘安澜千亿工程工作领导小组组长马林云出席会议并讲话。会议宣读《浙江省水利厅关于调整海塘安澜千亿工程工作领导小组并建立工作专班的通知》，听取关于海塘安澜千亿工程重点工作情况及下一步工作计划的汇报，审议专班运行机制、成立服务专家组的方案以及召开全省现场会方案等5个事项。

25日 省水利厅召开厅党组会议，传达学习习近平总书记在中央财经委员会第十次会议上的重要讲话精神，贯彻落实省委常委会会议和全省数字化改革工作推进会精神。厅党组书记、厅长马林云主持会议并讲话。会议强调，要认真学习贯彻全省数字化改革推进会精神，构建“1161”全行业统一框架体系，即1个全省统一综合应用、1个全行业共享的一体化水利大脑、6大水利核心业务领域数字化改革、1个标准化统一规范体系，突出水利应用重点，强化工作推进机制，推动浙江水利高质量发展，争创水利现代化先行省。

省委副书记黄建发在绍兴调研、巡河曹娥江。他强调，要树牢“绿水青山就是金山银山”理念，加强各级党委政府对河长制工作的领导，强化防洪设施建设和水生生物资源养护，严格落实水资源有偿使用与取水许可制度，持续倒逼工业转型和农业高质量发展，推动河道整治水质提升，进一步擦亮曹娥江流域“幸福河湖”金名片。

9月

7日 省水利厅研究出台《关于提升水利工程质量的实施意见》，主要从强化参建各方责任、加强政府监督管理、提升质量管理能力、保障市场平稳发展、夯实质量提升基础5个方面，提出完善质量保障体系、提升水利工程品质的意见共20条。

10日 省水利厅召开厅党组理论学习中心组扩大学习会，传达省委“学习宣传贯彻习近平法治思想”浙江论坛报告会精神，传达学习贯彻《中国共产党组织工作条例》《中国共产党党员权利保障条例》《中国共产党地方组织选举工作条例》《中国共产党统一战线工作条例》等4项党内法规和中共浙江省委关于规范领导干部廉洁从政从业行为、进一步推动构建亲清政商关系的意见，并对省委书记袁家军和省委副书记、省长郑栅洁在全省数字化改革工作推进会上的讲话精神进行再次传达学习。

12日 20时，省水利厅将水旱灾害防御（防台）应急响应提升至Ⅰ级。要求各地水利部门要加强值班值守力量，加密与气象部门会商，精准把握“灿都”台风的特点，及时预报预警，沿海海塘要确保全线不留缺口，组织实施防洪调度，切实做好水库、山塘、堤防等水利工程安全管理，督促指导基层地方政府提前转移危险区域人员，确保人员安全。

省委书记袁家军，省委副书记、省长郑栅洁赴省防指检查指导，对全省防汛防台工作再动员、再部署。袁家军强调，要深入学习贯彻中共中央总书记习近平关于防汛救灾工作的重要指示精神，做到组织指挥到位、责任落实到位、群众发动到位、人员转移到位、规定动作到位、全过程信息保障到位，以实际行动展示“重要窗口”形象。

26日 中国水利学会第七届滩涂湿地保护与利用专业委员会换届选举大会

暨学术年会在杭州召开。会议采用线上线下结合的形式召开，浙江省水利河口研究院院长王杏会主持会议。浙江省水利厅副厅长蒋如华当选为专委会第七届主任委员，王杏会、李秀珍（华东师范大学河口海岸科学研究院）、周明勇（江苏省沿海开发集团有限公司）、林顺才（上海市滩涂生态发展有限公司）、肖惠梅（福建省水利厅）、黄锦林（广东省水利水电科学研究院）等六位同志当选为副主任委员，王杏会同志兼任专委会秘书长。

28 日 国务院办公厅通报“十三五”期末实行最严格水资源管理制度考核结果。浙江省获得优秀等次，排名全国第一，并获国务院通报表扬。

10 月

9 日 副省长徐文光赴省水利厅调研水利工作。徐文光对全省水利事业发展成效给予肯定。徐文光强调，水利部门要对标新形势、新要求，以数字赋能强改革为总抓手，按照全省“152”体系，大力推进水利工作流程再造、业务协同、系统集成、制度重塑，进一步激发水利事业发展新动能，推进重大水利项目、确保完成年度水利投资 500 亿元，建好建强干部队伍。

18 日 按照《浙江省水利厅开展水土保持监督管理行动的通知》的要求，省水利厅组织开展 2021 年生产建设项目水土保持专项监督检查行动。对杭州地铁 6 号线一期工程、新建金华至建德高速铁路、新建杭州至温州铁路义乌至温州段、浙江省好溪水利枢纽工程流岸水库、独流入海钱塘江治理衢州市柯城区常山港治理工程等 35 个在建项目施工现场开展实地检查，对存在的问题提出 134 条整改意见，要求相关单位及时完成整改。

22 日 浙江省地方标准《河（湖）长制工作规范》（DB33/T 2361—2021）正式实施，本标准规定了河（湖）长制工作的基本要求、工作内容和实施要求等内容。

29 日 杭州市第二水源千岛湖配水工程（施工 1 标、7 标、10 标、16 标）、浙江省好溪水利枢纽潜明水库一期工程施工Ⅰ标、绍兴市袍江片东入曹娥江排涝工程（一期）施工Ⅲ标、姚江二通道（慈江）工程—澥浦闸站、五江口闸及上游配套河道工程共 5 个水利工程荣获 2021 年度浙江省建设工程钱江杯（优质工程）。

11 月

4—6 日 水利部副部长陆桂华赴浙江省宁波市、舟山市调研水土保持、调水管理等工作。陆桂华强调，要确保各项水土保持措施落地落实，加强新技术应用，不断提高水土保持监测能力和水平，加强水利工程管护，优化调度方案和调度手段，提升水资源优化配置水平，加强水源地保护、水生态修复，确保水质安全稳定、水生态环境优美，加强科技创新，为长距离跨海调水提供示范。

11 日 经水利部太湖流域管理局组织专家验收复核，浙江省宁波市周公宅水库、奉化区横山水库开展国家级管理单位验收复核，分别得分 957 分和 944

分，均通过水利部验收考核复核。

15日　省水利厅召开水利数字化改革攻坚第1次例会，厅党组书记、厅长马林云主持会议并讲话。会议肯定前期水利数字化工作成效，对下一阶段工作进行部署。要强化组织领导，完善厅长“一把手”亲自抓、牵头领导分头抓、责任处室具体抓的工作机制，开展“三张清单”梳理，围绕落实重大任务重大战略、解决重大问题、提升治理能力和群众获得感谋划重大应用，加快攻坚突破，已经明确的重点应用要分重点研究、分领域推进，结合重大改革尽快取得阶段性成效。

18日　省水利厅召开厅党组理论学习中心组扩大学习会，专题学习党的十九届六中全会精神、省委常委会扩大会议精神，研究贯彻落实举措。厅党组书记、厅长马林云主持会议并讲话。会议要求，要聚焦聚力深化数字化改革，深入扎实推进清廉机关模范机关建设，奋力冲刺年度各项工作，做好疫情防控工作，防范意识形态领域安全风险，抓好水利安全生产工作，严格遵守换届纪律。会议还传达学习了全省数字化改革推进会、全省纵深推进清廉机关模范机关建设工作会议以及《关于加强省直机关部门机关纪委建设的意见》的通知精神。

19日　浙江省海塘安澜千亿工程工作推进视频会议在杭州召开。省水利厅党组书记、厅长马林云出席会议并强调，全省水利系统要深入贯彻党的十九届六中全会精神，认真落实省委、省政府决策部署，加快推进海塘安澜千亿工程建设，确保2021年200km新开工任务全面完成，确保2022年485km问题海塘全部开工，加快破解要素制约，加快推进数字化变革，确保干部和工程安全不出事。

24日　省水利厅印发《关于加强河道采砂监管防范涉砂领域廉政风险的通知》。提出河道采砂监管“十条”意见，涵盖提高认识、强化规划刚性约束、落实采砂监管责任、加强全过程监管、实行清单式管理、强化采砂监管信息化手段运用、加强项目验收管理、开展涉砂专项警示教育、强化日常分析研判、从严查处涉砂案件等10个方面。

12月

1日　省政府办公厅发布《浙江省人民政府办公厅关于表扬“十三五”实行最严格水资源管理制度成绩突出集体和个人的通报》，对杭州市政府等50个集体和何灵敏等180名个人，予以通报表扬。成绩突出个人中，水利系统86名，占47.8%，非水利系统94名，占52.2%。

省水利厅召开厅党组理论学习中心组扩大学习会，集中学习贯彻习近平总书记近期重要讲话和中央重要会议精神，第一时间传达学习省委十四届十次全会精神，并专题研讨交流党的十九届六中全会精神。厅党组书记、厅长马林云主持学习会，并作中心发言。会议要求，要以“十六字”治水思路为指引，构建“浙江水网”，以河（湖）长制为抓手，强化数字化改革，全力构建“浙水安澜”，努力在全国水利同行中走前列、在省级部门中做先进、在重大考验中打胜仗。

10 日 省水利厅组织开展 2021 年小型水库系统治理与水利工程管理“三化”改革成绩突出集体推荐工作，对 20 个集体予以通报表扬。

省水利厅党组召开 2021 年度落实全面从严治党主体责任专题会暨党风廉政建设形势分析会，厅党组书记、厅长马林云主持会议并讲话。会议指出，厅党组要坚持以习近平新时代中国特色社会主义思想为指导，始终把党的政治建设摆在首位，深入贯彻中央、省委全面从严治党决策部署，紧紧牵住责任制“牛鼻子”，落细落实全面从严治党各项责任，不断深化“清廉水利”建设，为水利高质量发展提供坚强保障。

13 日 省水利厅召开厅党组理论学习中心组扩大学习会，第一时间传达学习中央经济工作会议精神和全省领导干部会议精神。厅党组书记、厅长马林云主持会议并讲话。马林云强调，要围绕加快水利投资，聚焦浙江水网、防洪排涝、重大引调水、美丽河湖等工程建设，打赢疫情防控遭遇战、歼灭战，严肃认真落实全面从严治党主体责任、“一岗双责”，建设“清廉水利”，全面抓好水利安全生产，落实双重预防机制，坚决守住安全底线。

14 日 中国建筑行业协会正式发布 2020—2021 年度中国建设工程鲁班奖（国家优质工程）获奖名单，温州市瓯飞一期围垦工程（北片）成功入选。

15 日 水利部副部长陆桂华一行赴衢州市调研水土保持生态文明建设工作。陆桂华强调，要深入贯彻落实习近平生态文明思想，扎实践行“绿水青山就是金山银山”理念，坚持生态优先、绿色发展，持之以恒推进水土保持和水生态治理，促进经济社会高质量发展。

省水利厅组织开展 2021 年度水旱灾害防御工作成绩突出集体和个人推荐工作，对 20 个集体和 100 名个人予以通报表扬。

17 日 浙江省地方标准《水文通信平台接入技术规范》（DB33/T 816—2021）正式实施，为全省水文通信平台有序管理和开放提供技术基础，进一步提高全省实时水雨情信息系统通信安全。

20 日 浙江省美丽河湖工作专班暨全面推行河（湖）长制工作联席会议全体会议召开，副省长徐文光主持会议并讲话。徐文光强调，要优化机制，打造扁平一体、高效协同的工作机制，建立健全美丽河湖和河（湖）长制机制，着重抓好最严格水资源考核、水土保持、农村供水保障、河道行洪问题整治等工作。

浙江省水利厅、浙江省节约用水办公室公布第三批浙江省节水宣传教育基地名单。杭州市节水宣传基地、淳安县节水宣传教育基地、乐清市节水实践教育基地、嘉兴市节水宣传教育基地、嘉善县节水宣传教育基地、长兴县河长制展示馆（长兴县节水教育基地）、东阳市节水教育基地、定海区节水宣传教育基地、岱山县节水宣传教育基地、天台县节约用水宣传教育基地等 10 个展馆、基地达到了《浙江省节水宣传教育基地建设标准》。

23 日 水利部召开推进数字孪生流

域建设工作会议，省水利厅就传达贯彻会议精神作出部署安排。厅党组书记、厅长马林云强调，省水利厅要扎实推进数字化改革，落实水利部智慧水利先行先试试点，对照浙江水利数字化改革工作的短板弱项，提升数字化改革攻坚能力，列明重点工作任务，明确工作职责和试点任务，加快打造数字孪生标志性成果，推动新阶段浙江水利高质量发展取得新成效。

24 日 《中国水利报》一年一度的品牌活动“中国水利记忆·TOP10”评选活动中，浙江省共有 4 条新闻入围参评。“浙江省全面实施海塘安澜千亿工程”入围参评 2021 水利十大新闻；“开化水库工程初设获批”入围参评 2021 有影响力十大水利工程；“绍兴市启用‘河湖健康码’”和“温州市水行政审批论证评估最多评一次”入围参评 2021 基层治水十大经验。

27 日 水利部正式发布 2021 年度国家水土保持示范名单，新昌县、桐庐县、长兴县入选“国家水土保持示范县”；德清县东苕溪水土保持科技示范园入选“国家水土保持科技示范园”；淳安县下姜小流域、泰顺县珊溪水库（泰顺畲乡）小流域、舟山 500kV 联网输变电工程（第二联网通道）入选“国家水土保持示范工程”。

28 日 省水利厅、省经信厅、省教育厅、省建设厅、省文化和旅游厅、省机关事务局和省节水办七部门联合公布 2021 年度“浙江省节水标杆单位”469 个，其中，酒店 60 个、学校 80 个、小区 150 个、企业 179 个。

水利部、国家发展改革委联合公布全国第二批灌区水效领跑者名单，浙江省安吉县赋石水库灌区、海宁市上塘河灌区入选，成为全国灌区用水效率先进、管理规范样板。

29 日 省水利厅召开水利改革发展务虚会。厅党组书记、厅长马林云主持会议并讲话，会议要求把习近平总书记的重要指示精神与全省水利实际结合起来，挂出“作战图”、倒排“时间表”，坚决做到“总书记有号令、党中央有部署，浙江见行动”，把建设“浙江水网”作为新阶段主要措施，督促市、县两级加快建立水利牵头的联席会议制度，坚持水利数字化改革“1636”总体布局，做好防汛防台工作，高质量办好水利民生实事。

30 日 省数字经济系统建设专班办公室公布全省数字经济系统第一批优秀应用名单，包括优秀省级重大应用、优秀地方特色应用各 25 项，省水利厅开发建设的“浙水减碳”数字化应用入选优秀省级重大应用。

31 日 浙江省水利水电勘测设计院有限责任公司正式挂牌成立。厅党组书记、厅长马林云，厅党组副书记、副厅长李锐出席仪式并揭牌。

特　　载

Special Events

023～048 页

重 要 文 件

省水利厅关于印发《浙江省水利旱情预警管理办法（试行）》的通知

（2021 年 1 月 18 日 浙水灾防〔2021〕2 号）

各市、县（市、区）水利（水电、水务）局，省水文管理中心：

为规范水利旱情预警工作，防御和减轻旱情灾害，依据《浙江省防汛防台抗旱条例》《浙江省水文管理条例》《浙江省防汛防台抗旱应急预案》，我们组织制定了《浙江省水利旱情预警管理办法（试行）》，现印发给你们，请遵照执行，执行过程中如有问题请反馈我厅水旱灾害防御处。

浙江省水利旱情预警管理办法（试行）

第一条 为规范水利旱情预警工作，防御和减轻旱情灾害，依据《浙江省防汛防台抗旱条例》《浙江省水文管理条例》《浙江省防汛防台抗旱应急预案》，结合本省实际，制定本办法。

第二条 在本省行政区域内发布水利旱情预警，应遵守本办法。

第三条 省水利厅组织指导全省水利旱情预警工作，负责涉及两个及以上设区市为对象的水利旱情预警发布，省水文管理中心具体承担省级水利旱情预警发布。

设区市水行政主管部门组织指导本行政区水利旱情预警工作，负责涉及两个及以上县（市、区）为对象的水利旱情预警发布。

县（市、区）水行政主管部门负责辖区内水利旱情预警发布。

第四条 水利旱情预警等级由低至高分为蓝色、黄色、橙色和红色四级，分别代表轻度干旱、中度干旱、严重干旱和特大干旱；预警信号执行水利行业标准《水情预警信号》（SL 758—2018）。

第五条 预警发布对象为同级防汛防台抗旱指挥机构及相关成员单位、旱情区域水行政主管部门、水工程管理单位和社会公众，同时抄送上级水行政主管部门。

第六条 预警内容一般包括发布单位、发布时间、预警区域、预警等级和防御建议等。

向部门和单位发布采用书面预警单，参考样式见附件 1；向社会公众预警由水行政主管部门组织通过媒体发布，参考样式见附件 2。

第七条 水利旱情预警等级依据旱

情变化情况，适时调整、更新。

第八条 各级水行政主管部门应根据本行政区内旱情灾害的特点和实际情况，制定水利旱情预警等级标准。省级水利旱情预警等级标准见附件3。

第九条 当两个预警指标达到或接近标准时，水行政主管部门应及时组织会商，综合确定预警范围和预警等级，及时发布水利旱情预警。

第十条 本办法由浙江省水利厅负责解释。

第十一条 本办法自2021年2月18日开始施行。

附件：

1. 水利旱情预警单（样式）（略）

2. 向社会公众发布水利旱情预警（样式）（略）

3. 浙江省省级水利旱情预警等级标准（略）

浙江省水利厅关于印发《关于加强河湖库疏浚砂石综合利用管理工作的指导意见》的通知

（2021 年 6 月 24 日　浙水办河湖〔2021〕9 号）

各市、县（市、区）水行政主管部门：

为进一步加强我省河湖库疏浚与整治、航道建设与维护等项目涉及的疏浚砂石综合利用管理工作，保障河湖库健康生命，服务地方经济社会发展，根据《关于促进砂石行业健康有序发展的指导意见》（发改价格〔2020〕473 号）、《关于促进我省砂石行业健康有序发展的通知》（浙发改价格〔2020〕376 号）的要求，制定了《关于加强河湖库疏浚砂石综合利用管理工作的指导意见》。现印发给你们，请结合实际，认真贯彻落实。

关于加强河湖库疏浚砂石综合利用管理工作的指导意见

为进一步加强我省河湖库疏浚与整治、航道建设与维护等项目涉及的疏浚砂石综合利用管理工作，保障河湖库健康生命，服务地方经济社会发展，根据《关于促进砂石行业健康有序发展的指导意见》（发改价格〔2020〕473 号）、《关于促进我省砂石行业健康有序发展的通知》（浙发改价格〔2020〕376 号）的要求，提出如下意见。

一、总体要求

（一）指导思想。以习近平新时代中国特色社会主义思想为指导，牢固树立“生态优先、绿色发展”理念，坚持堵疏结合、标本兼治，在确保涉水工程安全、河湖库生态健康的前提下，有序推进河湖库疏浚砂石综合利用，为基础设施建设和经济平稳运行提供有力支撑。

（二）基本原则。坚持保护优先，合理利用。在保障河势稳定、防洪安全、供水安全、通航安全、生态安全和重要基础设施安全的前提下，合理推进河湖库疏浚砂石综合利用。坚持政府主导，集约处置。河湖库疏浚砂石应由政府统一处置，企业或个人不得自行销售。坚持重点保障，统筹兼顾，河湖库疏浚砂石综合利用优先保障河湖库保护等水利工程、重点基础设施建设和民生工程，有条件的情况下可兼顾市场。坚持严格监管，规范实施。强化落实主体责任、监管责任、监管制度和监管措施，进一步规范河湖库疏浚工作，确保河湖库疏浚砂石综合利用规范、安全、有序、高效。

二、进一步规范河湖库疏浚管理工作

（三）强化规划刚性约束。各地要按照河湖库行洪蓄洪、航运发展以及生态环境修复保护的需要，依据河湖库淤积情况，科学论证、统筹兼顾，编制本地

区河湖库疏浚规划（包含疏浚内容的相关规划），合理确定疏浚区、控制高程、疏浚总量等，并按有关规定做好规划环境影响评价。

疏浚规划应按照《浙江省河道管理条例》等有关规定办理审批手续，经批准的河湖库疏浚规划作为河湖库疏浚、砂石利用与监管的重要依据。

（四）严格河湖库疏浚项目管理。县（市、区）水行政主管部门应根据疏浚规划和河湖库淤积监测情况，结合轮疏机制，组织编制疏浚年度计划，报经本级人民政府批准后实施。年度计划应当明确疏浚的范围和方式、疏浚量、资金保障等事项。

疏浚项目应明确实施主体，负责编制实施方案，并依法履行相关程序，涉及航道的应征求航道管理机构意见。实施方案应明确疏浚范围、作业方式、控制条件、管理与修复措施，并充分论证疏浚作业对河势、防洪、生态环境、通航安全等的影响，严格落实疏浚过程中水源地、生态敏感区、航道、工程安全防护区等区域的有效保护措施。

因洪水、地质灾害等造成河湖库局部淤积影响行洪排涝安全的，可由县级以上人民政府水行政主管部门会同当地乡镇人民政府、街道办事处编制应急疏浚方案并组织实施。

河湖库疏浚项目完成后，应依据有关规定及时做好验收。疏浚项目所在地县（市、区）水行政主管部门应当参与验收，并做好监督管理工作。

涉及疏浚的河湖库整治、航道建设和维护项目审批与验收按有关规定执行。

三、有序推进河湖库疏浚砂石综合利用

（五）推进河湖库疏浚砂石集约处置。县级以上人民政府水行政主管部门提请本级人民政府制定本行政区域河湖库疏浚砂石综合利用工作方案，明确可利用量、上岸方式、堆放场地、处置方案以及组织实施、监督管理等内容。探索建立政府主导、水利主管、企业主营、集约处置的河湖库疏浚砂石综合利用新模式，实现河湖库疏浚及砂石上岸、运输、加工、储存、销售等全过程统一管理。鼓励建设绿色、环保的规模化生产基地。

（六）强化河湖库疏浚砂石用途管控。河湖库疏浚砂石由当地政府统一处置，优先保障河湖库保护等水利工程、重点基础设施建设和民生工程，有条件的情况下可兼顾市场需求。在现有法律法规的框架下，各地要积极研究出台经营收入（或有偿使用收入）使用制度，优先用于河湖库治理、保护与管理等。

（七）鼓励改革创新。鼓励有条件的县（市、区）探索建立适合本地区特点的河湖库疏浚砂石综合利用以及收益反哺水利建设相关工作机制，并及时开展工作评估，总结改革成效并发挥示范引领作用。

四、加强监督管理，确保河湖库疏浚有序可控

（八）强化全过程监管。各地要积极运用数字化监管手段，提升监管效能，对批准作业的疏浚船只、机具和车辆实行统一登记、在线监控与轨迹管理，进

一步强化明察暗访、抽检等监管，强化砂石产、运、储环节管控，实现全过程智能化闭环管理。有条件的县（市、区）实行“一源一码”的管理制度，对疏浚砂石实行全程溯源管理。县（市、区）水行政主管部门要严格疏浚项目验收管理，建立完善疏浚规划后评估制度。

（九）加强安全生产监管。河湖库疏浚、河湖库整治、航道建设和维护等涉及疏浚砂综合利用的项目有关单位应落实疏浚现场安全生产管理责任制，严格落实施工安全防范措施，确保施工安全，防止污染环境。参与施工的船舶和船员必须持有合法有效的船舶、船员证书，配员符合要求，并严格遵守航行规则。

（十）严厉打击非法疏浚行为。进一步加强对河湖库疏浚作业的监管力度，加大河湖库未经审批及超范围疏浚行为的处罚力度，从严查处借疏浚之名行采砂之实、破坏河湖库深潭、浅滩、沙洲、岸线等自然形态的行为，维护正常河湖库管理秩序。

五、保障措施

（十一）加强组织领导。各地方人民政府要全面统筹本行政区域内河湖库疏浚砂石综合利用管理。各级河长、湖长负责协调解决河湖库疏浚及砂石综合利用等工作中的有关重大问题。

（十二）加强部门协同。县级以上人民政府水行政主管部门要加强与公安、交通运输、生态环境、自然资源、市场监督管理、综合执法等有关部门的业务协同，形成部门信息共享、定期会商、协同联动、合力监管的管理模式。

（十三）加强社会监督。加大政策宣传力度，形成统一共识，营造河湖库砂石资源有序利用的良好氛围。畅通社会监督渠道，依法公开河湖库疏浚的规划、计划。河湖库疏浚项目现场，应设立公示牌，公开项目信息、有关责任人以及举报电话等信息。建立群众有奖举报制度，充分发挥社会舆论和群众监督作用。

（十四）加强监督问责。建立健全河湖库疏浚砂石综合利用管理督查工作机制，依法行使监督管理责任。对河湖库疏浚砂综合利用工作中问题突出、情节严重、管理秩序混乱的单位和个人，应依法依规严肃追责问责。

本意见自 2021 年 8 月 1 日起施行。

浙江省水利厅　浙江省发展和改革委员会　浙江省财政厅关于印发《浙江省节水型企业水资源费减征管理办法》的通知

（2021 年 6 月 30 日　浙水资〔2021〕6 号）

各市、县（市、区）水利（水电、水务）局、发展改革委（局）、财政局：

为坚定不移贯彻新发展理念，全面落实节水优先方针，建立健全节水政策机制，大力实施国家节水行动，根据《浙江省水资源条例》和《浙江省取水许可和水资源费征收管理办法》，我们制定了《浙江省节水型企业水资源费减征管理办法》，经省人民政府批准，现印发给你们，请遵照执行。

浙江省节水型企业水资源费减征管理办法

为建立健全节水政策机制，激发用水户节水内生动力，促进水资源节约集约利用，根据《浙江省水资源条例》和《浙江省取水许可和水资源费征收管理办法》规定，制定本办法。

一、适用范围

本省行政区域内直接从江河湖泊取水的省级以上节水型企业的水资源费减征管理，适用本办法。

二、实施主体

水资源费减征工作由县级以上人民政府水行政主管部门按照取水审批权限负责，执行情况应当接受发展改革、财政、审计部门和上级水行政主管部门的监督检查。

三、减征标准

获得省级节水型企业称号的取水户水资源费按规定标准的 80%征收。获得省级节水标杆企业称号的取水户水资源费按规定标准的 50%征收。获得国家重点用水企业水效领跑者称号的取水户按省级节水标杆企业减征标准执行。

对同时获得两种以上称号的，按最高减征标准执行，不重复减征。

四、有效期限

水资源费减征政策享受时间从取水户通过省级节水型企业、省级节水标杆企业、国家重点用水企业水效领跑者评定或复评的下一年度 1 月 1 日开始。省级节水型企业有效期五年，省级节水标杆企业有效期三年，国家重点用水企业水效领跑者有效期两年。有效期满后，通过复评的企业继续享受减征政策。

五、职责分工

省级有关部门要加强省级节水型企

业和节水标杆企业的建设和管理，按照职责分工制定评价标准，定期开展评定和复评工作。2019 年年底前获得省级节水型企业称号的企业，由省经信、建设、水行政等主管部门按照职责分工于 2021 年 10 月底之前，统一组织复评，通过复评的企业按第三、第四条执行。

公共供水企业的省级节水型企业和节水标杆企业评定办法，由省水行政主管部门会同省建设主管部门制定。

六、施行时间

本办法自 2021 年 8 月 1 日起施行。

浙江省水利厅关于印发《关于提升水利工程质量的实施意见》的通知

（2021年8月26日 浙水建〔2021〕3号）

各市、县（市、区）水利（水电、水务）局，各有关单位：

为深入贯彻落实中共中央、国务院“建设质量强国”战略，全面提升水利工程质量，加快推进我省水利工程建设高质量发展，根据《国务院办公厅转发住房城乡建设部关于完善质量保障体系提升建筑工程品质指导意见的通知》（国办函〔2019〕92号）、《浙江省人民政府办公厅关于完善质量保障体系提升建筑工程品质的实施意见》（浙政办发〔2020〕85号）的要求，我厅制定了《关于提升水利工程质量的实施意见》。现印发给你们，请结合实际，认真贯彻落实。

关于提升水利工程质量的实施意见

为贯彻落实《浙江省人民政府办公厅印发关于完善质量保障体系提升建筑工程品质的实施意见》（浙政办发〔2020〕85号）精神，提升水利工程质量，加快推进我省水利工程建设高质量发展，提出以下实施意见。

一、严格落实质量责任

1. 强化项目法人质量首要责任。全面落实项目法人对工程建设全过程质量管理的首要责任和竣工验收的主体责任，明确项目法人是工程质量第一责任人，依法对工程质量承担全面责任。严格执行项目法人责任制，依法履行基本建设程序和质量管理职责，严禁违法发包、肢解发包工程、任意压缩合理工期和造价，不得以任何理由要求勘察、设计、施工、监理单位违反法律法规、工程建设标准和合同约定，降低工程质量。严格执行项目法人工程质量信息公示制度，施工期间在工程明显部位设置质量责任公示牌，竣工验收合格后设置永久性质量责任标识牌，主动接受社会监督。

2. 全面压实参建各方质量主体责任。建立健全工程质量管理制度和责任体系，严格执行工程质量终身责任制，全面落实工程建设参建各方的质量主体责任，强化工程施工质量管理，更加注重实体质量和外观质量，提升工程质量品质。勘察、设计单位应保证勘察设计文件符合国家、水利行业有关工程建设法规、工程勘察设计技术规程标准和合同的要求，对因勘察、设计导致的工程质量事故或质量问题承担责任。施工单位必须依据国家、水利行业有关工程建设法规、技术规程、技术标准的规定以及设计文件和施工合同的要求进行施工，选用的材料、设备必须符合设计文件和合同要求，对其施工的工程质量负责。监理单位应当依照有关法律法规、技术标准、批准的设计文件、工程合同，对工程施工、设备制造实施监理，并对质量承担监理责任。

3. 落实从业人员质量责任。全面落实项目法人、勘察、设计、施工、监理等参建单位从业人员质量责任，明确各自在工程质量方面的责任和义务，切实加强从业人员履职管理，完善从业人员诚信体系建设，健全法定代表人质量终身责任授权和项目负责人质量承诺制度，强化项目负责人履职尽责和责任追究，建立从业人员质量终身责任制信息档案和台账。强化个人执业资格管理，配合有关部门严厉打击执业资格“挂证”等违法违规行为。

二、加强政府监管力度

4. 强化政府质量监管责任。强化政府对工程建设全过程的质量监管，加大对关键环节的监管力度。完善日常检查和“四不两直”突击检查相结合的质量监督检查制度，鼓励采取政府购买服务的方式，委托具备条件的社会力量进行工程质量监督检查和检测。加强工程质量监督队伍建设，健全省、市、县三级工程质量监管体系，监督机构所需经费由同级财政预算予以保障。基于大数据分析方法，探索工程建设管理质量评价机制。建立保修期内工程质量投诉处理、纠纷协调等机制，并向社会通报工程质量投诉处理情况。

5. 加强水利建设市场信用监管。进一步完善“双随机、一公开”检查和“互联网＋监管”相结合的数字化监管模式，加强工程建设市场信用体系建设，建立和完善覆盖水利建设市场各类主体的评价指标体系。积极构建与全国水利系统、省内其他行业等互联互通的信用信息共享渠道，逐步归集和完善市场主体信用信息、建设活动过程监管数据、合同履约情况等基础数据，建立行业信用档案及从业人员质量档案。按照守信激励和失信惩戒的原则，建立分级分类监管制度，实行市场主体信用分级分类监管。县级以上水行政主管部门和有关单位及社会团体应依据国家有关法律、法规和规章，建立健全信用奖惩机制，积极应用信用信息。

6. 严厉查处质量违法行为。加大建设工程质量责任追究力度，畅通质量问题投诉举报渠道，以“双随机、一公开”“四不两直”“飞行检测”等为手段，依法查处工程质量违法违规行为，对违反有关规定、造成工程质量事故和严重质量问题的单位和个人依法严肃查处，加大资质资格、从业限制等方面处罚力度。各参建单位受到的行政处罚列入信用评价指标，并依法予以公开。

三、提升质量管理能力

7. 提升项目法人质量管理能力。严格按照国家规定，规范项目法人组建，明确项目法人职责。项目法人应规范组建现场管理机构并落实相关岗位负责人，及时办理工程质量安全监督、开工备案及安全生产措施方案备案等手续；按分类管理要求组织做好施工图设计审查，履行设计变更的审查或审核与报批工作；组织编制、审核、上报在建工程度汛预案，落实度汛措施，组织预案演练；监督检查现场管理机构和参建单位建设管理情况；按合同要求及时提供施工场地、组织设计交底、支付合同价款、开展相关验收等。针对项目法人履职不到位、考核评价机制不健全、管理能力不足、管理不规范等问题，各地应根据实际情况进一步完善制度，强化措施，更好发挥项目法人在水利工程建设管理中的核心作用。

8. 加强勘察设计管理。督促勘察、设计单位建立健全质量保证体系，加强过程质量控制。进一步加强对勘察设计单位相关成果及质量行为的监督管理，开展水利工程设计质量专项检查，对项目设计质量进行总体评价，重点检查设计文件执行有关技术标准及设计深度符合性、工程现场服务、质量管理内控等情况，强化勘察设计单位行业自律。

9. 强化施工过程质量管理。严格按照工程质量管理要求和合同管理规定，设置现场施工管理机构，配备相应管理人员，建立健全质量保证体系。持续开展对施工现场管理机构与管理人员的检查，规范施工行为，强化关键部位、重要隐蔽单元工程质量联合验收，留存影像、检测试验、地质等必要资料，加强施工记录、检验评定和验收资料管理，实现工程质量全过程可追溯。

10. 加强工程监理管理。强化监理单位及现场监理机构的执业资格和执业行为规范性要求，监理单位应根据工程管理和合同规定，设置现场监理机构，配备具有相应资格的监理人员，监理人员必须持证上岗，施工期间采取旁站、巡视、跟踪检测和平行检测等形式开展监理工作。严格履行监理工程师对原材料、中间产品和设备的质量管控职责，未经签字认可不得在工程上使用或安装，施工单位不得进行下一单元（工序）工程的施工。

11. 加强质量检测管理。完善水利工程质量检测制度，加快修订《浙江省水利工程质量检测管理办法》，进一步明确施工、监理、项目法人委托检测内容和比例；研究制定《水利建设工程项目法人委托检测规范》标准，明确项目法人委托检测具体内容、频次和边界，倡导监理平行抽检单位和项目法人委托检测单位相分离。水利建设工程应严格按规定制定工程检测计划，开展施工自检、监理平行检测等。进一步提升质量检测信息化水平，应用信息化手段加强检测过程溯源管理，全面推广唯一性识别标识在检测样品、试件的见证取样等环节中的应用。

12. 提升工程运行管理水平。充分利用数字化手段，加强工程档案管理。加快推进已完工工程竣工验收工作，结合项目特点开展分类指导。适时制定《小型水利工程竣工验收管理办法》，简化小型水利工程验收程序和内容，提高验收工作质量和效率。持续推行全省水利工程管理产权化、物业化、数字化改革，聚焦涉及公共安全的水库、堤塘及闸站和引供水工程等公益性、准公益性水利工程，重点解决管护主体、管护责任、管护技术和管护经费等问题。推进水利工程运行管理数字化，实现基础管理、安全管理、控制管理、维养管理和应急管理等一体化、智能化管理。

四、保障市场平稳发展

13. 推行工程建设组织模式改革。制定《浙江省水利水电项目工程总承包管理办法》，规范我省水利工程建设项目总承包活动，促进建设期设计、施工、采购等阶段深度融合，提高工程管理水平。推行水利水电工程全过程工程咨询试点，不断修订完善《浙江省水利水电项目全过程工程咨询服务管理指南（试行）》，进一步提升水利水电建设项目谋划决策、建设实施、综合管理的水平和效益。完善水利水电工程造价计价依据，不断适应工程投资管理需要，发挥标准定额在工程建设中的引导和约束作用。鼓励各地积极开展工程建设组织模式改革试点，积累试点经验和成效，不断推进工程建设组织模式改革。

14. 推进工程担保和质量保险。加快推进工程保函替代保证金制度，利用工程保函包括银行保函、保险机构保证保险保单和融资担保公司保函等形式缴纳投标保证金、履约保证金、工程质量保证金和农民工工资保证金。建设单位要求工程承包单位提供履约担保的，应当同时向其提供相同金额的工程款支付担保。按照相关规定，进一步降低保证金缴纳额度。规范农民工工资专用账户资金管理，设立人工费分账基准比例，在满足按月足额支付农民工工资前提下，建设单位和施工单位可根据基准比例浮动约定。积极推行工程质量保险试点，培育水利工程质量保险市场，完善工程质量保修机制，防范和化解工程质量风险。

15. 强化工程招投标管理。修订《浙江省水利水电工程施工招标文件示范文本》，进一步规范浙江省水利水电工程招投标管理，完善工程电子招标投标，推进远程异地评标。协助完善招标人决策机制，落实招标人主体责任，招标人对招标过程和结果负总责。严查水利建设市场招标投标违规行为，畅通举报投诉渠道，切实加大对围标串标、恶意低价中标、挂靠借用资质等违法违规行为的打击力度。加强水利水电工程标后合同履约监管，构建招投标交易与工程履约联动机制。

五、夯实质量提升基础

16. 健全工程质量奖惩机制。开展水利建设工程文明标化工地评选等活动，建立工程质量激励机制，通过优质工程优先参选钱江杯及以上奖励评选、表彰质量管理工作成效显著的单位和个人等多种方式，引导我省水利行业树立重质量、讲诚信、树品牌的理念。在招投标领域，加大对优秀企业的政策支持力度，将企业已承建工程质量情况纳入招标投标评审因素，鼓励将工程质量奖优惩劣内容列入合同约定条款。

17. 推进工程建设管理数字化。迭代升级我省水利建设管理数字化应用，深度融合质量监督、质量检测、项目管理各系统，突出项目管理、市场管理、政府监管，加强项目现场、建设市场实时联动和协同共享，不断归集和完善项目建设过程中资金、进度、质量、安全等信息，实现工程质量监督、检测、评价等全过程管理，不断提升质量安全动态监管、质量风险预警和质量信用管理的效能。

18. 推动工程技术创新。强化企业科技创新的主体地位，鼓励勘察、设计、施工、监理、检测等企业加大技术创新及研发投入，不断提升勘察设计质量、施工工艺、检测技术和管理水平。推进重点项目“项目带科研”方案，加快产学研用一体化，加大水利关键技术、重大装备和数字化、智能化工程建设装备研发力度。积极推广国内外新技术、新材料、新设备、新工艺的应用和论证，带动设计、施工、检测等在理念、技术、管理方面创新。推进水利工程建设BIM、物联网、人工智能、大数据、云计算等在工程质量监管以及设计、施工、运行全过程的集成应用，提升在建水利工程信息化水平。

19. 提升质量管理队伍素质。加大培训力度，完善培训体系，培育与我省水利工程建设新阶段发展形势相适应的建设队伍，不断提高从业人员素质，提升建设管理水平。重点开展对项目法人的培训，提升项目法人对工程建设的组织能力和管理水平，把好工程建设管理的总龙头。加强质量监督人员和质量检测人员的教育和培训，提高一线从业人员的质量意识和业务水平，提升整体监管能力。加强施工单位相关负责人的培训，强化质量和安全意识，抓好工程实施细节，提升工程建设源头隐患管理能力。

20. 弘扬质量文化精神。坚持“百年大计，质量第一”，牢固树立质量是企业生命的理念，积极通过新媒体、报刊、广播电视等多种渠道宣传和展示在建水利工程建设和管理信息，积极举办示范展览、研讨会等活动，积极推进创优创精品工程的比学赶超，提升全行业从业人员的质量意识，不断增强老百姓对在建水利工程质量重要性的认识，努力形成政府重视质量、行业崇尚质量、企业追求质量、人人关心质量的良好氛围。

本意见自 2021 年 10 月 1 日起施行。

浙江省水利厅　浙江省生态环境厅关于印发《浙江省小水电站生态流量监督管理办法》的通知

（2021年10月19日　浙水农电〔2021〕21号）

各市、县（市、区）水利（水电、水务）局、生态环境局（分局）：

为贯彻落实党中央、国务院长江经济带发展战略，巩固小水电清理整改成效，加强小水电站生态流量监督管理，根据《中华人民共和国长江保护法》《浙江省水资源条例》《水利部　生态环境部关于加强长江经济带小水电站生态流量监管的通知》（水电〔2019〕241号）要求，制定《浙江省小水电站生态流量监督管理办法》。现印发给你们，请结合实际，认真贯彻落实。

浙江省小水电站生态流量监督管理办法

为贯彻落实党中央、国务院长江经济带发展战略，保障河湖基本生态用水，推进小水电绿色发展，加强小水电站生态流量监督管理，根据《浙江省水资源条例》、《关于开展长江经济带小水电清理整改工作的意见》（水电〔2018〕312号）和《水利部　生态环境部关于加强长江经济带小水电站生态流量监管的通知》（水电〔2019〕241号），结合我省小水电行业实际，制定本办法。

一、总体原则

（一）适用范围。本省行政区域内单站装机容量5万千瓦及以下的水电站生态流量监督管理工作，适用本办法。

（二）监管主体。县级以上水行政主管部门会同生态环境主管部门，做好本行政区内小水电站生态流量监督管理工作。

（三）监管原则。生态流量监督管理应当遵循“合理定量、科学调度、分类监测、数字监控、人机复核、闭环管理”的原则。

二、合理核定生态流量

（四）正确选取核定断面。生态流量核定应以小水电站取水拦河坝（堰、闸）处的河流断面作为计算控制断面；有多个取水水源的，应分别计算核定。

（五）合理核定生态流量。小水电的生态流量，按照流域综合规划、水能资源开发规划等规划及规划环评，项目取水许可、项目环评等文件规定执行；上述文件均未作明确规定或者规定不一致的，由具有取水许可审批权限的水行政主管部门商生态环境主管部门组织确定；其中以综合利用功能为主或位于自然保护区的小水电站生态流量，应组织专题论证，征求有关部门意见后确定。

生态流量核定应根据《水利水电建设项目水资源论证导则》(SL 525)、《水电水利建设项目河道生态用水、低温水和过鱼设施环境影响评价技术指南（试行）》、《河湖生态环境需水技术规范》(SL/Z 712)、《水电工程生态流量计算规范》(NB/T 35091) 等技术规范，在优先满足城乡居民生活用水的前提下，保障基本生态用水，统筹农业、工业用水以及航运等需要，结合河流特性、水文气象条件和水资源开发利用现状，采用多年平均流量法、最枯月平均流量法、流量历时曲线法，遵循科学合理的原则分类确定。

当取水口水文情势或取水工程功能发生改变时，应当重新核定生态流量。

（六）评估生态流量泄放效果。县级水行政主管部门应当会同生态环境主管部门，根据国家和省有关规定，以河流或县级区域为单元对小水电站生态流量泄放情况进行不定期评估，根据评估效果对生态流量进行动态调整。

三、科学规范生态流量泄放

（七）规范泄放设施建设。生态流量泄放设施必须符合国家有关设计、施工、运行管理相关规程规范及标准。泄放设施的建设与运行不得对主体工程造成不利影响。

（八）科学合理制定生态调度方案。市、县水行政主管部门应根据国家和省相关规定，组织编制小水电站生态调度运行方案，方案可根据非径流式开发有调节性小水电站的实际，优先满足城乡居民生活用水，在保障基本生态用水基础上，统筹农业、工业用水需求和发电经济性等因素确定设置发电限制水位线；考虑拦水坝（闸）运行安全和上游天然来水情况，遵循当上游天然来水小于规定的生态流量时，按“来多少，放多少”的原则，统筹城乡居民生活用水保证率等因素确定生态放水最低水位线。

（九）建立生态调度机制。按照“兴利服从防洪、区域服从流域、电调服从水调”原则，建立健全干支流梯级小水电站联合调度或协作机制，统筹协调上下游水量蓄泄方式，协同解决好全流域基本生态用水问题。

四、强化生态流量监测监控

（十）规范监测监控设施。小水电站生态流量监测监控设施，包括前端监测监控设备设施、数据传输设备和监管平台，应当安装简单、位置合理、易于维护，符合水文测报、生态环境监测相关技术标准和数据传输规范，具备数据（图像）采集、保存、上传、导出等功能，确保生态流量数据（图像）的真实性、完整性和连续性，并能满足小水电站生态流量调度管理和主管部门监督管理需要。

（十一）规范数据采集方式。生态流量泄放的数据采集可根据小水电站的泄放方式、所处的地理位置，采用实时流量或动态视频的方式。受电源及信号等因素制约，无法采用实时流量或动态视频方式的，应当保存生态流量连续泄放的静态图片备查。

1. 实时流量：安装流量计或计量装置，实时传送泄放流量数据，监测生态流量泄放。数据采集的时间间隔不超过5分钟，并每小时上传其中一个有效数据及判定结果。

2. 动态视频：安装摄像头，实时全天候录像，实时传送或定期传送，监测生态流量泄放。应保证可在监测平台实时查看泄放视频及历史视频，并每小时截取一张泄放照片。

3. 静态图像：采集生态流量泄放照片或视频，拍摄生态流量泄放佐证照片应符合《水利部办公厅关于印发小水电生态流量监管平台技术指导意见的通知》（办水电函〔2019〕1378号）要求。拍摄周期不大于7天，上传间隔时间不超过30天。

（十二）统筹建立监管平台。生态流量监测数据（图像）应按要求传输到省级监管平台。各市、县（市、区）应统筹建立生态流量监管平台（应用），平台建设参照《浙江省小水电站生态流量监管平台建设技术指导意见》执行。

（十三）严格生态流量泄放评价管理。省级监管平台依据每月自动获取各小水电站生态流量泄放数据的完整率、及时率和达标率等指标进行统计评价。对月度评价不合格的小水电站，由市、县（市、区）水行政主管部门和生态环境部门按照各自职责组织并依法依规督促整改。

（十四）特殊情况执行差别化评价。由于不可抗力因素或具有下列特殊情况的，执行差别化评价：

1. 因防汛抗旱、应急调度、工程建设和运行等需要，县级以上人民政府防汛抗旱指挥（应急指挥）机构或水行政主管部门通知停止泄放生态流量的小水电站，相应时段可不列入评价。

2. 因遭遇地震、暴雨等不可抗拒原因造成泄放设施无法正常泄放，经具有管辖权的水行政主管部门核定，泄放设施修复前的时段可不列入评价。

3. 因生态流量泄放有关设施检修无法执行生态流量的，由小水电站业主向具有管辖权的水行政主管部门报备，在水行政主管部门审核通过后录入监管平台，该检修时段可不列入评价。

4. 生态流量泄放监测监控设施设备因不可抗力无法正常工作需维修的，由小水电站业主向具有管辖权的水行政主管部门报备，在水行政主管部门审核通过后录入监管平台，该检修时段可不列入评价。

5. 其他特殊情况，经具有管辖权的水行政主管部门审定，可不列入评价。

（十五）鼓励提升流量监测能力。数据传输条件改善后，小水电站应采用实时流量方式实现生态流量监测，有条件的小水电站宜运用图像智能识别技术，识别放水情况。

五、落实生态流量责任主体

（十六）明确泄放设施责任主体。小水电站业主是生态流量泄放的责任主体，应保障生态流量泄放设施的正常运行，确保按要求泄放生态流量。

（十七）落实监测设施责任主体。各级水行政主管部门是生态流量监测监控设施的责任主体，负责本级监测监控设施的建设、管理和维护等工作，保障其持续正常运行。生态流量监测监控设施的建设与运行维护可委托第三方机构承担。小水电站业主应协助做好监测设施的安全保护工作。

六、建立常态化监督检查机制

（十八）建立监督检查制度。各级水行政主管部门会同生态环境等有关部门建立生态流量监督检查工作制度，组织开展监督检查。

（十九）明确监督检查方式。监督检查采用线上核查和线下现场检查相结合的方式。线上核查通过省级生态流量监管平台开展，现场检查原则上采取“四不两直”的方式，现场检查填写小水电站生态流量检查表（见附件）。

（二十）规定检查抽查频次。省级负责全省小水电站生态流量下泄情况监督检查，每年抽查比例不少于10%。

市级负责辖区内小水电站生态流量下泄情况监督检查，每年抽查比例不少于15%。

县级负责（可委托当地乡镇或第三方机构）辖区内小水电站生态流量泄放情况全面检查，检查频次每年每座小水电站不少于一次。

（二十一）确定检查内容。生态流量泄放情况检查核查主要内容：

1. 生态泄流设施：已投入运行的生态泄流设施完整性、安全性及运行维护情况等。

2. 生态流量下泄状态：是否按生态调度运行方案泄放到位。

3. 生态流量监测监视设施：设备的完整性和可靠性、生态流量数据（指静态图像、动态视频及实时流量）的真实性和连续性等。

（二十二）实行检查闭环管理。各级水行政主管部门应建立检查台账，填写检查登记表，针对核查问题，下发整改通知，送达相应责任主体，督促限期整改。按照“谁检查、谁录入”的原则，在完成检查后5个工作日内，将检查核查登记表和问题清单录入省级监管平台，并及时更新整改完成情况，实行闭环管理。

（二十三）明确惩戒措施。对未按要求泄放生态流量的小水电站且经责令改正后逾期不改正的，由县级以上水行政主管部门按照《浙江省水资源条例》第三十一条规定予以处理。对未按要求足额稳定泄放生态流量或按时报送生态流量监测监控数据的小水电站，经依法依规督促限期整改而逾期不整改的，报送河（湖）长，必要时建议电网限制或禁止其发电上网，整改完成后恢复上网。

（二十四）接受社会监督。水行政主管部门应在现场设立生态流量公示牌，公开生态流量核定值、监督电话等，接受社会监督。

（二十五）做好信访处置。各级水行政主管部门接到群众举报、信访的，应当及时开展线上核查和线下现场检查，检查及整改情况反馈给举报人或信访人，并做好相关保密工作。

本办法自2021年12月1日起施行。

附件（略）

浙江省水利厅关于印发《浙江省水利工程物业管理指导意见》的通知

（2021 年 12 月 10 日 浙水运管〔2021〕16 号）

各市、县（市、区）水利（水电、水务）局：

为规范水利工程物业管理工作，提升水利工程运行管理能力水平，确保水利工程安全和功能效益发挥，根据《浙江省水利工程安全管理条例》等法律法规和《浙江省人民政府办公厅关于政府向社会力量购买服务的实施意见》（浙政办发〔2014〕72 号）、《浙江省人民政府办公厅关于印发浙江省小型水库系统治理工作方案的通知》（浙政办发〔2020〕56 号）等文件精神，制定了《浙江省水利工程物业管理指导意见》。现印发给你们，请结合实际，认真贯彻落实。

浙江省水利工程物业管理指导意见

为规范水利工程物业管理工作，提升水利工程运行管理能力水平，确保水利工程安全和功能效益发挥，根据《浙江省水利工程安全管理条例》等法律法规和《浙江省人民政府办公厅关于政府向社会力量购买服务的实施意见》（浙政办发〔2014〕72 号）、《浙江省人民政府办公厅关于印发浙江省小型水库系统治理工作方案的通知》（浙政办发〔2020〕56 号）等文件精神，提出本指导意见。

一、总体要求

（一）指导思想。以习近平新时代中国特色社会主义思想为指导，积极践行“节水优先、空间均衡、系统治理、两手发力”的治水思路，以确保水利工程安全高效运行为目标，聚焦“党建统领、业务为本、数字变革”三位一体统筹发展，大力推进水利工程“三化”改革，加强和规范水利工程物业管理，进一步提升水利工程运行管理能力水平，确保水利工程安全和功能效益发挥，全力保障浙江经济社会高质量发展。

（二）基本原则。坚持“两手发力”，加强组织领导，调动各方积极性，充分发挥市场作用，引入竞争机制，鼓励社会力量积极参与水利工程物业管理。坚持依法管理，加强水行政主管部门行业监督管理，全面落实水利工程所有权人及其所属管理单位（以下统称产权人）的运行管护主体责任，以合同为依据督促水利工程物业管理服务企业（以下简称物业服务企业）全面履行合同，并加强行业协会自律管理。坚持因地制宜，在符合总体要求情况下，针对不同地区经济社会发展状况、不同工程类别及规模，推行差异化物业管理，不搞“一刀切”。

二、物业管理事项

可以推行物业管理的水利工程运行管护主要事项：

（一）运行操作类。闸门及启闭机、水泵、水轮机、发电机等设施设备运行操作。

（二）维修养护类。水工建筑物及附属设施、金属结构、机电设备、雨水情监测设施、水工安全监测设施、视频监视设施及其他管理配套设施等的日常性维修养护。

（三）工程检查类。水利工程日常巡查、年度检查和安全监测、安全评价等。

（四）值班值守类。设施设备运行值班值守、安全保卫值班值守等。

（五）绿化保洁类。水利工程管理范围内的绿化养护和卫生保洁等。

（六）生物防治类。水利工程管理范围内具有危害性的白蚁、红火蚁、钉螺（血吸虫）等生物防治。

（七）数字化支撑类。水利工程运行管理应用系统软硬件及数据的日常维护保障。

（八）其他类。可以推行物业管理的水利工程运行管护其他事项。

三、物业管理实施

（一）规范事项委托。产权人应当落实水利工程管护资金，可将所属水利工程运行管护事项按区域、流域、工程类别或单个工程项目委托具有独立法人资格且具有相应能力的物业服务企业承担，委托的事项可以是整体或部分，并根据招投标相关法律法规规定择优选择物业服务企业。全部或部分使用财政性资金的水利工程运行管护项目选择物业企业还应执行政府采购相关规定。

（二）加强合同管理。产权人与物业服务企业应就所委托的水利工程运行管护项目签订物业服务合同。物业服务合同应对所委托的水利工程运行管护事项、服务质量、服务费用、双方权利义务、专项维护资金的管理与使用、物业管理用房、合同期限、违约责任和解决争议的方法等内容进行约定。参考合同文本见附件。

（三）严格合同履行。产权人要按物业服务合同约定为物业服务企业实施水利工程运行管护提供便利；物业服务企业要按照物业服务合同约定，提供相应的服务，不得转包、不得擅自分包，未经产权人同意，不得更换物业服务骨干人员。物业服务企业投入水利工程物业管护的力量应与所承担的水利工程运行管护事项相适应，配备的人员应符合《浙江省水利工程管理定岗定员标准》规定的任职要求，管护工作应符合相应工程类别浙江省地方标准规定要求。

（四）强化项目验收。产权人依据物业服务合同约定的考核验收办法、评分细则，组织对物业服务合同履行情况进行验收，对于金额较大的物业管理合同，产权人可委托第三方实施合同履行质量评价，合同验收结果与合同支付挂钩。

四、物业管理保障

（一）加强监督管理。水行政主管部门要加强水利工程物业管理的监督管理，将物业管理纳入督查考核范畴，督导产权人加强水利工程运行管理，并以物业服务合同为依据，延伸督导物业服务企业做好水利工程运行管护工作。

（二）加强行业自律。充分发挥行业协会在政府与市场主体之间的桥梁纽带作用，提高产权人、物业服务企业自我管理能力，提升行业服务水平。

（三）加强信息管理。水利工程物业管理情况应纳入“浙水安澜”水利工程运行管理应用平台，物业服务合同、运行管护事项等实行线上管理，依法依规公开物业管理相关信息。

（四）加强队伍建设。水行政主管部门要制定修订水利工程物业管理制度，提供业务培训、指导服务；产权人要加强日常管理培训工作，物业服务企业要加强管护服务人员内部业务培训，并积极参加水行政主管部门和产权人举办的培训班，大力培养水利工程运行管护骨干。

（五）加强宣传教育。进一步加强水利工程物业管理的宣传教育，大力宣传物业管理在构建我省水利工程现代化管理体系中的积极作用，引导全社会关心支持水利工程运行管护工作，提高产权人、物业服务企业的加强水利工程运行管理工作的意识，促进水利工程物业管理健康发展。

本指导意见自 2022 年 1 月 20 日起施行。《浙江省水利厅关于印发向社会力量购买水利工程运行管理服务意见的通知》（浙水法〔2016〕4 号）同时废止。

附件（略）

浙江省水利厅关于印发《浙江省水工程防洪调度和应急水量调度管理办法（试行）》的通知

（2021年12月15日　浙水灾防〔2021〕25号）

各市、县（市、区）水利（水电、水务）局：

为规范水工程防洪调度和应急水量调度，保障防洪安全、抗旱保供水安全，根据《中华人民共和国水法》《中华人民共和国防洪法》《浙江省防汛防台抗旱条例》《浙江省水利工程安全管理条例》要求，我厅组织制定了《浙江省水工程防洪调度和应急水量调度管理办法（试行）》。现印发给你们，请结合实际，认真贯彻执行。

浙江省水工程防洪调度和应急水量调度管理办法（试行）

为规范水工程防洪调度和应急水量调度，保障防洪安全、抗旱保供水安全，根据《中华人民共和国水法》《中华人民共和国防洪法》《浙江省防汛防台抗旱条例》《浙江省水利工程安全管理条例》等有关法律法规，制定本办法。

一、适用范围

水工程的防洪调度和应急水量调度适用本办法。

本办法所称防洪调度是指有防洪任务的水库（含水电站，下同）、闸（泵）站等水工程的预泄调度、超汛限水位（控制水位）调度运用及蓄滞洪区调度运用。

本办法所称应急水量调度是指针对可能发生的干旱缺水、咸潮影响、突发水污染事故等危及流域（区域）供水或生态安全情况下，需要启动的水量调度。

二、调度原则

防洪调度和应急水量调度应坚持安全第一、以人为本、统筹兼顾，兴利服从防洪、局部服从整体、优先保障生活用水的原则，实行统一调度、分级负责、前期干预、全程管控，在服从防洪抗旱总体安排、保证水工程安全前提下，协调防洪、供水、生态、发电、航运等关系，充分发挥水工程综合效益。

三、调度依据

防洪调度和应急水量调度根据经批复的流域洪水调度方案、超标准洪水防御预案、工程控制运用计划和应急水量调度预案实施。

四、调度权限

省、市、县（市、区）三级水行政主管部门按照以下规定的调度权限，分级负责本行政区域内的防洪调度和应急水量调度，并对调度执行情况实施监管。调度涉及不同行政区域利益难以协调时，可申请共同的上级水行政主管部门协调或实施调度。

根据汛情和旱情发展需要，省水行政主管部门可以调度本省行政区域内的所有水工程，设区市水行政主管部门可以调度下级水行政主管部门负责调度的所有水工程。

今后随着工程数字孪生和水库上下游调度条件完善，目前由县级水行政主管部门负责调度的中型以上防洪水库逐步实现市级水行政主管部门统一调度，相关调度权限由流域洪水调度方案修编具体规定。

（一）防洪调度

1. 钱塘江流域：新安江水库预泄按照国务院国办通〔1996〕9号文件的规定执行，主汛期汛限水位以上调度由省水利厅实施。当新安江水库水位超过104.5m，且还在继续上涨，经省防指会商确定后，省应急管理厅、省水利厅、国家电网有限公司华东分部、杭州市林水局和建德市水利局共同组成专家组进驻新安江水库。富春江水库规定流量以上及与分水江水库错峰调度由省水利厅实施。分水江水库预泄和规定流量以下调度由桐庐县林水局实施；规定流量以上及与富春江水库错峰调度由省水利厅实施。湖南镇水库预泄和规定流量以下调度由衢州市水利局实施；衢江、兰江错峰调度由省水利厅实施。安华水库预泄和规定水位以下调度由诸暨市水利局实施；规定水位以上调度由省水利厅实施。汤浦、长诏、钦寸水库防洪调度由绍兴市水利局实施。高湖蓄滞洪区由诸暨市水利局调度，大浸畈蓄滞洪区由上虞区水利局调度。其他水工程调度按管理权限由当地水行政主管部门实施。

2. 苕溪流域：青山水库预泄和规定水位（流域调度方案规定，下同）以下调度由杭州市林水局实施；规定水位以上调度由省水利厅实施。南、北湖蓄滞洪区由余杭区林水局调度。赋石水库、老石坎水库、对河口水库防洪调度由湖州市水利局实施。德清大闸等导流港沿线六闸调度由湖州市水利局实施。其他水工程调度按管理权限由当地水行政主管部门实施。

3. 杭嘉湖东部平原（运河流域）：杭州三堡排涝工程调度由杭州市林水局实施。盐官上河闸、长山河枢纽、南台头枢纽、盐官枢纽、独山枢纽调度由嘉兴市水利局实施。其他水工程调度按管理权限由当地水行政主管部门实施。

4. 甬江流域：白溪、皎口、周公宅水库防洪调度由宁波市水利局实施。其他水工程调度按管理权限由当地水行政主管部门实施。

5. 椒江流域：长潭水库防洪调度由台州市水利局实施。临海西门站水位低于规定水位时，牛头山水库防洪调度由临海市水利局实施，里石门水库防洪调度由天台县水利局实施，下岸水库防洪调度由仙居县水利局实施；临海西门站水位超过规定水位时，牛头山、里石门、下岸水库防洪调度由台州市水利局实施。温黄平原主要出海排涝闸防洪调度由台州市水利局实施。其他水工程调度按管理权限由当地水行政主管部门实施。

6. 瓯江流域：当青田鹤城站在规定流量以下时，滩坑和紧水滩水库的预泄和防洪调度由丽水市水利局实施；当青田鹤城站在规定流量以上时，滩坑和紧水滩水库的防洪调度由省水利厅实施。其他水工程调度按管理权限由当地水行政主管部门实施。

7. 飞云江流域：珊溪水库防洪调度由温州市水利局实施。其他水工程调度按管理权限由当地水行政主管部门实施。

8. 鳌江流域：流域内水工程调度按管理权限由当地水行政主管部门实施。

9. 其他跨流域工程：姚江上游西排工程通明闸和梁湖枢纽调度由省水利厅实施。

（二）应急水量调度

1. 浙东引水工程、乌溪江引水工程的应急水量调度由省水利厅实施。

2. 楠溪江引水工程应急水量调度由温州市水利局实施。

3. 除上述 1、2 项外，按照水库（引水工程）管理权限实施。

五、调度决策机制

各级水行政主管部门要建立防洪调度和应急水量调度决策机制，及时组织相关单位和人员以流域为单元进行预报调度会商，根据流域防洪调度方案、水工程控制运用计划和应急水量调度方案，结合雨情、水情、工情，研判防洪与供水形势，组织实施洪水调度和应急水量调度。

六、调度指令下达

调度指令应当明确调度执行单位、调度对象、执行时间、出库流量、水库水位，执行单位可根据调度实际进一步确定开闸（孔）数量、机组运行台数等要求。一般情况下，调度指令提前下达，为调度指令执行和上下游做好相关安全准备工作留出时间，紧急情况下第一时间下达。

各级水行政主管部门应当以书面形式下达调度指令，调度指令以单位公章和主要负责人签署作为确认，同时抄报同级防指，并按规定报上级水行政主管部门。利用数字化平台下达带有电子章的调度指令可视为书面形式。紧急情况下，各级水行政主管部门主要负责人或其授权的负责人可通过电话方式下达调度指令并做好记录，后续及时补发书面调度指令。在遭遇断电、断网、断通信等极端情况时，为保证水工程安全，水工程管理单位有权根据批复的控运计划实施应急调度。遇危及工程安全情况时，水工程管理单位可根据相关预案，先行采取应急调度措施，同步上报调度运用情况，并及时报送说明材料。

七、调度执行与反馈

调度指令执行单位应当严格执行调度指令，按照调度指令规定的时间节点和要求进行相应调度操作，可采取书面、电话等方式反馈调度指令执行情况，做好纸质或电子信息记录，并及时按照年度报汛文件要求报汛。

遇特殊情况不能按照调度规程、运用计划或调度指令调度的，水工程管理单位应当及时向具备相应调度权限的水行政主管部门请示，经批准后实施。

八、调度监管

各级水行政主管部门应当加强水工

程调度执行情况监督管理，通过雨水情系统、电话询问、网络视频等方式实时监控水工程调度指令执行情况，及时督促纠正存在问题。

九、预泄调度

承担防洪任务的水库、水闸和泵站编制的控运计划要包括预泄方案，作为预泄调度依据。水库要根据纳蓄能力与库区预报降雨，科学开展预泄调度。

十、高水位及蓄放水预警

蓄放水对上下游防洪安全有影响的水库应建立高水位预警机制，在水行政主管部门批复的控运计划中明确高水位预警的条件、对象和防御准备措施。

水库防洪调度蓄放水应按照经批复的蓄放水预警方案及时发布预警信息。

十一、调度人员要求

各级水行政主管部门、承担防洪任务的水工程管理单位应落实调度负责人，配备专业技术人员，熟悉所在流域水文气象特点、暴雨洪水特性，掌握调度规程、调度方案、制约因素、关键环节和潜在风险等。

十二、培训演练

各级水行政主管部门、承担防洪任务的水工程管理单位应将调度业务培训、演练纳入工作计划，并按计划对调度岗位开展相应调度业务培训和演练，提高调度管理、执行能力与水平。

十三、施行时间

本办法自 2022 年 1 月 20 日起施行。

署 名 文 章

压实责任　精准发力　全力打赢“遏重大”攻坚战

浙江省水利厅党组书记、厅长　马林云

今年是中国共产党成立100周年，是水利“十四五”规划开局之年，也是浙江争创水利现代化先行省启动实施之年，做好水利安全生产，抓好水利建设施工“遏重大”工作任务艰巨，责任重大。浙江省水利厅将以水利建设施工领域风险普查和隐患排查整治为抓手，持续推进双重机制建设和第二轮安全生产综合治理三年行动，综合施策，全力打赢水利“遏重大”攻坚战，平安护航建党百年。

强化职责分工，落实责任主体。水行政主管部门承担“遏重大”的监管责任，水利生产经营单位承担“遏重大”的主体责任。进一步加大水利行业安全生产警示问责和联合惩戒力度，推动水利生产经营单位由被动接受监管向主动加强管理转变，安全风险管控由水行政主管部门推动为主向生产经营单位自主开展转变，隐患排查治理由行政执法检查为主向生产经营单位日常自查自纠转变。

开展风险普查，摸清安全底数。各级水行政主管部门要认真组织水利建设施工领域安全风险普查专项工作，全面掌握在建工程风险点的数量、种类、风险因子和分布情况，并形成本地区、本单位安全风险数据库，推进安全生产风险监测预警和精准管控。同时，建立“常普常新”的风险普查机制，做好动态辨识管控安全风险。

全面排查隐患，夯实双重预防机制。持续推进安全风险分级管控和隐患排查治理双重预防机制建设。围绕浙江省水利安全隐患大排查大整治专项行动，各级水行政主管部门要按照“边排查、边整改”的原则，督导水利工程建设单位全方位、全过程、各环节辨识安全隐患，建立危险源管控、问题隐患和制度措施“三张清单”，严格执行安全隐患“发现、交办、整改、督查、销号”流程，做到人员、措施、资金、时限和预案“五落实”。

突出重点领域，开展专项治理。结合正在开展的全省水利安全生产专项整治三年行动，各级水利部门要组织对重点水利工程、河湖治理工程、水库山塘除险加固等领域专项检查，确保施工专项方案按期编制，工程设计施工按规程规范进行，施工人员防护到位，机械操作和物料管理规范。发现存在严重安全隐患的项目，要坚决责令停工整顿，实行闭环管理。

推进数智改革，赋能安全监管。着力提升水利行业“遏重大”监测预警能力，加强安全隐患感知体系建设。一方面，要及时开展安全生产状况评估，积极推广使用浙江水利建设管理数字化应用，强化水利在建项目安全生产动态管理。另一方面，利用大数据、人工智能等技术，定期对在建项目存在的风险进行分析，科学研判风险变化趋势，运用“四色图”“安全码”等，实现对风险隐患的快速感知、实时监测、超前预警、联动处置。

夯实能力建设，提升本质安全。各级水行政主管部门和水利单位要强制性、有计划、分层次、常态化组织安全知识和技能培训，同时要在管好增量和推进水利施工企业和在建项目标准化管理上下功夫，加强新上项目安全风险评估，从严从紧组织施工方案安全审查。完善各类应急预案并定期组织演练，强化应急救援物资储备能力，提高应急处置水平。

安全生产警钟长鸣，“遏重大”工作责任在肩！全省各级水利部门要坚持系统观念，加强组织领导，强化协同联动，确保“遏重大”工作取得预期成效，力争为推动浙江水利高质量发展，争当水利现代化先行省作出新贡献，以优异的成绩迎接建党100周年。

（本文发表于《中国水利报》2021年6月29日新闻版）

水 文 水 资 源

Hydrology and Water Resources

049～055 页

雨 情

【概况】 2021年，浙江省年平均降水量1992.5mm，较2020年平均降水量偏多17.1%，较多年平均年降水量偏多22.8%，时空分布不均匀。空间分布上看，宁波市年降水量最大，为2270.4mm；嘉兴市年降水量最小，为1512.9mm。时间分布上看，3月、5月、6月、7月、8月、10月和11月降水量较多年平均偏多16.7%～91.2%，7月为偏多最大月；其他月份偏少13.9%～77.5%，1月为偏少最大月。

【年降水量】 2021年，根据水文年鉴刊印站点统计，全省平均降水量1992.5mm，较多年平均偏多22.8%。各市降水量较多年平均均偏多，舟山、宁波市分别偏多54.7%、48.8%，绍兴、台州、嘉兴和温州市偏多20.7%～33.7%，湖州、杭州、衢州、金华和丽水市偏多11.2%～19.5%，各行政区2021年平均降水量与多年平均降水量对比情况见表1。年降水量地区分布不均，最大为宁波市2270.4mm，最小为嘉兴市1512.9mm，最大值是最小值的1.5倍。时间分布上看，3月、5月、6月、7月、8月、10月、11月降水量分别较多年平均偏多16.7%、60.8%、25.2%、91.2%、48.9%、88.8%、55.5%；1月、2月、4月、9月、12月分别较多年平均偏少77.5%、13.9%、47.4%、17.5%、34.7%。

【汛期降水量】 2021年汛期，浙江省各区域降水量较常年均偏多。降水量分布不均，甬江、鳌江和浙东北沿海诸河水系的部分地区的降水量超过2000mm，钱塘江、杭嘉湖东部平原（运河）等水系的部分地区的降水量小于1100mm，其他大部分地区的降水量为1100～2000mm。2021年八大水系汛期各降水量站降水量分布见表2，行政区汛期各降水量站降水量分布见表3。与常年对比，八大水系中，甬江偏多64.6%，杭嘉湖东部平原（运河）、苕溪分别偏多48.0%、42.9%，鳌江、椒江和钱塘江偏多35.8%～39.6%，瓯江、飞云江分别偏多23.8%、11.2%；各行政区中，舟山、宁波市分别偏多81.8%、70.1%，绍兴、湖州和嘉兴市偏多45.2%～55.0%，台州、杭州和温州市偏多30.3%～38.9%，衢州、金华和丽水市偏多19.8%～29.2%。

表1 各行政区2021年平均降水量与多年平均降水量

单位：mm

行政区	2021年平均降水量	多年平均降水量
杭州市	1852.7	1567.5
宁波市	2270.4	1525.9
温州市	2228.7	1846.2
嘉兴市	1512.9	1222.6
湖州市	1658.6	1388.2
绍兴市	1965.0	1470.0
金华市	1781.4	1527.8
舟山市	2005.6	1296.3
台州市	2212.7	1663.6
衢州市	2155.1	1838.0
丽水市	1976.2	1777.9
全省	1992.5	1622.5

表 2　2021 年八大水系汛期降水量

单位：mm

水　系	汛期降水量
苕溪	1000～2500
杭嘉湖东部平原（运河）	1000～1500
钱塘江	900～2600
甬江	1100～2900
椒江	1200～2500
瓯江	1000～2000
飞云江	1100～2000
鳌江	1400～2500

表 3　2021 年行政区汛期降水量

单位：mm

行政区	汛期降水量
杭州市	1000～2200
宁波市	1100～2900
温州市	1000～2800
嘉兴市	1000～1500
湖州市	1000～2500
绍兴市	1100～2600
金华市	900～1900
舟山市	1200～1900
台州市	1100～2500
衢州市	1000～2100
丽水市	1000～1900

【台风带来的降水量】　2021 年，共有 3 个台风登陆或者影响浙江，分别为第 6 号台风“烟花”、第 14 号台风“灿都”和第 18 号台风“圆规”。其中，第 6 号台风“烟花”是有气象记录以来首个两次登陆浙江省的台风，降水影响时长和过程总降水量均为 1951 年以来登陆浙江台风之最，强降雨区域主要集中在舟山、四明山区、会稽山区和天目山区一带。舟山、宁波等 6 个地级市破历史登陆台风降水总量最大纪录；余姚市降水总量 614.7mm，破历史影响台风最大纪录；杭州市临安区 3 站突破全省单站最大降水量纪录。7 月 22—28 日，全省平均降水量 185.9mm，最大点降水量 1053.1mm。第 14 号台风“灿都”沿浙江东部沿海北上，浙东沿海的宁波、舟山和台州等地局部降特大暴雨，9 月 11—13 日，全省平均降水量 61.6mm，最大点降水量 361.4mm。受第 18 号台风“圆规”外围云系和冷空气共同影响，10 月 11—14 日，全省平均降水量 46.6mm，最大点降水量 493.1mm。

水　情

【概况】　2021 年，受梅雨和多个台风较强降雨影响，苕溪、杭嘉湖东部平原（运河）、钱塘江、甬江、鳌江南港等主要江河（或平原河网）控制站年最高水位超过警戒（或保证）水位，其中甬江余姚等 11 站年最高水位超历史实测最高纪录，钱塘江上游衢江衢州站出现 1998 年以来最大流量；受第 6 号台风和天文大潮汛叠加影响，河口沿海主要水位站年最高水位均超过警戒水位，部分站超历史实测最高纪录。

【江河水情】　2021 年汛期，浙江省主要江河共发生 10 场编号洪水，其中苕溪 2 场、杭嘉湖东部平原（运河）2 场、钱塘江2场、浦阳江1场、甬江3场。全省共有256站次出现超警，其中83站次超保。

5月下旬，钱塘江发生第1个编号洪水：兰溪站出现最高水位28.03m，超警0.03m，相应流量7400m^3/s。梅雨期间，钱塘江发生第2个编号洪水：衢江衢州站出现1998年以来最大流量，相应流量为6870m^3/s；兰溪站出现最高水位29.54m，超警1.54m，累计超警时长46小时，实测最大流量10100m^3/s。

第6号台风"烟花"影响期间，甬江、钱塘江、苕溪和杭嘉湖东部平原（运河）等四大水系同发洪水，共发生5次编号洪水。甬江发生第1个编号洪水：余姚站7月26日9时10分出现最高水位3.53m，超历史0.13m，持续超警177小时，超保96小时；姚江大闸出现年最高水位3.38m，超历史0.44m；浦阳江发生第1个编号洪水：诸暨站出现年最高水位12.04m；苕溪发生第1个编号洪水：瓶窑站出现年最高水位6.55m，超警0.89m；苕溪发生第2个编号洪水：横塘村站出现年最高水位7.57m，超警0.90m；杭嘉湖东部平原（运河）发生第1个编号洪水：嘉兴站出现最高水位2.51m，超过5年一遇左右洪水位0.51m。

8月受集中强降雨影响，杭嘉湖东部平原（运河）发生第2个编号洪水：嘉兴站出现最高水位2.24m，超过5年一遇左右洪水位0.24m；甬江发生第2个编号洪水：姚江大闸出现最高水位2.10m，超警0.10m。

第14号台风"灿都"影响期间，甬江发生第3个编号洪水：姚江大闸出现最高水位2.82m，超警0.82m。受第18号台风"圆规"外围云系和冷空气共同影响，鳌江和温黄平原等部分江河站水位超警。

【钱塘江来水量】 2021年，钱塘江（富春江坝址以上）来水量322.5416亿m^3，较常年同期偏多15.2%。各月来水量与常年同期对比，4月、5月、6月、7月、8月、9月来水量偏多，其中8月偏多110.2%，其余各月均偏少。2021年钱塘江各月来水量情况见表4。

表4　2021年钱塘江各月来水量情况

月份	来水量/亿 m^3	较常年同期
1	11.8022	偏少20.7%
2	5.7802	偏少64.1%
3	24.5246	偏少13.9%
4	32.9288	偏多4.6%
5	63.6379	偏多81.9%
6	53.5447	偏多8.9%
7	49.7837	偏多64.4%
8	41.0400	偏多110.2%
9	19.6940	偏多24.9%
10	6.9051	偏少45.1%
11	7.3051	偏少43.4%
12	5.5953	偏少59.3%

【河口沿海水位】 2021年，受第6号台风"烟花"风暴增水和天文大潮汛叠加影响，浙江省河口沿海主要水位站年最高水位均超过警戒水位，超警幅度为0.34～1.19m。其中，甬江口镇海站出现年最高水位3.68m，超警1.18m，超历史实测最高水位0.40m。2021年河口沿海主要水位站年最高水位情况见表5。

表 5　2021 年河口沿海主要水位站年最高水位情况　　单位：m

水位站名	年最高水位出现时间	年最高水位	超过警戒水位
杭州湾乍浦站	7 月 25 日 0 时 50 分	5.26	0.81
钱塘江口澉浦站	7 月 25 日 0 时 57 分	6.23	1.13
钱塘江口盐官站	7 月 27 日 2 时 30 分	6.88	0.68
舟山岛定海站	7 月 24 日 23 时 15 分	3.13	0.93
甬江口镇海站	7 月 24 日 23 时 55 分	3.68	1.18
三门湾健跳站	7 月 24 日 21 时 45 分	4.46	0.61
椒江口海门站	7 月 24 日 21 时 25 分	4.33	0.58
瓯江口温州站	7 月 24 日 22 时 20 分	4.66	0.66
飞云江口瑞安站	7 月 24 日 21 时 50 分	4.20	0.35
鳌江口鳌江站	7 月 24 日 21 时 45 分	4.33	0.48

（闵惠学）

预警预报

【概况】　2021 年，根据省水利厅统一部署，及时启动相应防汛防台水文测报应急响应，特别在梅雨强降雨和台风影响期间，密切跟踪台风动向，加密滚动预报预警。全省共完成水文预报 3705 站次，其中日常化预报 1464 站次，梅雨期关键预报 928 站次，台风期间水情预报服务 1313 站次。全省发布洪水预警 189 期，发送水情预警短信 990 万余条。

【水情预警】　2021 年，梅雨、台风和局地短时强降雨等影响期间，省水文管理中心及时做好水情预警等相关工作。通过浙江省水情中心短信平台，全年共发送水情预警短信 990 万余条；通过浙江省水雨情信息展示应用，对于超过规定阈值的雨情、水情及时预警；根据《浙江省洪水预警发布管理办法（试行）》，省水文管理中心全年发布洪水预警 32 期，指导地市发布洪水预警 157 期，为全省及时掌握汛情提供可靠依据。

【水文预报】　2021 年，全省共完成水文预报（包括滚动预报、预估预报、退水估报等）3705 站次，省水文管理中心共完成水文预报 3064 站次，其中日常化预报 1464 站次，梅雨期关键预报 784 站次，台风期间水情预报服务 816 站次。市县水文机构和水库管理机构共发布关键水文预报 641 站次。

【梅雨期水文预报】　2021 年梅雨期间，省水文管理中心与相关市县等水文部门，密切关注水雨情变化，提前启动估报和预报分析和会商，共计完成重要控制站日常化预报 736 站次，重要水情站关键洪水作业预报 928 站次，其中省水文管理中心预报 784 站次，市县水文机构 120 站次，水库 24 站次。

【台风期间水文预报】 2021 年台风影响期间，全省共完成台风期间水情预报服务 1313 站次。省水文管理中心动态关注台风动向，研判分析大中型水库可纳雨能力，分别对 10 个河口沿海重要水位站、7 大流域 12 个干流重要防洪控制断面和 5 大平原代表站进行 816 站次滚动水文预报，为水库河网提前预泄预排和海塘风险分析提供技术支撑。

（王浩）

水资源开发利用

【概况】 2021 年，全省水资源总量 1344.73 亿 m^3，产水系数 0.64，产水模数 128.3 万 m^3/km^2。全省年总供水量 166.42 亿 m^3，年总用水量 166.42 亿 m^3，年总耗水量 93.66 亿 m^3，年退水量 41.71 亿 t。

【水资源量】 2021 年，全省地表水资源量 1323.33 亿 m^3，较 2020 年地表水资源量偏多 31.2%，较多年平均地表水资源量偏多 37.9%。全省入境水量 237.56 亿 m^3，出境水量 264.27 亿 m^3，入海水量 1184.85 亿 m^3。

全省水资源总量 1344.73 亿 m^3，较 2020 年水资源总量偏多 31.0%，较多年平均水资源总量偏多 37.8%，产水系数 0.64，产水模数 128.3 万 m^3/km^2。

2021 年，全省 193 座大中型水库年底蓄水总量 242.84 亿 m^3，较 2020 年末增加 18.42 亿 m^3。其中大型水库 34 座，年末蓄水量为 219.85 亿 m^3，较 2020 年末增加 13.14 亿 m^3；中型水库 159 座，年末蓄水量为 22.99 亿 m^3，较 2020 年末增加 5.28 亿 m^3。

【供水量】 2021 年，全省年总供水量 166.42 亿 m^3，较 2020 年增加 2.48 亿 m^3。其中地表水源供水量 161.68 亿 m^3，占 97.2%；地下水源供水量 0.22 亿 m^3，占 0.1%；其他水源供水量 4.52 亿 m^3，占 2.7%。在地表水源供水量中：蓄水工程供水量 68.52 亿 m^3，占 42.4%；引水工程供水量 26.51 亿 m^3，占 16.4%；提水工程供水量 58.10 亿 m^3，占 35.9%；调水工程供水量 8.55 亿 m^3，占 5.3%。

【用水量】 2021 年，全省年总用水量 166.42 亿 m^3，其中农田灌溉用水量 63.63 亿 m^3，占 38.2%；林牧渔畜用水量 9.63 亿 m^3，占 5.8%；工业用水量 35.81 亿 m^3，占 21.5%；城镇公共用水量 18.69 亿 m^3，占 11.2%；居民生活用水量 31.87 亿 m^3，占 19.2%；生态环境用水量 6.79 亿 m^3，占 4.1%。

【耗水量】 2021 年，全省年总耗水量 93.66 亿 m^3，平均耗水率 56.3%。其中农田灌溉耗水量 45.13 亿 m^3，占 48.2%；林牧渔畜耗水量 7.60 亿 m^3，占 8.1%；工业耗水量 13.48 亿 m^3，占 14.4%；城镇公共耗水量 7.66 亿 m^3，占 8.2%；居民生活耗水量 13.66 亿 m^3，占 14.6%；生态环境耗水量 6.13 亿 m^3，占 6.5%。

【退水量】 2021 年，全省日退水量 1142.77 万 t，其中城镇居民生活、第二产业、第三产业日退水量分别为359.37万t、523.06万t、260.33万t，年退水总量41.71亿t。

【用水指标】 2021年，全省平均水资源利用率达到12.4%。农田灌溉亩均用水量325.4m^3，其中水田灌溉亩均用水量388.2m^3，农田灌溉水有效利用系数0.606。万元国内生产总值（当年价）用水量22.6m^3。

（王贝）

水质监测工作

【概况】 2021年，全省各级水文机构组织实施全省江河湖库地表水和地下水水质监测，开展水生态监测和健康评价体系研究，为“浙水美丽”提供技术支撑，全省江河湖库总体水质优良，总体合格率为94.2%。

【水质监测】 2021年，组织做好283个江河湖库水质站、156个国家地下水监测工程重要水质站的水质监测和评价工作，完成监测评价水样3万余份，向水利部和流域机构报送数据20余万个。编制完成《浙江省地表水资源质量年报（2020年）》《浙江省国家地下水水质监测评价报告》。

【水生态监测】 2021年，组织对全省21个典型供水水库及重要湖泊进行浮游植物普查，每月开展浮游植物监测1次，每季度开展浮游动物监测1次，全年共完成检测指标约3000项次，并在此基础上编制完成《浙江省重点湖库浮游植物监测分析报告》。探索构建水生态健康评价体系，在温州市珊溪水库与泽雅水库、天台县、飞云江流域分别建立水库型水源地、中小河流、流域型水生态健康评价体系试点，累计开展监测100余站次，取得数据成果45万余条。

【行业管理】 2021年，省水资源监测中心加强全省水质监测行业管理工作，印发《浙江省水资源监测中心关于做好2021年度标准查新工作的通知》，开展管理体系文件修编和年度管理评审工作，完成年度水质监测资料会审。组织参加太湖流域水文水资源监测中心的质量控制考核，组织对各市检测人员进行年度标准样品考核。全年编制30份检测报告，并按国家市场监督管理总局的要求，分季度完成检测报告清单的报送工作。组织开展全省水质监测安全大检查，修订印发《水质监测安全管理制度》《仓库安全管理制度》《浙江省水文管理中心易制毒化学品安全管理办法》《浙江省水文管理中心和各市水文站（总站）（各分中心）水质监测安全生产职责清单》。做好仓库制度上墙工作，在醒目位置增设安全提示牌和安全警示语，组织开展消防、安全管理制度及实验室安全教育培训18次，培训人员100余人次。适应数字化改革趋势，开启云课堂培训新模式，完成29个水质监测培训视频的拍摄、修改、配音和剪辑工作，视频拍摄长达400余小时，在浙政钉“水利云课堂”上线。至12月底，单个视频的播放量均在200次以上。

（郑淑莹）

水旱灾害防御

Flood and Drought Disaster Prevention

057～068 页

水旱灾情

【概况】 2021年，全省平均降水量1992.5mm，较多年平均偏多22.8%。汛期（4月15日至10月15日）全省降雨量1377.1mm，较多年平均偏多24.3%，其中梅雨期（6月10日至7月5日）面雨量262.5mm，较多年平均偏少18.8%。全年有3个台风登陆或影响浙江。2020年9月下旬至2021年2月中旬，全省晴多雨少，平均降水量仅107.5mm，较常年同期偏少61%，遭遇"冬春连旱"，致局部地区出现2013年以来最严重旱情。

【梅雨特征】 2021年，浙江梅雨期略短，降雨总量偏少。浙江6月10日入梅，7月5日出梅，梅雨期25天，较常年（30天）偏短5天。据省水文管理中心监测，全省梅雨量262.5mm，较多年平均偏少18.8%。

梅雨期大暴雨范围集中且强度大。6月30日至7月2日，衢州市部分地区持续出现暴雨、大暴雨，全市降雨量228.6mm，县级降雨量较大的有常山县310mm、开化县274mm；常山县最大1日降雨量163.1mm，列历史实测记录以来第1位；最大3日降雨量327.2mm，仅次于1967年344.1mm，列有历史实测记录以来第2位。

多条河流发生超警洪水。受集中强降雨影响，全省共有30条河流发生超警或超保洪水，其中达到或超过保证水位的站点均在钱塘江流域。

钱塘江上游出现双峰洪水。受6月30日、7月1日两场降雨叠加影响，钱塘江流域发生2021年第2号洪水，兰溪站7月2日6时30分达洪峰水位29.54m（超警戒1.54m），至7月2日19时（连续超警长达46小时）退至警戒以下；钱塘江上游常山站和衢州站水位出现双峰，其中衢州站7月2日1时第2次洪峰水位63.51m（超警戒2.31m），实测最大流量6870m^3/s，为1998年以来最大。

【台风特征】 2021年，浙江省主要受到第6号台风"烟花"、第14号台风"灿都"和第18号台风"圆规"3个台风影响。

1. 第6号台风"烟花"。该台风是历史上有气象记录以来首个在浙江省两次登陆的台风，带来的风、雨、潮、洪影响极为罕见。该次台风呈现以下特点：

（1）台风影响时长超历史。第6号台风"烟花"于7月18日2时生成，25日12时30分在舟山普陀区登陆，26日9时50分在嘉兴平湖市沿海再次登陆。台风带来的风雨影响从20日开始，至28日基本结束，时长达9天，破登陆浙江省台风影响时间最长纪录（5207号热带低压影响6天）。

（2）过程雨量超历史。台风"烟花"影响期间，余姚市过程雨量614.7mm，超过该市2013年台风"菲特"561.0mm的最大纪录；其中余姚市丁家畈站累计雨量1034mm，破全省单站最大纪录，此前最大是2019年"利奇马"台风乐清市福溪水库站1026.5mm。

（3）沿海潮位超历史。台风"烟花"

影响期间，正值天文大潮汛（农历六月十四至十八），受风暴增水和天文大潮叠加影响，宁波、舟山沿海多个海洋站点潮位超历史实测纪录，其中，宁波站实测潮位3.79m（9711台风3.26m），镇海站实测潮位3.68m（9711台风3.28m）。

（4）江河水位超历史。姚江、苕溪、浦阳江、运河发生流域性大洪水，全省共有11个江河主要控制站水位超历史实测最高纪录，其中甬江余姚站3.53m（2013年“菲特”台风3.40m），苕溪杭长桥站3.83m（1951年梅雨3.77m），浦阳江湄池站10.58m（9711台风10.48m）。

2. 第14号台风“灿都”。该台风于9月7日8时在西北太平洋洋面生成，生成后在24h内从热带低压直升至超强台风，并维持超强台风级别100h以上。鼎盛期时（10日17时），中心附近最大风力17级以上（68m/s），中心最低气压905hPa。该次台风呈现以下特点：

（1）台风路径多变。台风“灿都”生成后移动路径从一开始的西移到北折，沿海北上到舟山外海后又转向西北，到杭州湾外海又掉头向东南并减缓移速。

（2）降雨落区和时段集中。受台风影响，大暴雨主要分布在浙江东部地区，强降雨时段主要集中在9月13日。特大暴雨主要集中在宁波市、舟山市、台州市等地，其中宁波市183.2mm、舟山市142.8mm、台州市112.6mm。宁波市余姚市单日雨量148.8mm（占过程累计降水量的68%）。

（3）多条江河超警。全省共有45个江河站水位超警（11站超保），其中甬江有23站、杭嘉湖区有17站。甬江余姚站最高水位2.92m（超保0.32m），杭嘉湖区嘉兴站最高水位1.90m（超保0.04m）。受天文潮与风暴增水叠加影响，奉化江北渡站最高水位4.05m（超保0.65m），甬江宁波站最高水位2.89m（超警0.39m）。

3. 第18号台风“圆规”。受该台风外围云系和冷空气共同影响，10月11—14日，浙江沿海地区普降大到暴雨、部分大暴雨、局部特大暴雨，全省平均降水量46.6mm，过程雨量最大的市为温州市153.1mm。较大的县有苍南县267.2mm、龙湾区234.7mm，单站最大为苍南县挺南水库493.1mm。

【干旱特征】 2021年，浙江全省降雨时空分布不均，上半年梅雨期略短、降雨量偏少，叠加2020年9月下旬至2021年2月中旬的晴多雨少的天气，温州、台州、宁波、舟山等地发生较严重旱情。2月初，全省大中型水库蓄水总量约210亿m^3，较同期少11亿m^3；温州、宁波、绍兴、舟山、湖州等地大中型水库蓄水量较常年同期偏少二至三成。部分江河湖库水位下降较快，供水水源溪沟接近断流或山塘蓄水明显不足，山区出现供水紧张。温州部分地区干旱程度超过50年一遇，其中平阳县、瑞安市最大连续无雨天数达69天，2月中旬迎来明显降雨后有所缓解。宁波全市无有效降雨达80天，降水量较常年同期偏少近六成，直至5月降雨增多后逐步缓解。

【灾情损失】 2021年，全省因梅雨、台风强降雨引发洪水灾害损坏堤防2420处、护岸2004处、水闸195座、塘坝310处、灌溉设施331处、机电泵站136个，水利工程设施直接经济损失15.93亿元。2020年9月至2021年2月晴旱少雨，全省累计2226村175.17万人出现供水紧张或困难，其中供水紧张164.5万人、供水困难10.67万人。

水旱灾害防御基础工作

【概况】 2021年，全省水利系统在省委、省政府的领导下，坚持"一个目标、三个不怕、四个宁可"（一个目标：牢固树立"不死人、少伤人、少损失"；三个不怕：不怕兴师动众、不怕劳民伤财、不怕十防九空；四个宁可：宁可十防九空，不能失防万一；宁可事前听骂声，不可事后听哭声；宁可信其有，不可信其无；宁可信其重，不可信其轻），坚决防止和克服"四种错误思想"（"天灾不可怕，伤亡免不了"的消极思想、"不是地质灾害点就不需要人员转移"的麻痹思想、"干部只要到岗就是尽责"的免责思想、"台风一走、风险也走"的松懈思想），全力做好水情监测预警、水工程调度、抢险技术支撑等工作，确保主要江河、湖库、山塘及涉水工程的防洪安全，全省水库无一垮坝，重要堤防、海塘无一决口。全省滚动发布洪水预报3310站次，风暴潮预报34期340站次；省级发布洪水预警32期、山洪灾害气象预警68期1123县次、水情分析359期，向公众发布山洪预警短信580.9万条、水雨情信息5700余万条。防御梅雨和台风期间，调度大中型水库累计预泄33.82亿m^3，拦蓄146.09亿m^3，沿海平原河网累计排水86.37亿m^3。成功防御两次登陆的第6号"烟花"台风，得到水利部和省委、省政府主要领导批示肯定。

【动员部署】 2021年，省委书记袁家军、省长郑栅洁、常务副省长陈金彪、副省长刘小涛、副省长徐文光等省领导多次检查指导，多次批示指示，要求坚持人民至上、生命至上，有效保障人民群众生命财产安全，最大限度减轻灾害损失，为建设"重要窗口"提供安全保障。7月26日，国家防总副总指挥、水利部部长李国英赴浙江省连夜听取防御第6号台风"烟花"情况汇报，指导部署防御工作。水利部多次派出工作组赴浙江省检查指导防汛。省水利厅党组书记、厅长马林云迅速研究部署，指挥协调；其他厅领导，厅机关各处室、厅属各单位协同配合，共同防御洪涝台旱灾害。

【备汛工作】 2021年，省水利厅调整水旱灾害防御工作领导小组成员；各地全面落实责任并按权限公布水库大坝、水闸、泵站和堤防海塘的"三个责任人"3万余人。

完善预案方案，全面梳理修订七大流域洪水调度方案、超标洪水防御预案；各地组织编制水库、水闸、泵站等水利工程控制运用计划，省级完成33座大型及跨市安华水库、4座跨市大中型闸站的控运计划核准。

加强形势研判，组织11个市开展水旱灾害防御形势研判，全面梳理风险点、主要问题和薄弱环节，为统筹做好年度工作奠定基础。

深入查改隐患，从2月中旬开始，全省水利部门采取工程单位自查、县级检查、市级抽查、省级督查等方式，开展水旱灾害防御大检查，其中省级专项督查从3月中旬开始，由省水利厅领导带队，组织专业技术人员50余人，分赴11个市，排查工程100多处。全省共出动6.33万人次，检查工程4.28万处（点），发现并整改问题和隐患1423处。1.18万处水毁水利工程在主汛期前全部完成修复或落实安全度汛措施。

强化演练培训，全省共组织水旱灾害防御演练338场次1.9万人次、培训361班次2.9万人次，其中省级联合金华市政府开展依托数字化平台，包括水库、堤防险情应急处置和山洪灾害防御3方面内容的演练，有效检验预案，提高实战能力。

调补物资队伍，组织落实防汛抢险和洪水调度专家1200人，储备编织袋、土工布、救生衣（圈）、舟艇等2.38亿元防汛抢险物资。

【强化“四预”】 2021年，各地水利系统强化“四预”（预报、预警、预案、预演）措施，合力打好防汛主动仗。省级启动或调整提升应急响应24次，其中防御梅雨期间6次，防御台风“烟花”期间8次，防御台风“灿都”期间8次，防御强对流天气期间2次。

防御台风“烟花”期间，从7月20日启动响应到台风登陆前一天提升至Ⅰ级，随后根据汛情变化逐步调整响应等级，至8月4日结束应急响应，响应持续时间达15天。强化监测预报预警。全省滚动发布洪水预报3118站次，风暴潮预报34期340站次。省级发布洪水预警32期、山洪灾害气象预警64期1060县次、水情分析339期，向公众发布山洪预警短信572.8万条、水雨情信息5300余万条。7月24日11时50分，及时向诸暨市发送山洪灾害预警，提前转移2647人，有效避免人员被困。

科学调度水利工程。调度大中型水库累计预泄29.73亿m^3，拦蓄143.26亿m^3，沿海平原河网累计排水86.37亿m^3，有效保证汛情总体平稳可控。台风“烟花”影响期间，姚江流域四明湖水库拦洪4500万m^3、削峰率达99.8%，姚江西排工程跨流域强排曹娥江水量3530万m^3，减少余姚断面10.7%的来水量，降低余姚水位约30cm；浦阳江石壁、陈蔡和安华水库拦洪6300万m^3，高湖蓄滞洪区分洪530万m^3，有效降低诸暨站水位约90cm。抗旱期间，调度浙东引水工程向绍兴市、宁波市、舟山市供水1.53亿m^3，保障重点区域和重要城市供水安全。

加强工程安全监管。防御梅雨、台风期间，严格落实151座病险水库空库或限蓄措施。加密开展水库、山塘、堤防、在建水利工程风险研判，动态下发风险提示单，提示风险并明确防御要求。加强巡查检查，重点关注关键部位、重要堤段、薄弱环节；高水位运行和强降雨影响地区的水库、山塘，落实专人24小时巡查盯防，全省出动28.52万人次，检查18.01万处次水利工程，对检查发现的风险隐患实行清单化闭环管理。

加强检查指导和技术支撑。应急期间，各级水利部门对6529座小型水库和3382座山塘巡查责任人巡查情况，以及1885名基层山洪防御责任人履职情况开展抽查；派出工作组4281组次3.3万人次、专家组935组次4256人次，指导基层开展工作。在台风“烟花”影响期间，省水利厅11个工作组、2个水库安全度汛指导组下沉各市，姚江西排枢纽、德清大闸跨区域跨流域调度专家组进驻现场，研判形势，强化支撑。应急期间，调派70余名抢险队员和9辆大型排涝泵车等装备，奔赴舟山市、宁波市、嘉兴市、绍兴市诸暨市等地参与强排水作业，累计排水超43万m^3。

【夯基提能】 2021年，太湖环湖大堤（浙江段）后续工程等开工建设；缙云县潜明水库一期通过蓄水验收、平阳县水头南湖分洪具备应急通水条件、诸暨市高湖蓄滞洪区改造完工；姚江上游西排工程完工，新增强排能力165m^3/s；八堡泵站预计年底完成主体，新增杭嘉湖南排工程强排能力700m^3/s。

提升本质安全水平。印发《海塘安澜千亿工程建设行动计划》和《浙江省海塘安澜千亿工程建设规划》，海塘安澜千亿工程建设全面提速，全年新开工建设239km；有182座水库完成除险加固并通过完工验收；病险山塘整治完成441座。

提升山洪防御能力。省、市、县共用的浙江省钱塘江流域防洪减灾数字化平台——山洪防御应用投入试运行，共享气象数值预报成果，制作发布未来1h、3h、6h、24h和48h山洪灾害预报预警“五色图”；滚动短临预报，分钟级响应、小时级预警，点对点推送至基层责任人。加快推进4条重点山洪沟防治；安装山洪灾害声光电预警设施128套；编制山洪灾害防御工作清单，指导各地修编县级山洪灾害防御应急工作预案；3月底完成全省14005个山洪灾害防御重点村落预警阈值首轮核定，并在汛期开展动态复核。

扎实推进风险普查。成立以分管厅领导为组长的领导小组和工作专班，强化对全省水旱灾害风险普查的组织指导。制定印发风险普查实施方案和工作指南。完成临安、苍南、遂昌国家级试点和平湖、温岭省级试点工作，形成第一批普查成果，并100%完成成果数据录入。各市县筹措资金，推进普查工作落地，全省已有57个市、县（市、区）完成招投标工作（包含5个功能区）。

持续强化数字赋能。按照“智慧水利建设要从水旱灾害防御开始”的要求，聚焦“浙里安全”跑道，加快推进“防洪减灾在线”应用场景建设，强化数字“四预”能力。洪水预报调度一体化实现突破，集成降雨预报、径流预测、工程调度、洪水演进等功能的东苕溪数字流域预报调度模块上线运行。迭代升级“浙江省江河湖库水雨情监测在线分析服务平台”，实现水文“测、报、传、算、用”一平台处理。扎实推进全国河湖水文映射试点工作，构建钱塘江中上游数字流场，完成河湖映射模块预报预警、工程预案、洪水风险模块开发，基本具备洪水三维演进功能。钱塘江数字流域先行先试工作顺利通过水利部验收。金华市小流域山洪数字孪生试点有效破解小流域山洪灾害防御难题，省大数据局联合省水利厅向全省推广。沿海海塘漫溃堤风险实时动态预警场景上线试运行，初具海塘防潮风险与山洪灾害风险“五色图”一图呈现，并自动生成风险清单的功能。小流域山洪预警及应急联动、流域区域预报调度一体化、区域防洪风险研判、防台风风险动态研判与管控等数字化改革试点顺利完成。

【制度建设】 2021 年，省水利厅制定出台监测预警、水工程调度等方面规范性文件，进一步健全水旱灾害防御制度体系。1 月 18 日，印发《浙江省水利旱情预警管理办法（试行）》（浙水灾防〔2021〕2 号），规范水利旱情预警工作，明确预警、预警对象、预警方式、预警流程和水利旱情预警指标及其等级标准等。3 月 15 日，印发《浙江省山洪灾害预警发布管理办法（试行）》(浙水灾防〔2021〕5 号)，规范山洪灾害预警发布工作，明确山洪灾害预警分为监测预警和预报预警，并分别设定预警等级。根据新修订的《浙江省防汛防台抗旱条例》，12 月 15 日印发实施《浙江省水工程防洪调度和应急水量调度管理办法（试行）》（浙水灾防〔2021〕25 号），明确调度适用范围、调度原则、调度权限、调度指令下达、调度执行与反馈要求等，进一步规范水工程防洪调度和应急水量调度，全力保障防洪安全、抗旱保供水安全。

【部门协作】 2021 年，省水利厅协同做好《浙江省防汛防台抗旱条例》修订和《浙江省自然灾害救助应急预案》《浙江省地震应急预案》制定工作，提出《断水、断电、断网、断路、断气等极端情况下的应急联动的指导性意见》相关意见，梳理水利部门在地质灾害、地震、气象、海洋等灾害防治中履行的职能和任务清单，参加省应急管理厅、省自然资源厅、省建设厅、省人防办、省地震局等部门组织的应急会商、隐患治理督查、宣传演练。

防御梅雨强降雨

【概况】 2021 年，浙江省梅雨期略短，总量偏少。梅汛期间，省水利厅共发布洪水预报 325 站次、洪水预警 13 期、水情分析 33 期，向公众发布水雨情信息 480 万余条，发布未来 24h 山洪灾害气象预警单 18 期 307 县次，点对点发布短临预报预警 30 县次。全省大中型水库累计预泄 7.7 亿 m^3，拦洪 41.4 亿 m^3，杭嘉湖、萧绍甬、温黄等平原河网累计排水 20.08 亿 m^3。强降雨期间，各级水利部门发挥技术优势，第一时间派出技术人员，奔赴一线参与抢险救援，为防灾减灾提供技术支撑。

【动员部署】 2021 年入梅以后，省委书记袁家军、省长郑栅洁、常务副省长陈金彪、副省长徐文光等省领导多次检查指导防汛防台工作，并作出重要批示指示。全省各级水利部门贯彻落实习近平总书记“一个目标、三个不怕、四个宁可”防台抗灾和“两个坚持、三个转变”(两个坚持：坚持以防为主、防灾救灾相结合，坚持常态减灾与非常态救灾相统一；三个转变：从注重灾后救助向注重灾前预防转变，从应对单一灾种向应对综合减灾转变，从减少灾害损失向减轻灾害风险转变）防灾减灾工作理念，按照水利部工作部署以及省委、省政府领导一系列重要批示指示和讲话精神，始终坚持“防汛抗旱是水利部门的天职”，立足防大汛、抢大险、救大灾，全力投入梅雨防御工作。入梅当天，省水利厅发出《关于平安护航建党100周年切实做好梅汛期水旱灾害防御工作的通知》，全面部署梅雨防御工作。6月17日上午，省水利厅厅长马林云召集相关处室负责人，专题研究水库山塘安全度汛工作。厅领导每天组织会商，动态研判汛情发展。根据防御工作要求，省水利厅分别于6月11日、13日、25日、28日、30日接连发出通知，就加强监测预报预警、水利工程巡查检查、山洪灾害防御、科学调度水利工程等工作进行部署。6月28日、30日，7月2日，向衢州市、金华市、温州市、丽水市等地发出工作提示函，针对性进行部署。根据预案，省水利厅于30日15时30分启动水旱灾害防御Ⅳ级响应，强降雨地区市县水利部门根据预案，及时启动应急响应。

【监测预报】 省水利厅严格执行24小时值班值守，密切监视雨情、水情、工情，动态分析，滚动研判，厅值班室及时向强降雨地区开展电话提醒。入梅以来，全省发布洪水预报325站次、洪水预警13期；省水文中心发布水情分析33期，向公众发布水雨情信息480万余条，发布未来24小时山洪灾害气象预警单18期307县次，点对点发布短临预报预警30县次。省水利厅加强与省气象局的沟通协作，完善联合发布机制，从6月26日开始，联合发布山洪预警15期。各地通过山洪灾害预警平台，向乡镇、村防汛责任人定向发送预警短信133.6万条。

【防御调度】 2021年6月30日至7月2日强降雨影响期间，为减轻兰溪压力，新安江、湖南镇等大中型水库全力拦洪，调度富春江水库最大下泄流量达10500m³/s，控制坝前水位不超过22m，为上游洪水顺畅下泄创造良好条件。湖州导流东大堤5闸相继关闸运行，杭嘉湖南排工程长山闸、南台头闸、独山闸相继开闸排水，减轻杭嘉湖东部平原（运河）的防洪压力。梅汛期间，全省大中型水库累计预泄7.7亿m³，拦洪41.4亿m³，杭嘉湖、萧绍甬、温黄等平原河网累计排水20.08亿m³。

【巡查检查】 2021年5月27日至6月15日，各地通过水利业务干部检查、乡镇村联合检查、委托第三方检查等方式，累计出动6.8万人次，完成新一轮4296座水库、1.8万处山塘全覆盖的风险隐患排查，其中省水利厅领导带队的10组43人，对28个县（市、区）98座水库进行省级督导。各地坚持即查即改、立查立改，共整改存在问题或隐患的水库山塘2310座。6月26日开始，每天针对预报有强降雨的地区，省、市、县三级分别开展水库、山塘、山洪灾害防御等责任人履职情况抽查，确保督查见人到底，共计抽查6945人次责任人。根据副省长刘小涛指示，省水利厅对前阶段及时发现并上报险情的4名山塘巡查员进行通报表扬，建议当地给予1000元的奖励。

【技术指导】 2021年梅汛期间，省水利厅派出工作组赴衢州市开化县、金华市兰溪市协助指导水利防汛工作，会同水利部工作组共同在衢州市检查指导强降雨防范工作。6月30日，省水利厅厅长马林云对杭州市桐庐县部分小型水库和山塘开展“四不两直”（不发通知、不打招呼、不听汇报、不用陪同接待，直奔基层、直插现场）暗访。受强降雨影响，部分县（市、区）出现险情，一些水利工程设施损毁，当地水利部门发挥技术优势，第一时间派出技术人员，奔赴一线参与抢险救援，为防灾减灾提供技术支撑。在强降雨期间，兰溪市水务局派出12个水利技术工作组，坚守在抗洪抢险第一线，加强对乡镇强降雨防御工作的指导；7月1日下午，江山市大陈乡大塘溪一处堤防被冲开十几米的缺口，县水利局第一时间派出由副书记带队的专家组4人，奔赴现场，分析研判，提出抢护建议，协助开展处置。

防御台风洪涝

【概况】 2021年，浙江省主要受3次台风影响，分别为第6号台风“烟花”、第14号台风“灿都”和第18号台风“圆规”。在省委、省政府和省防指坚强领导下，全省水利系统把防御台风作为中心工作，有效保障人民群众生命财产安全，最大限度减轻灾害损失。

【防御第6号台风“烟花”】 超前部署，超常响应。2021年7月18日，第6号台风胚胎生成。登陆前4天，省水利厅厅长马林云主持召开全省视频会议。依托省水利水电勘测设计院、省水利河口研究院、省水利水电技术咨询中心、省水文管理中心等技术力量，提前组建水文测报等7个应急工作组、11个前方工作指导组、5类工程抢险专家组。台风警报发布后，7月21日8时30分启动水利防台Ⅳ级应急响应，24日12时提升至Ⅰ级。27日台风中心移出浙江省，鉴于汛情严峻，省水利厅维持Ⅱ级以上响应至29日，响应持续时间之长、维持高响应强度之久前所未有。

数字测报，数智预警。应用数字化改革成果，依托浙江省防洪减灾数字化平台，每5min实时采集、15min动态报送9000余个水文测站信息，Ⅲ级响应一天三次、Ⅱ级以上1h一次加密预报，逐小时滚动发布雨水情监测预报信息。共发布水情分析106期、风暴潮预报20期、水雨情信息195万余条。推进山洪灾害防御数字化实战应用，提前24h发布山洪风险“五色图”；滚动短临预报，分钟级响应、小时级预警，点对点推送至基层责任人，累计发布山洪灾害预警285县次，发送预警短信115.2万条，提醒转移群众11.4万人。24日11时50分，及时向绍兴市诸暨市发送预警，提前转移2647人，有效避免人员被困。

精算水账，精准调度。按照“不出险情、整体优化、综合调度”要求，以确保水库大坝和上下游、左右岸防洪安全为前提，科学精准调度，最大限度发挥水利工程防灾减灾作用。集中50余名专家，聚焦姚江、苕溪、杭嘉湖，逐座水库计算纳蓄能力，逐条河流测算水位流量，制定预泄、预排、拦洪、错峰方案。台风来临前，大中型水库预泄11.88亿m^3，平原河网预排11.7亿m^3，承雨量普遍达到300mm以上。台风影响期间，全省水库全力拦蓄15亿m^3，平原河网加大外排22.3亿m^3，保证汛情总体可控。甬江、浦阳江和苕溪等流域水库（闸泵）拦洪错峰作用明显，四明湖水库拦洪水量4500万m^3、削峰率达99.8%，姚江西排工程跨流域强排到曹娥江3530万m^3，共减少余姚断面10.7%来水量，降低余姚水位约30cm，有效控制最高水位不超过3.6m，避免下游农防漫堤；浦阳江石壁、陈蔡和安华水库拦洪水量6300万m^3，高湖蓄滞洪区分洪530万m^3，有效降低诸暨站水位约90cm。

严格摸排，严实布防。聚焦海塘、水库、山塘农饮工程、在建工程、山洪灾害等5个防御重点，组建5个专班，动态研判风险，细化下发86份重大风险提示单，表格化清单式闭环管控。突出重点盯防，151座病险水库落实专人“一对一盯防”，严格实行空库运行或限蓄措施；全面排查1450余项在建工程潜在风险及次生风险，制定“一项一策”，细化128条防御要求，在台风来临前全部整改到位；按照海塘防御能力和风暴潮预报，对全省841条2014km标准海塘逐条进行比对分析，全面摸排，建立187条258km高风险海塘清单，落细落实防御措施。宁波市迅速行动，第一时间完成镇海、北仑等石化产业集聚区一线海塘缺口封闭，连夜构筑18km二道防线，确保园区安全。

全员投入，全力以赴。省水利厅厅长马林云、总工程师施俊跃和省水文管理中心主任范波芹带头连续8天8夜坐镇指挥，其他厅领导各司其职、各负其责，高效协作、行动有力。2200多名厅系统干部职工投身防台抢险，11个工作组、2个水库安全度汛指导组下沉各市，姚江西排枢纽、德清大闸跨区域跨流域调度专家组进驻现场。各级水利部门党员干部共出动3.3万人次，对2.4万处水利工程进行检查，特别是台风影响期间，加密重点部位、关键工程巡查检查，确保隐患第一时间发现、第一时间排除。

经过全省上下共同努力，守住了沿海海塘、水库山塘、重要堤防、山洪灾害防御的安全底线，做到了人员不伤亡、水库不垮坝、干堤不决口、重要基础设施不受冲击。

【防御第14号台风“灿都”】 闻风而动，动态部署。2021年9月7日，第14号台风“灿都”胚胎生成后，省水利厅厅长马林云通过电话、钉钉等方式，要求密切关注，充分准备，有序应对。9日以后，省水利厅领导每日召开专题会议，滚动会商、研判形势。11日，召开全省水利台风防御视频会，部署台风防御工作。12日，省防指会议后第一时间召开会议传达贯彻落实省领导讲话精神，并就相关工作作出部署。10日13时，省水利厅启动水旱灾害防御（防台）Ⅳ级应急响应，12日18时，提升至Ⅰ级。

加密预报，及时预警。按照“最大程度把预报时间缩减到最短、把专题预报做到最细、把预警预报做到最精准”的要求，依托强大的全省智能感知网和钱塘江防洪减灾数字化平台，Ⅳ级响应每日3次、Ⅲ级和Ⅱ级响应3h一次、Ⅰ级响应1h一次加密预报，滚动发布预报信息。与气象、海洋部门联合会商，预报沿海潮位50站次；应用气象共享数值预报成果，滚动发布江河洪水预报330站次、洪水预警3期；向公众发布水雨情信息75万余条。发挥山洪灾害防御数字化应用建设成效，充分运用覆盖全省山丘区的山洪灾害调查成果，提前24h发布山洪灾害风险“五色图”150县次；分钟级响应、小时级预警，省到县点对点发布短临预报预警23期；到村到人发送预警短信33万条；指导转移山洪危险区人员4.7万人。

全程管控，破解“两难”。根据当时情势研判，浙江省沿海地区平原河网于8日开始预排预泄。10日，省水利厅下发文件要求科学调度、梯次调度，沿海平原河网先行加大预排力度，受影响地区大中型水库按照“一库一策”完善预泄方案，紧盯水库雨量预报，梯次开展调度。在台风影响前，紧急开发大中型防洪水库纳蓄能力研判模型并实战试运行，在台风防御过程中实时研判水库预报降雨与可纳雨能力对比，及时调整泄蓄方案，效益初显。湖州市、宁波市、台州市等地在确保防洪安全前提下，加强拦蓄洪水，降低后续旱情风险。如宁波四明湖水库几乎全拦，拦洪水量0.15亿m^3，削峰率99.5%。截至15日8时，全省沿海平原河网累计排水14.05亿m^3，大中型水库预泄7.3亿m^3（其中新安江水库发电下泄3.31亿m^3）、拦蓄洪水总量5.08亿m^3。大中型水库蓄水总量263.5亿m^3，蓄水率80.8%，较同期多蓄10.6亿m^3。

紧盯风险，清单管控。11日晚，省水利厅视频连线9个市水利局，点对点开展风险提示。先后向有关市、县发送各类风险提示单42份，完善“提示—落实—反馈”闭环机制，表格化清单式管控。按照“管理要到位”要求，督促各地落实病险水库严格限蓄或空库运行，已完成加固的81座三类坝水库打开放水设施，未加固和正在加固的210座三类坝水库全部空库运行或打开放水设施。受台风影响地区的海塘、河堤各类闸门梯次完成关闭、封堵缺口。

加强指导，强化协同。启动响应后，省水利厅先后派出6个工作组赴温州市、台州市、宁波市、舟山市、绍兴市、嘉兴市指导工作；组建水库山塘、海塘堤防、水闸泵站、山洪灾害、综合处置5类抢险技术专家组。各地水利部门累计出动5000余组次4.1万人次，对1.7万处水利工程开展巡查检查。同时加强部门联动，合力做好台风防御工作，如派出专家加入省防指重大灾害应急工作组，协同做好分析研判；向省气象台派驻技术骨干，强化联合会商；发文督促各地及时向交通部门通报河网预排情况，提醒做好相关航运调度；对接省委网信办，申请开通微信公众号临时增推功能，发送频次从每日1次提高至每日5次，及时向公众发布台风动态和防御信息。

【第18号台风“圆规”影响】 10月8日，省水利厅下发《关于做好汛末强降雨防范工作的通知》，要求各地水利部门密切关注台风动态和天气变化，加强与气象、海洋等部门会商，关注海上两个台风和冷空气的交互影响，加强水文监测，科学研判，及时做好强降雨监测预警工作。10月11—14日，受第18号台风“圆规”外围云系和冷空气共同影响，全省平均降水量46.6mm，主要降雨在浙南地区。当地坚持防汛抗旱两手抓，以纳蓄能力作为精准调度的基础，统筹泄蓄，有效实现水库洪水科学调度和合理利用水资源。

水利抗旱

【概况】 2021年，浙江梅雨期略短、降雨量偏少，与2020年10月15日汛期结束至2021年2月10日（此期间全省平均降水量仅87mm，比常年同期偏少63.6%）持续少雨叠加，致局部地区遭遇“冬春连旱”，面对日趋严峻的干旱防御形势，全省落实抗旱应急措施，确保全省抗旱用水安全，最大限度减少旱情影响。省水利厅提前谋划，及早部署，协调有关市、县（市、区），做好跨流域调水的各项准备。

【抗旱决策部署及措施】 2020年9月下旬至2021年2月中旬，浙江省晴多雨少，全省平均降水量仅107.5mm，较常年同期少61%，部分江河湖库水位下降较快，杭州市、宁波市、温州市、金华市、台州市和丽水市等地部分山区出现供水紧张，供水水源溪沟接近断流或山塘蓄水明显不足，出现2013年以来最严重的旱情。各级水利部门密切关注气象中长期预报，密切监视水库河网蓄水情况，及时分析蓄水量、供水量、需水量，落实抗旱应急供水措施，确保全省抗旱用水安全。截至2021年10月底，浙东引水工程从富春江引入萧绍平原河网超2亿m^3，从曹娥江引入虞北平原河网8000万m^3，向宁波市引水1.55亿m^3；舟山市从大陆引水4400万m^3；衢州市乌溪江引水工程向金华市境内灌区供水2000万m^3，向龙游供水4000万m^3；台州长潭水库分别向温岭、玉环供水4800万m^3、1888万m^3等。同时，各地按照预案及时启动抗旱应急响应，坚持“先生活、后生产，先节水、后调水，先活水、后库水，先地表、后地下，保重点、顾一般”的原则，通过调控水库及管网供给、限制高耗水企业用水量、加强多部门协同等举措，科学应对。如温岭市、玉环市采用限时供水、启用水井、河网和亚海水淡化等水源、船运和消防车送水等应急措施，确保人民群众基本生产生活用水安全，最大限度减少旱情造成的影响。

（胡明华）

水 利 规 划 计 划

Water Conservancy Planning

069～080 页

水利规划

【概况】 2021年，省水利厅与省发展改革委联合印发《浙江省水安全保障“十四五”规划》，完成《浙江省“十四五”期间解决防洪排涝突出薄弱环节实施方案》《浙江省水利基础设施空间布局规划》初稿，迭代升级《浙江省水资源节约保护和开发利用总体规划》。部署地方开展重点规划编制，推动浙江水网骨干工程梳理，形成基本框架。迭代升级水发展规划，推进“浙水畅通”重大应用建设。完成浙江省跨流域区域防洪格局重构、长三角区域高速水路、重点区域战略水资源配置等重点专题研究。

【水利规划编制】 2021年4月，省水利厅与省发展改革委联合印发《浙江省水安全保障“十四五”规划》(浙发改规划〔2021〕127号）（省水利厅编制)。省水利厅审查印发《浙江省中小河流治理“十四五”规划》(浙发改规划〔2021〕137号）等7个省级“十四五”专项规划；6月制定印发《关于支持山区26县跨越式高质量发展若干意见》(浙水计〔2021〕6号)、《浙江高质量发展建设共同富裕示范区水利行动计划(2021—2025年)》（浙水计〔2021〕7号)、《长三角生态绿色一体化发展示范区嘉善片区水利规划》（浙发改规划〔2021〕244号)。省水利厅配合做好《国家水网建设规划纲要》《全国“十四五”水安全保障规划》《全国“十四五”解决水利防洪薄弱环节实施方案》的编制工作；12月，组织开展全省防洪薄弱环节梳理，完成《浙江省“十四五”期间解决防洪排涝突出薄弱环节实施方案》初稿；组织编制《大溪流域综合规划》《钱塘江河口治理规划》《浙江省“十四五”巩固拓展水利扶贫成果同乡村振兴水利保障有效衔接规划》，迭代升级《浙江省水资源节约保护和开发利用总体规划》《钱塘江河口水资源配置规划》；《椒江流域防洪规划》（浙水函〔2021〕644号）通过复审；有关市县开展了《杭嘉湖区域防洪规划》《曹娥江流域防洪规划》《杭州市城市防洪规划》《杭州云城防洪专项规划》编制。梳理浙江水网纲、目、结，布局浙江沿海水资源配置三大通道、青山水库向钱塘江分洪等一批水网骨干工程，初步形成浙江水网基本框架。编制完成《浙江省水利基础设施空间布局规划》初稿，配合国土空间规划编制，完成575个省级“十四五”及今后一个时期重大规划项目落图。编制完成《浙江省重要水利规划实施监测评估（2021年度）》。推进“浙水畅通”重大应用建设，构建水网蓝图、投资推动和海塘安澜等数字化应用系统，迭代升级规划成果和计划下达管理系统。省水利厅联合温州市政府召开2021年长三角一体化县域水治理论坛。

【重点专题研究】 11月，省水利厅完成浙江省跨流域区域防洪格局重构专题研究，开展对钱塘江、瓯江、苕溪等跨行政区域的重要流域防洪格局重构专题研究，分析现状格局中尚未补齐的关键薄弱点。初步完成长三角区域高速水路专题研究，深入研究杭嘉湖平原“高速水路”方案和实施效益，推荐东部平原按照高速水路布局进行治理，形成骨干河道、联通河道、圩内河道三级洪涝治理体系。初步完成重点区域战略水资源配置专题，谋划浙北、浙东、浙中等重点区域战略水资源配置工程方案和制约问题，提出相应解决措施，为完善全省水资源保障网奠定基础。

重大水利项目前期工作

【概况】 2021 年，全省共推进 132 项海塘安澜等重大水利项目前期工作，完成可研批复 31 项，投资规模 305 亿元；出具可研行业意见 22 项，投资规模 116.4 亿元；出具项目建议书行业意见 8 项，投资规模 231.1 亿元；出具工程规模论证专题意见 3 项。2021 年海塘安澜等重大水利项目前期完成情况见表 1。

表 1　2021 年海塘安澜等重大水利项目前期完成情况

序号	项目名称	行政区	前期工作阶段	总投资/亿元	审查意见（上报文件、日期）	批复文号、日期
1	杭州市青山水库防洪能力提升工程	杭州	可行性研究	2.00	浙水函〔2020〕182 号，2020 年 4 月 7 日	浙发改项字〔2021〕12 号，2021 年 1 月 11 日
2	衢州市柯城区寺桥水库工程	衢州	可行性研究	25.02	浙水函〔2019〕687 号，2019 年 12 月 5 日	浙发改项字〔2021〕9 号，2021 年 1 月 11 日
3	湖州市苕溪清水入湖河道整治后续工程	湖州	可行性研究	13.95	浙水函〔2017〕360 号，2017 年 11 月 3 日	浙发改项字〔2021〕31 号，2021 年 2 月 5 日
4	湖州市杭嘉湖北排通道后续工程（南浔段）	湖州	可行性研究	19.86	浙水函〔2020〕219 号，2020 年 4 月 24 日	浙发改项字〔2021〕32 号，2021 年 2 月 5 日
5	乌溪江引水工程灌区“十四五”续建配套与现代化改造工程	衢州	可行性研究	4.85	—	浙发改项字〔2021〕69 号，2021 年 4 月 25 日
6	海宁市百里钱塘综合整治提升工程一期（盐仓段）	嘉兴	可行性研究	48.74	浙水函〔2020〕622 号，2020 年 10 月 21 日	浙发改项字〔2021〕72 号，2021 年 4 月 28 日
7	富阳区北支江综合整治工程	杭州	可行性研究	15.10	浙水函〔2019〕666 号，2019 年 11 月 21 日	浙发改项字〔2021〕104 号，2021 年 6 月 1 日

续表1

序号	项目名称	行政区	前期工作阶段	总投资/亿元	审查意见（上报文件、日期）	批复文号、日期
8	钱塘江西江塘闻堰段海塘提标加固工程	省本级	可行性研究	4.05	浙水函〔2021〕526号，2021年7月29日	浙发改项字〔2021〕205号，2021年9月30日
9	台州市七条河拓浚工程（椒江段）	台州	可行性研究	1.95	浙水函〔2021〕210号，2021年3月16日	浙发改项字〔2021〕258号，2021年11月5日
10	舟山市定海区中化兴中新后岸海塘提标加固工程	舟山	可行性研究	0.20	—	浙发改项字〔2021〕284号，2021年12月1日
11	丽水市大溪治理提升改造工程	丽水	可行性研究	8.53	浙水函〔2021〕510号，2021年7月21日	浙发改项字〔2021〕323号，2021年12月29日
12	台州市椒江治理工程（临海段）	台州	可行性研究	4.33	浙水函〔2021〕706号，2021年10月20日	浙发改项字〔2021〕324号，2021年12月29日
13	龙港市肥艚渔港海塘加固工程	温州	可行性研究	1.17	浙水函〔2021〕540号，2021年8月5日	龙审投〔2021〕74号，2021年6月29日
14	临海市海塘安澜工程（桃渚、涌泉片海塘）	台州	可行性研究	0.58	浙水函〔2021〕698号，2021年10月15日	临发改海洋〔2021〕255号，2021年9月30日
15	苍南县海塘安澜工程（南片海塘）	温州	可行性研究	19.50	浙水函〔2021〕542号，2021年8月5日	苍发改投〔2021〕87号，2021年10月8日
16	玉环市海堤安全生态建设工程	台州	可行性研究	4.93	浙水函〔2021〕697号，2021年10月15日	玉发改审〔2021〕131号，2021年10月19日
17	舟山市普陀区海塘安澜工程（乡镇海塘）	舟山	可行性研究	8.44	浙水函〔2021〕722号，2021年10月27日	普发改审〔2021〕42号，2021年10月29日
18	玉环市海塘安澜工程（普竹、连屿、苔山北）	台州	可行性研究	0.60	浙水函〔2021〕930号，2021年12月9日	玉发改审〔2021〕141号，2021年11月4日
19	安吉县西苕溪主要支流流域综合治理（一期）工程	湖州	可行性研究	12.00	—	安发改投〔2021〕19号，2021年1月13日

续表1

序号	项目名称	行政区	前期工作阶段	总投资/亿元	审查意见（上报文件、日期）	批复文号、日期
20	椒江堤塘（防洪排涝）提升工程先行段Ⅰ期	台州	可行性研究	0.19	—	椒发改投〔2021〕12号，2021年2月19日
21	椒江堤塘（防洪排涝）改造提升工程先行段Ⅱ期	台州	可行性研究	0.33	—	椒发改投〔2021〕15号，2021年3月15日
22	宁波市区清水环通一期工程	宁波	可行性研究	20.32	—	甬发改审批〔2021〕77号，2021年5月6日
23	岱山县磨心水库及河库联网工程	舟山	可行性研究	9.13	—	岱发改批〔2021〕81号，2021年6月17日
24	嵊泗县大陆（小洋山）引水工程	舟山	可行性研究	4.79	—	舟发改审批〔2021〕41号，2021年6月18日
25	温州市浙南产业集聚区海塘智慧提升（一期）工程	温州	可行性研究	0.84	—	温开经〔2021〕118号，2021年10月13日
26	兰亭江综合治理工程	绍兴	可行性研究	12.68	—	绍柯审批度假区投〔2021〕23号，2021年11月4日
27	柯桥区型塘江流域综合治理工程	绍兴	可行性研究	3.80	—	绍柯审批投〔2021〕326号，2021年11月5日
28	洞头区陆域引调水工程	温州	可行性研究	7.20	—	温发改审〔2021〕88号，2021年11月8日
29	衢州市衢江区芝溪流域综合治理二期工程	衢州	可行性研究	9.81	—	衢江发改批〔2021〕52号，2021年11月25日
30	“松阳水网”——松古平原水系综合治理工程	丽水	可行性研究	28.66	—	松发改可研〔2021〕443号，2021年12月21日
31	乐清市大荆分洪工程	温州	可行性研究	3.75	—	乐发改投资〔2021〕134号，2021年12月23日

续表1

序号	项目名称	行政区	前期工作阶段	总投资/亿元	审查意见（上报文件、日期）	批复文号、日期
32	台州市椒（灵）江建闸引水扩排尤汛分洪工程	台州	可行性研究	19.78	浙水函〔2021〕211号，2021年3月16日	—
33	杭州市临安区里畈水库加高扩容工程	杭州	可行性研究	20.21	浙水函〔2021〕381号，2021年6月3日	—
34	瑞安市海塘安澜工程（阁巷围区海塘）	温州	可行性研究	3.67	浙水函〔2021〕640号，2021年9月14日	—
35	温州瓯江口产业集聚区海塘安澜工程（浅滩二期生态堤）	温州	可行性研究	30.71	浙水函〔2021〕641号，2021年9月14日	—
36	瑞安市海塘安澜工程（丁山二期海塘）	温州	可行性研究	7.46	浙水函〔2021〕665号，2021年9月26日	—
37	台州市椒江区海塘安澜工程（山东十塘）	台州	可行性研究	2.14	浙水函〔2021〕666号，2021年9月26日	—
38	鳌江南港流域江西垟平原排涝工程（三期）	温州	可行性研究	2.64	浙水函〔2021〕702号，2021年10月18日	—
39	绍兴市柯桥区海塘安澜工程	绍兴	可行性研究	5.88	浙水函〔2021〕710号，2021年10月25日	—
40	台州市黄岩区海塘安澜工程（椒江黄岩段海塘）	台州	可行性研究	5.43	浙水函〔2021〕732号，2021年11月5日	—
41	椒江堤塘（防洪排涝）提升工程（海塘安澜江南、城西段海塘）	台州	可行性研究	7.60	浙水函〔2021〕872号，2021年11月18日	—

续表1

序号	项目名称	行政区	前期工作阶段	总投资/亿元	审查意见（上报文件、日期）	批复文号、日期
42	杭州未来城市实践区生态海塘工程（一期）	杭州	可行性研究	3.14	浙水函〔2021〕873号，2021年11月19日	—
43	嵊州市曹娥江流域防洪能力提升工程（东桥至丽湖段）	绍兴	可行性研究	7.75	浙水函〔2021〕974号，2021年12月21日	—
44	临海市海塘安澜工程（南洋涂海塘）	台州	项建	12.20	浙水函〔2021〕30号，2021年1月18日	—
45	建德市“三江”治理提升工程	杭州	项建	19.00	浙水函〔2021〕214号，2021年3月16日	—
46	嵊州市三溪水库工程	绍兴	项建	24.20	浙水函〔2021〕379号，2021年5月26日	—
47	扩大杭嘉湖南排后续西部通道工程	杭州	项建	70.00	浙水函〔2021〕441号，2021年6月23日	—
48	杭州市未来城市实践区生态海塘工程（二期）	杭州	项建	85.40	浙水函〔2021〕564号，2021年8月13日	—
49	扩大杭嘉湖南排后续东部通道工程（麻泾港枢纽工程）	嘉兴	项建	20.29	浙水函〔2021〕937号，2021年12月10日	—
50	绍兴市袍江片东入曹娥江排涝工程三期	绍兴	规模调整专题	7.80	浙水函〔2021〕719号，2021年10月27日	—
51	缙云县棠溪水库工程	丽水	规模论证专题	—	浙水函〔2021〕902号，2021年11月29日	—
52	绍兴市镜岭水库工程	绍兴	规模论证专题	—	浙水函〔2021〕931号，2021年12月9日	—

【杭州市青山水库防洪能力提升工程】 该工程任务为提高水库洪水前期泄洪能力，提升水库拦蓄能力，为洪水精细化调控奠定良好基础，兼顾生态、景观等需求。工程主要建设内容及规模：新建泄洪洞、电站尾水渠加固和泄洪渠改造等，其中泄洪洞由进口闸、隧洞及出口闸等组成。进口闸净宽3孔×4m，闸底板顶高程16.0m；泄洪洞采用城门洞型无压洞，隧洞长583m，衬后洞径8m×9m（宽×高），设计过流流量364m³/s；出口闸净宽1孔×12m。项目估算总投资19992万元。

【衢州市柯城区寺桥水库工程】 该工程任务以防洪、灌溉和改善生态环境为主，兼顾发电。该工程主要由拦河坝、泄水建筑物、放水建筑物、发电引水建筑物以及电站厂房等组成。水库总库容3587万m³，正常蓄水位275m，死水位210m，防洪库容546万m³，设计洪水位278.1m，校核洪水位278.51m。水库最大坝高118.2m，坝型为混凝土面板堆石坝，配套电站总装机容量8000kW。项目估算总投资250176万元。

【湖州市苕溪清水入湖河道整治后续工程】 该工程任务以行洪、排涝为主，兼顾水环境改善、航运等综合利用。工程建设内容主要包括：合溪新港整治长度15.85km，沿线拆建闸站1座、泵站1座、桥梁8座，改造水闸3座；横山港整治河道11.23km，沿线拆建小型水闸1座、涵闸1座、闸站4座、桥梁7座；加高加固长兴段晓墅港堤防12.5km，拆建小型涵闸6座，拆建小型闸站6座，拆建小型泵站3座；移址重建小浦闸2孔×23m；加高加固三里塘段、湘溪口段、洋口圩段堤防3.69km，新建涵闸2座，拆建小型水闸1座，新建新民桥闸站，设计排涝流量50m³/s，引水流量25m³/s，水闸净宽1孔×6m；加高加固安吉段晓墅港堤防13.58km，拆建桥梁1座、小型水闸12座、小型泵站6座；新建毛安桥泵站，设计流量为18.7m³/s。项目估算总投资139549万元。

【湖州市杭嘉湖北排通道后续工程（南浔段）】 该工程任务以防洪排涝为主，结合改善水生态环境。工程建设内容主要包括：在河道堤防工程中，整治善琏塘、含山塘、老双林塘、息塘、阳安塘、博成桥港、南长兴港、甲午塘、百老桥港、界河及頔塘11条河道，河道整治总长61.49km，清淤拓浚56.03万m³，堤防整治58.43km，护岸加固改造29.66km；在城防配套闸站工程中，新建白米塘、九里桥和阳安塘3座闸站和甲午塘、草荡漾2座节制闸，设计排涝流量41m³/s，水闸总净宽66m，重建和孚镇双福桥圩区的漾口闸站，泵站规模2.3m³/s，节制闸净宽4m；在湖漾整治工程中，整治八字桥漾、双福漾、慎家漾、薛家漾、清泉漾、大家滩漾6个，总水面面积156.47hm²，清淤方量106.67万m³，湖岸整治14.64km；在桥梁工程中，拆建阳安塘上1～6号桥梁6座，其中4号桥为人行桥无接线，其余共计5条桥梁接线，均为改建道路；在水文测站工程中，頔塘建设范围内迁建南浔水文站1座，并新建和改建20个水位站、1个雨量站、3处北排巡测断面自动流量监测设备和2个水质自动监测站。项目估算总投资198648万元。

【乌溪江引水工程灌区“十四五”续建配套与现代化改造工程】 该工程建设内容及规模：改造干支渠17条，100.17km。其中干渠5条，38.488km，支渠（沟）12条，61.682km。配套改造（新建）建筑物145座，其中：改造（新建）水闸34座，改造渡槽13座，改造隧洞11座，改造倒虹吸4座，改造（新建）机耕桥/人行桥78座，改造提水机埠3座，改造（新建）调蓄灌溉水源2处。改造（新建）管理站10座，管护便道5.248km，下渠坡21处。同时对管理站、渠道周边环境进行整治并配套相应的管理设施；智慧水管理体系（数字化工程）1项。项目估算总投资35759万元。

【海宁市百里钱塘综合整治提升工程一期（盐仓段）】 该工程任务以防洪御潮、排涝为主，结合生态提质、融合提升、管理标准化等综合功能。工程主要建设内容及规模：提标加固海塘7.09km，拆除重建沿线水闸2座，新建丁坝1座、延长丁坝1座，加固丁坝17座、盘头1座；整治护塘河5.89km，新开河道0.80km，水系连通3.2hm^2，新建引水泵站1座（流量3m^3/s），建设生态滨水岸带7.09km，涉及面积91.97hm^2；新（扩）建道路工程6.25km（其中隧道和半隧道2.04km），新建桥梁9座；新建观潮平台、盐仓潮位观测站各1座；建设包含海塘安全防护、社会公众智慧服务、海塘监控管理中心、智慧海塘大屏等在内的智慧海塘管理系统。项目估算总投资487422万元。

【富阳区北支江综合整治工程】 该工程任务以分流行洪、亚运赛事涉水保障为主，兼顾改善区域水环境，满足旅游船舶进出要求和提高内江配水工程保证率。工程主要建设内容及规模：在下游水闸船闸工程中，水闸3孔×55m，槛顶高程1.0m，船闸1孔×16m；在堵坝拆除及清淤工程中，拆除下堵坝，疏浚下游5.8km河道，约150万m^3；在北支江南岸堤防加固及综合整治工程中，加固及综合整治20年一遇堤防6.69km。项目估算总投资151023万元。

【钱塘江西江塘闻堰段海塘提标加固工程】 该工程任务以防洪御潮为主，兼顾生态修复、公共服务提升、饮用水水源保护等。主要建设内容及规模：提标加固塘身5.56km，加固塘脚1.57km；改造生态滨水岸带5.56km；建设沿塘绿道5.56km，建设管理配套设施、古海塘文化展示馆等沿线重要节点；建设全线数据自动化采集的安全监测设施等。项目总投资约40480万元。

【台州市七条河拓浚工程（椒江段）】 该工程任务为以排涝挡潮为主，兼顾改善水生态环境。工程主要建设内容及规模：在河道综合整治工程中，疏浚拓宽七条河椒江段3.1km，河宽30～60m，布置巡查道路6km，布设截污管道0.4km；在岩头闸拆除重建工程中，岩头闸规模为6孔×5m，新建配套衔接段海堤139m；在其他配套工程中，布置工程沉降、位移等监测设施，建设工程管理信息化平台等。工程估算总投资 19529 万元。

【舟山市定海区中化兴中新后岸海塘提标加固工程】 该工程主要建设内容及规模：提标加固新后岸海塘 355m。项目估算总投资 1959 万元。

【丽水市大溪治理提升改造工程】 该工程任务为：在已建丽水市大溪治理工程基础上，提升局部防洪能力，综合提高大溪堤防防洪及运行管护能力，打造集安全、生态、休闲、文旅、智慧于一体的幸福河样板。工程建设内容及规模：在防洪提升工程中，提升改造堤顶路面 31km，新建护岸 941m，新建防汛道路连通 16.5km；在滩地生态修复工程中，生态修复滩地 12 处、面积约 66.67hm^2；在水步道贯通工程中，新建滨水步道贯通 24.3km；在其他配套工程中，新建市本级防汛物资储备库 1 处、管理房 3 处、流量自动监测站 4 处，新（改）建驿站 23 处，改造石牛水文站，配套建设智慧化、照明及标识系统等。项目估算总投资 85302 万元。

【台州市椒江治理工程（临海段）】 该工程任务以防洪为主，通过降低灵江干流临海段洪水位，提升城区防洪能力。工程主要建设内容及规模：在望江门切滩工程中，切滩长度 2.69km，切滩宽度 90～130m；在治水公园切滩工程中，切滩长度 0.73km，切滩宽度 40～150m；在其他配套工程中，改建西门水文站、生态滩地修复。项目估算总投资 43349 万元。

水利投资计划

【概况】 2021 年，全省水利建设完成投资 621.8 亿元。“地方水利建设投资落实情况好，中央水利建设投资计划完成率高”领域获国务院表扬激励。完成专项资金绩效评价工作，2020 年度中央财政水利发展资金绩效评价获全国优秀单位，省级部门财政管理绩效综合评价获先进单位。规范省级部门项目支出预算管理工作，开展对口帮扶工作。

【省级及以上专项资金计划】 2021 年，全省共争取省级及以上专项资金 96.8 亿元（省级资金不含平衡调度资金 2.05 亿元）。中央资金 16.1 亿元（不含宁波市 0.6 亿元）中，中央预算内投资 5.96 亿元，主要用于太湖治理、新建大中型水库、大中型水库除险加固、大型灌区续建配套改造；中央财政专项安排 10.14 亿元，主要用于水系连通及水美乡村建设试点县、200～3000km^2 中小河流综合治理、中型灌区续建配套改造、小型水库除险加固、农业水价综合改革、水土流失治理、山洪灾害防治、水资源节约与保护、水电增效扩容等。中央下达浙江省 2021 年投资计划 64.3 亿元，完成投资 64.2 亿元、完成率 99.9%，完成中央资金 16.1 亿元、完成率 100%。全省安排省级资金 80.7 亿元，其中安排重大水利项目 48.1 亿元，重点用于海塘安澜千亿工程、百项千亿防洪排涝工程

(41.5亿元，占比86.3%)；安排一般水利项目和水利管理任务32.6亿元，主要用于小型水库除险加固、中小流域治理、山塘整治、圩区整治、农村饮用水达标提标奖补、水土流失治理、小水电站生态治理等项目。

【水利投资年度计划及完成情况】 2021年，全省水利建设计划完成投资500亿元，全年完成投资621.8亿元、完成率124.4%。全省海塘安澜等重大水利项目投资计划200亿元，完成投资271.4亿元、完成率135.7%。全省各市投资计划和完成情况见图1。

【投融资改革】 2021年，省水利厅出台《深化水利投融资改革推进新阶段水利高质量发展若干意见》(浙水计〔2021〕14号)，提出四方面15条改革举措，指导地方全力争取专项债券、金融信贷支持，探索不动产信托基金REITs试点；加强与金融机构合作，与中国农业发展银行浙江省分行签署“支持水网建设推进共同富裕‘十四五’框架合作协议”，争取水利建设1000亿元授信额度；加大重大项目推介力度，以特许经营权形式引入南水北调集团参与开化水库建设，引入三峡集团参与诸暨陈蔡水库和松阳水网工程建设运营，带动投资40亿元。全年争取金融机构信贷118.9亿元，落实水利专项债券资金77.7亿元。

【水利综合统计】 中央水利建设统计月报。按时完成中央水利建设投资月报，跟踪掌握各地中央投资水利建设项目的投资计划落实、资金安排、项目建设进度等，协调相关部门督促各地更好地完成中央水利投资建设任务。

全省水利统计月报。2021年，共编制全省水利建设统计月报11期，并在省水利厅官网发布；全年开展6次水利投资计划执行调度会商视频会，有力推进水利建设进度；4月，开始试行水利投资“双轨制”填报(即对水利投资完成统计分别按“概算口径”和“财务支出口径”进行填报)，提高统计数据质量。

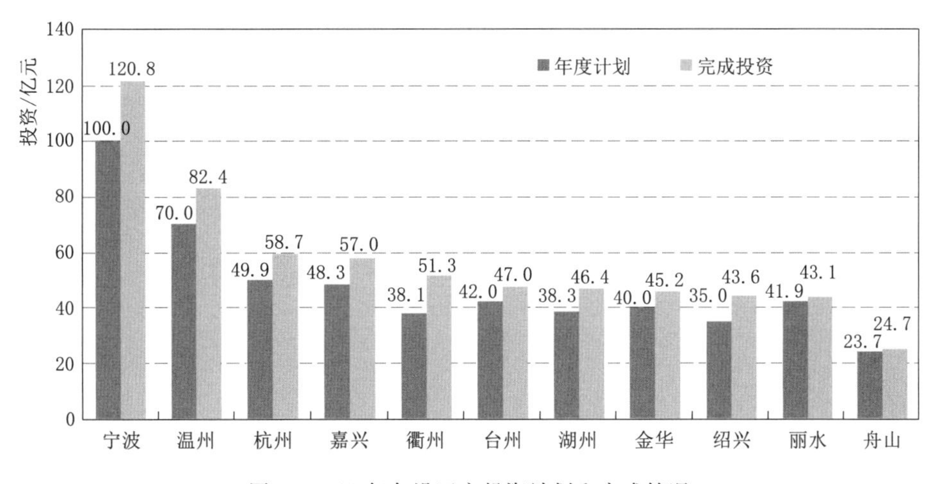

图1　2021年各设区市投资计划和完成情况

水利统计年报。完成2020年水利综合年报、水利建设投资统计年报、水利服务业统计年报等统计报表工作，编印《浙江水利统计资料（2020）》。

【专项资金绩效评价】 2021年，完成2020年度中央财政水利发展资金绩效评价工作，被财政部和水利部联合评为优秀等次。

【部门项目支出预算】 2021年，省水利厅印发《关于进一步加强厅系统电子政务项目预算编报和实施管理的通知》，强化预算绩效导向，将上年度预算项目绩效自评、抽评情况以及专项财务支出记录、成果应用等，作为项目支出预算评审委员会开展预算项目立项审核的重要参考；省管塘（老盐仓段）海塘安澜工程纳入省财政厅事前绩效评估试点；按照省级部门整体绩效预算改革试点和绩效运行监控要求，进行部门整体绩效清单式表格化管理，实现绩效目标、指标与预算项目有机衔接。

【对口帮扶】 学习传达国家和省委、省政府关于帮扶和援疆援藏等要求，从规划、项目、资金、技术等各方面组织做好相关工作。组织开化帮扶团组成员单位开展结对帮扶工作，研究落实精准帮扶政策和措施，落实帮扶资金10万元，推进开化水库建设，帮助洪村销售农产品收入20万元。

（姜美琴、王正、李景双、蒋泽锋）

水利工程建设

Hydraulic Engineering Construction

081～106 页

重点水利工程建设

【概况】 2021年，全省重大水利工程项目投资计划200亿元，至12月底实际完成投资271.4亿元，完成率135.7%。开工建设温州市瓯江引水工程等重大工程14项，海塘安澜工程26项，扩大杭嘉湖南排工程（嘉兴段）等18项重大工程完工见效，太湖环湖大堤（浙江段）后续工程等6项工程被省发展改革委评为第二季度、第三季度“红旗”项目。

【开化水库工程】 该工程地处钱塘江源头、衢江流域常山港干流马金溪上游，坝址距开化县城区25km，坝址以上集水面积233km^2。工程任务以防洪、供水和改善流域生态环境为主，结合灌溉，兼顾发电等综合利用。水库正常蓄水位251.00m，死水位205.00m，设计洪水位258.35m，校核洪水位258.50m，总库容1.84亿m^3，为大（2）型水库，调节库容1.36亿m^3，防洪库容0.58亿m^3，电站装机容量1.38万kW。工程由拦河坝、溢洪道、引水发电系统（兼有放空功能）、生态流量泄放设施、升鱼机（开化水库升鱼机和齐溪水库升鱼机）等组成。主坝为混凝土面板堆石坝，最大坝高85.5m，坝顶长度385m。输水工程线路全长48.0km，其中干线总长31.1km。工程初步设计于2021年10月21日获批，工程概算总投资45.5448亿元，工程总工期36个月。工程截至2021年12月底，完成开化水库初步设计、林地使用、先行用地、枢纽区临时用地等开工前置审批工作；完成社会资本招标（含施工），项目公司组建，并签订投资意向协议、股东协议、特许经营协议等；100%完成1159户4744人的库区移民拆迁安置房屋签约工作；100%完成初设报告批复的529.73hm^{2}土地征收签约工作。2021年完成投资15.40亿元，累计完成投资17.45亿元，占总投资45.54亿元的38.32%。

【湖州市苕溪清水入湖河道整治后续工程】 该工程位于杭嘉湖区域湖州地区，涉及湖州市本级、长兴县、德清县和安吉县。工程是在苕溪清水入湖河道整治主体工程的基础上开展的河道整治工程，是保障苕溪清水入湖河道整治工程整体功能有效发挥的延续和补充工程。主要建设内容包括环湖河道整治工程、东西苕溪治理工程、闸站扩排工程等。①湖州市本级：新建毛安桥泵站，设计流量为18.7m^3/s；②德清段：加高加固三里塘段、湘溪口段、洋口圩段堤防3.69km，拆建水闸1座，新建涵闸2座，新建新民桥闸站，设计排涝流量50m^3/s，引水流量25m^3/s，水闸净宽1孔×6m；③长兴段：整治合溪新港15.85km，加高加固堤防24.43km，沿线拆建闸站1座、泵站1座、桥梁8座，改建水闸3座；整治横山港11.23km，加高加固堤防15.59km；沿线拆建水闸1座、涵闸1座、闸站4座、桥梁7座；加高加固晓墅港堤防12.54km，沿线拆建涵闸6座、闸站6座、泵站3座；移址重建小浦闸，水闸净宽2孔×23m；④安吉段：加高加固晓墅港堤防13.58km，改建水闸12座、泵站6座，拆建桥梁1座。工程初步设计于2021年10月20日获批，工程概算总投资13.9496亿元，工程总工期36个月。截至2021年12月底，基本完成工程施工、监理、咨询等招投标工作，同步开展土地征收和政策处理工作，完成投资3.0亿元。

【衢州市柯城区寺桥水库工程】 该工程位于衢江支流石梁溪上，坝址位于衢州市柯城区石梁镇坎底村上游约900m处，距衢州市区约15km。工程任务以防洪、灌溉和改善生态环境为主，兼顾发电。工程建设内容主要包括拦河坝、泄洪建筑物、导流/放空建筑物、发电引水系统、厂房、对外交通及生活管理区等。工程初步设计于2021年7月25日获批，工程概算总投资23.5122亿元，工程总工期53个月。工程于2021年11月19日开工建设，截至2021年12月底，水库监理（含水保、环保）、公路监理、移民监督评估、移民综合设计、EPC总承包、爆破安全监理、施工图阶段地质勘察等招投标工作均已完成；还建公路、EPC总承包单位已进场，开展首批施工图设计、测量放样、各类技术方案编制、林木砍伐等开工前的各项准备工作，待土地报批完成后即可全面破土动工。2021年完成投资4.6亿元，占总投资23.5亿元的19.57%。

【云和县龙泉溪治理二期工程】 该工程位于云和县瓯江干流上游龙泉溪石塘水库库区内。工程任务以岸坡整治和管理提升为主、兼顾改善水环境。主要建设内容包括整治岸坡6.61km，其中龙泉溪青龙潭段左岸0.28km、右岸3.95km，长汀段左岸1.69km、右岸0.69km；新建管理道路6.65km，其中龙泉溪青龙潭段右岸0.05km，长汀段左岸2.70km、右岸3.90km；建设避灾点2处及便民设施等配套工程。工程初步设计于2021年4月15日获批，工程概算总投资9324万元，工程总工期24个月。截至2021年12月底，完成青龙潭段管理道路路基工程3.5km、浆砌石挡墙护岸1km、抛石护脚0.6km，完成长汀段左岸管理道路路基3km、浆砌石挡墙护岸300m、涵管埋设5处共46m，2021年完成投资5000万元，占总投资9324万元的53.62%。

【平阳县鳌江南港流域江西垟平原排涝工程（二期）】 该工程位于平阳县萧江镇和龙港市城西社区。主要建设内容包括新建萧江闸泵（萧江水闸和萧江泵站）和夏桥泵站。萧江水闸与萧江泵站分离新建，位于萧江塘河入江口处，闸槛高程取－1.0m，共3孔，每孔净宽6m，设计洪（潮）水标准50年一遇，设计流量195m^3/s，萧江泵站设计流量为40m^3/s。夏桥泵站位于夏桥水闸西侧，沪山内河入江口处，设计流量100m^3/s。工程初步设计于2020年11月18日获批，工程概算总投资4.58亿元，工程总工期36个月。工程于2021年8月14日开工，截至2021年12月底，夏桥泵站主泵房桩基础基本完成，具备开挖条件，萧江水闸桩基础除上游左岸外全部完成，闸室、消力池段已开挖到位，下部地板已完成混凝土浇筑，萧江泵站正进行桩基础施工，完成投资1.01亿元。累计完成投资 1.715 亿元，占总投资 4.58 亿元的 37.44%。

【杭州市青山水库防洪能力提升工程】 该工程位于杭州市临安区。工程任务为提高水库洪水前期泄洪能力，提升水库拦蓄能力，为洪水精细化调控奠定良好基础，兼顾生态、景观等需求。主要建设内容包括新建泄洪洞、电站尾水渠加固和泄洪渠改造等，其中新建泄洪洞由进口闸、隧洞和出口段等组成，设计过流流量 $364m^3/s$，泄洪洞全长 581.0m，电站尾水渠加固总长 871.4m，泄洪渠改造总长 654.0m。工程初步设计于 2021 年 4 月 24 日获批，工程概算总投资 1.9952 亿元，工程总工期 20 个月。工程于 2021 年 7 月 24 日开工建设，截至 2021 年 12 月底，交通洞全面贯通并通车；泄洪洞进水口围堰合龙，防渗墙施工完成；完成泄洪洞洞身开挖 298m（占比 51%）；泄洪洞出口尾水渠上下游施工围堰完成，出口挡墙和水垫区开始混凝土施工。2021 年完成投资 0.81 亿元，占总投资 1.9952 亿元的 40.6%。

【环湖大堤（浙江段）后续工程】 该工程是国务院批准的太湖流域防洪规划和太湖流域综合规划确定的太湖流域重要治理骨干工程之一。工程涉及湖州市本级、长兴县。主要建设内容包括环湖大堤达标加固和平原入湖河道整治工程。环湖大堤达标加固总长 12.61km，其中湖州市区段长 3.47km，长兴段长 9.14km；新（重）建入湖口门建筑物 13 座，新建桥梁 2 座；平原入湖河道整治长度 16.13km，新（重）建入湖口门建筑物 95 座，跨河桥梁 17 座。环湖大堤按照 100 年一遇，合溪新港按照 50 年一遇，其他入湖河道整治按照 20 年一遇的防洪标准建设。工程初步设计于 2021 年 3 月获批，工程概算总投资 24.2356 亿元，工程总工期 36 个月。工程于 2021 年 6 月开工，截至 2021 年 12 月底，市本级段施工 1 标完成 685m 堤防，施工 2 标完成导流工程和项目部建设，完成投资 2004 万元。长兴段完成环湖大堤剩余 6km 抛石的 95%，合金网兜填筑完成 100%；项目涉及闸站建设 108 座，开工建设 53 座；河道整治 16.13km，完成堤防清表 13km，开工建设挡墙 5.8km；新建（拆建）桥梁 19 座，开工建设 5 座。施工 2 标完成至总工程量的 21.4%，施工 3 标完成至总工程量的 14.7%，施工 4 标完成至总工程量的 10.4%，施工 5 标完成至总工程量的 18.5%，完成投资 7.51 亿元。

【台州市永宁江闸强排工程（一期）】 该工程位于台州市黄岩区。工程任务以防洪排涝为主，兼顾生态环境改善等综合利用。主要建设内容包括除险加固提升永宁江闸（10 孔×8.0m，设计过闸流量 $1600m^3/s$）、新建王林洋东闸（2 孔×6.0m）、新建王林洋西闸（1 孔×6.0m）、新建王林洋东闸管理用房（建筑面积约 $263.15m^2$）、新建王林洋西闸管理用房（建筑面积约 $139.3m^2$）、拆除并重建永宁江闸生产辅助用房（建筑面积 $3361.4m^2$）、改建永宁江闸管理区、改建水位站 8 处、新建水位站 6 处、新建潮位站 1 处、新建专业水文站 1 处等。工程初步设计于 2020 年 11 月 22 日获批，工程概算总投资1.7336亿元，工程总工期24个月。工程于2021年4月6日开工建设，截至2021年12月底，已完成王林洋西闸桩基工程，王林洋东闸桩基工程、基坑开挖支护和闸底板混凝土垫层浇筑，开展闸底板钢筋绑扎；永宁江闸一孔、二孔检修平台和工作排架柱混凝土浇筑，上下游排架柱浇筑至18.05m高程，已满足金属结构安装要求；王林洋东、西闸和永宁江闸1～4号孔的工作闸门、成套液压启闭机制造；视频监测、安全监测、水雨情监测等多源监测监控模块开发工作。2021年完成投资1.01亿元，占总投资1.7336亿元的58.26%。

【玉环市漩门湾拓浚扩排工程】 该工程位于玉环漩门湾二期、三期围区内，是一项以解决防洪排涝为主，兼顾水环境改善、水资源保护、疏浚淤泥资源化利用的综合性水利工程。主要建设内容包括湖泊及河道拓浚工程、水闸工程、淤泥处置工程以及一期堵坝拆除工程等。

（1）河湖工程。拓浚河道总长18.84km，其中漩门江2.22km、解放南闸河0.74km、人民塘闸河2.96km、知青闸河2.54km、前山闸河1.95km、内一环河5.77km、清淤节制闸入湖河道2.66km；拓浚湖泊面积1.74km^2，其中漩门湖1.29km^2、人民湖0.45km^2；保留水面（新城湖）17.5km^2。

（2）水闸工程。新建玉环湖排涝闸，净宽40m；改建苔山排涝闸，净宽40m；改建节制闸4座，其中泗头闸净宽18m，知青塘闸、人民塘闸、前山闸净宽均为9m。

（3）淤泥处置工程。处置河湖清淤土方912万m^3。

（4）拆除一期堵坝长145m。工程初步设计于2020年8月获批，工程概算总投资11.5579亿元，工程总工期48个月。工程于2021年6月23日开工，截至2021年12月31日，国庆塘河、小山外河、木杓头河、法山头河、解放南河疏浚已完工，完成河道疏浚总长度4995m，总疏浚量105.6万m^3，累计完成吹填105.87万m^3，完成隔堤填筑长度7498.1m，填筑量为39.7万t。2021年完成投资1.534亿元，累计完成投资2.5077亿元，占总投资11.5579亿元的21.7%。

【苍南县江南垟平原骨干排涝工程】 该工程主要建设内容为：拓浚排涝河道总长123.7km；新建闸（站）3座，建设绿道28.3km，绿道人行桥24座，滨水湿地1处，沿河休闲节点7处，新建、拆建沿线阻水桥梁102座。工程初步设计于2021年1月11日获批，工程概算总投资24.5771亿元，工程总工期60个月。工程分为苍南段和龙港段两部分实施，分别于2021年4月6日和2021年7月5日开工建设。截至2021年12月底，苍南段累计完成20个村的政策处理工作，完成河道治理11km，完成桥梁施工钢平台搭建及桥桩建设8座，累计完成松木桩安装9500m，完成砌石挡墙2300m；龙港段主要开展龙金运河和新兰闸站建设，纵一、横一段于12月24日在省招标中心完成招投标，龙金闸站处17间房屋拆迁合同完成签订并腾空，纵二、横三、横四均完成入户调查，全域红线范围内已完成土地勘测定界。2021年完成投资2.6367亿元，累计完成投资9.6354亿元，占总投资24.5771亿元的39.2%。

【舟山市大陆引水三期工程】 该工程是国家172项节水供水重大水利工程之一，也是浙东引水的重要组成部分，是从大陆向舟山海岛引水，增加舟山本岛及其周边部分岛屿的生活、工业等供水的引调水工程。工程主要由宁波至舟山黄金湾水库引水三期工程（包括宁波陆上段工程和镇海至马目跨海输水管道工程）、岛际引水工程（包括金塘岛引水工程和岱山县引水工程）、大沙调蓄水库工程和水务调度信息化管理系统等内容组成。工程输水线路总长179.9km（其中隧洞长1.4km，陆上输水管道长81.9km，跨海输水管道长96.6km），建设大沙调蓄水库1座，泵站6座（新建4座、改造2座），设计引水流量为1.2m^3/s。工程概算总投资23.6亿元，工程总工期39个月。工程于2016年9月开工建设，截至2021年年底，镇海至马目跨海输水管道工程、大沙调蓄水库工程和水务调度信息化管理系统等3个子项目和岱山县引水工程完工，宁波陆上段工程和金塘岛引水工程正在建设。2021年完成投资1.14亿元，累计完成投资24.38亿元，占总投资23.6亿元的103.3%。

【台州市朱溪水库工程】 该工程位于台州市仙居县和黄岩区境内，水库坝址位于连头溪和溪上溪汇合口下游600m处，距朱溪镇4.5km。朱溪水库是以供水为主，结合防洪、灌溉，兼顾发电等综合利用的大型水库。水库总库容1.26亿m^3，供水调节库容0.98亿m^3，防洪库容0.31亿m^3。工程建成后，可使台州市南片供水区和朱溪流域供水区城乡综合供水保证率达95%，灌溉供水保证率达90%，改善人口约350万人；提高坝址下游沿岸城镇和农田的防洪标准，保护人口8.4万人，耕地0.32万hm^2。工程初步设计于2016年5月24日获批，工程概算总投资37.44亿元，工程总工期55个月。工程于2017年7月26日开工建设，截至2021年12月底，大坝已从基底82.00m高程浇筑到135.50～153.50m，浇筑混凝土26.64万m^3，完成设计坝体浇筑量30万m^3的88.8%。供水至长潭的输水系统工程总长28.49km，已完成22.93km（其中TBM完成12823m），占总长度的80.48%，2021年完成3.8亿元，累计完成投资32.25亿元，占总投资37.44亿元的86.14%。

【嘉兴域外引水工程（杭州方向）】 该工程取水口为闲林配水井，工程起点为杭州仁和节点，终点为嘉兴市各受水水厂。工程设计配水规模为2.3亿m^3/a，由隧洞工程、管道工程、加压泵站等组成，输水线路上接杭州市第二水源千岛湖配水工程。工程输水线路总长171.5km，其中杭州市境内24.8km，嘉兴市境内146.7km。杭州段采用盾构隧洞的设计方案，盾构段布置9座盾构井。嘉兴段采用埋管、顶管、水平定向钻等施工工艺，输水管道选用钢管和球墨铸铁管，双管铺设，主干线管径为1400～

2200mm，支线管径为600～1400mm。工程初步设计于2017年12月11日获批，工程概算总投资85.54亿元，2018年5月19日开工建设，2021年6月25日通过通水验收，6月30日通过完工验收，累计完成投资86.6579亿元，完成率为101.31%。

【扩大杭嘉湖南排工程（嘉兴部分）】 该工程是扩大杭嘉湖南排工程的重要组成部分，位于杭嘉湖东部平原（运河）嘉兴市境内，涉及海盐县、海宁市、桐乡市和秀洲区。主要建设内容为新建南台头排水泵站（150m^3/s），装机容量10MW；新建长山河排水泵站（150m^3/s），装机容量9.6MW；整治河道总长120.14km，新建和加固沿河堤防112.9km，新建和加固护岸237.78km，加固节制闸6座，涉及新建、拆建跨河桥梁78座。工程初步设计于2015年2月16日获批，工程概算总投资45.43亿元，工程总工期48个月。工程于2015年9月9日开工建设。至2020年9月，工程已完工并发挥效益，累计完成投资45.43亿元。

【扩大杭嘉湖南排工程（杭州八堡排水泵站）】 该工程位于规划京杭运河二通道一线船闸东侧，排水河道利用规划京杭运河二通道，排水口设在头格村附近的钱塘江北岸海塘上。工程等别为Ⅰ等，主要建筑物为1级建筑物，次要建筑物为3级建筑物，排水设计流量为200m^3/s。工程初步设计于2018年3月15日获批，工程概算总投资12.95亿元，工程总工期36个月。工程于2019年1月16日开工，至2021年年底，上游引河施工区已完成导航架灌注桩85根，引河750m，进水箱涵55m，完成月雅闸土建和清污机桥；泵站施工区已完成泵站厂房下部及进出水池全部水工施工，完成主泵房屋面安装和副厂房屋面施工；排水闸施工区已完成排水闸工程和180m排水箱涵全部水工施工，完成启闭机房结构施工；泵站机电设备已完成5台主机组安装，完成泵站桥机、进出口闸门、液压启闭机、清污机、辅机系统及电缆桥架安装，完成排水挡潮闸闸门及液压启闭机安装；电力接入系统工程已完成德胜变下沙路段6km土建施工，完成主变压器设备制造、开展高低压电气设备制造。累计完成投资11.12亿元，占总投资12.95亿元的85.87%。2021年完成投资2.92亿元。

【杭州市西湖区铜鉴湖防洪排涝调蓄工程】 该工程位于杭州市西湖区之江地区，北至双灵路、规划灵富路，南至袁富路，东至杭富沿江公路（铜鉴湖大道），西至规划经二路、灵龙路，距离杭州市区约20km。工程初步设计于2018年10月24日获批，工程概算总投资14.44亿元，工程总工期36个月。工程于2019年8月6日开工建设，主要建设内容为：开挖铜鉴湖面积1.35km^2，总库容500万m^3，沿湖建设护岸28.3km；新建铜鉴湖引排隧洞约2.2km，设计分洪流量40m^3/s；新建配水泵站1座，设计流量2m^3/s；新建周浦北闸、下羊闸。工程等别为Ⅲ等，铜鉴湖隧洞进出口、铜鉴湖泵站、周浦北闸、下羊闸、铜鉴湖护岸等主要建筑物级别为3级，设计防洪标准为20年一遇，排涝标准20年一遇。至2021年年底，调蓄区土方开挖完成14.89万m^3，调蓄区护岸完成18.02km，均已完成全部工程量；完成泵站与节制闸工程，隧洞开挖完成141.7m，已全线贯通；衬砌及灌浆工程完成1842.5m，已全部完成。2021年完成投资4.64亿元。累计完成投资14.44亿元，为总投资的100%。

【绍兴市上虞区虞东河湖综合整治工程】 该工程位于上虞区东部，工程防洪排涝范围主要包括虞北平原的小越、驿亭和丰惠平原的梁湖、丰惠等4个乡镇。建设内容包括皂李湖、白马湖、小越湖、孔家岙泊、东泊和西泊等“六湖”整治，建设湖岸工程40.14km，清淤279.66万m^3；新建皂李湖堤防1.37km；整治虞甬运河、皂李湖河、皂李湖支河、盖南河起始段等河道15.19km；新建皂李湖—白马湖隧洞长2.38km、白马湖—西泊隧洞长0.34km，引水流量为$5m^3/s$；新建节制闸6座；布置水净化预处理设施1处；新建及拆建桥梁26座。工程初步设计于2015年7月25日获批，工程概算总投资12.03亿元，工程总工期48个月。工程于2015年12月20日开工，2021年完成投资605万元，至2021年年底，工程已全部完工，累计完成投资12.03亿元。

【温瑞平原东片排涝工程】 该工程位于温州市龙湾区和温州经济技术开发区，其中龙湾区片包括蒲州、状元、瑶溪、永中、海滨、永兴6个街道及永兴北围垦、永兴南围垦和天城围垦区，经开区片包括沙城、天河、海城、星海4个街道及龙湾二期围垦区、经海园区（天城南围垦）和丁山围区。项目主要建设任务：整治河道76条，总长144.23km；新（改）建水闸2座；新建大罗山引水隧洞1条，洞长3.073km；改建配套桥梁48座。项目共分三期实施，其中一期、二期属于龙湾区，三期属于经开区。工程初步设计于2017年11月获批，工程概算总投资35.51亿元，工程总工期66个月。工程于2018年8月开工，至2021年年底，累计完成投资15.86亿元，占总投资的44.66%。龙湾区实施一期工程，概算投资13.88亿元，至2021年年底已完成投资10.33亿元，全部标段已开工建设，完成城东水闸主体结构建设，完成大罗山隧洞出口桥梁建设和出口边坡开挖支护施工，完成城中河、四甲浦和环城河3条河道整治等；龙湾区二期工程概算总投资10.15亿元，因涉及占用较大面积永久农田，尚未实施；经开区实施三期工程，概算总投资11.49亿元，至2021年年底已完成投资5.33亿元，环城河治理工程已完工验收，完成东排三期瓯飞起步区范围河道设计方案调整，完成金海园区新川浦河道护岸总长2357.13m、四甲浦河道护岸总长647.8m，三甲河主槽开挖1188.415m。

【临海市方溪水库工程】 该工程位于临海市括苍镇境内，永安溪流域支流方溪上，坝址地处方溪村上游约450m，控制流域面积84.8km^2，是以供水为主，结合防洪、灌溉、发电等综合利用的中型水库，总库容7200万m^3，年供水量7000万m^3。工程初步设计于2013年3

月30日获批，工程概算总投资11.5亿元，工程总工期36个月，工程于2018年4月8日开工，2021年12月29日通过蓄水验收。截至2021年12月底，完成坝体填筑、混凝土面板浇筑、溢洪道混凝土浇筑等施工，已具备下闸蓄水条件。2021年完成投资1亿元，累计完成投资15亿元。

【三门县东屏水库工程】 该工程位于台州市三门县境内，是以供水为主，兼顾防洪、发电等综合利用的水利工程。工程由东屏水库、长林水库、输水建筑物及永久交通工程等组成，其中长林水库为东屏水库的引水配套工程。两水库库容相加近3000万 m^3，其中东屏水库库容2733万 m^3，长林水库库容206万 m^3。工程初步设计于2016年8月21日获批，工程概算总投资7.04亿元，工程总工期36个月。工程于2017年8月23日开工，截至2021年12月底，已完成输水隧洞开挖4.2km，东屏大坝上坝道路开挖1.7km等，大坝工程尚未开工，累计完成投资5.7亿元，占总投资7.04亿元的80.96%。2021年完成投资1.06亿元。工程因施工难度、部分标段进展较慢等原因延期完工。

【松阳县黄南水库工程】 该工程位于丽水市松阳县境内，坝址位于松阴溪支流小港黄南村上游，距松阳县城约35km，是一座以供水、灌溉、防洪为主，结合改善水生态环境、发电等综合利用的中型水库，总库容9196万 m^3，年供水量5700万 m^3。工程初步设计于2016年2月4日获批，工程概算总投资18.07亿元，工程总工期52个月，工程于2017年6月8日开工，大坝工程于2018年10月实施截流并开始填筑施工，2019年11月11日主体填筑完成，输水隧洞工程于2019年12月16日全线贯通，2020年7月30日通过蓄水验收，2020年8月6日下闸蓄水，2021年11月18日通过工程配套电站机组启动验收。截至2021年12月底，主体工程已完成，进行工程扫尾，累计完成投资18.1亿元。2021年完成投资1.55亿元。

【义乌市双江水利枢纽工程】 该工程位于义乌市义乌江与南江汇合口下游约2km处，距离义乌市区12km。工程任务以供水、防洪为主，结合改善生态环境，兼顾灌溉、航运和发电等综合利用。工程建设内容主要包括蓄水区工程、堤岸工程、拦河坝改造工程和管理维护区工程等4个部分。工程等别为Ⅲ等，正常蓄水位库容1733万 m^3，日均提供工业用水20万 m^3。工程初步设计于2020年6月22日获批，工程概算总投资35.92亿元，工程总工期36个月。工程于2020年12月23日开工，截至2021年12月底，已完成蓄水区土方（含砂石）开挖230万 m^3，北堤堤身填筑完成9.5万 m^3 等，累计完成投资23.7亿元，占总投资35.92亿元的65.98%。2021年完成投资10.3亿元。

【诸暨市陈蔡水库加固改造工程】 该工程位于钱塘江流域浦阳江支流开化江上游，大坝坐落于诸暨市东白湖镇，坝址以上集水面积187km²，总库容1.164亿 m^3。工程任务以防洪、供水为主，兼顾灌溉等综合利用。工程建设内容包括：主坝坝顶、护坡、防渗结构加固改造；副坝坝顶、护坡、防渗结构加固改造；泄洪闸闸门、启闭设备与控制系统、启闭平台及启闭机室加固改造等。工程初步设计于2020年8月29日获批，工程概算总投资9.92亿元，工程总工期30个月，工程于2020年11月27日开工。截至2021年12月底，已完成大坝迎水面87.1m高程以下部位条石砌筑、新建输水隧洞开挖与衬砌等施工，累计完成投资6.4亿元，占总投资9.92亿元的64.52%。2021年完成投资3.4亿元。

【温州市瓯江引水工程】 该工程位于温州市鹿城区、瓯海区、浙南产业集聚区和龙湾区境内。工程自渡船头取水口和瓯江翻水站取水口取水，通过输水隧洞引水，沿程分别向鹿城区、瓯海区、浙南产业集聚区等15处分水口配水。工程任务为城市应急备用供水、灌溉、河网生态补水及防洪排涝。工程设计水平年为2030年，城镇供水年保证率为95%，农田灌溉设计年保证率90%，多年平均年引水量7.43亿m^3，多年平均引水流量$25m^3/s$。主要建设内容包括：新建渡船头取水枢纽，改造提升瓯江翻水站取水枢纽，新建渡船头至丰台输水建筑物（含输水隧洞、埋管、顶管、调压井、控制阀、南村加压泵站、泽雅调流站等）及分水隧洞与分水口等。瓯江引水工程一标段已于2021年4月10日开工建设，二标段和三标段EPC工程总承包已于7月完成签约并开工建设，工程初步设计于2020年9月8日获批，工程概算总投资54.98亿元，工程总工期60个月。工程于2021年4月10日开工，截至2021年12月底，隧洞累计掘进近2km，累计完成投资6.51亿元，占总投资54.98亿元的11.84%。2021年完成投资5.01亿元。

【好溪水利枢纽流岸水库工程】 该工程位于金华市磐安县境内，坝址位于流岸村上游约1km处，距仁川镇2.5km。该工程是好溪水利枢纽和好溪流域水资源配置体系的重要组成部分，水库供水范围分磐安县供水区和永康市供水区。工程主要建筑物有拦河坝、泄水建筑物、放水建筑物、发电引水建筑物、发电厂及升压站、泊公坑引水、水库向新城区（新渥）输水、上坝公路及进厂公路、环库防汛道路、管理用房等。水库总库容3147万m^3。工程等别为Ⅲ等，水库规模为中型。工程初步设计于2020年6月18日获批，工程概算总投资15.68亿元，工程总工期42个月。工程于2020年11月27日开工，截至2021年12月底，完成坝基开挖、导流洞开挖与衬砌等施工，工程累计完成投资9.9133亿元，累计完成投资占批复概算投资63.24%。2021年完成投资3.0211亿元。

重大水利工程竣工验收

【概况】 2021年，全省完成杭州市第二水源千岛湖配水工程、富阳市岩石岭水库除险加固工程等17个重大项目的竣工验收工作，见表1。

表1 2021年重大水利工程竣工验收情况

序号	设区市	县（市、区）	项目名称	竣工验收时间
1	杭州	杭州市	杭州市第二水源千岛湖配水工程	2021年12月24日
2		富阳区	富阳市岩石岭水库除险加固工程	2021年12月31日
3		建德市	建德市寿昌江更楼段治理工程	2021年11月30日
4	温州	洞头区	洞头县环岛西片围涂工程	2021年9月16日
5		文成县	文成县飞云江治理二期工程	2021年12月8日
6		鹿城区	温州市鹿城区七都岛标准堤塘工程（南堤、东堤、吟州堤）	2021年12月9日
7	嘉兴	海宁市	海宁市鹃湖应急备用水源工程	2021年5月28日
8		海盐县	海盐县东段围涂标准海塘一期工程	2021年9月8日
9	绍兴	越城区	绍兴市迪荡湖治理工程（一期）	2021年9月8日
10		上虞区	上虞区上浦闸枢纽除险加固工程	2021年8月27日
11		越城区	绍兴市新三江闸排涝配套河道南片拓浚工程	2021年11月11日
12		诸暨市	诸暨市安华水库除险加固工程	2021年8月26日
13	金华	兰溪市	兰溪市芝堰水库除险加固工程	2021年2月2日
14	舟山	定海区	舟山市定海区金塘北部区域开发建设项目围涂工程（一期工程）	2021年9月17日
15	台州	温岭市	温岭市白龙潭水库工程	2021年11月10日
16	丽水	莲都区	丽水市大溪治理工程	2021年8月11日
17		青田县	青田县三溪口河床式水电站工程	2021年9月28日

【杭州市第二水源千岛湖配水工程】 该工程起点位于淳安县千岛湖金竹牌，输水隧洞途经淳安县、建德市、桐庐县、富阳区、余杭区，终点位于余杭区闲林水库内。该工程任务为供水。工程自淳安县金竹牌取水口取水，通过输水隧洞、分水口等工程措施，输送千岛湖原水，沿途配水至沿线的建德、桐庐、富阳部分区域，并在杭州市闲林枢纽配水至杭州市主城区、萧山区和余杭东苕溪以东地区等三个方向，提高杭州及沿线城乡供水水质和保证率。杭州市区形成了千岛湖、钱塘江、东苕溪联合供水、互为备用的多水源供水格局，并为实现分质供水打下基础。工程主要建设内容包括千岛湖进水口、输水隧洞、分水口、放水建筑物、出口流量控制建筑物、闲林水库取水口、下游输水隧洞及流量测井、永久交通工程及沿线管理房等。该工程等别为Ⅰ等。千岛湖进水

口、输水隧洞（含埋管、事故检修闸、闲林控制闸、调压井等）、分水口、出口流量控制建筑物、闲林水库取水口等主要建筑物为1级，检修排水退水设施、交通道路等次要建筑物为3级。主要建筑物按地震基本烈度Ⅶ度进行抗震设计。千岛湖进水口采用新安江水库大坝相同的洪水标准，按1000年一遇洪水标准设计，10000年一遇洪水标准＋安全保证值校核；闲林水库取水口按100年一遇洪水标准设计，2000年一遇洪水标准校核。输水隧洞、控制闸、检修闸、调压井等其他建筑物按100年一遇洪水标准设计，300年一遇洪水校核。该工程合理使用年限为100年。千岛湖进水口、输水隧洞、分水口、出口流量控制建筑物、闲林水库取水口等合理使用年限为100年，闸门合理使用年限为50年。工程设计年配水量9.78亿m^3，引水流量38.8m^3/s。工程于2014年12月24日开工，2021年12月24日通过省发展改革委和省水利厅组织的竣工验收。

【富阳市岩石岭水库除险加固工程】 该工程位于钱塘江流域渌渚江葛溪中游，坝址位于富阳区胥口镇上练村。工程任务是对大坝等建筑物进行除险加固，消除水库安全隐患，确保工程安全。除险加固后的工程任务仍以灌溉为主，结合防洪、发电、养鱼等综合利用。该次除险加固工程总体布置基本保持不变，主要工作内容包括：拦河坝除险加固、一级电站报废重建、发电灌溉洞进水口改造、新增安全监测设施。工程等别为Ⅲ等，水库为中型，电站为小（2）型。拦河坝（含泄水建筑物）、发电灌溉洞为3级建筑物，设计洪水标准为100年一遇、校核洪水标准为1000年一遇；发电厂及升压站为4级建筑物，计洪水标准为50年一遇、校核洪水标准为100年一遇。坝址以上集雨面积329km^2，正常蓄水位54.14m，相应库容2133万m^3；设计洪水位（$P=1\%$）57.73m，相应库容3619万m^3；校核洪水位（$P=0.1\%$）59.34m，总库容4460万m^3。工程于2009年6月开工，2021年12月31日通过省发展改革委和省水利厅组织的竣工验收。

【建德市寿昌江更楼段治理工程】 该工程位于建德市更楼街道。工程任务是以防洪为主，结合改善水环境等综合利用。堤防结构型式考虑改善水环境等综合利用需要，通过防洪堤建设，使寿昌江更楼段达到20年一遇防洪标准，保障当地人民群众生命财产安全，提高区域防洪能力，促进当地经济社会发展。该工程主要建设内容：堤身填筑、河道清淤切滩、挡墙砌筑等。共加固20年一遇防洪堤4.14km，其中左岸上瓦窑铺至啤酒厂3.23km，右岸石岭溪至更石大桥0.91km，按实际控制堤距不小于120m，并对石岭溪出口至甘溪出口1.575km河道进行疏浚。寿昌江更楼段洪水标准20年一遇。工程于2010年12月10日开工，2021年11月30日通过杭州市林水局组织的竣工验收。

【洞头县环岛西片围涂工程】 该工程位于温州市洞头县（今洞兴区）洞头岛的西北侧海岸。工程任务是围涂造地，增加陆域土地面积，近期用作水产养殖。工程主要由1条海堤和1座水闸组成。海堤总长4069.3m，采用土石混合结构。桩号0－015.1～3＋504堤段采用斜坡式，堤顶净宽7.0m，堤顶高程6.90～6.40m，挡浪墙顶高程7.70～7.20m；桩号3＋504～4＋054.2堤段采用直立式，堤顶净宽7.0m，堤顶高程6.10～6.00m，挡浪墙顶高程6.90～6.30m。和尚礁排水闸为2孔，每孔宽3m，闸底板高程－1.80m，设计排水流量108m^3/s。海堤设计标准为50年一遇设计高潮位与同频率风浪组合，允许部分越浪。水闸挡潮设计标准为50年一遇设计高潮位与同频率风浪组合。围区排涝设计标准为20年一遇。工程等别为Ⅲ等。主要建筑物海堤、水闸等为3级建筑物，次要建筑物引水渠道为4级建筑物，临时建筑物施工道路为5级建筑物。工程于2013年3月10日开工，2021年9月16日通过省水利厅组织的竣工验收。

【文成县飞云江治理二期工程】　该工程位于文成县境内飞云江干流上，西起珊溪水库下游，东至赵山渡水库库尾，主要涉及珊溪镇、巨屿镇、峃口镇。工程任务以防洪为主，结合生态修复保护与综合利用。工程主要建设内容包括飞云江干流河道整治23.4km及5条支流汇入口，护岸加固20.03km（其中干流护岸加固14.92km，支流护岸加固5.11km），滩地整治15处，生态修复面积83.13hm^2，建设绿道23.2km，（其中结合护岸13.3km，单独新建绿道9.9km），增设排水涵管11处。飞云江干流百万山电站上游段、百万山段、巨屿段、穹口段、孔岙农耕文化园段、孔岙段、良坑段、九龙井段、驮垟尾段护岸防洪标准为20年一遇；支流李井坑段、潘岙段、九溪段护岸防洪标准为20年一遇，其余岸坡维持现状防洪标准不变。工程于2016年1月29日开工，2021年12月8日通过省水利厅组织的竣工验收。

【温州市鹿城区七都岛标准堤塘工程（南堤、东堤、吟洲堤）】　该工程位于温州市鹿城区七都岛。工程的任务是以防洪（潮）、排涝为主，结合景观等综合利用。工程主要建设内容包括新建南堤、东堤、吟洲堤三段标准堤防，以及镇中心水闸和下段水闸，不包括堤身景观。其中南堤轴线长3656m，东堤轴线长3218m，吟洲堤轴线长1466m；镇中心水闸共1孔，净宽6m，设计最大流量56.7m^3/s；下段水闸共1孔，净宽6m，设计最大流量55.6m^3/s。该工程等别为Ⅱ等，堤防、水闸为2级建筑物，新建标准堤设计洪水标准为50年一遇，堤顶高程按防洪（潮）水重现期100年一遇并允许部分越浪设计确定。水闸排涝标准为20年一遇设计，50年一遇校核，外江洪潮设计重现期为100年一遇。工程于2011年8月17日开工，2021年12月9日通过省发展改革委和省水利厅组织的竣工验收。

【海宁市鹃湖应急备用水源工程】　该工程位于海宁市东南面，在海州路以南、城南大道（现为江南大道）以北、碧云南路以东和08省道以西之间区域。工程任务以应急备用供水为主，结合改善水生态环境等综合利用。工程主要建设内容为湖区开挖总库容 274 万 m^3；新建湖面堤防总长 5.28km；新建引排水河道宽 25m，其中河面宽 19m；新建青沙塘闸、1 号节制闸、2 号节制闸，闸宽均为 6m；新建南港桥闸、陈思桥闸、秀才桥闸，闸宽均为 10m。工程等别为Ⅲ等。堤坝、水闸、闸站等主要建筑物为 3 级，设计洪水标准为 50 年一遇，校核洪水位为 100 年一遇；次要建筑物为 4 级；临时性建筑物为 5 级。工程总库容为 274 万 m^3，正常蓄水位 2.0m，正常库容 225 万 m^3，应急供水死水位为 0.00m；湖底高程－0.5m，湖面面积 0.9km^2；应急备用库容 180 万 m^3；校核洪水位 2.55m；总引水流量 5m^3/s（其中备用流量为 2m^3/s）。工程于 2011 年 12 月 18 日开工，2021 年 5 月 28 日通过省发展改革委和省水利厅组织的竣工验收。

【海盐县东段围涂标准海塘一期工程】 该工程位于海盐县武原街道，西起海盐县武原街道城北路，东至中隔堤。工程主要任务是防洪御潮。工程主要建设内容为加固临江一线海塘城北路至中隔堤段 5.076km，加固中隔堤 1.089km，加固 1 座沿江 1 孔×3m 排涝闸，建设防汛道路长度 4.379km，并建设 1 座跨河桥梁。海塘防（洪）潮标准为 300 年一遇设计高潮位叠加 100 年一遇风浪，中隔堤防（洪）潮标准为 100 年一遇，水闸防（洪）潮标准为 300 年一遇。工程等别为Ⅰ等，一线海塘、中隔堤、水闸工程级别均为 1 级。工程于 2017 年 9 月 21 日开工，2021 年 9 月 8 日通过省发展改革委和省水利厅组织的竣工验收。

【绍兴市迪荡湖治理工程（一期）】 该工程位于绍兴市越城区迪荡新城的北部，东起越东路、西至迪荡湖路、南依杭甬铁路、北至 104 国道北复线，区域面积为 2.58km^2。工程以防洪排涝为主，结合水环境改善。工程主要建设内容为新建堤防 4.2km，护岸 16.5km，堤防顶高程 5.10m，护岸顶高程 4.5m。迪荡湖湖区内陆区块防洪标准确定采用 20 年一遇。迪荡湖湖区内堤防及护岸建筑物级别为 4 级，设计洪水重现期为 20 年，临时性建筑物为 5 级，设计洪水重现期为 5 年。迪荡湖整治后水域面积为 1.3km^2，湖底控制高程为 1.0m。工程于 2014 年 5 月 17 日开工，2021 年 9 月 8 日通过省发展改革委和省水利厅组织的竣工验收。

【上虞区上浦闸枢纽除险加固工程】 该工程位于曹娥江下游绍兴市上虞区上浦镇境内分叉江上，距上游长诏水库 73km，控制曹娥江流域面积 4460km^2。上浦闸枢纽工程主要作用为引水灌溉，并改善河网水质及通航条件。该次除险加固主要任务为对枢纽建筑物存在的安全隐患和设备老化进行除险加固处理，保证工程安全运行，充分发挥综合效益。工程除险加固的主要建设内容有漫水闸、船闸、引水闸及过水堰等主要建筑物的维修加固，新建引水闸下交通桥，新建防汛仓库、配电房、机电仓库、机电管理房，改造管理房、碑亭等。工程于 2007 年 4 月 1 日开工，

2021年8月27日通过省水利厅组织的竣工验收。

【绍兴市新三江闸排涝配套河道南片拓浚工程】 该工程位于绍兴市越城区斗门街道和灵芝街道。工程任务为防洪排涝和改善水生态环境。主要建设内容为整治10条河道及新开挖1条河道，治理总长15.47km，护岸20.31km，改扩建桥梁8座。其中袍江新区片整治外官塘、菖蒲溇直江、三江大河，整治河道总长2.279km，拆建桥梁8座；镜湖新区片整治后横江、梅山江、河横江、九流渡、北环河、王家溇、横湖江等7条河道，整治及新开挖1条河道，治理河道总长8.31km，护岸13.2km。工程等别为Ⅲ等。主要建筑物级别为3级，临时建筑物为5级。工程防洪标准为城区20年一遇24h暴雨不受淹，农村（农田）为20年一遇三日暴雨基本不成灾。城区护岸按照防御区域100年一遇洪水标准确定。工程于2013年9月26开工，2021年11月11日通过省发展改革委和省水利厅组织的竣工验收。

【诸暨市安华水库除险加固工程】 该工程位于诸暨市浦阳江干流上游，距安华镇2km。该工程除险加固后的任务仍以防洪滞洪为主。该次主要任务是对2012年安华水库大坝安全鉴定中水库枢纽建筑物存在的缺陷进行除险加固，消除安全隐患，以确保工程安全运行。主要建设内容为拦河坝加固、泄洪闸加固、输水隧洞加固、非常溢洪道加固、泄洪渠加固、增设信息化系统、大坝配套工程等。工程等别为Ⅲ等，主要建筑物拦河坝、溢洪道、输水隧洞进水口等建筑物级别为3级，设计洪水标准为50年一遇，校核洪水标准为5000年一遇。工程于2015年7月31日开工，2021年8月26日通过省水利厅组织的竣工验收。

【兰溪市芝堰水库除险加固工程】 该工程位于钱塘江水系兰江支流甘溪上，大坝位于兰溪市黄店镇芝堰村，距兰溪市区22km。该工程任务是针对水库存在的问题，通过一系列的工程措施，消除水库安全隐患，确保工程安全。除险加固后，水库工程任务以供水、灌溉为主，结合防洪等综合利用。该工程主要建设内容为拦河坝除险加固、新建溢洪道、放空洞改建、新建供水隧洞、交通工程、新建活动堰坝、增设安全监测系统、大坝配套工程等。该工程等别为Ⅲ等，属中型水库。拦河坝、溢洪道、供水隧洞及放空洞进水口等主要建筑物级别为3级，设计洪水标准为100年一遇，校核洪水标准为2000年一遇；放空洞及供水隧洞洞身建筑物级别为4级，设计洪水标准为50年一遇，校核洪水标准为1000年一遇，消能防冲标准为30年一遇。水库坝址以上集雨面积为53.4km^2。除险加固后，水库正常蓄水位147.00m、校核洪水位149.38m、死水位117.00m；总库容3912万m^3，正常库容3455万m^3，死库容208万m^3，兴利库容3247万m^3。工程于2015年11月1日开工，2021年2月2日通过省发展改革委和省水利厅组织的竣工验收。

【舟山市定海区金塘北部区域开发建设项目围涂工程（一期工程）】 该工程

位于舟山市定海区金塘镇西北部，工程北枕大、小鬌果山岛，南靠大鹏山、金塘岛，东依横档山，西接甘池山。沥港水道将工程分为东、西两片。工程主要任务是以围涂造地和增加港口岸线资源为主，结合渔港开发建设等综合利用。该工程主要由7条总长9282m的海堤、3座总净宽27m的水闸（每座净宽9m）等组成。工程分东西两片围区，总围涂面积671hm²。工程防潮标准为50年一遇，海堤允许部分越浪；排涝标准为20年一遇24h暴雨不受淹。工程等别为Ⅲ等，海堤、水闸等主要建筑物级别为3级，D4海堤和X3海堤按2级建筑物进行设计。工程于2011年10月26日开工，2021年9月17日通过省水利厅组织的竣工验收。

【温岭市白龙潭水库工程】　该工程位于温岭市箬横镇晋岙里村朱家里。该工程主要任务是供水。白龙潭水库工程集水面积1.68km²，总库容159.5万m³，调节库容为132.6万m³，多年平均供水量为110.9万m³，为小（1）型水库，工程等别为Ⅳ等，主要建筑物拦河坝、泄水建筑物等级为4级，设计洪水标准为30年一遇，校核洪水标准为200年一遇，设计洪水位为101.18m，校核洪水位为101.51m。该工程主要建设内容为拦河坝、泄水建筑物、输水建筑物、上坝道路、管理区等。拦河坝坝型为细骨料混凝土砌块石重力坝，由溢流坝段和非溢流坝段组成；坝顶高程（1985国家高程，下同）102.0m，最大坝高30.0m，坝顶长128.26m；非溢流坝段上游面设置1.0m厚的C25W6F100混凝土防渗面板，大坝基础进行固结灌浆和帷幕灌浆处理。泄水建筑物采用溢流坝，为坝顶开敞式结构，溢流堰顶高程100.0m，净宽10.0m，共1孔，自由泄流，采用挑流消能。在坝体右岸预埋两根直径600mm、壁厚12mm的压力钢管作为供水通道；上坝道路布置在左岸，长1.117km，按准四级公路设计，为单车道混凝土路面，宽3.5m；管理房为地上2层框架结构，总建筑面积224.88m²。工程于2013年7月10日开工，2021年11月10日通过温岭市发展和改革局组织的竣工验收。

【丽水市大溪治理工程】　该工程位于丽水市大溪治理工程分市本级段和莲都段，堤线总长39.383km。该工程任务是以防洪为主，兼顾排涝及保护水生态环境综合利用。项目建成后，区域防洪能力提高，河道水环境改善，促进当地经济社会可持续发展。工程主要建设内容为堤防、水闸、涵管。由大港头堤、碧湖堤、南山堤、四都堤、苏埠堤、大白岩堤、塔下堤、开潭堤、小白岩堤、大溪南岸堤和中岸堤等11段堤防组成，堤线总长39.383km。沿线配套建设水闸13座，设置旱闸1座，新建箱涵1处，排水涵管16处。大港头堤、碧湖堤、南山堤、四都堤、苏埠堤、大白岩堤、塔下堤和开潭堤的防洪标准为20年一遇，堤防及排涝闸的主要建筑物级别为4级。小白岩堤、大溪南岸堤和中岸堤的防洪标准为50年一遇，堤防及排涝闸的主要建筑物级别为3级。工程于2010年10月8日开工，2021年8月

11日通过丽水市发展改革委组织的竣工验收。

【青田县三溪口河床式水电站工程】 该工程位于丽水市青田县大溪与小溪汇合口下游500m的瓯江干流上，距青田县城约6km。工程任务为以发电为主，结合改善航运条件。工程主要建设内容包括泄洪闸、河床式发电厂、升压站、左右岸混凝土重力式接头坝工程、330国道防护工程等。泄洪闸位于河床中部，由上游铺盖、闸室、消力池、护坦、海漫和抛石防冲槽等组成，共22孔，每孔净宽12.00m，总净宽264.00m，闸段总长327.40m。河床式发电厂位于左岸边，由主厂房、副厂房等组成。主厂房右侧为泄洪闸，下游侧为副厂房；主厂房由3个主机段和2个装配场段组成，主机段内3条流道平行布置，顺水流方向依次为进口段、机组段和出口尾水管段。流道中部安装有GZTF07B-WP-700型灯泡贯流式水轮机和SFWG33.33-72/7560型发电机。工程等别为Ⅲ等，主要建筑物级别：泄洪闸、河床式发电厂、左右岸混凝土重力式接头坝工程、330国道防护工程为3级建筑物；次要建筑物级别：护坡（岸）、导航和靠船建筑物等为4级建筑物。泄洪闸、河床式发电厂、左右岸混凝土重力式接头坝工程设计洪水标准100年一遇，校核洪水标准500年一遇；330国道防护工程挡水标准为50年一遇，设计洪水标准为100年一遇，校核洪水标准500年一遇。工程于2010年10月8日开工，2021年9月28日通过省发展改革委和省水利厅组织的竣工验收。

水库除险加固

【概况】 2021年，浙江省病险水库除险加固工作列入了省政府十大民生实事，全年计划完成160座，并写入2021年度省政府工作报告。全省共有159座小型水库除险加固列入水利部小型水库除险加固攻坚行动。浙江开展病险水库存量清零行动，计划用2年（2021—2022年）时间消除病险水库414座，全面消除全省水库安全隐患。

【病险水库除险加固】 2020年11月，省水利厅印发《关于下达全省病险水库存量清零2021—2022年行动计划的通知》（浙水运管〔2020〕14号），将全省414座病险水库列入2021—2022年实施计划。2020年，省政府下达病险水库除险加固项目年度考核任务目标160座。至2021年年底，经省治水办考核，全年水库除险加固工程完工182座，完工项目清单见表2。其中杭州市27座、宁波市7座、温州市12座、湖州市10座、绍兴市25座、金华市30座、舟山市13座、衢州市11座、台州市40座、丽水市7座，超额完成省政府对省水利厅的考核目标。

【小型水库除险加固攻坚行动】 2020年5月，水利部开展小型水库除险加固攻坚行动，全省共有159座小型水库除险加固列入水利部攻坚行动。至2021年年底，列入攻坚行动的各类项目总体进展顺利，提前完成年度目标任务。其中，完成竣工验收70座，完成率为100%；　　完工88座，完成率为99%。

表2　2021年全省水库除险加固工程完工项目清单

序号	设区市	完成数	项　目　清　单
1	杭州	27	汪家湾、烂田坞、万家园、畈龙、石水坞、流坞坑、沙门坞、九曲坞、磨刀坑、横岗、重阳坞、源塘坞、周冕、龙王庙、竹笼源、七桠塘、黄子坑、陆高坞、杨坞、小松源、山阴坞、大坑、芦竹塘、林塘、朝阳、西河、伊家
2	宁波	7	西岙、庄岙、梅湖、三星桥、郑夹岙、岙肚里、巴吉岙
3	温州	12	桃园、洪地、顺溪、仰根、白鹤渡、伙爬岭、仙岩尾、鸭母溪、雷官岩、半岭、九际、罗垟
4	湖州	10	向阳、霞幕山、麦家坞、照山、田坞坑、六坞里、红湖、罗家费、红峰、牛头坞
5	绍兴	25	九级岭、猪石岙、甘大、白水、靠溪岙、长征、新合、金龙、东湖、竺家坑、黄庄、蟠龙、大枫树、上将后、里坑坂、姜家山、上礼泉、流水石塔、瓜子淡、杨家坞、白龙岗、红坞底、仙菇殿、卫星、朱家坞
6	金华	30	放生塘、红旗、长山垅、上横畈、长岭、方溪、马骨塘、文丰寺、石孔头、上四堡、大泥塘、高垅、周塘、茶塘、珠垅、胜利、歇马殿、外杓塘、八都、唇塘、新作塘、上朱、丹坞、东鹤坑、八达、潘姆塘、塘下畈、郭村源、派顶、跃进
7	舟山	13	庙跟、天竺、南岙、王家岙、鲍家岭、大岙、西岙底陈、大湾、南洞、长春、黄高岭、小卫平、长岗山
8	衢州	11	后塘、毛坞、大埂岭、破塘垅、乌鹰坞、大塘弄、八里弄、敌垄、牛坞、龙井、蛇头里
9	台州	40	柔极溪二级、龙潭头、井马、渭溪、斗水力鱼、张岙、岩竹峰、红坑、罗加岙、磨石岩、上岙、下坦溪、里龙坑、亚叉岩、坑尾巴、鲤鱼头、外王、陈士华、山头株、紫龙桥、上白露头、洞坑、外塘、上里岙、十六潭、岭下、洋磨坑、海坑、栗树园、大路周、王琅、乌龙潭、龙皇堂、桐岭、龙潭坑、舜岭、迴龙桥、双溪、六加岙、里步蛟
10	丽水	7	大力塘、葛麻弄、西塘、后垟、龙潭、里山坑、坑后

江堤海塘工程建设

【概况】　2021年，全省对钱塘江、瓯江、飞云江、椒江等流域主要江河堤防以及沿海干堤、海塘进行加固建设。完成干堤加固任务92.8km，完成年度目标的116%，完成投资6.53亿元，桐庐县富春江干堤加固三期工程、青田县瓯江治理二期工程、桐庐县富春江干堤加固二期工程、兰溪市钱塘江堤防加固工程（二期）等5项工程完工见效。海塘安澜工程全年计划开工200km，已开工

239.4km，开工率为119.7%。

【鳌江干流治理水头段防洪工程】 该工程以防洪排涝为主，兼顾改善水环境，是国家江河湖泊治理骨干项目，主要建设内容为：整治龙岩—显桥鳌江干流河道8.36km，新建右岸堤防8.41km，新建左岸护岸8.36km；新建章岙闸、鸣溪闸、中后闸（泵）、上小南闸（泵）、下小南闸，闸宽分别为18m、5m、32m、8m、8m，总泵排流量$35m^3/s$；新开鸣溪河387m；配套建设箱涵、涵闸和圆涵共14处；凤卧溪西排分洪工程由凤蒲河、蒲尖山隧洞、蒲尖山闸、九龙岱闸组成；新开凤蒲河692m（含连接段）；蒲尖山隧洞2条，洞长1.87km，洞宽15m；新建蒲尖山闸，闸宽2×15m，设计流量$417m^3/s$；新建九龙岱闸，闸宽2×8m，设计流量$174m^3/s$。工程计划工期为48个月。工程概算总投资16.69亿元，其中工程部分静态总投资9.86亿元，征地和环境部分静态总投资6.83亿元。至2021年年底，工程已全部完工，完成鳌江干流河道整治8.4km，左岸防洪堤8.36km，右岸护岸8.41km，完成蒲尖山隧洞1.87km，洞径15m×10m，完成九龙岱水闸、蒲尖山水闸、章岙水闸、鸣溪水闸、中后水闸（泵）、上小南水闸（泵）、下小南水闸等7座水闸（泵），以及工程沿线周边范围的绿化等建设内容，并通过完工验收。累计完成投资16.5亿元。

【平阳县南湖分洪工程】 该工程主要将水头镇区上游洪水经过隧洞分流至镇区下游，有效减轻镇区防洪压力。工程建设内容由进口分洪闸、分洪隧洞、施工支洞及补偿工程组成。进口分洪闸共计2座，每座闸共2孔，每孔净宽8m，闸底槛顶高程为7.0m；分洪隧洞共2条，南线隧洞长6.538km，北线隧洞长6.563km，分别由上游无压段、倒虹吸段、下游无压段组成，衬后洞宽14m，单洞设计最大分洪流量为$410m^3/s$；施工支洞两条，湖北村支洞长491m，增光井村支洞长295m；补偿工程涉及引供水管线改迁737m。初步设计报告于2019年11月8日获省发展改革委批复，概算总投资15.21亿元。至2021年年底，工程已完成两条6.7km隧洞的爆破施工和二衬施工；进口水闸已完成主体工程建设，实施闸室装修施工。累计完成投资14.034亿元。

【曹娥江综合整治工程】 该工程初设于2019年7月获省发展改革委批复，工程任务以防洪为主，兼顾生态修复，治理范围为曹娥江干流和小舜江支流，涉及新昌县、上虞区、柯桥区和滨海新区，概算总投资9.02亿元。工程主要建设内容为：堤防加固14.32km，护岸整治13.88km，新建、重建水闸2座，移位改建水闸1座，堤顶道路及巡查通道提升66.87km，配套工程$36.99hm^2$。该工程柯桥段于2019年11月27日开工建设，至2021年年底已完成主体工程建设，完成投资4.44亿元。滨海新城段于2020年6月28日开工建设，至2021年年底，已完成沥海闸及南江闸主体工程建设，完成护岸工程U形板桩5000根，抛石8万m^3，堤顶道路已完工，巡查通道主体工程已完成，累计完成投资

16093万元。上虞段于2020年7月16日开工建设，至2021年年底，基本完成小江埂、霞齐埂、石浦埂、蒋村埂、渔渡埂等堤防加固工程，开展堤顶路面施工扫尾工作，四峰埂开展迎水坡草皮护坡施工；累计完成投资13200万元。

【金华市金华江治理二期工程】 该工程是钱塘江治理工程的重要组成部分，也是浙江省百项千亿重大防洪排涝项目之一，2018年列入省重点建设项目。工程位于金华市区，主要建设内容为加固提档生态化提升改造堤防14.45km。其中，金华江右岸婺江大桥至三江口段长4.04km、东阳江左岸燕尾洲至电大桥段长1.32km、武义江左岸豪乐大桥至梅溪南二环路桥段长3.04km、武义江右岸李渔大桥至孟宅桥段长6.05km。工程初设于2018年8月获省发展改革委批复，概算总投资8.21亿元，工程任务以防洪为主，兼顾改善水环境、提升水景观等综合利用。至2021年年底，已累计完成投资80119万元。金华江右岸婺江大桥至河盘桥段1.575km、金华江右岸河盘桥至老火车站段1.29km、东阳江左岸宏济桥至电大桥段0.9km、武义江左岸豪乐大桥至梅溪南二环路桥段3.04km，金华江右岸老火车站至三江口段1.175km及武义江右岸孟宅桥至武义江大桥、洪坞桥至豪乐大桥段2.2km已建成投入使用。武义江右岸武义江大桥至豪乐大桥段1.98km、武义江右岸丹溪路桥至洪坞桥段1.27km主体工程完成。

【常山县常山港治理二期工程】 该工程任务以防洪为主，结合排涝、灌溉及改善生态环境等综合利用。工程初设于2017年11月2日获省发展改革委批复，概算总投资8.8亿元。新建及加固堤防28.875km，包括琚家堤、何家堤、团村堤、胡家淤堤、阁底堤、象湖堤、汪家淤堤、招贤堤、鲁士堤、大溪沿堤等10段堤防。新建护岸8.275km，包括琚家护岸、新站护岸、西塘边护岸。堤防生态化改造12.06km，包括滨江堤、外港堤、南门溪左岸、南门溪右岸4段堤防。项目共分21个标段招标，其中滨江堤、外港堤2个标段已完工验收；何家堤一标、二标，团村堤，新站护岸段，汪家淤堤，鲁士堤一标、二标，阁底堤8个标段完成分部工程验收；招贤一标、象湖堤、管理用房3个标段工程扫尾；8个标段施工。2021年度完成项目产值（建安）约1.5亿元。主河道水工和左岸景观绿化、亮化工程已完成建设，累计新建、改造堤防约20km，发挥防洪排涝和生态环境效益，沿线景观生态环境得到了跨越式提升；航埠闸站已基本完成，2021年4月底具备排涝能力；北淤桥、沟溪桥、北墩桥3座桥梁基本完成，均已具备通行能力；古河道（北淤桥至出口段）水工部分和5座电塔保护已完成建设。累计完成投资88083万元。

【江山港流域综合治理工程】 该工程是省重点建设项目、省百项千亿防洪排涝项目，工程初设于2017年12月获省发展改革委批复，概算总投资22.32亿元，其中征迁及环境部分7.36亿、工程建设部分14.96亿。主要建设内容包括新建及加固堤防（护岸）111.30km，其中江山港干流 55.70km，支流 55.6km；采用路堤结合等形式修建绿道 145.64km，共建设驿站 22 个；治理河道（渠道）水系 62.65km，城区河道清淤 2.55km，滩地治理 3 处；滩地景观节点改造 15 处，加固及改造生态景观堰坝共 32 座；水文及水利信息化系统建设，包括水位流量监测断面 8 处，水质自动监测站 3 座，水雨情监测点 28 处，闸站自动化监测 8 座，视频监控、信息管理系统平台等。工程于 2018 年 4 月正式开工建设，计划工期 60 个月。至 2021 年年底，项目累计完成投资 206310 万元。江山港城区段清淤工程、丰足溪水系整治、贺村水系连通、大夫第节点绿道和双塔底—四都、卅二都溪、贺村等堤段已完工验收，广渡溪段、长台溪段建设内容已基本完成，凤林、峡口、达河溪等标段开展建设。

【三门县海塘加固工程】 该工程任务以防洪挡潮排涝为主，兼顾改善滨海生态环境。工程保护范围包括中心城区和健跳、浦坝等重要城镇，涉及保护人口约 24.7 万，实施后将有效恢复和提高区域海塘的防潮标准和御潮能力，提高区域防洪排涝能力。主要建设内容包括：加固提升海塘 55.82km，按防潮标准分，100 年一遇海塘 7.28km（防洪标准 50 年一遇），50 年一遇海塘 43.46km，20 年一遇海塘 5.08km；新（扩）建沿海口门闸泵 5 座，其中排涝闸站 1 座，排涝闸 2 座，排涝泵站 2 座，新增强排能力 53m^3/s；移址重建排涝闸 1 座（外黎新闸）。工程概算总投资 11.98 亿元，工期 42 个月。该工程于 2020 年 6 月 16 日开工，至 2021 年年底，已完成铁强塘、托岙塘标段全部建设内容，六敖北塘标段完成连心广场建设及赤头闸主体建设，蛇蟠海塘、虎门孔塘、健跳塘、浦坝北岸闭合塘等段正在建设，七市塘、下栏塘和长乐塘等 3 个标段已完成开标工作。累计完成投资 27778 万元。

【台州市循环经济产业集聚区海塘提升工程】 该工程位于台州湾西侧，工程任务以防洪挡潮排涝为主，兼顾提升海塘沿线生态环境。项目对沿海存在防洪（潮）能力低和安全隐患的海塘进行加固提升，并根据区域排涝要求新（改）建排涝闸（站）。主要建设内容由海塘提标加固、新开护塘河、水闸提标加固、新建闸站及沿塘生态修复等组成，其中提标加固海塘长约 17.32km（包括十一塘段 10.56km、三山北涂段 3.23km、三山涂段 3.53km）；新开护塘河 9.84km，河道面宽 60m，新建护岸 19.68km；提标加固已建水闸 5 座，新建洪家场浦闸站 1 座（设计强排能力 50m^3/s）；沿塘生态修复 115.1 万 m^2，新建巡查站 4 处。工程概算总投资 29.74 亿元，建设工期为 60 个月。至 2021 年年底，累计完成投资 72915 万元，护塘河工程第二次真空预压加载全部完成，部分河道开始开挖，外海侧抛石完成约 90 万 m^3，土方回填完成约 55 万 m^3，东闸、北闸、三山北涂闸围护桩已全部完成，洪家场浦闸围护桩已完成 20%。

【海宁市百里钱塘综合整治提升工程一期（盐仓段）】 该工程是浙江省生态海岸带和海塘安澜千亿工程“双示范”

项目，工程按照“安全十”建设理念，将盐仓段海塘建设与交通、城建、人居、旅游、生态和文化等内容相融合，打造拥有综合功能的现代化海塘。工程建设总长度约7.6km，主要建设内容为海塘提标加固至300年一遇7.09km，新建市政道路5.94km（含隧道2.02km）、桥梁6座、湿地公园约12.67hm^2、回头潮公园约8.67hm^2、生态滨水岸带7.09km、观潮平台和潮位观测站各1座，护塘河生态化整治5.89km，并配套数字化海塘建设等。工程初步设计于2021年8月31日获省发展改革委批复，概算总投资46.13亿元。工程于2021年12月8日开工，全年完成EPC及全过程咨询等招标工作，政策处理工作同步开展，截至2021年12月底，已完成投资46132万元。

【钱塘江北岸秧田庙至塔山坝段海塘工程（堤脚部分）】 该工程位于海宁市盐官镇，全长25.6km，工程任务为防洪御潮，并按300年一遇标准设计。主要建设内容为加固海塘堤脚16.475km，塘面修复9.57km，新建进出场交通斜道1座等。工程初步设计于2020年11月17日获省发展改革委批复，概算投资为58801万元，总工期36个月。工程于2021年7月21日开工，截至2021年年底，完成扭王块预制5764个，扭王块安放1795m；完成钢栈桥200m，板桩打设10m，Z形块预制804个；完成新仓进出交通斜道及营地建设；完成围堰吹填1600m，围堰段板桩打设880m，护坦浇筑650m；H形板桩预制4570根；完成大缺口管理房混凝土框架结顶。完成投资15136万元。

【钱塘江西江塘闻堰段海塘提标加固工程】 该工程位于杭州市萧山区闻堰街道，富春江、浦阳江汇合口下游钱塘江南岸。工程任务以防洪御潮为主，兼顾生态修复、公共服务提升、饮用水水源保护等。主要建设内容包括：提标加固塘身5.56km，加固塘脚1.57km；改造生态滨水岸带5.56km，生态修复总面积16.87hm^2（其中塘身为11.67hm^2，塘前滩地为5.20hm^2）；建设沿塘绿道5.56km；新建驿站2处、改建驿站1处，共440m^2；将闻堰管理房二层改造为海塘现场监测管理中心，面积为140m^2；将华家管理房改造为古海塘文化展示馆，面积为2030m^2；建设智慧海塘管理系统和沿塘提升管护范围内安全监测设施等。工程初步设计于2021年11月1日获批，概算总投资40017万元，工期36个月。截至2021年12月底，已完成工程EPC总承包招标工作，开展临建搭设、政策处理、涉水作业许可审批等施工准备工作。

建设管理

【概况】 2021年，全省水利工程建设未发生质量事故，在水利部建设质量工作考核中位居全国第二，已连续7年获A级优秀。加大工程质量检查和监管力度，营造争优夺杯氛围，工程建设捷报频传。进一步加强水利工程建设管理数字化应用建设，并迭代升级“透明工程”

场景应用。

【质量提升行动】 2021年，省水利厅印发《关于提升水利工程质量的实施意见》，作为指导全省水利工程质量管理的方向性文件。印发《浙江省水利工程建设质量提升专项行动方案》，组织开展质量提升专项行动，对全省水利工程建设质量管理中的突出问题进行全面排查，实行源头治理、限期整改，并督促各地落实质量管控长效机制。

【工程质量监管】 2021年，全省完成在建重大工程检查80项、面上工程质量抽检80项、工程建设质量隐患排查35项，对15家设计单位设计质量进行专项检查，发现各类问题2577个，全部实行清单式管理、闭环销号，切实提升工程建设质量。

【工程创优夺杯】 2021年，宁波市北仑区梅山水道抗超强台风渔业避风锚地工程（北堤）、温州市瓯飞一期围垦工程（北片）等2项工程获中国建设工程鲁班奖，温州市鹿城区瓯江绕城高速至卧旗山段海塘工程等6项工程获2019—2020年度中国水利工程优质（大禹）奖，杭州市第二水源千岛湖配水工程等5项工程获省建设工程钱江杯奖，嘉兴市域外配水工程（杭州方向）等10项工程获评省建筑施工安全生产标准化管理优良工地。推选出杭州市临安区双溪口水库工程等26项水利文明标化工地示范工程。国家级和省部级奖项获奖项目见表3。

表3 国家级和省部级奖项获奖项目

序号	项　　目	所获奖项
1	宁波市北仑区梅山水道抗超强台风渔业避风锚地工程（北堤）	中国建设工程鲁班奖
2	温州市瓯飞一期围垦工程（北片）	
3	宁波市江北区孔浦闸站整治改造工程	中国水利工程优质（大禹）奖
4	北仑区梅山水道抗超强台风渔业避风锚地工程（南堤）	
5	滨江区华家排灌站工程	
6	温州市瓯飞一期围垦工程（北片）	
7	温州市鹿城区瓯江绕城高速至卧旗山段海塘工程	
8	萧山围垦北线（四—外六、外十—二十工段）标准塘工程	
9	杭州市第二水源千岛湖配水工程（施工1标、7标、10标、16标）	浙江省建设工程钱江杯奖（优质工程）
10	浙江省好溪水利枢纽潜明水库一期工程施工Ⅰ标	
11	绍兴市袍江片东入曹娥江排涝工程（一期）施工Ⅲ标	
12	姚江二通道（慈江）工程—澥浦闸站	
13	五江口闸及上游配套河道工程	

【水利工程建设管理数字化应用建设】 2021年，按照省委、省政府数字化改革总体要求，利用水利部“智慧水利”试点契机，推进大数据、BIM、物联网等现代技术在工程设计、建设管理等的应用，探索以单元工程及工序管控评价为基础的工程质量评估方法，提升工程建设管理的时效度。按照分级监管、省市县贯通原则，将原水利工程建设管理应用迭代升级为透明工程场景应用，初步实现了流程重塑、过程研判、动态预警、闭环管理，推动实现大中小型水利工程全覆盖，项目立项、设计、招投标、实施、验收全过程，项目进度、质量、安全、资金、人员监管全方位，各类风险预警管控全闭环，各级主管部门行权信息全要素，推进水利工程建设公权力大数据监督和清廉水利建设。

（邵战涛、邹嘉德、赵昕、蓝涛）

水利三服务“百千万”

【概况】 2021年，省水利厅印发《浙江省水利厅关于进一步深化水利三服务“百千万”行动的通知》（“三服务”指服务企业、服务群众、服务基层；水利三服务“百千万”指全省水利系统服务百个县市、千家企业、万个乡村），围绕“联动服务、智慧服务、精准服务”，打造水利三服务“百千万”2.0版，助力2021年各项目标顺利完成。全年累计服务2.7万人次，解决问题5212个，满意率100%。水利服务“百县千企万村”行动成功入选全省“三为”专题实践活动优秀案例。

【专项服务方式】 2021年，省水利厅深化联动服务，领导带队“综合办”，继续组建由“一名厅级领导、一名组长、一个责任处室”组成的11个指导组，按全年重点工作开展“一月一服务”，实行主题服务与综合服务相结合，切实解决基层困难，使服务方式从“碎片化”转变为“一体化”。实行厅级领导带队综合督查，强化“四不两直”暗访检查，做到边督查、边协调、边解决问题。持续推进“百名处长联百县、联百项”，联系项目、联动破难，助力基层“十四五”水利改革发展。深化智慧服务，数字赋能“码上提”，突出“码上提、马上办”，推广水利“服务码”，将“服务码”打造为水利系统对外服务的总窗口，涉及水利的相关需求，企业、群众、基层“码上提”，水利“马上办”，实现“服务在身边”，切实提高解决效率和效果。深化精准服务，专家团队“优保障”，建立项目前期推进组、水资源组、重大项目建设组、水库系统治理组、幸福河湖组、安全生产组、数字化改革组、水旱灾害防御组等8个分领域分专业的省级专家组，做到有困难就有服务，着力破解痛点、难点、堵点。

【专项服务情况】 开展主题服务。围绕抗旱保供、防汛保安、项目建设、水库安全等领域，全年开展6轮水利“三服务”主题活动，得到人民网点赞表扬（标题为“浙江深化水利服务‘百县千企万村’行动”），同时入选省“三为”专题实践活动最佳案例（名称为水利服务

“百县千企万村”行动)。

推进水利民生实事，出台争先创优行动方案，将省政府水利民生实事“努力提升水库、山塘、干堤安全水平”的8项指标细化分解到市县，省市县三级联动、全面推进。美丽河湖建设、水美乡镇建设、加固干堤、农村池塘整治、中小河流综合治理、病险水库除险加固、病险山塘整治、新（改）建水文测站等8项水利民生实事全部超额完成。

助力防汛防台抗旱。面对2021年年初严重旱情，各级水利部门精准研判、科学调度，紧急调度浙东引水工程向萧绍宁舟地区供水超2亿m^3，全面建成姚江上游西排工程并累计引水6400多万m^3，保障全省居民基本生活用水不受影响。7月，在防御第6号台风“烟花”期间，全省水利系统党员干部累计出动3.3万人次，覆盖式检查2.4万处水利工程，以实际行动守护“浙水安澜”。

着力助企惠企，回应企业高频需求，研究制定惠企政策。7月，印发《浙江省节水型企业水资源费减征管理办法》，对企业节水改造最高减征50%的水资源费，减免1700万元。通过精准服务推进重大水利基础设施建设进度，全年完成水利投资602.7亿元，完成率为120%。由于投资落实好、中央计划完成率高，浙江省获国务院督查激励。

【专项服务成效】 构建服务体系。通过在全省服务百个县市、千家企业、万个乡村，构建起全覆盖全过程全天候的水利服务体系。组建由“一名厅级领导、一名组长、一个支撑单位”组成的11个指导组，每名厅级领导联系一个市、蹲点一个重点县、指导一个重大工程年内完工、帮助一个重大工程年内开工建设。坚持三级联动，明确97名处长联系百县、572名干部联系1341家企业、2458名干部联系20902个村，送政策解惑、送技术解难、送帮扶解困，着力解决涉水企业期盼、广大群众关注、一线基层的需求。

开启绿色通道。开发了水利“三服务百千万”App，为各级水利部门提供了服务平台，形成“一站受理、一事流转、快速办理”的工作模式。面向企业、群众、基层推送水利“服务码”，及时受理和解决。建立省市县三级涉水重点企业清单，按照建设、物业、取水等分类建立联络员机制，全面梳理中央和省级各项涉水政策，集中查找制约企业发展的共性问题、研究会商解决路径，推动共性问题制度化解决、个性问题责任化解决。为企业纾困解难，出台《关于做好当前水利疫情防控服务稳企业稳经济稳发展九项举措的通知》，从实施水利审批绿色通道、保障农业生产灌溉供水、延缓企业费用收缴等方面，提供政策保障，全力支持企业有序复工复产。93个重大项目、102个病险水库除险加固项目、1146个农饮水项目、117个美丽河湖项目，在3月底前全面复工复产，走在全国前列。

促进作风转变。省级97名联县处长和14名联企干部，主动服务954人次，解决问题286个，数量为去年同期的3.6倍，问题解决率为98%，满意率为100%。特别是在汛期的紧要关头，全省1400多名水文人员，在防汛一线，及时滚动监测预报，受到了基层和群众的好评。

推进重点工作落实。实行一月一服务，聚焦助推复工复产、防汛检查、农饮水达标提标等，厅级领导带队主动开展6轮主题服务。在7月指导服务中，深入10家高等院校、100家重点企业开展节水行动，在1000个社区宣传节水活动，进一步树立起“节水就是减排、节水促进增效、节水惠及民生”的理念。实行一月一通报，及时公布重点工作进展情况，切实帮助基层协调解决困难和问题，营造起比学赶超、争先进位的良好态势。

（王恺）

农村水利水电和水土保持

Rural Water Conservancy and Hydropower, Soil and Water Conservation

107～115 页

农村水利

【概况】 2021年，浙江省农村饮用水达标提标行动收官，三年（2018—2020年）累计投入214亿元，新增1054万达标人口，全省农村达标人口覆盖率超过95%、城乡规模化供水覆盖率超过85%，农村供水工程水质达标率超过92%，在全国率先基本实现“城乡同质饮水”目标。完成病险山塘整治441座，创建美丽山塘545座，整治圩区1.53万hm^2。创建农业水价改革“五个一百”[优秀典型的泵站机埠、堰坝水闸、灌区灌片、农民用水管理主体和示范村各100个（座）]，带动效应和引领作用明显，得到水利部充分肯定。安吉赋石、海宁上塘河灌区被评为“国家级灌区水效领跑者”。完成全省第二十二届水利“大禹杯”竞赛活动。被浙江省乡村振兴领导小组评定为省实施乡村振兴战略实绩“优秀”，被省委、省政府健康浙江建设领导小组办公室评定为省健康浙江建设“优秀”。

【农村饮用水达标提标】 2021年5月14日，浙江省农村饮用水达标提标行动新闻发布会在杭州召开，宣布浙江省农村饮用水达标提标行动收官。省水利厅党组书记、厅长马林云出席发布会介绍相关情况并回答记者提问。

2021年，成功应对去冬今春罕见旱情，及时组织对供水困难的区域采取紧急原水调配、应急配送、打井取水、节约用水等应急供水措施，保障城乡供水安全。对比2013年，在旱情更加严重的情况下，饮水困难人口总量下降超过60%，实现大旱之年无大灾。

2021年，编制印发《浙江省农村供水安全保障“十四五”规划》，明确了优质水源、规模化供水、数字化新基建等建设内容与深化县级统管改革措施。并组织召开全省农村供水工作视频会全面部署。各地加快推进河湖库塘井水源工程、联通工程，推动千人以上水厂“一源一备”（供水工程配备一座主水源、一座备用水源）水源地建设，完成水库、山塘等水源工程10处。建大、并中、减小，进一步提升规模化供水覆盖率，缩减山区单村单点覆盖人口，全省新增日供水能力3.8万m^3，新建管网延伸超400km，新增规模化覆盖人口15.5万人。加强农村供水管网漏损管控，更新管网超1000km。

持续开展农村供水工程明察暗访，省级暗访工程460处，推动解决问题80个；市、县暗访工程862处，发现解决问题56个。省级以上监测舆情反馈36个，均及时解决。指导各地以县为单元修编县级农村供水应急预案，针对不同风险隐患，逐项落实预防和应对举措。

2021年，成功应对寒潮、旱情以及台风“烟花”等自然灾害，全省饮水紧张困难发生率控制在3%以内。制定出台《浙江省农村供水长效运行管理办法》，抓好“管理机构、管理办法、管理经费”3项制度落实。夯实县级统管机制，建立绩效考评制度，全省落实管护经费5.47亿元，其中省级奖补1.5亿元。完善水费收缴机制，水费收缴率达到 99.4%。引导群众树立科学用水、节约用水的意识。组织开展农村供水规范化水厂遴选工作，完成规范化水厂创建 55 座，完成计划的 110%。

“浙水好喝”应用纳入省委、省政府“数字政府”“数字社会”管理系统，依托“浙政钉”“浙里办”，实现城乡供水“一库、一舱、一应用、一专区”。9891 处供水水厂、9733 处供水水源地的基础信息全部集成管理，千人以上水厂供水水量、水质实时监测。全省县级统管单位已入驻“浙水好喝”民生服务专区，服务群众 13 万余人次，满意率达 99%。

印发《浙江省城乡供水数字化技术指南》，编制《浙江省城乡供水数据字典》《浙江省城乡供水工程数据管理办法》，推动 16 个城乡供水数字化试点县建设。

（曹鑫）

【农业水价综合改革】 2021 年，浙江坚持问题导向、系统思维，锚定“加强农田水利管护，加大农业节水力度”两大目标。以“五个一百”创建为抓手，巩固深化改革成效，进一步加强小农水维修养护监管，升级大中型灌区计量设施，优先把受益灌溉面积较大以及村边、路边、河边、山边、农旅景区周边的工程，建成亮丽的乡村风景。在保障粮食生产能力同时，促进节水减排、增效、惠民。各地投入资金 2.17 亿元，更新升级农业灌溉泵站机埠 1158 座、堰坝水闸 271 座。创建及改革灌区、灌片 523 个，农民用水管理主体 699 个，基层水利站所 228 个。经省级复核、专家评审、综合评定和公示，125 座农灌泵站机埠、75 座农灌堰坝水闸、100 个改革灌区灌片、100 个农民用水管理主体、100 个改革基层水利站所，入选《全省农业水价改革“五个一百”优秀典型案例》（浙水农电〔2021〕22 号），带动效应和引导作用明显，水利部充分肯定：“浙江在去年完成改革任务后，开展‘五个一百’示范创建活动，持续深化农业水价综合改革，值得推广”，多次在全国水利会议上作典型发言。2021 年 10 月 20—21 日，全国农业水价改革技术研讨会在南浔区召开。2020 年度全国粮食安全考核“农业水价综合改革”子项中，浙江省总分名列全国第一。

【农村水利建设】 2021 年 4 月 2 日，围绕保障粮食安全和促进乡村振兴，编制印发《浙江省农村水利水电发展“十四五”规划》（浙水计〔2021〕3 号）。加快灌区现代化改造，开展乌溪江引水工程灌区、海宁上塘河灌区、安吉赋石水库灌区、金华安地灌区、路桥金清灌区、松阳江北灌区等 6 个大中型灌区现代化改造项目，完成年度投资 5.42 亿元，投资完成率为 103.3%。组织开展节水型灌区创建，完成省级节水型灌区创建 11 个，并择优推荐至水利部，安吉赋石水库灌区和海宁上塘河灌区被水利部和国家发展改革委评为“国家级灌区水效领跑者”。组织全面复核中型灌区基本信息，建立大中型灌区管理台账。组织灌溉水利用系数测算工作，全省灌溉水利用系数达到 0.606。指导各地科学制定灌溉用水计划，推进区域农业用水总量控制、定额管理，全省灌区保障春灌水量超 3.43 亿 m^3，全年农业用水 63.63 亿 m^3，有力保障粮食和重要农产品的生产用水需要。

完成省政府民生实事病险山塘整治 441 座，创建美丽山塘 545 座，整治圩区 1.53 万 hm^2，均超额完成年度任务。

【农村水利管理】 贯彻落实水利部和省领导指示批示精神，全面开展风险隐患排查工作，通过突出重点、细化方案，制定检查表单，及时发现问题并下发整改通知书，强化跟踪督促，形成闭环管理，守牢工程安全底线。全省参与山塘检查 59854 人次，排查隐患问题 1486 处，抽查 5530 座山塘巡查员履职情况，督促各地及时做好问题销号整改。制定发出风险提示单 43 份，全年防汛防台无一座山塘出现溃坝垮坝和人员伤亡。根据《浙江省水利厅关于开展山塘安全评定工作的通知》，各市县完成 6312 座高坝屋顶山塘安全评定。印发《浙江省水利厅办公室关于切实做好农村水利水电工程安全度汛工作的通知》（浙水办农电〔2021〕9 号），公布责任人名单，督促严格落实安全度汛责任制及预案。印发《关于开展大中型灌区运行管理情况排查工作的通知》《关于开展大中型灌区运行管理监督检查工作的通知》（浙水办农电〔2021〕20 号），组织对全省 122 个大中型灌区开展运行管理情况排查和省、市、县三级联动监督检查，并对历年发现问题的整改进行“回头看”。印发《浙江省水利厅办公室关于反馈大中型灌区运行管理监督检查情况的通知》（浙水办农电〔2021〕31 号），以“一市一清单”的形式将 113 个问题整改通知书下发至各市，强化跟踪督促。对发现的各类隐患和风险问题实行闭环管理，确保“发现一个、整改一个、销号一个”。组织开展全省基层水利服务现状能力调研。完善农村水利数字化应用建设，构建“一库一图一网”，归集全省大中型灌区、圩区、山塘基础数据并上图。组织 3 个市、县开展“灌区用水管控和智能调度”试点建设。

（麻勇进）

农村水电

【概况】 2021 年，根据水利部“智慧水利”试点任务，全省实现小水电站生态流量监管监控，完成 236 座水电站标准化复评（评审）和 201 座老电站安全检测，53 座电站被水利部评为“绿色小水电示范电站”。开展小水电清理整改“回头看”，巩固清理整改成果。

【水电安全标准化创建】 2021 年，按照水利部《农村水电安全生产监督检查导则》（水电〔2015〕242 号）要求，落实农村水电站安全生产“双主体”责任，严格开展汛前、汛期检查和隐患整改。全面加强水电行业安全监管，开展农村水电站安全生产标准化创建，省、市、县三级共完成 229 座水电站标准化现场复评、7 座农村水电站标准化评审工作，落实农村水电站安全生产主体责任，促进农村水电站安全生产管理水平提升。对湖州、金华、衢州、台州 4 个市的 201 座老电站开展现场安全检测，及时发现隐患问题并落实整改。指导做好农村水电从业人员的安全生产继续教育工作，培训 6 期、900 人次，25 个地方水电业务主管部门和 300 多个水电站参加。组织对“十三五”省级生态水电示范区进行抽查复核，对 2021 年申报的生态水电示范区建设情况进行现场指导服务，加强水电示范区建设的监督力度。2021 年共建设 5 个生态水电示范区。

【绿色小水电示范电站创建】 根据水利部推进绿色小水电发展的工作部署，紧紧围绕生态文明建设总要求，各地积极创建绿色小水电示范电站，省级通过资料审查、现场检查、综合评审，初验通过 67 座水电站并报水利部审核，其中 53 座通过部级审核。

【农村水电管理数字化】 根据《水利部关于开展智慧水利先行先试的通知》（水信息〔2020〕46 号）要求，开展“水电站生态流量监管”先行先试任务，并增加安全监管、专项工作、水电站服务等模块，开发“浙江省农村水电站管理数字化应用”系统。应用围绕农村水电站安全运行和生态流量监管两个关键环节，实现数据全汇集、监管全方位、业务全贯通三大业务目标。破解数据采集汇聚难、生态流量泄放监管难、动态视频判断难、来水量预测难 4 个难点。用 AI 视频识别、一键巡检、天然来水量实时测算，为生态流量监管提供依据，用考核预警、特殊情况报备完善监管。构建评价指标体系、实现配置灵活便捷，做到数据动态化、监管实时化、流程闭环化、服务多元化、研判精准化。多项应用上线运行，并在农村水电站监管工作中发挥作用，顺利通过水利部智慧水利先行先试终期验收，获评优秀。

【生态流量监管】 2021 年，省水利厅与省生态环境厅联合出台《浙江省小水电站生态流量监督管理办法》（浙水农电〔2021〕21 号），于 12 月 1 日起正式实施。办法规范全省小水电站生态流量的核定方法和泄放要求，明确各地应结合实际科学合理制定生态调度方案，按方案泄放生态流量，保障河湖基本生态用水，推进小水电绿色发展。每月统计各市、县水电站生态流量泄放及监管的及时率、完整率、达标率，分送至各相关市、县水利局，促进有序竞争，实现全省监管水平整体提升。

【小水电清理整改“回头看”】 2021 年，按照《水利部办公厅关于开展长江经济带小水电清理整改“回头看”的通知》（办水电函〔2021〕556 号）、《水利部办公厅等 7 个部门关于印发长江经济带小水电清理整改监督检查实施方案的通知》（办水电〔2021〕105 号）要求，7 月 15 日，省水利厅联合省发展改革委、省生态环境厅、省能源局印发《浙江省小水电清理整改“回头看”工作实施方案的通知》（浙水农电〔2021〕17 号），明确“回头看”工作的总体要求、工作重点、组织实施、责任追究和其他要求。

8 月 3 日，召开小水电清理整改“回头看”工作部署视频会议。会议传达全国小水电清理整改工作座谈会精神，通报全省小水电清理整改工作和核查整改情况，部署全省清理整改“回头看”工作。省发展改革委、省生态环境厅、省能源局相关处室负责人参会。核查按照“查、认、改”三个环节开展，实行闭环管理。各县（市、区）相关部门对辖区内水电站进行现场全面核查，县级共检查电站3083座，区域内100%全覆盖，了解水电站清理整改情况，重点核查“一站一策”工作方案完成情况。

核查电站问题总数188个，在浙江省农村水电站管理数字化应用平台上填报核查问题。按照省市联合抽查比例不少于10%的要求，省市两级采取明察暗访、线上线下相结合的方式对全省343座水电站开展“回头看”抽查工作，发现问题142个。“回头看”共发现问题330个，至12月底，问题已全部完成整改，整改率100%。12月27日，省水利厅向水利部农水水电司报送《浙江省小水电清理整改“回头看”工作情况报告》。

（陈小红）

水土保持

【概况】 2021年，省水利厅印发《浙江省水土保持“十四五”规划》。全年全省审批水土保持方案4337个，对省级以上审批的242个在建项目进行省级监督检查，完成7194个扰动图斑现场核查和认定工作。全省水土流失面积减少至7306.6km^2，创历史新低，促进美丽浙江和大花园建设。

【《浙江省水土保持“十四五”规划》发布】 2021年4月，省水利厅印发《浙江省水土保持“十四五”规划》。《浙江省水土保持“十四五”规划》包括现状与形势分析、目标和任务、水土流失综合防治、加强监督管理、水土保持监测、水土保持数字化建设、基础技术研究和能力建设、投资匡算、保障措施9个部分，明确至2025年，全省新增水土流失治理面积1500km^2，水土保持率提高至93.2%以上，全省所有县（市、区）水土保持率维持在80%以上，全省森林覆盖率达到61.5%以上的主要目标。

【开展对口支援西藏水土保持工作】 2021年4月，水利部办公厅印发《水利部办公厅关于印发2021年对口支援西藏、新疆水土保持工作方案的通知》（办水保〔2021〕108号），省水利厅党组高度重视，成立对口支援西藏水土保持工作领导小组，充分对接西藏自治区受援需求，研究制定2021年对口支援西藏水土保持工作方案。7月，省水利厅赴西藏开展水土保持工作调研，帮助制定目标责任考核管理办法和实施细则、协助开展目标责任考核评估工作、协助完善水土保持“十四五”规划、指导开展水土保持综合治理项目建设、开展技术培训；10月，西藏自治区水利厅赴浙江省交流学习。

【水土保持方案审批与验收】 2021年，全省共审批水土保持方案4337个，落实人为水土流失防治责任面积499.84km^2，定期开展水土保持方案编制质量抽查和测评。规范生产建设项目水土保持设施自主验收程序与标准，严格自主验收报备管理及现场核查，全省共完成水土保持设施验收报备项目2357个。

【生产建设项目水土保持监督执法专项行动】 2021年6月30日，省水利厅印发《浙江省水利厅关于开展水土保持监督管理专项行动的通知》（浙水保〔2021〕1号），组织推进生产建设项目检查，对违法违规项目进行查处、督办、整改及落实。省水利厅组织水土保持监督管理人员分组赴全省11个设区市，逐个进行现场核查，重点开展在建项目检查、未批项目排查、验收备案项目核查、重大生产活动现场检查和履职情况督查。对省级审批和水利部审批的242个在建项目现场核查，实现全覆盖。在现有检查基础上，全省各级水利行政主管部门对10260个生产建设项目开展了水土保持监督检查，采用遥感影像、无人机航拍及移动终端等现代化技术手段，准确获取生产建设项目的位置、扰动面积、建设状态、弃渣场位置数量和堆渣量等信息数据，对比水土保持方案确定的防治责任范围及措施布局，精准发现违法违规问题。对14个重点项目下发整改督办意见。

【生产建设项目水土保持卫星遥感监管行动】 2021年，全省共计开展4次卫星遥感监管行动，现场复核扰动图斑7194个，分布全省各地，按时完成全部扰动图斑现场核查和认定工作，共计发现并查处未批先建、未批先弃、超防治责任范围等违法违规项目638个。其中，省级加密开展遥感监管3次，下发图斑2507个，发现并查处违法违规项目258个。常态化、全覆盖遥感监管机制基本建立。

【国家水土保持重点工程监督检查】 2021年，利用无人机和移动终端等技术手段，结合现场监督检查，对实施措施逐个图斑进行现场复核，重点核实是否按照项目实施方案与下达投资计划实施，以及项目完成的工程量和质量。2021年，全省在建的国家水土保持重点工程共8个，选取安吉县后山坞等4条小流域水土流失综合治理项目进行信息化监管；年度竣工验收的国家水土保持重点工程共10个，从中选取开化县霞湖等6条生态清洁小流域水土流失综合治理项目、安吉县溪龙乡陈家墩等4条小流域水土流失综合治理项目、安吉县递铺街道里溪小流域水土流失综合治理项目和安吉县梅溪镇里江等5条小流域水土流失综合治理项目共4个项目进行信息化监管。在建、竣工验收国家水土保持重点工程信息化复核数量比例分别为12.5%、40%，达到水利部“每年抽取10%的在建项目、30%的完成竣工验收项目进行复核”的要求。

【水土流失综合治理】 2021年，全省共完成水土流失治理面积约428.96km^2，超额完成年度计划350km^{2}治理任务的22.56%。全省实施补助资金水土保持工程30个，其中国家水土保持重点工程8个。新增水土流失治理面积237.66km^2，中央财政补助资金1640万元，省级财政补助资金8778万元。委托技术服务单位项目前期开展水土流失治理工程实施方案的合规性审查，对项目实施进行现场技术指导，发挥水土保持专项资金效益，保障浙江省水土流失治理取得较好的成效。

【生态清洁小流域建设】 2021年，继续推进生态清洁小流域建设。坚持山水田林湖草系统治理，创新治理模式，开展生态清洁小流域建设。年度实施生态清洁小流域项目12个。开化县下湾等4条小流域水土流失综合治理项目结合钱江源头保护，对源头溪沟、疏林地及裸露地进行整治，治理流失的同时提升沿线人居环境及生产环境，方便当地百姓生产生活。淳安县界首乡、安吉县后山坞等4条小流域等项目建设中，充分考虑美丽河湖和美丽乡村的要求，同周边景观有机结合。方便生产作业，助推农民增产增收，为乡村旅游经济发展提供坚强支撑。

【水土流失预防保护】 2021年，实施“一源、一廊、一带”水土流失预防项目，突出重要水源地及重要江河源头区、重要生态廊道区的水土流失预防，兼顾海岸和岛屿等沿海生态防护带，大力实施封育和生态修复，保护林草植被，巩固治理成果。开展钱塘江、瓯江源头区域山水林田湖草生态保护修复工程试点，围绕水源涵养区等水土保持功能区进行系统保护和修复。开展杭州市、温州市等地国际湿地城市建设工作，推进河湖生态缓冲带修复。推进林长制，开展健康森林建设，建设生态廊道，强化森林提质增效。加强中幼林抚育，推行经济林生态化经营管护，提高林地水土保持功能。加强农林生产活动水土保持监管，严控人为水土流失。全省落实水土流失预防保护面积1772km^2。

【实施水土保持目标责任制考核】 2021年，省水资源管理和水土保持工作委员会办公室组织开展对各市的“十三五”水土保持目标责任制考核，由省政府办公厅通报各市考核结果，宁波市、台州市、温州市、杭州市、舟山市、衢州市、湖州市为优秀，绍兴市、丽水市、金华市、嘉兴市为良好。各市对考核反馈的“一市一清单”整改意见逐一落实整改措施、逐一整改销号。

【国家水土保持规划实施情况（2016—2020）评估】 2021年8月，水利部公布全国水土保持规划实施情况2016—2020年度考核评估。浙江省被评为优秀等次，获省委主要领导批示肯定。

【水土流失动态监测】 2021年，根据《水利部办公厅关于做好2021年度水土流失动态监测工作的通知》（办水保〔2021〕162号）及相关技术标准要求，应用卫星遥感技术，组织开展以县为单元的水土流失动态监测工作。通过遥感影像解译和实地调查分析，以县为单元开展水土流失动态监测，全面准确地分析全省和分市、县水土流失面积和强度。11月13日，《浙江省2021年水土流失动态监测成果》通过省水利厅组织的审查验收；12月30日，通过太湖流域管理局组织的成果复核。

【水土保持信息化建设】 2021年，在

"全国水土保持监督管理系统"4.0中，年度审批的生产建设项目相关信息录入全部完成，做到应录尽录；生产建设项目水土保持卫星遥感监管图斑现场复核、疑似违法违规项目查处、整改等信息数据全部录入到位；按照《国家水土保持重点工程信息化监管技术规定》要求，将2021年度国家水土保持重点工程实施方案、省级计划、施工准备与进度等资料全部录入系统，实现了图斑精细化管理，实时跟踪建设进度。

【生产建设项目监督性监测】 2021年，开展水土保持监测，按季度发布全省生产建设项目监测情况报告，整理季报2158份，发出预警57次，实施"绿黄红"三色评价（得分80分以上为"绿"色，60分以上80分以下的为"黄"色，60分以下的为"红"色）。对国家和省级水土流失重点防治区内的58个项目，开展省级监督性监测，评定监测质量。

【技术培训】 2021年，举办全省生产建设项目水土保持技术培训、全省生产建设项目水土保持遥感监管核查与认定查处技术视频培训、全省水土保持遥感监管系统视频培训，全省水土保持管理人员、水土保持从业人员共480人次参加培训。

【国家水土保持示范创建】 2021年，根据《水利部关于开展国家水土保持示范创建工作的通知》（水保〔2021〕11号）要求，省水利厅组织开展国家水土保持示范县、科技示范园、示范工程创建申报工作，经建设主体自愿申报，省级水行政主管部门审核推荐，水利部组织评审认定，12月22日，水利部正式发布2021年度国家水土保持示范名单，新昌县、桐庐县、长兴县入选"国家水土保持示范县"；德清县东苕溪水土保持科技示范园入选"国家水土保持科技示范园"；淳安县下姜小流域、泰顺县珊溪水库（泰顺畲乡）小流域、舟山500kV联网输变电工程（第二联网通道）入选"国家水土保持示范工程"。

【水土保持"两单"信用监管】 2021年，根据水利部文件要求开展水土保持"两单"（生产建设项目水土保持信用监管"重点关注名单"和"黑名单"）信用监管，全省共计34个存在"未验先投""未批先建""未批先弃"等问题的市场主体列入生产建设项目水土保持信用监管省级"重点关注名单"。

（马昌臣）

水资源管理与节约保护

Water Resources Management and Conservation Protection

117～125 页

水资源管理

【概况】 2021年，浙江省扎实推进国家节水行动，全面强化水资源刚性约束，不断提升水资源集约安全利用水平，为浙江省生态文明建设和高质量发展提供有力支撑。2021年，连续第6年获得实行最严格水资源管理制度国家考核优秀等次，“十三五”考核排名全国第一，获国务院办公厅通报表扬。组织完成浙江省对11个设区市“十三五”期末实行最严格水资源管理制度考核工作，宁波、台州、杭州、绍兴、嘉兴、温州等6个市考核成绩等次为优秀。印发实施《飞云江流域水量分配方案》。公布首批24个重点河湖控制断面生态流量保障目标，明确江河水资源利用上限和生态流量底线。按照“尊重现状、从严管控”原则，完成地下水管控指标确定工作。在全省范围内开展取用水管理专项整治行动，完成整改类项目2872个，退出类313个，整改完成率100%。

【最严格水资源管理考核】 2021年1月，根据《水利部开展2020年度最严格水资源管理制度考核通知》（水资管函〔2020〕108号）要求，省水利厅对2020年度实行最严格水资源管理制度情况进行了认真自查，向省政府报送自查报告。2020年全省用水总量163.9亿m^3，继续保持“十二五”末以来零增长。万元国内生产总值用水量较2015年下降37.1%，万元工业增加值用水量下降50.1%，农田灌溉水有效利用系数指标为0.600，用水效率指标均超额完成目标值。重要江河湖泊水功能区水质达标率为97.5%，超国家下达控制目标。10月，经国务院审定，水利部公布“十三五”期末实行最严格水资源管理制度考核结果，浙江省考核结果为优秀，并获国务院办公厅通报表扬。

按照《浙江省水利厅等九部门关于印发浙江省实行最严格水资源管理制度考核办法和“十三五”工作实施方案的通知》（浙水保〔2017〕29号）、《浙江省水利厅关于2020年度实行最严格水资源管理制度考核工作的通知》（浙水函〔2020〕552号）要求，省考核工作组通过技术资料审核和现场核查，对设区市2020年度水资源管理控制目标完成情况、制度建设和执行情况等进行综合评价，经省考核工作组审议，形成“十三五”期末建议考核结果。4月，考核结果经省政府审定，由省水利厅、省发展改革委、省经信厅、省财政厅、省自然资源厅、省生态环境厅、省建设厅、省农业农村厅等8部门联合印发。其中，宁波、台州、杭州、绍兴、嘉兴、温州等6市考核等次为优秀，其余各市考核等次为良好。10月，省水利厅组织对11个设区市22个县（市、区）开展2021年水资源管理监督检查，在检查设区市对2020年监督检查发现问题整改落实情况的基础上，重点检查用水总量控制、取水许可监管、区域水资源论证、地下水管理、饮用水水源保护、取用水管理专项整治行动、节水型社会建设、水资源费征收免征政策落实情况等。12月，按照中央关于统筹规范监督检查考核工作有关要求，以及《水利部关于开展2021年度实行最严格水资源管理制度考核工作的通知》（水资管函〔2021〕140号）等文件，省水利厅印发《关于开展2021年度实行最严格水资源管理制度考核工作的函》（浙水函〔2021〕913号），明确2021年度实行最严格水资源管理制度考核采用日常监督与年度考核、定量与定性、明察与暗访等相结合的方式。11月，经省政府同意，省政府办公厅印发《关于表扬浙江省“十三五”实行最严格水资源管理制度成绩突出集体和个人的通报》，对杭州市政府等50个集体和何灵敏等180名个人予以通报表扬。

【取用水管理专项整治行动】 2021年7月，省水利厅编制印发取用水管理专项整治行动整改提升实施方案，指导地方因地制宜、分类施策推进取用水管理专项整治行动。8月，印发《浙江省水利厅关于做好取用水管理专项整治行动整改提升后续工作的通知》（浙水资〔2021〕9号），通知明确将整改成果录入全国取用水管理专项整治信息系统平台，夯实后续管理工作基础。9月底，浙江省全面完成取用水管理专项整治行动，其中整改类项目2872个，退出类项目313个，整改结果全部录入全国取用水管理专项整治系统，完成销号闭环。

【取水许可管理】 2021年，全省各级水利部门共发放取水许可证3226本（包括存量纸质证转换为电子证照），注销与吊销取水许可证1117本。全省年终有效取水许可电子证照保有量8816本，其中河道外取水许可证6419本，许可取水量为176.04亿m^3。

【取用水监督管理】 2021年，全省国家级重点监控用水单位50家，省级69家，市级615家。对国家级重点监控用水单位，2021年下达计划量和实际用水量进行统计上报，促进火力发电、钢铁、纺织、造纸、石化、化工、食品等7类高耗水行业和学校、宾馆、医院等用水单位的节水管理。9月，根据《水利部关于强化取水口取水监测计量的意见》（水资管〔2021〕188号）要求，结合实际，组织编制《浙江省取水口监测计量体系建设实施方案（2021—2023年）》，明确到2023年，实现非农取水口、大中型灌区渠首和主要干渠口门取水计量全覆盖，以及年许可水量5万m^3以上的非农自备取水户、千吨万人以上的农饮工程和大中型灌区渠首在线计量设施全覆盖，非农取水口取水量在线计量达到90%以上。计划新建在线计量点217个，非在线计量点3989个，各类改造在线计量点385个。

【水资源费征收管理】 2021年，全省征收水资源费15.26亿元，其中省本级1.23亿元。2021年1月1日至6月30日，全省范围内利用取水工程或者设施直接从江河、湖泊或者地下取用水资源的单位和个人所缴纳的水资源费，一律按规定标准的80%征收，累计减征水资源费约1.6亿元。9—12月，组织开展全省取用水管理和水资源费征收专项核查，共抽查160余家重点取水户和60个论证项目，重点对取水户日常管理、水资源费征缴和建设项目水资源论证质量等情况进行核查。

【水资源集约安全利用改革创新】 2021年6月，省水利厅办公室印发《关于开展“十四五”水资源集约安全利用综合试验区和专项试点建设工作的通知》（浙水办资〔2021〕10号），开展“十四五”水资源集约安全利用综合试验区和专项试点建设。经地方申报、专家评议、现场答辩，2021年11月，省水利厅印发《关于下达第一批水资源集约安全利用综合试验区和专项试点计划的通知》（浙水资〔2021〕36号），确定了淳安等10个县（市、区）和20个专项试点作为全省第一批试点地区，因地制宜开展试点建设，力争通过1～2年时间，形成一批可复制可推广的改革经验成果和典型示范案例。按照《浙江省水资源条例》要求，围绕水资源节约保护和开发利用，研究构建综合评价指标体系，已完成网上意见征求和专家评审等环节。探索用水权交易，新安江流域淳安、建德水权交易达成合作意向，舟山市定海区完成农村集体经济山塘水库用水权交易，宁海县推动国能浙江宁海发电有限公司等多家取水户间水权交易，为全国水权交易提供浙江新样本。

节约用水

【概况】 2021年，浙江省全面落实节水优先方针，深入实施国家节水行动，加快推进农业节水增效、工业节水减排、城乡节水降损和非常规水利用。完善政策制度，创新市场机制，进一步提升全省水资源利用效率。加强部门统筹协调，编制印发《浙江省节约用水“十四五”规划》。持续推进县域节水型社会达标建设，17个县（市、区）通过省级验收；13个县（市、区）通过水利部复核验收，被命名为国家级节水型社会建设达标县并加以公布。开展节水标杆引领行动，打造节水标杆酒店、节水标杆校园、节水标杆企业和节水标杆小区。推进节水型高校、水利行业节水型单位、水效领跑者建设，实施合同节水管理试点，抓好节水型企业、公共机构节水型单位、节水型灌区、节水型小区、节水宣传教育基地等节水载体创建。规范执行计划用水管理。开展节水文化建设，进一步加大节水宣传力度。

【实施节水行动】 2021年3月4日，为推进节水行动顺利实施，组织召开最严格水资源管理考核和节水行动联络员会议，进一步加强各部门统筹协调，共同谋划节约用水“十四五”工作思路，明确职责分工，加快节水重点工程建设。4月2日，省水利厅印发《浙江省节约用水“十四五”规划》（浙水计〔2021〕3号）。5月12日，省水利厅等12部门联合下发《关于印发〈浙江省节水行动2021年度实施计划〉的通知》（浙节水办〔2021〕6号），加快推进重点领域节水工作。6月30日，省水资源管理和水土保持工作委员会办公室印发《关于协助做好2021年浙江省节水行动实施进展情况通报信息报送的函》（浙水委办函〔2021〕2号），建立节水行动进度通报制度，省水资源管理和省水土保持工作委员会办公室分别于2021年8月5日、2021年10月29日印发《关于2021年1至6月浙江省节水行动重点任务实施进展情况的通报》（浙水委办〔2022〕2号)、《关于2021年1至9月浙江省节水行动重点任务实施进展情况的通报》(浙水委办〔2022〕4号)。同时结合水利三服务“百千万”行动和2021年水资源管理和节约用水监督检查，开展实施情况专项督导，确保节水行动取得实效。2021年，省水利厅会同其他厅局共同发力，以《浙江省节水行动实施方案》为统领，以节水数字化改革为支撑，协同推进农业节水增效、工业节水减排、城乡节水降损和非常规水利用，不断完善政策制度、创新市场机制，各项年度目标任务圆满完成，水资源利用效率得到进一步提升。2021年，全省用水总量166.4亿m^3，万元GDP用水量较2020年降低6.4%，万元工业增加值用水量降低10.0%，城市公共供水管网漏损率控制在10%以内，城镇居民年人均生活用水量控制在55m^3以内，农田灌溉水有效利用系数提高到0.606。

【节水型社会建设】 2021年，根据《浙江省县域节水型社会达标建设工作实施方案（2018—2022年）》，持续开展县域节水型社会达标建设，将年度目标任务纳入《浙江省节水行动2021年度实施计划》，明确2021年全省达标率达到95%以上。1月7日，省水利厅、省节水办印发《关于公布第三批节水型社会建设达标县（市、区）名单的通知》(浙节水办〔2021〕1号)，公布杭州市萧山区、杭州市富阳区、杭州市临安区、杭州市建德市、宁波市镇海区、宁波市鄞州区、宁波市宁海县、温州市鹿城区、温州市龙湾区、温州市文成县、湖州市吴兴区、湖州市南浔区、绍兴市越城区、绍兴市嵊州市、绍兴市新昌县、金华市婺城区、金华市金东区、金华市武义县、金华市磐安县、衢州市柯城区、衢州市衢江区、丽水市缙云县、丽水市遂昌县、丽水市松阳县、台州市天台县等25个达标县（市、区）名单，配合全国节约用水办公室和太湖流域管理局完成县域节水型社会达标建设复核工作。7月15日，水利部以2021年第6号公告公布第四批节水型社会建设达标县名单，浙江省有杭州市桐庐县、宁波市鄞州区、温州市永嘉县、温州市平阳县、温州市瑞安市、湖州市吴兴区、湖州市南浔区、湖州市安吉县、绍兴市新昌县、金华市磐安县、金华市东阳市、衢州市柯城区、衢州市江山市等13个县（市、区）上榜。全省达到国标的县（市、区）数量累计达到52个，覆盖率为57%，提前并超额完成《国家节水行动方案》中提出的“到2022年，南方30%以上县（市、区）级行政区达到节水型社会标准”目标。12月7日，组织召开2021年县域节水型社会达标建设验收暨经验交流视频会议，完成7个县（市、区）的达省标验收和13个县（市、区）的达国标验收。全省累计完成省级验收82个县（市、区)，全省县域节水型社会达省级标准的完成率实现100%，提前完成“十四五”规划目标。12月23日，省水利厅、省节水办印发《关于公布第四批节水型社会建设达标县（市、区）名单的通知》（浙水资〔2021〕41号），公布温州市瓯海区、泰顺县、苍南县、龙港市、丽水市莲都区、青田县、景宁县等7个达标县（市、区）名单。组织开展县域节水型社会达标建设典型案例征集活动。12月28日，水利部太湖流域管理局印发《关于公布太湖流域片县域节水型社会达标建设十佳案例的通知》（太湖节保〔2021〕201号），平湖市、永康市、温岭市等3个案例被评为“太湖流域片县域节水型社会达标建设十佳案例”。组织开展2020年度节约用水管理年报编制工作，完成《浙江省节约用水管理年报（2020年）》并报送全国节约用水办公室。调整省市两级重点监控用水单位名录，健全用水监测统计制度。建立“浙江省节约用水专家库”，125位专家正式入库，省节水办授予专家聘书，进一步增强全省节水管理水平和技术支撑能力。

【节水标杆打造】 2021年，根据《关于开展节水标杆引领行动的通知》（浙水资〔2020〕15号），省水利厅会同省经信厅、省教育厅、省建设厅、省文化和旅游厅、省机关事务局、省节水办继续加大推进力度，在全省重点用水领域开展节水标杆引领行动，将年度创建任务纳入2021年全省“五水共治”（河长制）工作要点和重点任务清单，目标任务逐级分解到市县。8月17日，省节水办下发《关于做好2021年度节水标杆单位申报工作的函》（浙节水办函〔2021〕2号），指导各地分步骤、按程序开展节水标杆单位申报工作。同时为优化申报推荐流程，提高遴选工作效率，结合数字化改革，专门开发了节水标杆遴选系统，所有申报、评审工作均通过浙政钉浙水安澜—水资源保障—节水行动应用模块完成。经自主申报、市县推荐、省级核定、现场核查、专家评审、部门遴选、网站公示，最终遴选出469个具备引领示范和典型带动效应的浙江省2021年度节水标杆单位。12月22日，由省水利厅、省经信厅、省教育厅、省建设厅、省文化和旅游厅、省机关事务局、省节水办联合印发《关于公布浙江省2021年度节水标杆单位名单的通知》（浙水资〔2021〕37号），确定全省2021年度节水标杆酒店60个、节水标杆校园80个（其中节水型高校11个）、节水标杆小区150个、节水标杆企业179个，节水标杆单位称号自发布之日起有效期为3年。

【水效领跑者建设】 2021年8月16日，国管局、国家发展改革委、水利部印发《关于发布公共机构水效领跑者（2021—2023年）名单的通知》（国管节能〔2021〕314号），嘉兴海宁市行政中心、舟山市行政中心、温州市洞头区职业教育中心、国家税务总局嵊州市税务局、浙江水利水电学院、杭州市妇产科医院等6家公共机构上榜。12月17日，水利部、国家发展改革委印发《关于公布第二批灌区水效领跑者名单的公告》，安吉县赋石水库灌区、海宁市上塘河灌区获水效领跑者称号。11月8日，省市场监管局、省发展改革委、省水利厅、省建设厅联合印发《关于公布2021年度浙江省坐便器水效领跑者产品名单的通知》（浙市监计〔2021〕23号），西马智能科技股份有限公司、浙江星星便洁宝有限公司、浙江喜尔康智能家居股份有限公司等3个企业的3个坐便器（含智能坐便器）产品获省级水效领跑者称号。

【节水型载体创建】 2021年，省水利厅、省节水办联合省经信厅、省建设厅、省机关事务局持续推进节水型载体建设，全省新创建省级节水型灌区11个、节水型企业390家、节水型单位247家、节水型小区363个。组织对2019年前获得省级节水型企业称号的企业进行资格复评，全省577家企业复评合格，保留省级节水型企业称号。组织开展省级公共机构节水型单位复核，第一批150家省级公共机构节水型单位通过复核并保留称号。为进一步深化水利行业节水机关建设成果，根据《水利部办公厅关于开展水利行业节水型单位建设工作的通知》（办节约〔2021〕119号）要求，研究制定《浙江省水利行业节水型单位建设标准》，编制完成全省建设方案。8月6日，省水利厅印发《关于开展水利行业节水型单位建设工作的通知》（浙水资〔2021〕8号），明确2022年年底前全面完成水利行业节水型单位建设。2021年全省133个水利单位完成建设任务并通过验收，其中独立物业管理单位59个，非独立物业管理单位74个。

【节水机制创新】 2021年，为建立健全节水政策机制，激发用水户节水内生动力，促进水资源节约集约利用，根据《浙江省水资源条例》和《浙江省取水许可和水资源费征收管理办法》，省水利厅会同省发展改革委、省财政厅制定《浙江省节水型企业水资源费减征管理办法》。6月30日，经省政府批准，省水利厅、省发展改革委、省财政厅联合下发《关于印发浙江省节水型企业水资源费减征管理办法的通知》（浙水资〔2021〕6号）。7月9日，省水利厅印发《关于报送〈浙江省水资源条例〉配套规范性文件备案的报告》（浙水资〔2021〕6号），将《浙江省取水许可和水资源费征收管理办法》及相关材料报送省人大常委会备案。拓展节水融资模式，鼓励和引导社会资本参与有一定收益的节水项目建设和运营，2021年在学校、企业、医院等重点用水领域实施合同节水管理试点项目14个，进一步推动节水服务市场发展。

【打造浙水节约应用】 以数字化改革为牵引，打造“整体智治、多跨协同、精准高效”的智慧管水平台，完成“浙水节约”应用1.0版本和“浙水减碳”应用开发。构建“一条链”监管，推动取、供、用、排全链条在线管理，实现跨部门协同、闭环管控。推行“一件事”服务，创新“取水码”，集成发证换证、规费征收、异常预警等便企事项，先试先行、全面推行电子证照，实现取水许可一网通办。建立“一张网”监测，分行业登记管网内用水信息，全覆盖监测1万m^3以上取水用户，实现用水态势一屏掌控、用水季报一键生成，为经济运行决策提供“硬核”支撑、发挥行业独特作用。

【节水文化建设】 2021年，为强化节水宣传教育和示范引领，2月3日，省水利厅、省节水办印发《关于组织开展浙江省首批“节水行动十佳实践案例”评选活动的通知》（浙节水办〔2021〕2号），组织各地做好实践案例推荐申报工作。经地方申报、初步筛选、专家评审、网络投票、综合评定等程序，4月16日，省水利厅、省节水办印发《关于公布浙江省2021年“节水行动十佳实践案例”名单的通知》（浙节水办〔2021〕5号），评选出10个“节水行动十佳实践案例”和15个“节水行动优秀实践案例”。印发《浙江省2021年节水行动实践案例汇编》。在浙江水利官网推出“节水在行动”专题，系列宣传推广节水先进技术和管理经验。组织开展“县委书记谈节水”宣传活动，16个县（市、区）典型经验在全国节水办官网和浙江水利官网上予以宣传推广。9月，配合水利部、全国节水办组织人民日报等7家中央新闻媒体单位的记者开展“节水中国行——节水行动看浙江”主题采访活动，深入报道浙江省水资源节约集约利用的成效和经验。及时报送节水新闻稿件和宣传素材，227件稿件被全国节水办官网、官微和水利部采用，在《全国节约用水办公室关于2021年度节水信息报送情况的通报》中，省水利厅成绩突出，采编量位列全国第四。根据《浙江省节水宣传教育基地建设标准》，组织各地多渠道筹措资金，开展省级节水宣传教育基地建设。12月20日，省水利厅、省节水办印发《关于公布第三批浙江省节水宣传教育基地名单的通知》（浙水资〔2021〕39号），确定杭州市节水宣传基地等10个展馆、基地为“第三批浙江省节水宣传教育基地”。组织各地利用已建成的节水宣传教育基地，充分发挥中小学生素质教育主阵地作用，引导全社会形成节约用水的良好风尚和自觉行动。

【计划用水管理】 2021年，全省共有8841家取水户纳入取水计划管理工作，下达取水计划总量为2358.31亿m^3。其中向公共供水712家取水户下达取水计划量84.85亿m^3，实际取水量71.46亿m^3；向工业企业自备水源4419家取水户下达取水计划量13.79亿m^3，实际取水量9.54亿m^3。

水资源保护

【概况】 2021年，浙江省加强饮用水水源地管理，完成80个饮用水水源地安全保障达标年度评估工作。省生态环境厅、省水利厅印发《关于进一步加强集中式饮用水水源地保护工作的指导意见》。公布浙江省第一批24个重点河湖生态流量保障目标。加强地下水监测站点的自动监测和维护管理，完成地下水管控指标确定工作。

【饮用水水源地管理】 2021年2月，省水利厅会同省生态环境厅，经地方自评、现场抽查、资料评审等环节，完成80个饮用水水源地安全保障达标年度评估工作，印发《关于公布2020年度县级以上集中式饮用水水源地安全保障达标评估结果的通知》（浙水资〔2021〕1

号)，其中72个水源地评估等级为优，8个水源地评估等级为良。4月，经省政府同意，省生态环境厅、省水利厅印发《关于进一步加强集中式饮用水水源地保护工作的指导意见的通知》(浙环函〔2021〕98号)，指导科学划定饮用水水源保护区，依法依规推进保护区规范化建设，健全完善饮用水水源地监管体系，稳步提升饮用水水源地水质，创新完善饮用水水源保护机制。

【生态流量管控】 2021年10月，省水利厅发文公布第一批24个重点河湖生态流量保障目标，明确其为江河湖泊流域水量分配、生态流量管理、水资源统一调度和取用水总量控制的重要依据。11月，经温州市政府同意，温州市水利局制定印发《飞云江跨行政区流域水量分配方案》，并编制印发《飞云江生态流量保障实施方案》，明确保障生态流量的管控措施、预警等级和响应机制、责任主体和考核要求，要求加强生态流量监测能力建设，强化社会监督，切实维护河道生态健康。根据水利部要求，印发《浙江省水利厅办公室关于开展水生态监测工作的通知》(浙水办资〔2021〕9号)，部署开展新安江水库等21个重要水域的水生态监测工作。

【地下水管理】 2021年，按照《水利部办公厅关于开展地下水超采区划定工作的通知》(办资管〔2021〕229号)要求，结合第三次全国水资源调查评价成果，对2010年以后浙江省地下水开发利用情况、地下水水位变化情况，地下水沉降地质灾害等进行全面自评。经评估，浙江省地下水开发利用程度低，按照《全国地下水超采区划定技术大纲》要求，无须划定地下水超采区，评估结果按要求报送水利部。按照《水利部办公厅关于开展地下水管控指标确定工作的通知》(办资管〔2020〕30号)要求，组织编制了浙江省地下水管控指标，在征求省自然资源厅、省生态环境厅和设区市水利局意见的基础上，经太湖流域管理局、水利部水利水电规划设计总院复核，7月底，成功通过水利部组织的技术审查。12月，省水利厅印发《关于做好2022年水质监测工作的通知》(浙水资〔2021〕40号)，部署开展294个地表水水质站和156个国家地下水监测工程(水利部分)监测站的2022年监测工作。

(沈仁英)

河湖管理与保护

Management and Protection of Rivers and Lakes

河（湖）长制

【概况】 2021年，浙江省持续深化河（湖）长制工作，建立河（湖）长制工作联席会议制度。出台工作规范，推动河（湖）长制标准化管理。完善省级河（湖）长制数字化平台，开展浙水美丽“河长在线”应用建设。创新社会治水模式，在全省推广公众护水“绿水币”制度，截至2021年年底，全省已注册公众护水“绿水币”人数突破296万。深化曹娥江流域治理，完成曹娥江河长制重点项目53个，累计总投资46.7亿元。全年各级河长巡河超过61万次，发现各类问题50万个，问题处理率达94%，河湖面貌显著改善。

【河（湖）长制制度建设】 2021年7月，省政府办公厅印发《浙江省人民政府办公厅关于建立浙江省全面推行河湖长制工作联席会议的通知》，明确联席会议办公室与省河长办合署，设在省水利厅，由分管副省长担任联席会议召集人，省水利厅主要领导兼任办公室主任，省政府18个厅局为成员单位。10月，由省美丽浙江建设领导小组河长制办公室、省水利厅联合印发的省级地方标准《河湖长制工作规范》正式颁布实施，在《浙江省河长制规定》基础上，进一步对河（湖）长制工作的基本要求，各级河（湖）长、河长制工作机构、河（湖）长联系部门的工作内容与职责，河（湖）长制工作的具体实施要求进行明确和规定。12月，省河长办印发《浙江省全面推行河湖长制工作联席会议工作规则》《浙江省全面推行河湖长制工作联席会议成员单位职责》《浙江省全面推行河湖长制工作联席会议办公室（河长制办公室）工作规则》。

【数字化平台建设】 2021年，省河长办开展浙水美丽（河长在线）平台试点建设工作，围绕河（湖）长履职、河湖系统治理、河湖水域保护、问题协同处置、河湖健康评价、河（湖）长制考核激励问责、公众护水“绿水币”等工作，构建“业务协同、智慧监管、公众参与”三位一体的河湖建管模式，建设多跨场景应用，实现纵向贯通、横向联动、高效协同的数字平台。同时，进一步完善现有各级河（湖）长制管理平台。实现河湖基本信息全覆盖，河（湖）长组织体系全面展示，河（湖）长履职全程监管、河湖状况实时监控，公众参与充分体现，考核积分动态展现等功能。重点通过河（湖）长制平台，实时展现河（湖）长履职积分情况、河湖状况，形成考评积分和排名。

【省美丽河湖工作专班暨全面推行河（湖）长制工作联席会议全体会议召开】 2021年12月20日，省美丽河湖工作专班暨全面推行河（湖）长制工作联席会议全体会议在杭州市召开。会议通过《浙江省全面推行河湖长制工作联席会议工作规则》《浙江省全面推行河湖长制工作联席会议成员单位职责》《浙江省全面推行河湖长制工作联席会议办公室（河长制办公室）工作规则》《省级河湖长调整建议方案》等4个审议事项。会议强调，建立省全面推行河（湖）长制联席会议制度，是推动各条线、各领域、各层级间充分结合、有分有合、协调配合，强化全省河湖治理的重要制度保证。各成员单位要明确责任领导、责任处室，切实抓好任务落实，省水利厅要切实履行牵头抓总作用。省级要指导市县因地制宜，建立健全河（湖）长制相关机制。

（何斐、汪馥宇）

"美丽河湖"建设

【概况】　2021年，全省共完成中小河流治理571km、美丽河湖建设127条（表1）、水美乡镇建设128个、农村池塘建设1126个，均超额完成年度任务。第一批（2020—2021年德清县、嘉善县、景宁县）全国水系连通及水美乡村建设试点县建设通过水利部终期评估，全部获得优秀等级；第二批试点县（2021—2022年天台县）扎实推进；第三批试点县（2022—2023年诸暨、柯城）前期启动。湖州市吴兴区西山漾水利风景区、杭州市建德市新安江—富春江水利风景区、丽水市缙云县好溪水利风景区等3个景区成功申报第十九批国家水利风景区。

表1　2021年省级"美丽河湖"名录

行政区	县（市、区）	河（湖）名称	所在位置	建设规模/(km/km²)	河湖类型
杭州市	上城区	新塘河	新塘河取水泵站—排涝泵闸	5.3	河流
		上塘河片区（江干段）	上塘河（五会港—学堂港）、备塘河（笕丁路—上塘河）	6.6	河流
	拱墅区	武林新城片区	将军河、石桥河、北大河、蔡家河、褚家河、德胜河、油车港、钱家河等	15.0	河流
		上塘河片区（拱墅段）	上塘河、德胜河、胜利河、姚家坝、电厂热水河、隽家塘、神龙桥河、下塘河、吴家角港、华中渠、半山田园一号港等	29.3	河流
	滨江区	北塘河以北片区	北塘河、闸站河、十甲河、解放河、建设河等	11.8	河流
	萧山区	七都溪	华克山庄至永兴河	10.5	河流
	余杭区	东苕溪	临安汪家埠—獐山劳家斗门	44.2	河流
		鸬鸟溪	仙佰坑水库—白沙大桥	10.3	河流
		未来科技城海绵城市片区	何过港、闲林港、闲林港支河一、闲林港支河二、何过港支河等	10.3	河流

续表1

行政区	县（市、区）	河（湖）名称	所在位置	建设规模/(km/km²)	河湖类型
杭州市	富阳区	苋浦水系	富阳区城区河道	24.5	河流
		阳陂湖	富阳区城区湖泊	2.0	湖泊
	临安区	锦溪	银球坞水与锦溪交汇处—青山水库库尾	12.8	河流
	桐庐县	分水江	分水江水利枢纽工程—天目溪漂流起点	10.8	河流
	淳安县	王家源	阳开湾—杭黄高铁千岛湖站	13.0	河流
		商家源	百箩坪—里阳	23.5	河流
	建德市	梅城水系	东湖—西湖	5.0	河流
		后源溪	乌祥村乌祥口—春江源海事码头	19.6	河流
宁波市	海曙区	西洋港河、照天港河及其支流	长河塘河—前虞村	9.0	河流
	江北区	慈城护城河慈湖水系	竺巷东路—江北大道，以及慈湖	5.0	河流
	北仑区	东泰河	清水河—下三山	8.9	河流
		明月湖	北仑区春晓街道	0.4	湖泊
	镇海区	同心湖	镇海区庄市街道	0.1	湖泊
	鄞州区	鄞州公园二期湖	鄞州公园二期	0.1	湖泊
		九曲河	沿山干河—铜盆浦泵站	17.0	河流
	象山县	东大河	上平丰河—龙洞山闸	10.5	河流
	宁海县	汶溪	龙潭村—黄墩港	9.0	河流
	余姚市	梁弄大溪（含支流）	百丈岗水库—四明湖水库	10.0	河流
	慈溪市	郑徐水库	郑徐水库（非饮用水源地，中型水库）	6.7	水库
		潮塘横江	水云浦—漾山路江	13.3	河流
	奉化区	东江（及沿线支流）	高楼张—后张闸	10.9	河流
温州市	鹿城区	戍浦江	藤桥镇方隆村—河口大闸	5.0	河流
	龙湾区	龙水河—水心河—双桥河	南洋公园—财富广场	5.0	河流

续表1

行政区	县（市、区）	河（湖）名称	所在位置	建设规模/(km/km^2)	河湖类型
温州市	瓯海区	瓯海区南湖水乡河网	温州第二外国语学校北侧—清宁塔	7.5	河流
	洞头区	南塘湾	南塘西闸—洞一中	0.2	湖泊
	乐清市	黄金溪	上垟至兰屿浦	5.0	河流
	瑞安市	石垟湖	儒阳村内	0.1	湖泊
	文成县	泗溪（县城段）	徐村大桥—樟台桥	6.0	河流
	平阳县	九叠河	九叠河—九叠河	9.0	河流
	苍南县	横阳支江	桥墩水库下游仙堂桥—观美大桥段	8.0	河流
	泰顺县	洪口溪	岭北—仙居	10.0	河流
	永嘉县	中塘溪	应山新村—中塘水闸	5.0	河流
	龙港市	龙中河	龙港平桥—对口水闸	9.3	河流
湖州市	吴兴区	幻溇港	太湖—南浔界	10.8	河流
		王都漾水系	三合家园—灵粮农场	0.4	河流
	南浔区	江蒋漾水系	石兰兜—将蒋漾延伸段	10.7	河流
		金家漾水系	丁泾塘—金家漾	10.0	河流
	德清县	盘溪	勤劳村—对河口水库	10.0	河流
		东衡水系	东衡村	5.0	河流
		凤栖湖水系	舞阳街道	5.1	河流
	长兴县	合溪北涧	白岘卫生院—合溪水库	16.0	河流
		七斗漾水系	北横港—七斗漾	5.0	河流
		金沙涧	顾渚村罗家—水口村镇桥	14.5	河流
	安吉县	西苕溪（横塘至浑泥港汇入口）	横塘—浑泥港汇入口	15.0	河流
		西苕溪（浑泥港汇入口—小溪口）	浑泥港汇入口—小溪口	12.5	河流
嘉兴市	市本级	姚家荡片区	长桥港、夏家港、姚家荡等周边河湖水系	6.2	湖泊
	南湖区	王庙塘	平湖塘南—余丰塘	10.5	湖泊
	秀洲区	秀湖	新城街道	0.5	湖泊

续表1

行政区	县（市、区）	河（湖）名称	所在位置	建设规模/(km/km^2)	河湖类型
嘉兴市	海宁市	麻泾港市区片水系	洛塘河—洛溪河	13.3	河流
	平湖市	南市河	平湖塘—上海塘	15.2	河流
	桐乡市	长山河运西段	京杭古运河—德清界	16.6	河流
	嘉善县	沈北泾水系	洪溪村	10.0	河流
		南祥符荡	西塘镇	0.6	湖泊
	海盐县	澉六河、西环城河连片水系	长山河—新华港、西环城河—澉六河等	10.7	河流
绍兴市	越城区	浙东古运河	环城西河—越城柯桥界	6.8	河流
		梅山江	萧甬铁路—马山闸西江	5.5	河流
	柯桥区	马山闸西江	瓜渚湖—稽山路	6.0	河流
		王化溪	祝家—小舜江村	9.6	河流
	上虞区	白马湖	驿亭镇	0.8	湖泊
		下管溪丁宅段	东里堰坝—大勤西山小闸	8.9	河流
		南江沿	联汇河—杭甬运河	6.0	河流
	诸暨市	枫溪江	走马岗—汇地	23.5	河流
		冠山溪	分水岭—水模	14.0	河流
		浦阳西江	王家堰—诸萧界	28.0	河流
		浦阳东江	讨饭堰—三江口	30.5	河流
		安华水库	安华镇	3.3	水库
	嵊州市	小舜江	竹溪村—马溪村	30.2	河流
		下坂水库	董郎岗村	0.3	水库
	新昌县	门溪水库	回山镇	1.4	水库
		左于江	后王电站—左于村	10.2	河流
		韩妃江	王渡村—下洲村	10.5	河流
金华市	婺城区	雅干溪	安地喻斯村—梅溪汇合口	10.0	河流
	金东区	武义江	金武交界—孟宅桥	15.8	河流
	兰溪市	衢江	游埠排涝泵站—赤溪出口	11.1	河流
	东阳市	南江	南江水库—40省道	12.0	河流
	义乌市	义乌江	东阳义乌交界—徐江桥	21.0	河流

续表1

行政区	县（市、区）	河（湖）名称	所在位置	建设规模/(km/km²)	河湖类型
金华市	永康市	东溪	上卢村—石江村	14.5	河流
		八字墙溪	龙潭里水库—永康武义交界	5.5	河流
	浦江县	浦阳江	花桥乡源头村—通济桥水库	17.0	河流
		白麟溪	郑宅镇寺后村—浦阳江汇合口	11.8	河流
	武义县	西溪	马口—宣平溪汇合口	7.5	河流
	磐安县	八达溪	东吴水库—三水潭村	11.8	河流
衢州市	柯城区	庙源溪	九华乡云头村、万田乡下方村	10.0	河流
		石梁溪	荞麦坞村—衢江汇合口	6.0	河流
	衢江区	江山港廿里段	廿里上宇村—柯城交界处	7.5	河流
		芝溪莲花段	五坦老桥—高家交界处	5.3	河流
	江山市	卅二都溪	荷花墩—江山港	11.0	河流
		保安溪	石鼓溪源头—广渡溪支汇处	10.0	河流
	龙游县	衢江城区段	红船豆枢纽—驿前	6.0	河流
	常山县	龙绕溪同弓段	杜亭畈，山边村	5.0	河流
		常山港城区段	徐村大桥—朱家渡大桥	9.0	河流
	开化县	池淮溪（池淮集镇段）	里洪大桥—白渡大桥	10.5	河流
		常山港华埠段	池淮溪出口—常山交界处	7.2	河流
舟山市	普陀区	上葡萄河	上潘孙村—大展河	3.0	河流
	普陀山—朱家尖管委会	观音文化园片水系	观音文化园水系、香莲河	6.2	河流
台州市	椒江区	海门河	永宁河—陵园路闸	6.4	河流
	黄岩区	柔极溪	屿头村—田料村	8.8	河流
	路桥区	南官河峰江段水系	南官河峰江段及张李泾，山坑泾等支流	10.0	河流
	玉环市	庆澜塘河	小陈岙水库—龙山闸	5.7	河流
	三门县	白溪	白溪村—下罗渡桥	5.0	河流
	天台县	始丰溪平街段	浙酉大桥—前山大桥	10.3	河流
		雷马溪	下利村—始丰溪汇合口	5.5	河流
		崔岙溪	黄家塘村—团圆山村始丰溪汇合口	5.5	河流

续表1

行政区	县（市、区）	河（湖）名称	所在位置	建设规模/(km/km^2)	河湖类型
台州市	仙居县	北岙坑	北岙电站大坝—出口	13.0	河流
		永安溪上游段	湫山—永安溪大桥	24.0	河流
	温岭市	西月河水系	康庭社区—汇头王村	10.0	河流
	临海市	大田港	牛头山水库—大田港闸	16.9	河流
丽水市	莲都区	大顺坑	源头村—景宁交界处	13.1	河流
	龙泉市	宝溪	溪源田村—宝更村	11.0	河流
	青田县	瓯江（大溪）	外雄电站坝址下游—三溪口电站坝址上游	22.9	河流
	缙云县	新建溪	白马水库—姓姚村	18.3	河流
		好溪	潜明水库—长兰堰	10.8	河流
	遂昌县	金竹溪	夏东村—湖南镇水库	10.2	河流
	松阳县	松阴溪（象溪段）	南坑口村吕潭自然村上游—靖居口村	11.6	河流
		松阴溪（西屏上段）	梁下堰—松州大桥	10.7	河流
	云和县	浮云溪（城西桥至局村段）	城西桥—局村大桥	10.0	河流
	庆元县	后广溪	百山祖景区—三汇电站	10.0	河流
	景宁县	上标溪（程田龙井段）	程田、上标水库—龙井	11.0	河流

【“美丽河湖”建设服务指导】 2021年，省政府民生实事年度目标计划新增美丽河湖100条，省水利厅联合省治水办（河长办）下达年度建设计划140条。分3组赴11个设区市开展民生实事项目服务指导，通过现场抽检复核与查阅资料复核共127条，累计服务指导573人次，发现问题160个，督促做好问题闭环整改，确保高质量完成民生实事任务。

【“美丽河湖”验收复核工作】 2021年10月底前在市级验收的基础上，省水利厅组织开展省级现场复核。根据《浙江省美丽河湖建设评价标准（试行）》，严格美丽河湖建设质量要求，最终公告127条（个）省级美丽河湖（其中河流112条、湖泊11个、水库4个）。涵盖除嵊泗县以外的89个县（市、区）。

【媒体宣传】 浙江水利微信公众号发布11个市的美丽河湖游览路线图，《浙江日报》、《中国水利报》、人民网、《农民日报》、《钱江晚报》、浙江在线多次宣传美丽河湖建设成效；各级水利部门通过新闻发布会、美丽河湖摄影比赛、水文化宣传、爱水护水等活动形式，多渠道、多角度营造氛围；省钱塘江中心联合浙江水利水电学院组建“寻找家乡美丽河湖”实践团，分赴各地调研公众满意度，有效问卷2063份，全省平均满意度达99.4%，较2020年提高0.5%；在省政府民生实事“好差评”活动中，“河湖整治”有8.8万名群众参与评价，好评率为99.4%。

【“美丽河湖”建设成效】 2021年，全省完成美丽河湖建设127条（个），长度1334km，贯通滨水绿道1300km，以“美丽河湖+”为目标，打造滨水公园、水文化节点342个，新增绿化面积89万m^2，新增水域面积近200hm^2，河湖沿线新开设农家乐、民宿392处，完成投资约19亿元。86个县（市、区）、184个乡镇（街道）、1204个村庄（社区）、472万人口直接受益。

【中小河流治理成效】 2021年，全省新建加固堤防护岸长度569km，新增绿化面积132万m^2。湖州市安吉县浑泥港流域鄣吴溪治理工程，通过河道环境改造设计，实现水利与景观、防护与生态、亲水与安全的有机结合，把河道建设成绿色走廊、亲水乐园和旅游胜地。衢州市衢江区芝溪治理工程，整合新农村建设、小城镇综合治理、文旅产业等项目，统一规划布局，通过对河道水环境微改造、精提升，小投资带来大蝶变，治水红利不断凸显，形成以数字农业、共享经济、主题民宿、文创研学等组成的产业集群。

（胡玲、徐圣钧）

河湖水域岸线管理保护

【概况】 2021年，省水利厅印发《关于加强河湖库疏浚砂石综合利用管理工作的指导意见》和《关于加快推进全省水域保护规划编制工作的通知》等文件，规范河湖库疏浚管理，有序推进河湖库疏浚砂石综合利用。制定《浙江省水域保护规划编制技术导则》，科学确定水域空间布局、明确水域岸线功能、加强水域岸线空间分区分类管控、推进水域岸线管理体制机制创新、强化水域岸线数字化建设、促进水域岸线综合利用与资源化，以保障水域空间布局合理与功能健康永续。

【河湖空间管控】 2021年，省水利厅组织完成全省水域调查成果和河湖管理范围划界成果复核，完成县级及以上河道划界标志牌或界桩设置6.96万个。宁波市、温州市、嘉兴市、湖州市、绍兴市、金华市、衢州市、舟山市、台州市、丽水市共10个市85个县（市、区）分级划定并公布重要水域，完成1106条河道，23个湖泊，1031个饮用水水源保护区，249个风景名胜区、自然保护区，4222个水库的名称、位置、类型、范围、面积等内容的公布。编制杭嘉湖东部平原（运河）、钱塘江、苕溪、瓯江、飞云江、曹娥江等重要河湖岸线保护利用规划。印发《浙江省水域保护规划编制技术导则》，启动全省水域保护规划编制。

【河湖“清四乱”】 2021年，省水利厅制定河湖“清四乱”暗访督查方案，完善监测监控体系，通过自查、暗访、卫星遥感、无人机航拍等方式，共排查发现河湖“四乱”问题1454个，动态销号1442处，销号率99.2%，清理非法占用河道岸线87.1km、建筑生活垃圾2.03万t、拆除违法建筑8.4万m^2、取缔非法采砂点15个；调查处理水利部流转的群众信访案件8起，跟踪处理新闻媒体曝光河湖问题14起。做好省级涉水项目审批和批后监管，完成涉河涉堤建设项目行政许可省级项目10个，完成涉河涉堤在建项目检查56个，完成常山港大桥施工围堰等10个影响安全度汛问题的督查整改。

【河道疏浚采砂管理】 2021年，省水利厅印发《关于加强河湖库疏浚砂石综合利用管理工作的指导意见》，确定“政府主导、水利主管、企业经营、集约处置”的河湖库砂石资源利用基本原则，探索“以河养河”的水生态产品价值转换机制。在水利部网站公示重点河段、敏感水域采砂管理四个责任人清单，接受社会监督。完成全省河道采砂工作现状调研，梳理河道采砂开展情况、管理现状、存在问题、非法采砂情况、典型案例。印发《河湖非法采砂专项整治行动方案的通知》《浙江省水利厅关于加强河道采砂监管防范涉砂领域廉政风险的通知》，组织开展河道非法采砂专项整治行动。

【河湖管理数字化应用】 2021年，省水利厅建立省级“统建统管、长藤结瓜”的河湖库保护数字化建设管理机制，以“三张清单”（权力清单、责任清单、负面清单）为抓手，推进“一地创新、全省共享”机制，“一把手”亲自抓的责任落实机制。年初，“河湖库保护”模块纳入省数字政府建设任务，完成数字政府—生态文明—河湖库保护12个指标的三级页面开发，主要包括水域保护管理、河（湖）长制管理、美丽河湖建设等内容，成为水利工作在数字政府平台展示的重要窗口之一。年中，河湖库保护模块升级为幸福河湖在线应用，初步建成应用首页、河湖一张图、场景驾驶舱，形成全省统建应用框架。水域保护管理“清四乱”模块上线运行，建立问题发现和协同处置机制，河湖问题发现数、协同处置效率、问题整改率等指标显著提升。水域管理模块基本建成，实现问题发现、问题流转、问题处置的高效闭合；美丽河湖建设模块基本建成，实现计划下达、统计分析、服务指导、验收管理等全过程管理，同时，开展河湖治理在线、河湖监管在线等试点工作，推进长兴县、杭州市、余杭区、建德市、海盐县、南浔区、遂昌县、天台县等8个县（市、区）“揭榜挂帅”试点建设。“浙里九龙联动治水”列入全省数字化改革“一本账S_1”目录。幸福河湖场景应用入围全省第二批数字政府“一地创新，全省共享”应用项目。

（宣伟丽、罗正）

水利工程运行管理

Hydraulic Engineering Operation Management

137～145 页

水利工程安全运行

【概况】 2021年，全省各级水利部门和水利工程管理单位全力做好水利工程运行管理各项工作。在防御梅雨洪水、第6号台风“烟花”、第14号台风“灿都”等袭击和春季严重旱情中，确保了水库无一垮坝，主要江河堤防、标准海塘及闸站无一决口，牢牢守住了水利工程安全底线。充分发挥了水利工程在防洪排涝、灌溉供水、生态改善等多方面作用，社会经济综合效益巨大。浙江省在全国率先推行水利工程标准化管理、小型水库系统治理和水利工程管理“三化”改革的经验，得到水利部充分肯定及推介。水利工程数字化管理的创新，在全国水利工程标准化管理推进现场会上交流推介；水利工程数字化管理系统被水利部作为“智慧水利”先行先试项目并通过验收。水库安全鉴定超期存量清零较水利部要求提前一年实现。慈溪市、安吉县、武义县被水利部作为深化小型水库管理体制改革第二批样板县。周公宅水库管理站、横山水库管理站等2家水管单位的水利工程管理，通过水利部复核验收。

【落实水利工程安全管理责任制】 2021年3月，省水利厅印发《关于全面落实2021年度水库大坝等水利工程安全管理责任人的通知》（浙水运管〔2021〕2号），对有管理单位的水利工程明确政府行政责任人、水行政主管部门责任人、主管部门（产权人）责任人、管理单位责任人、技术责任人和巡查责任人。对无管理单位的水利工程明确政府行政责任人、水行政主管部门责任人、主管部门（产权人）责任人、技术责任人和巡查责任人。水利工程安全管理责任人由工程所在地水行政主管部门督促工程主管部门（产权人）按隶属关系进行落实。4月12日，省水利厅印发《关于公布大中型水库大坝等水利工程安全管理责任人和蓄滞洪区防汛责任人的通知》（浙水运管〔2021〕5号），公布大中型水库大坝（含水电站大坝）、大型水闸、大型泵站、二级以上堤防（含海塘）安全管理责任人。市、县级水行政主管部门根据管理权限公布其他水利工程安全管理责任人。所有责任人录入“浙水安澜—工程运管”应用，实行动态管理。按照水利部要求，水库防汛“三个责任人”录入全国水库运行管理信息系统，并组织“三个责任人”参加水利部13门课程学习。8月，省水利厅组织水库“三个责任人”“三到位”（三个责任人均到位）专项检查，督促指导“三个责任人”到岗履职。

【水利工程安全度汛】 2021年5月10日，省水利厅召开全省水旱灾害防御工作暨水库安全度汛工作视频会议，传达全国水库安全度汛会议精神和省领导批示精神，分析水库安全度汛形势，部署水库安全度汛重点工作。5月17日，省水利厅印发《关于开展水库安全度汛大排查大整治专项行动的通知》（浙水运管〔2021〕7号），由厅领导带队开展督导，市级对口交叉检查，县级全覆盖排查，全省共投入2万余人次，排查出的隐患问题纳入“工程运管”应用闭环管理。5月24日，省水利厅印发《关于进一步做好当前水库安全运行管理工作的通知》（浙水运管〔2021〕7号），要求加强水库“三个责任人”落实、“四预措施”落实等工作。6月21日，省水利厅召开全省水库山塘安全度汛工作视频会议，对水库山塘安全度汛进行再部署、再落实。省水利厅组建水库山塘安全度汛工作专班，联动市、县（市、区）水行政主管部门专班，动态开展隐患排查，每日电话抽查水库巡查员，编制水库安全度汛日报。针对沿海备塘（二线塘）管理存在的问题，省水利厅组织指导沿海7个设区市及44个县（市、区）开展备塘调查，摸清备塘现状、土地属性和功能作用，初步完成沿海备塘调查报告；指导各地综合考虑一、二线海塘防台御潮能力，在现有备塘中确定二线海塘的空间位置，优化沿海备塘工程布局，完善沿海防御风暴潮工程体系。

【水库大坝注册登记】 按照水利部《水库大坝注册登记办法》等有关规定和水利部《关于开展水库大坝注册登记和复查换证工作的通知》要求，7座国家电力系统水库由国家能源局大坝安全监察中心注册登记，省水利厅督促各地做好除国家电力系统外的新建水库大坝注册登记及登记事项发生改变的水库大坝变更登记。2021年，指导青山、周公宅等12座大型水库及35座中、小型水库完成注册登记变更等相关工作。完成泰顺大际水库、遂昌桐川水库注册登记入库。跟踪掌握各水库降等与报废实施情况，督促在网络版注册登记申报系统中开展注销工作。至2021年年底，全省（含国家电力系统）注册水库4277座，其中大型34座，中型159座，小型4084座，见表1。

表1 全省水库大坝注册登记数量表（含能源系统）

地区	大型	中型	小型	小计
合计	34	159	4084	4277
杭州	4	14	615	633
宁波	6	26	366	398
温州	1	18	310	329
湖州	4	7	144	155
绍兴	6	13	535	554
金华	2	27	771	800
衢州	5	10	449	464
舟山	0	1	208	209
台州	4	14	329	347
丽水	2	29	357	388

【水利工程安全鉴定】 按照水库等水利工程安全鉴定超期存量清零的目标，落实分解2021年水利工程安全鉴定计划1000个，纳入水利争先创优和综合考核。全年完成水利工程安全鉴定1692个，其中水库1017座，水库安全鉴定超期存量全部清零，较水利部要求提前一年实现。按照水利部要求，完成《浙江省“十四五”大中型水闸安全鉴定总体方案》编制并报水利部。省级完成东阳市南江水库、绍兴市上虞区上浦闸等工程安全鉴定审查或审定，配合水利部大坝中心完成台州黄岩区佛岭水库三类坝鉴定成果复核。

【水库系统治理】 根据《浙江省人民政府办公厅关于印发浙江省小型水库系统治理工作方案的通知》（浙政办发〔2020〕56号），2021年4月，省水利厅会同省发展改革委等4部门联合印发《浙江省小型水库综合评估指导意见》（浙水运管〔2021〕1号），并将水库系统治理核查评估工作列入2021年省政府督查激励事项和厅领导领衔破难题事项，组织开展水库核查评估专题培训。对10个有水库的设区市开展专项指导，推进评估进度，提升评估质量。4103座小型水库全部完成核查评估，有分类处置任务的3484座小型水库制定了“一库一策”，75个县（市、区）制定了“一县一方案”。省水利厅认真贯彻落实《国务院办公厅关于切实加强水库除险加固和运行管护工作的通知》（国办发〔2021〕8号）精神，经省政府同意，印发《浙江省水利厅关于深入贯彻落实国务院办公厅关于切实加强水库除险加固和运行管护工作的通知精神的通知》（浙水运管〔2021〕13号）。为加快病险水库除险加固等工作，省水利厅印发《加快推进病险水库山塘加固和海塘安澜千亿工程实施方案》（浙水计〔2021〕21号）和《2022年病险水库存量处置清单》（浙水运管〔2021〕15号），推进病险水库该治全治，落实2021年6月底前鉴定的三类坝水库存量在2022年年底前全部开工，同步实施二类坝加固改造。浙江省小型水库系统治理的经验做法得到水利部充分肯定及推介。

【水利工程控制运用】 2021年，省水利厅及时组织编制水库等水利工程控制运用计划，省级完成32座大型（陈蔡水库、赋石水库因除险加固，按在建工程管理）及跨市安华水库、4座跨设区市大中型闸站的控运计划核准，其他水利工程由市、县水行政主管部门按照管理权限分级核准。省水利厅指导大中型水库开展入汛至入梅、梅台过渡期、台汛末期汛限水位动态控制。组织指导湖南镇水库管理单位开展科学论证，允许水库控制蓄水位在梅汛末抬升2m，增加蓄水8200万m^3。强化湖南镇、黄坛口水库等梯级水库联合调度，提升综合效益。针对南江水库已通过除险加固竣工验收的情况，及时恢复水库汛限水位至设计值。按照水利部《汛限水位监督管理规定》要求，省水利厅在汛期采用线上线下监管方式，动态掌握水库蓄水和水位情况，督促指导水管单位严格执行经批准的控制运用计划，对超汛限的及时预警。调查梳理大中型水库具有防洪功能、可调控水位的名单。2021年，全省大中型水库管理单位严格按经批准的调度方案和控制运用计划执行。省水利厅围绕水旱灾害防御急需，研发“水库风险研判”“海塘防潮风险研判”等应用场景。在防御“烟花”“灿都”台风期间，主动掌握工情、雨情、水情和潮情，督促预报受强降雨影响地区进行预泄预排，提高水库、河网纳蓄能力。动态研判水库和堤防海塘防洪防潮风险，及时将存在较大风险的151座病险水库、263条海塘定向定点发出风险提示单，科学指导水库调度和海塘封堵加固以及危险区域人员转移准备。对未按照调度指令或控制运用计划执行的，及时督促提醒，确保水利工程安全和功能效益发挥。据不完全统计，2021 年全省大中型水库拦蓄洪水 146 亿 m^3，水闸泵站排水 87 亿 m^3。

【水库降等报废】 2021 年，省水利厅加强水库降等报废监管，组织开展水库降等报废指导服务，督促各地严格执行《水库降等报废管理办法》等制度，规范水库降等报废工作程序，确保水库安全。2021 年，13 座小（2）型水库降等，2 座小（2）型水库报废，4 座小（2）型水库调整类型，见表 2。

表 2 2021 年水库降等报废（调整类型）名单

序号	工程名称	所在市	所在县	工程规模	处置类型
1	钟岭水库	杭州市	萧山区	小（2）型	降等
2	大高子水库	宁波市	奉化区	小（2）型	降等
3	金夫湾水库	宁波市	奉化区	小（2）型	降等
4	西泽海涂水库	宁波市	象山县	小（2）型	调整类型
5	俞公岙水库	宁波市	象山县	小（2）型	调整类型
6	官司塘水库	宁波市	象山县	小（2）型	调整类型
7	墩岙塘水库	宁波市	象山县	小（2）型	调整类型
8	东风水库	湖州市	德清县	小（2）型	降等
9	市元坞水库	湖州市	德清县	小（2）型	降等
10	断塘水库	绍兴市	越城区	小（2）型	报废
11	山塘水库	金华市	义乌市	小（2）型	降等
12	安米塘水库	金华市	东阳市	小（2）型	降等
13	思陂塘水库	金华市	东阳市	小（2）型	降等
14	大山口水库	金华市	东阳市	小（2）型	降等
15	西方庵水库	台州市	玉环市	小（2）型	降等
16	徐家坞水库	衢州市	常山县	小（2）型	降等
17	箬岭水库	衢州市	常山县	小（2）型	降等
18	杨梅垄水库	衢州市	龙游县	小（2）型	报废
19	东边垅水库	衢州市	衢江区	小（2）型	降等

【水利工程管理考核】 2021 年，省水利厅根据水利部《水利工程管理考核办法及其考核标准》和《浙江省水利工程管理考核办法》，组织开展水库、水闸、泵站等水利工程管理考核验收。金华市沙畈水库管理中心、长兴县合溪水库管理所等 2 家单位通过省级初验并申报水利部验收。宁波市奉化区横山水库管理站、宁波市水库管理中心周公宅水库管理站等 2 家单位通过水利部复核验收。湖州中环原水有限公司等 7 家水管单位通过省水利厅考核（复核）验收。至 2021 年年底，全省共有 18 家水管单位通过水利部验收，23 家水管单位通过省

水利厅验收。

（柳卓）

水利工程标准化管理创建

【概况】 2021年，在“十三五”期间全面完成水利工程标准化管理一轮创建的基础上，省水利厅谋划深化水利工程标准化管理举措，将水利工程产权化、物业化、数字化管理与标准化管理深度融合。与水利部运行管理司沟通联系，介绍浙江省水利工程标准化管理和产权化、物业化、数字化管理的经验做法，得到水利部充分肯定并在全国推广。

【制度标准体系】 2021年，省水利厅组织开展《浙江省水利工程安全管理条例》《浙江省海塘建设管理条例》修订前期工作，制定印发《浙江省水利工程物业管理指导意见》（浙水运管〔2021〕16号），规范物业化管理工作。组织修订《海塘安全评价导则》，制定《水库基础数据规范》《海塘基础数据规范》，调研水利工程安全鉴定和备塘管理。至2021年年底，省水利厅已制定水库等11类水利工程12项管理规程和标识牌设置规范，其中水库、海塘、堤防、大中型水闸、泵站、农村供水、农村水电站、山塘、水文测站等9类工程10项规程和标识牌设置规范，以浙江省地方标准颁布。并颁布实施省水利厅、省财政厅《浙江省水利工程维修养护定额标准（2018年）》、《浙江省水利工程维修养护经费编制细则（2018年）》（浙水科〔2018〕8号）。

【水利工程标准化管理创建】 2021年，按照《浙江省水利工程标准化管理验收办法》（浙水科〔2018〕10号），省水利厅组织完成余姚市候青江排涝泵闸、陶家路江泗门泵站和安吉县西苕溪堤防等3处水利工程标准化管理创建省级验收，验收结果均为合格。至2021年年底，全省累计完成水利工程标准化管理创建10592处，其中省级验收419处。

【水利工程管理保护范围划定】 2021年，按照《水利部关于切实做好水利工程管理与保护范围划定工作的通知》（水运管〔2021〕164号）要求，组织编制浙江省“十四五”水利工程管理与保护范围划定方案。8月23日，《浙江省“十四五”水利工程管理与保护范围划定总体方案》报水利部，为水利部编制《“十四五”水利工程管理与保护范围划定实施方案》提供依据。组织指导各地加快水利工程管理与保护范围划定工作，加强与省司法厅对接，及时完成14座大型水闸和46条（段）重要堤塘工程管保范围方案审查，并整理了管理和保护范围划定方案概要表。12月10日，浙东引水萧山枢纽等60处水利工程管理和保护范围划定方案审核意见及方案概要表报省政府办公厅。

【物业化管理企业】 2021年，参与浙江省水利工程物业管理的物业企业有504家，共签订水利工程物业管理合同1153个，物业管理经费共8.24亿元，涉及水库山塘和水闸泵站1.2万余座、堤防海塘超 6000km。按照物业管理经费从高到低，排名前三位的设区市分别是杭州市（1.61 亿元）、宁波市（1.55 亿元）、嘉兴市（0.95 亿元），排名前三位的物业管理企业分别是浙江江能建设有限公司（物业合同额 1.05 亿元）、金华市金兰水利建设有限公司（物业合同额 0.30 亿元）、宁波泾渭水务管理有限公司（物业合同额 0.29 亿元）。

【典型经验推广】 2021 年 10 月 21—22 日，水利部在江西省九江市召开水利工程运行管理标准化现场交流会，水利部副部长刘伟平在讲话中 8 次肯定浙江省水利工程标准化工作。省水利厅党组成员、水文管理中心党委书记、主任范波芹代表省水利厅在会上作《深化标化管理强化数字赋能争创水利工程现代化管理先行省》典型经验介绍。

水利工程管理体制改革

【概况】 2021 年，浙江省以改革为动力，推进水利工程管理产权化、物业化、数字化（简称“三化”）改革，创建深化小型水库管理体制改革全国样板县，推动水利工程管理体制改革。浙江省推行水利工程标准化管理和水利工程“三化”改革的经验做法得到水利部充分肯定并推广介绍；水利工程数字化管理的做法在全国水利工程标准化管理推进现场会上交流推介，水利工程数字化管理系统被水利部作为“智慧水利”试点项目并通过验收，评定结果为优秀。慈溪市、安吉县、武义县被水利部作为深化小型水库管理体制改革第二批样板县，周公宅水库管理站、横山水库管理站等 2 家水管单位水利工程管理通过水利部复核验收。

【水利工程管理“三化”改革】 2021 年，水利工程管理“三化”改革被纳入《浙江水利 2021 年工作要点》（浙水〔2021〕1 号）、《浙江省水利工程运行管理 2021 年行动计划》（浙水办运管〔2021〕1 号）和《2021 年浙江水利改革总体方案》（浙水法〔2021〕5 号）。余姚、平阳、长兴、海宁、武义、玉环等 6 个县（市）被列为水利工程管理“三化”改革样板。武义等 22 个县（市、区）编制了水利工程管理“三化”改革实施方案，并由县级政府批准。水利工程不动产权登记取得突破，省管海塘海宁黄湾段和武义、临海、玉环等县（市、区）部分水利工程取得不动产权证书。制定出台规范性文件《浙江省水利工程物业管理指导意见》（浙水运管〔2021〕16 号），规范物业化管理工作。杭州市余杭区康门水库、宁波市周公宅水库、长兴县合溪水库、金华市九峰水库和龙游县高坪桥水库等 5 座水库列入省水利数字化改革数字水库试点项目，温州市鹿城区海塘和省直管海塘海盐段项目列入省水利数字化改革数字海塘试点项目。至 12 月底，规模以上水利工程取得产权证比例和物业管理比例分别已达 39.1%和 71.4%。

【深化小型水库管理体制改革样板县】 2021 年，水利部印发《水利部关于公布第二批深化小型水库管理体制改革样板县（市、区）名单的公告》（2021 年第 14 号公告），确定慈溪市、安吉县和武义县为第二批深化小型水库管理体制改革全国样板县。《国务院办公厅关于切实加强水库除险加固和运行管护工作的通知》（国办发〔2021〕8 号）吸收浙江省第一批深化小型水库管理体制改革全国样板县淳安县、余姚市和绍兴市柯桥区实行的区域集中管护、政府购买服务、“以大带小”等管护模式的做法，明确要求对分散管理的小型水库，切实明确管护责任，实行区域集中管护、政府购买服务、“以大带小”等管护模式。水利部网站专栏推广浙江省第一批深化小型水库管理体制改革全国样板县淳安县、余姚市和绍兴市柯桥区典型经验做法。首次争取到中央补助浙江省小型水库维修养护资金 7633 万元，并制定资金分配方案。

【改革典型案例】

1. 钱塘江海塘（海宁段）产权化改革试点。

2020 年年底启动水利工程管理“三化”改革试点以来，省钱塘江流域中心和海宁市水利局通力合作，推动海塘不动产权登记，于 7 月底取得浙江省第一本海塘类不动产权证书。主要做法：①“精准化”举措夯实基础。摸清底数，组织海塘工程现场踏勘、勘定界线、联合调查、界桩测量、地图标绘和现状航拍等地籍测绘工作，完成 24.57km、1377696m^2 地形重新测绘，近 6000 个图斑数字化处理和沿线 5 个乡镇、15 个村两级边界重新核对标绘。在黄湾镇段海塘确权过程中，工作人员深入工程现场一线，对每一个成果细节都做到准确无误，并经沿线属地村的逐一核对无误后，再报自然资源部门审核。专门成立资料收集小组，赴各级档案馆查阅，找建设参与者咨询，形成第一手最为齐全准确的基础资料。②“组合拳”招法破解难题。为切实加强联动协作，2019 年省钱塘江中心与海宁市政府签订《钱塘江（海宁段）战略合作协议》，双方形成长效的协调联络机制。2020 年以海塘安澜千亿工程建设为契机，省钱塘江中心与海宁市政府成立协调工作领导小组，并把海宁段海塘“三化”改革纳入双方战略合作框架。省钱塘江中心、海宁市水利局多次与海宁自然资源部门衔接，成立海宁段海塘产权化改革三方工作组。③“战略性”思维统筹谋划。统筹谋划，按照全线海塘实现确权颁证目标，根据各段海塘的实际情况，分类分段处置，对已经办理土地证的省管段先行办理不动产证。建立“先建制度、后建工程”机制，在项目规划设计阶段就解决工程管理责任主体、管理责任，管理范围以及确权登记的各项前置条件。依法登记，加强与自然资源部门联系，联合工作组对海塘工程确权方法、形式和内容进行多次专题研究，7 月底，省管海塘海宁段黄湾段长 2.59km，使用面积 138867.84m^2 的不动产权证先行颁发，不动产权登记证中标示土地权属和构筑物权属，标注土地面积和海塘长度，附录海塘平面位置和典型断面。

2. 武义县全力破解“产权化”难题。

武义县有小型水库 114 座，其中小（1）型水库 18 座，小（2）型水库 96

座。2020年开展产权化改革以来，武义县22座水库取得不动产权证书。主要做法：①分析制约瓶颈。武义县大部分小型水库为农村集体经济组织修建，不办理土地征用手续，土地来源难以证明；不少水库在正常水位线以上，很多土地由农民种植或已被颁发农用地证、林地证。目前按水库的征用范围线、校核洪水位线制作证书，涉及群众利益，容易发生土地权属纠纷；还有办不动产权证势必牵涉资金，委托自然资源和规划部门认可的第三方开展权籍调查需要资金，水利设计部门提供图纸、计算水库的占地、参数等也需要资金，复核水库占地需测量同样需要资金，预估约需5000元/座，大多数水库为村集体所有，花钱办证意识不强。②盯牢关键环节。截至目前，武义县117座水库全部完成划界，并由当地政府公示，设置水利工程管理和保护范围公示牌及界桩。在县委、县政府的协调下，水务部门与自然资源规划局多次开会协调，及时处理办证中出现的问题。按照县政府“谁所有、谁申请”的原则，县内国有水库进行资产划转，由国有公司接收26座水库资产。根据原国土二调数据结合水务部门数据，由乡镇（街道）确认水库权属界线，第三方出具权籍调查报告。根据县政府的会议纪要，补土地出让金（含水面面积），水库土地的范围按照1994年已发证，跟原登记信息做不动产权证，1994年未办证的国有水库经协调后按正常水位及大坝占地范围办证。水务部门提供竣（完）工的水库图纸给第三方，作为政府审批的依据，水库大坝及附属建筑物的各种参数在不动产权证附记中标明。③完善权责体系。对农村集体经济组织所有的88座水库，根据水库是否完成加固、产权明晰程度等因素推进不动产权证的发放。针对3座民营水库，由其提供水库土地来源的证明后，经第三方调查并公示，经水库属地乡镇签字认可，依据设计图纸办理不动产权证；同时，按照《浙江省小型水库系统治理工作方案》，武义将88座水库办理不动产权证的费用（约40万元）列入系统治理中，由县财政承担。

（吕天伟）

水利行业监督

Water Conservancy Industry Supervision

147～157 页

监管体系建设

【概况】 2021年，省水利厅建立起省、市、县三级监督和综合、专业、专项、日常监管“三纵四横”水利监督体系。水利部监督司致信表扬省水利厅的水利监督工作。《中国水利报》以“浙江推动水利行业监督向市县级延伸”为题对浙江水利强监管改革试点工作予以宣传报道。

【组织机构及职责】 目前省、市、县三级水利监督组织体系已全面建立。省级成立水利督查工作领导小组，由省水利厅党组书记、厅长马林云担任组长，形成领导小组统筹协调、业务处室各司其职、事业单位提供支撑、专家库作为补充的总体监督框架，并每年安排专项经费，通过政府购买服务的方式，发动社会力量参与监督，形成“综合、专业、专项、日常”四位一体的监督体系。全省11个设区市、87个县（市、区）均已组建水利督查工作领导小组，成员总计超过1000人。按照“统一组织、分级负责、分工落实”的监管原则，明确省、市、县三级职责分工，省级突出统筹，市县负责日常监管和问题整改。

【强监管改革试点县建设】 2021年，省水利厅在县级自荐、市级推荐的基础上，遴选出11个县市区以“优化管理体制、完善运行机制、创新监管模式”为突破口，完成16项改革任务为主要内容的强监管改革试点。6月11日，省水利厅印发《浙江省水利厅关于开展强监管改革试点的通知》（浙水监督〔2021〕12号），明确改革试点的指导思想、基本原则、工作目标、主要任务等。8月，《中国水利报》以“浙江推动水利行业监督向市县级延伸”为题对浙江水利强监管改革试点工作予以宣传报道。12月15日，印发《浙江省水利厅办公室关于开展水利强监管改革试点验收工作的通知》（浙水办监督〔2021〕39号），部署强监管改革试点验收工作。

【监督数字化】 2021年，省水利厅按照“统一平台、统一清单、统一流程”要求，开发水利督查数字化应用。梳理各类检查表单35项，涵盖安全生产、水利工程建设、运行管理、水旱灾害防御、河湖管理、水土保持、农村供水等领域，问题清单5158条。目前已具备问题录入、问题下发、整改回复、统计分析等功能，可实现查、认、改全过程的数字化管控。组织开展“综合查一次”场景应用建设，通过流程再造、制度重塑、系统助推，力争实现不同层级、部门之间检查结果互认，成果共享，减少重复检查、多头检查。目前该应用已投入试运行，并在2021年的安全隐患大排查、全省水利综合督查及水利建设与发展专项资金核查等督查检查中得到有效应用。2021年累计通过该应用进行监督检查活动309次。

（叶勇）

综合监管

【概况】 2021年，印发《省水利厅

2021年督查检查计划》，确定2021年开展9大类22项督查检查事项。省本级全年累计派出各类监督检查人员6010人次，检查各类项目（对象）3746个，发现问题8335个，按照闭环管理推进整改工作。

【重点工作落实情况督查】 2021年，按照《省水利厅2021年督查检查计划》完成22项督查检查任务。按照水利部和省委、省政府部署要求，组织开展水库安全度汛、“平安护航建党百年”安全隐患大排查大整治、“遏重大”攻坚战等专项行动。

【稽查复查情况】 2021年，省水利厅组织实施水利建设项目稽查、复查。完成稽查项目数50个，复查项目数50个。全年共组织稽查工作组10批次，稽查专家400人次，历时近171天，按计划完成在建工程项目稽查50个，累计发现工程建设质量与安全等方面各类问题1625个。针对发现的问题，稽查组及时向参建单位反馈，并就如何整改进行指导，立行立改704个问题，尚余921个问题按照“每市一单”下发10份整改通知书，要求限期完成整改。依据水利部有关监督检查办法，针对存在问题较多的6家责任主体实施警示约谈。对2020年稽查发现问题的50个在建工程的1667个问题，组织10个批次400名专家对问题整改情况进行复查，对未完成整改的，给出整改意见建议。至12月底，整改完成率为99.1%，居近5年之首。水利部监督司2021年第4期《监督月报》，以“浙江水利建设项目稽查的做法和启示”为题，将浙江省稽查工作开展情况作为典型案例向全国推广。在水利部监督司网站以“浙江系统推进水利建设项目稽查回头看工作”为题进行宣传报道。

（叶勇）

专项监督

【概况】 2021年，省级部门共同推动农村供水工程建设与县级统管履职督查工作。加强全省水利建设项目工程质量督查和运行督查，切实抓好水利系统水旱灾害防御工作。组织开展全省水利工程安全巡查，以及安全生产督查。组织开展水利资金使用督查。

【农村饮用水达标提标工程建设督查】 2021年，省水利厅继续以“三服务”为载体，由厅领导带队，农村饮用水达标提标行动领导小组办公室（以下简称“农饮办”）及相关技术人员参与，赴衢州、丽水、台州等地开展暗访督导，走访入户察民情、听民意、解民忧、暖民心。

省水利厅围绕“四大体系”（指标体系、工作体系、政策体系、评价体系）工作要求，继续对农村饮用水进行“从源头到龙头”全链条、全过程建设与管理的检查，以数字化改革为牵引，扎实推进农村规模化建设，深化县级统管，保障“城乡同质供水”长期实现。对全省有农村饮水管理任务的市、县（市、区）每月开展“四不两直”暗访，以视频、图片、水样检测、入户调查等手段，直达一线实地检查水源地保护、水样飞检、县级统管落实、监管体系建设、数字化改革等。全年省级累计开展暗访10轮次，派出专家108人次，暗访工程470处，检测水样203个，市级同步开展明察暗访。

（曹鑫）

【水利工程建设督查】 2021年，开展全省面上工程参建各方的检查和抽查。根据历年抽检情况，完善2021年抽检实施方案；调整和优化抽检评分细则。

分杭温台丽片、绍金衢片、嘉湖舟片共3个片区，全年抽检全省所有面上水利工程建设任务的70个县（市、区）的80个面上水利建设项目，包括小型水库除险加固工程、山塘整治、中小流域综合治理、海塘加固和圩区治理等项目。共形成工程抽检反馈报告80份，片区汇总报告3份，2021年面上抽检总结报告1份。根据《关于做好2021年度“双随机、一公开”监管工作的通知》要求，对随机抽取的全省10家水利施工企业、20家水利工程质量检测企业展开检查，共发现94个问题，问题整改率100%。

（邹嘉德）

【水利工程运行监督检查】 2021年，省水利厅组织开展汛前、汛中、汛后水利工程安全隐患排查，全省出动8万余人次，检查工程5万余座次，发现并整改较严重及以上隐患问题2300余处。委托专业机构对大型水库、大型水闸、大型泵站、大型闸站、二级及以上堤防海塘进行技术服务指导，并抽查中小型水利工程339项，检查发现的问题纳入“工程运管”应用闭环管理。组织开展水库安全运行专项检查，共检查水库249座，其中大型29座、中型7座、小型213座。针对水利部历次检查水库、水闸、堤防发现的问题，及时通报整改进度，督促指导问题整改销号。

（柳卓、吕天伟）

【水旱灾害防御督查】 2021年，省水利厅按照水旱灾害防御工作要求，结合水利部、省防指有关防汛防台汛前检查和隐患排查的工作部署，扎实组织开展水旱灾害防御汛前大检查，持续推进水旱灾害防御风险隐患排查整治、防洪调度和汛限水位执行督查检查等，切实抓好水利系统水旱灾害防御督查工作。确保主要江河、湖库、山塘及涉水工程的防洪安全，全省水库无一垮坝，重要堤防、海塘无一决口。

2月，省水利厅印发《关于开展2021年度水旱灾害防御汛前大检查的通知》，明确检查时间、对象、内容、责任人，组织全省水利系统迅速开展水旱灾害防御汛前检查各项工作。各地采取工程单位自查、县级检查、市级抽查递次推进的方式，全面开展防汛准备工作、水毁工程修复等情况自查自纠、压茬整改，同时充分利用数字化建设成果，将检查发现的风险隐患录入“钱塘江流域防洪减灾数字化平台”。

3月中旬，结合水利“三服务”活动，组织开展省级水旱灾害防御专项督查。由厅领导带队，组织专业技术人员50余人，分组对全省11个市重点区域、重点工程进行重点排查，共排查工程

100 多处。全省水利系统出动 6.33 万人次，检查工程 4.28 万处（点）。各地对检查中发现的问题，明确责任单位，实行问题、责任、整改“三张清单”闭环管理。按照属地为主、分级负责原则，督促责任单位对马上能够整改的，立行立改，坚决“清零”。所有发现问题在 2021 年 4 月 15 日均完成整改或落实安全度汛措施，确保安全。

根据《水利部办公厅关于印发水库防洪调度和汛限水位执行监督检查工作方案的通知》（办监督函〔2021〕247 号）及《浙江省水利厅关于印发 2021 年水利重点工作清单的通知》（浙水办〔2021〕3 号）有关要求，2021 年 5 月，制定下发《2021 年度水库防洪调度和汛限水位执行监督检查工作方案》。各市于 5—9 月期间，通过暗访的方式，逐月对全省 124 座水库开展防洪调度和汛限水位执行监督检查工作，查找水库防洪调度工作中存在的主要问题，督促各地全面做好水库防洪调度和汛限水位执行工作，保证度汛安全。各市监督检查水库 168 座次，发现问题 40 个。7—8 月，水利部太湖流域管理局两次对浙江省 67 座水库开展暗访督查工作，发现问题 19 个。省水利厅高度重视水库防洪调度和汛限水位执行中存在的问题，厅领导多次在全省会议上强调防洪调度无小事，要求各地务必要高度重视，组织水库管理单位认真学习贯彻有关规定，发现问题及时整改，切实做好水库防洪调度、汛限水位执行工作。9 月 3 日，下发《浙江省水利厅办公室关于加强防洪调度和汛限水位执行监督检查工作的通知》。9 月底，存在问题全部完成整改。

（胡明华）

【水资源管理和节约用水督查】 2021 年 10 月，省水利厅组织开展水资源管理和节约用水监督检查，共抽查 11 个设区市 22 个县（市、区）128 个取水项目、128 个用水单位、27 个饮用水水源地、44 个地下水监测站点、8 个节水宣传教育基地等，重点检查用水总量控制、取水许可（取水口监管）、地下水管理、饮用水水源保护、取用水管理专项整治行动、节水型社会建设、水资源费减征免征政策落实情况等。各市、县（市、区）针对问题，全面自查自纠，落实整改。

从检查情况来看，各地取用水管理日渐规范，取水在线监控覆盖率逐步提高，非法取水行为有效控制，水资源管理基础逐步夯实；县级以上饮用水源地实行安全保障达标建设；节约用水管理逐步深入，计划用水制度积极落实，节水型载体覆盖率普遍较高，节水教育基地覆盖率进一步提高，用水总量得到有效控制，用水效率明显提升，水资源刚性约束逐步体现。存在的问题主要有：①取水许可办理不规范。部分地下水取水户无证取水，部分取水许可延续、注销不规范；部分水资源论证报告未采用新定额，未有效对标定额等情况。②取用水监管不到位。部分取水户未足额缴纳水资源费或水资源未按减征政策征收，水资源费缴费通知单书写不规范；部分水行政主管部门一户一档管理工作不到位，台账资料不齐全。③取水计量统计不规范。部分取水户取水计量设施安装位置不规范，存在离取水口很远或中间存在支管，部分取水计量设施未开展检定或核准，部分取水户用水原始记录不规范等现象。④饮用水水源地达标建设不规范。部分饮用水水源地保护范围划定不规范，翻水河道未纳入保护范围，存在未立警示标志，一级保护区未实行全封闭等现象。⑤节约用水管理不规范。部分用水单位节水评价工作开展不规范，存在节水器具安装不到位，未按要求纳入用水统计直报系统名录库等现象。部分入围节水型标杆建设水平有待进一步提高，节水教育基地宣传示范作用及建设水平有待进一步提高。

针对检查出现的问题，提出整改措施：①严格取用水监管，规范取水许可审批、验收、发证、延续等全过程；严格水资源论证审查，按照相关导则和技术规定严格把关；落实水资源费征收标准、规范水资源费征收工作流程；落实“一户一档”管理，实行取水户资料规范化建设，助力取水户规范化管理；严格把关取水计量设施安装，按要求开展取水计量设施率定，确保落实整改；规范水源地警示标志建设、严格落实水源地巡查制度。②严格落实地方计划用水管理实施办法，加强计划用水管理和超计划累进加价制度执行；继续抓好节水面上工作，把好规划和建设项目节水评价关，进一步规范节水评价登记制度；规范节水标杆创建，提高节水标杆示范意义；发挥省级节水教育基地的宣传载体作用，结合地方水情，开展节水主题宣传教育活动，加强节水宣传，营造全民参与节水的良好氛围，减少用水浪费行为。

（沈仁英）

【安全生产督查】 2021年5月27日，省水利厅印发《关于开展“平安护航建党百年”水利安全隐患大排查大整治专项行动的通知》，明确工作目标、排查整治内容、实施步骤和工作要求，全面贯彻落实省委、省政府关于安全生产和减灾救灾工作的部署，进一步抓好重大安全风险防控坚决遏制重大事故，有效防范较大社会影响事故，为建党100周年提供坚实的安全保障。6月7日，印发《关于开展“平安护航建党百年”水利安全隐患大排查大整治省级督导的通知》，督导对象为11个设区市及厅直属有关单位，抽查在建工程重点督导省重点工程、水库山塘、河道治理、大中型灌区、小水电等在建项目，已建工程重点督导水库、山塘、小水电、堤防、闸门、泵站、灌区等水利工程，督导内容主要是安全生产主体责任落实情况、水利工程建设安全生产管理情况、水利工程运行安全情况、水行政主管部门执法监管情况。6月10—30日，省水利厅领导带领11个督查组分赴11个设区市和厅直属有关单位，采用暗访和明察相结合方式检查项目95个，发现问题91个，对发现问题均及时督促并100%完成整改。

5月27日，省水利厅印发《关于开展全省水利工程安全巡查的通知》，巡查对象为各设区市水行政主管部门、厅直属有关单位、全省列入国家172项的重大项目、厅监管的省重点水利建设项目、面上水利建设项目和水利运行工程。根据选取面上工程情况巡查对象延伸至相应县（市、区）水行政主管部门。巡查内容包括年度安全生产计划制定情况，习近平总书记关于应急管理和安全生产的重要论述、《地方党政领导干部安全生产责任制规定》《浙江省地方党政领导干部安全生产责任制实施细则》学习、贯彻情况，安全机构设置、人员配备情况；安全生产责任制落实情况，水利建设施工领域“遏重大”和安全风险普查工作开展情况，开展“平安护航建党百年”水利安全隐患大排查大整治专项行动情况，危险源识别与管控、隐患排查治理“双重预防机制”建设开展情况，水利安全生产专项整治三年行动开展情况，安全生产月活动部署和开展情况，工程安全管理情况，信息系统填报情况等。巡查方式为招标委托省水利水电技术咨询中心组织专家组进行巡查，省水利厅对巡查情况进行通报。6月、9月，省水利厅共派出12个巡查组，分别巡查11个设区市和1家厅直属单位，巡查项目62个（其中在建项目38个，运行工程24个），发现问题644个。12月20日，印发《关于2021年度水利工程安全巡查情况的通知》，以一市一单下发整改通知，要求各市水利局对巡查问题整改情况进行复核。至2021年年底，检查发现问题100%整改回复。

（郑明平）

【水利资金使用督查】 1. 中小河流治理工程项目建设管理及资金使用情况专项核查。

2021年，省水利厅对全省30个县（市、区）2017—2020年中小河流治理工程项目建设管理及资金使用情况进行核查，主要结合各县（市、区）自查报告，查阅有关项目档案资料、勘察项目现场，通过专项核查，不断规范水利资金使用。

任务计划及完成情况。中央及省级下达的30个县（市、区）2017—2020年中小河流治理长度共1067.66km。经核查，30个县（市、区）实际完成中小河流治理长度1207.37km，治理长度总体超额完成。涉及工程项目128个，实际完成104个，占比81.25%。

资金筹集与使用情况。30个县（市、区）2017—2020年中小河流治理工程项目计划投资总额796407.63万元，截至核查日（9月30日）实际安排资金660287.91万元，其中中央资金73924.58万元、省级资金143808.51万元、地方资金442554.82万元。截至核查日，实际拨付至建设单位资金472155.92万元，其中中央资金73654.58万元、省级资金139543.97万元、地方资金258957.37万元；累计未拨付至建设单位资金188131.99万元，其中中央资金270.00万元、省级资金4264.54万元、地方资金183597.45万元；整体资金拨付率71.51%，其中中央资金拨付率99.63%、省级资金拨付率97.03%、地方资金拨付率58.51%。

核查结果。30个县（市、区）均高度重视2017—2020年度中小河流治理工程项目，按照《河道整治设计规范》（GB 50707—2011）、《河道建设规范》（DB33/T 614—2016）等要求，开展中小河流治理工程项目。在省水利厅指导下，按照系统治理、干支并举，立足水利、多规融合，生态优先、共建两美、建管并重、改革创新的原则，以山丘区和平原区分别开展中小流域综合治理工作。各级水利部门打破“片段化、点状化”的传统治河模式，以“安全、生态、美丽、富民”为目标，整县谋划、整条（片）推进，县级以上城市防洪闭合圈基本形成。河流生态环境持续改善，河流宜居品质不断提升，河流文化特色不断挖掘，河流管理规范化不断加强。将河湖资源转化为城乡发展、惠民富民的经济优势，打通“绿水青山”向“金山银山”转化的快速通道。核查发现，部分县（市、区）仍然存在项目任务未完成，工程变更和验收管理不够规范、资金拨付和使用效率偏低、资金支付和工程结算不够及时等问题。中小河流治理项目工程建设以及资金拨付使用等全过程管理体系、管理水平仍有待进一步完善或提升。专项核查从工程项目建设管理、建设资金筹集与使用管理等两方面指出9个存在的问题，针对相关问题，提出进一步加强前期计划管理，规范安排项目实施、强化项目实施监管，保障项目建设成效、强化资金使用监管，提升资金使用绩效等水意见建议。

2. 农村饮用水达标提标工程建设管理及资金使用情况专项核查。

2021年，省水利厅对全省34个县（市、区）2018—2020年农村饮用水达标提标行动项目建设管理及资金使用情况进行核查，结合各县（市、区）自查报告，查阅有关项目档案资料、勘察项目现场，通过专项核查，提升农村饮用水达标提标行动效益。

任务计划及完成情况。省政府下达的34个县（市、区）2018—2020年度农村饮用水达标提标任务数为498.51万人，各县（市、区）人民政府自我加压并细化工作，制定三年行动实施计划（方案），将三年任务数增加至611.43万人。经核查，34个县（市、区）三年实际完成任务数664.79万人，受益人口任务总体超额完成。34个县（市、区）2018—2020年度农村饮用水达标提标计划实施项目数3669个，经调整后，实际已实施或拟实施项目数4206个，其中已竣工验收项目383个，占比9.11%；已完工验收项目3407个，占比81.00%；已完工未验收项目372个，占比8.85%；在建项目19个，占比0.45%；未动工开建项目25个，占比0.59%。

资金筹集与使用情况。34个县（市、区）2018—2020年度农村饮用水达标提标项目计划投资总额1078683.42万元，实际安排资金885149.36万元，其中省级资金180886.52万元、地方资金704262.84万元。截至核查日，实际拨付至建设单位资金703833.22万元，其中省级资金167284.12万元、地方资金536549.10万元；累计未拨付至建设单位资金181316.14万元，其中省级资金13602.40万元，地方资金167713.74万元。整体资金拨付率79.52%，其中省级资金拨付率92.48%、地方资金拨付率76.19%。截至核查日，34个县（市、区）2018—2020年度农村饮用水达标提标项目实际完成投资额800137.64万元，投资完成率74.18%，投资完成率不高，主要是部分项目高报计划概算所致；实际支付资金592,101.37万元，占已完成投资额的74.00%，占实际已拨付建设单位资金的84.13%。

核查结果。34个县（市、区）人民政府根据省委、省政府重大决策部署，将农村饮水安全列入年度为民办实事工程，强化责任担当、落实各项要素保障。各级水利部门切实扛起建设“重要窗口”的政治担当，建立专班、挂图作战，实现项目早开工、早完工、早见效，努力打造农村饮用水浙江样板。工程建设过程中，各地坚持先建机制、后建工程理念，实现县域范围统一管理，推动“村建村管、乡建乡管”向“县级统管”“村民自管”向“专业管护”转变；始终围绕“能延则延、能并则并”“以大代小、小小联合”，加大城镇管网延伸和联网工程建设；坚持数字赋能，全力打造城乡供水数字化应用，着力推进供水高效管理、全过程健康管控。核查发现，部分县（市、区）仍然存在任务完成不够及时、地方资金拨付率不足，资金支付率不高、完工验收及工程结算审价工作滞缓等问题，农饮水提升工程建设以及资金拨付使用等全过程管理体系与管理水平仍有待进一步完善与提升。专项核查从建设任务完成、建设资金管理、运维管护等三方面指出13条存在的问题，提出加强前期管理、加强建设管理（包括加强招标采购管理、施工过程管控、项目验收管理、竣工财务决算）等农饮水建设项目的管理建议。

（金晶）

水利安全生产

【概况】 2021年，省、市、县三级水行政主管部门强化安全生产监管，成立安全生产领导小组，落实安全生产监管部门，落实各级安全生产责任制，开展水利建设领域“遏重大”和风险普查、“平安护航建党百年”水利安全隐患大排查大整治等活动，全省水利生产安全“零事故”，水利安全生产形势持续平稳。2021年，省水利厅在省安全生产委员会组织的安全生产监管考核中获得优秀，且排名第二，水利安全生产季度评价在全国连续3个季度排名第一。

【安全监督机构设置】 至2021年年底，省、市、县三级水行政主管部门均成立安全生产领导小组，落实安全生产监管部门。其中，设立专门安全监督机构的10个，合署办公（挂牌）机构16个，明确专职安全管理员的34个，明确兼职安全管理员的161个。全省水行政主管部门从事安全监督工作人数248人。

【安全生产工作部署】 2021年2月5日，省水利厅党组召开第3次会议，介绍2020年度安全生产工作、考核情况及2021年重点工作安排。3月11日，省水利厅第2次厅长办公室会议，专题研究厅安全生产委员会工作规则修订事宜，新修订工作规则进一步明确综合监管和业务监管责任，是落实新《安全生产法》“三个必须”的重要举措。3月19日，省水利厅召开全省水利监督暨安全生产工作视频会议，总结交流监督与安全生产工作经验，部署2021年水利监督与安全生产工作。4月30日，省水利厅召开厅系统“五一”期间安全防范工作会议，传达全省“遏重大”工作推进暨进一步加强涉海涉渔领域风险隐患攻坚整治和安全生产风险普查部署会议精神，部署厅系统节日期间安全防范工作。5月13日，省水利厅召开水利“遏重大”工作视频会议，传达省委、省政府“遏重大”工作精神，部署水利建设施工领域“遏重大”及风险普查工作。6月4日，省水利厅召开平安护航建党100周年工作推进会，贯彻落实省委、省政府关于平安护航建党100周年决策部署，部署水利系统平安护航建党百周年重点工作。6月7日，省水利厅安委办召开“平安护航建党百周年”水利安全隐患大排查大整治专项行动省级督导工作部署会。6月16日，省水利厅召开厅系统安全生产形势分析会，传达省委常委会及领导批示指示精神，学习《生命重于泰山——学习习近平总书记关于安全生产重要论述》电视专题片，交流经验、分析形势和部署下一阶段安全生产工作。9月2日，省水利厅召开新《安全生产法》宣贯视频会议，对正式生效的新《安全生产法》进行解读和学习。

【开展各类专项整治活动】 2021年5月10日，印发《水利建设施工领域遏制重大生产安全事故整治攻坚实施方案》，制定风险、责任和措施清单，绘制重大事故风险链鱼骨图，聚焦省重点水利建设工程、危险性较大的单项工程，开展为期一年的“遏重大”攻坚战。组织开展水利建设施工领域安全风险普查，梳理风险点38项，内容涉及明挖施工作业、洞挖施工作业等风险类型14项，明确风险名称、风险因子、判别标准和管控措施。完成风险普查工程共计1349项，风险点数量5513个，其中重大风险点860个，较大风险点63个，一般风险点217个，低风险点4373个，均落实相应管控措施。5月27日，印发《关于开展“平安护航建党百年”水利安全隐患大排查大整治专项行动的通知》，分启动部署、自查自改、分级督查3个阶段开展，省、市、县三级联动，通过明察暗访开展督导检查，省水利厅派出督查组11个，检查项目95个，发现问题91个，对发现问题均及时督促整改。

【安全生产宣传教育培训】 2021年5月，省水利厅印发《关于在全省水利系统开展2021年“安全生产月”活动的通知》，以“落实安全责任，推动安全发展”为主题，全面开展安全生产月活动。6月1—30日，组织“一把手”谈安全活动，向“浙江水利”网站、公众号推送谈安全文章，共收到谈安全文章55篇，其中，省水利厅党组书记、厅长马林云谈安全文章在《中国水利报》、水利部网站刊登。编制《浙江省水利安全生产典型事故警示录（2015—2019）》，印发至各水行政主管部门和省内所有在建水利项目工地。6月15—16日，组织开展2021年度全省水利安全生产监督管理培训班，全省230余名安全分管领导、部门负责人和安全监管人员参加培训。培训邀请水利部监督司安全处处长马建新、水利部太湖流域管理局二级巡视员钟卫领等人授课。6月15日至7月13日，组织全省水利系统干部职工参加全国水利安全生产知识网络竞赛，全省共有469家单位参与，19679人参加答题，浙江同济科技职业技术学院、浙江水利水电学院、浙江省水利河口研究院、浙江省水利水电勘测设计院等4家单位获得由水利部颁发的“优秀集体奖”，省水利厅荣获“优秀组织奖”。

【水利“三类人员”考核与管理】 2021年，省水利厅组织完成三批次“三类人员”初次考核工作，共有7746人参加考试，5727人成绩合格并注册电子证书。组织开展“三类人员”延期考核、政务网审批办件、信访办件等，其中，政务审批办件4802件，涉及证书9719本，占省水利厅本级办件量94.1%。处理信访咨询办件64件，及时回应和解决企业关心问题。

【安全生产考核】 2021年12月3日，省水利厅办公室印发《关于开展2021年度安全生产目标管理责任制评价工作的通知》，组织6个考评组，因受疫情防控影响，首次采用线上评价方式进行考评，结合季度安全评价、安全生产巡查及日常管理情况进行综合赋分。丽水市水利局、金华市水利局、宁波市水利局、衢州市水利局、湖州市水利局、绍兴市水利局考核评定为优秀，嘉兴市水利局、温州市水利局、台州市水利局、杭州市林业水利局、舟山市水利局考核评定为良好。浙江水利水电学院、省水利水电勘测设计院有限责任公司、省钱塘江流域中心（省钱塘江管理局）、省水文管理中心、省防汛技术中心（省防汛机动抢险总队）考核评定为优秀，省水利水电技术咨询中心、省水利科技推广服务中心、浙江同济科技职业学院（省水利水电干部学校）、省水利河口研究院（浙江省海洋规划设计研究院）、中国水利博物馆考核评定为良好。12月18—30日，省安委会首次采取线上评价方式，组织考核组代表省政府考核省水利厅2021年度水利安全生产工作。全省17个列入省政府安全考核的省级部门，5个部门考核等次评为优秀，省水利厅排名第二。

（郑明平）

水 利 科 技

Hydraulic Science and Technology

159～170 页

科技管理

【概况】 2021 年，省水利厅与省自然科学基金委员会共同出资成立的浙江省自然科学基金水利联合基金正式启动。评选 2021 年度浙江省水利科技创新奖 23 项。2021 年度水利科技统计共发表论文 468 篇，出版专著、译著 5 部，专利授权 338 项。遴选 46 项技术（产品）列入《2021 年度浙江省水利新技术推广指导目录》。赴永嘉县、文成县等地开展水利科技服务。《河（湖）长制工作规范》（DB33/T 2361—2021）和《水文通信平台接入技术规范》（DB33/T 816—2021）发布实施。省水利厅首次被评为“2021 年全国科普日优秀组织单位”。

【科技项目管理】 2021 年，省水利厅与省自然科学基金委员会共同出资成立的浙江省自然科学基金水利联合基金正式启动。经通信评审、答辩和会议评审，共有 29 个项目列入 2022 年首批省自然基金水利联合基金资助计划（表 1），其中重大项目 2 项，重点项目 6 项，探索项目 21 项。组织 2021 年省水利科技计划项目申报，共遴选 123 个项目列入 2021 年度省水利科技计划，其中重大项目 6 项，重点项目 31 项，一般项目 86 项。2021 年度省水利厅重大、重点科技计划项目见表 2。登记科研项目成果 18 项。“强冲淤河口多时间尺度动力地貌演变及机制”和“河口潮流发电结构流固土耦合作用及致灾机理研究”2 个项目列入国家自然科学基金，“面向水稻绿色优质高产规模化种植的精准排灌技术及装备研发”入选省“尖兵”“领雁”研发攻关计划。

表 1 2022 年浙江省自然基金水利联合基金资助计划项目

立项编号	项 目 名 称	负责人	依 托 单 位
LZJWD22E090002	海塘灾变机理及生态防护方法研究	曾剑	浙江省水利河口研究院（浙江省海洋规划设计研究院）
LZJWD22E090001	平原河网多尺度水动力调控对河湖水生态影响研究	徐存东	浙江水利水电学院
LZJWZ22E090005	环境友好型海塘及其防灾生态保护机理研究	张广之	浙江省水利河口研究院（浙江省海洋规划设计研究院）
LZJWZ22E090001	基于跨模态特征融合的钱塘江涌潮中短期和长期预测方法研究	王丽萍	浙江工业大学
LZJWZ22E090002	钱塘江涌潮演变机制及预报方法研究	潘冬子	浙江省水利河口研究院（浙江省海洋规划设计研究院）
LZJWZ22C030002	人类活动干扰下鱼类栖息地演变与保护修复研究	尤爱菊	浙江省水利河口研究院（浙江省海洋规划设计研究院）

续表1

立项编号	项 目 名 称	负责人	依 托 单 位
LZJWZ22C030001	拦河闸坝作用下的河流演变规律与栖息地保护方法研究	白福青	浙江水利水电学院
LZJWZ22E090004	复杂水资源有压管道输送系统滞气爆管机理及风险预警研究	胡建永	浙江水利水电学院
LZJWY22E060001	低温高速诱导轮离心泵可压缩空化流动机理的研究	郭晓梅	浙江水利水电学院
LZJWY22B070008	表面聚乙二醇化二维离子通道薄膜的制备及其离子传输、盐差发电和防污效能研究	陈夏超	浙江理工大学
LZJWY22E090003	挑流雾化的非恒定降雨机制及对环境影响的动态调控研究	刘丹	浙江水利水电学院
LZJWY22B070006	原位负载 FeO 改性正渗透厌氧膜生物反应器的抗污染机制与抗生素降解效能研究	陈晓旸	浙江水利水电学院
LZJWY22E090001	基于水下机器人的水库大坝智能感知与安全评价方法	张美燕	浙江水利水电学院
LZJWY22E090006	河口弯道水沙交换物理过程及其数值模拟研究	李颖	浙江水利水电学院
LZJWY22B070001	藻菌-MBR 膜生物反应器耐污特征及去除抗生素的机制研究	程鹏飞	宁波大学
LZJWY22B070005	石英晶体微天平解析 MBR 膜表面乳化油滴粘附行为与污染形成机理研究	陈芃	浙江水利水电学院
LZJWY22G010001	基于农户层面的水资源生态价值损害评估与提升机制研究：来自钱塘江流域水源地的调查证据	林杰	浙江水利水电学院
LZJWY22E090005	沿海围垦区周边环境灾变机理及调控方法研究	张世瑕	浙江同济科技职业学院
LZJWY22D010002	基于改进 BGM 模型的新安江典型流域生态水文过程演变及其对气候变化的响应机制研究	顾鹤南	浙江同济科技职业学院
LZJWY22E060002	随机可压缩多尺度空化流动中的数学模型及其动力学研究	陈涌	浙江理工大学
LZJWY22D010003	气候变化与人类活动对钱塘江流域径流的影响研究	山成菊	浙江水利水电学院

续表1

立项编号	项目名称	负责人	依托单位
LZJWY22D010001	气候变化下瓯江流域生态水文过程变化研究	白直旭	温州大学
LZJWY22E090008	混凝土重力坝坝踵裂缝水力劈裂发生过程及其预测模型研究	郑安兴	浙江水利水电学院
LZJWY22G010002	社会经济水循环视角下水资源能值高效利用方法研究	李玉文	浙江财经大学
LZJWY22B070003	插层改性构筑碳纳米管复合膜在印染废水资源化中的研究	邵怡沁	浙江理工大学
LZJWY22E090002	南海多源水下三维地形数据融合关键技术研究	阮晓光	浙江水利水电学院
LZJWY22B070004	菌丝球强化 MBR 处理水中新型污染物及膜污染控制机理研究	李莹	浙江科技学院
LZJWY22E090009	基于陆气耦合的多时空尺度山区流域突发性暴雨洪水预报研究	欧剑	浙江水利水电学院
LZJWY22E090007	沿海围垦区周边环境灾变机理研究	聂会	浙江水利水电学院

表 2　2021 年度省水利厅重大、重点科技计划项目

研究领域	项目编号	项目名称	计划类别	承担单位	计划完成时间	项目负责人
（一）防灾减灾	RB2101	安澜海塘前沿植被带消浪机制及其对越浪的响应研究	B 重点	玉环市农业农村和水利局	2023 年 12 月	吴华安
	RB2102	实时洪水概率预报及其应用研究——以分水江为例	B 重点	杭州市水文水资源监测中心	2022 年 12 月	姬战生
	RB2103	强涌潮游荡型河段弯道海塘塘脚冲刷与防护研究	B 重点	浙江省水利河口研究院（浙江省海洋规划设计研究院）	2022 年 12 月	陈甫源
	RB2104	台州市温黄平原低洼地防洪排涝能力研究	B 重点	台州市水利发展规划研究中心	2022 年 12 月	王晓栋
	RB2105	新安江水库在钱塘江流域洪水中防洪调度关键技术研究与实践	B 重点	浙江省水利水电勘测设计院	2022 年 12 月	王超

续表2

研究领域	项目编号	项目名称	计划类别	承担单位	计划完成时间	项目负责人
（二）水资源（水能资源）开发利用与节约保护	RB2106	城乡供水管网漏损管控关键技术研究与应用	B 重点	浙江省水利河口研究院（浙江省海洋规划设计研究院）	2023 年 12 月	温进化
	RB2107	高质量发展视阈下节水减碳关键技术研究及示范	B 重点	浙江省水利河口研究院（浙江省海洋规划设计研究院）	2023 年 12 月	傅雷
	RB2108	基于数字孪生的长有压输水工程精准调度技术及应用研究	B 重点	浙江水利水电学院	2023 年 12 月	胡建永
	RB2109	浙江农业节水前景研究	B 重点	浙江省水利发展规划研究中心	2023 年 12 月	夏玉立
	RB2110	不同类型载体节水指标体系研究	B 重点	浙江省水资源水电管理中心（浙江省水土保持监测中心）	2022 年 12 月	舒畅
	RB2111	缺水半岛地区水资源优化配置研究	B 重点	浙江水利水电学院	2023 年 12 月	黄冬菁
（三）水土保持、水生态与水环境保护	RA2101	基于 MEMS 传感联调联控的平原河网水动力—水质耦合关键技术研究与示范	A 重大	浙江水利水电学院	2024 年 12 月	闫树斌
	RA2102	河湖生态价值核算体系与转化机制研究	A 重大	浙江省水利河口研究院（浙江省海洋规划设计研究院）	2023 年 12 月	许开平
	RB2112	水源地水库蓝藻水华的应急与长效管控效果研究	B 重点	浙江水利水电学院	2024 年 12 月	严爱兰
	RB2113	滨海平原地表水质对土地利用功能变化的响应研究	B 重点	浙江同济科技职业学院	2023 年 12 月	赵颖辉
	RB2114	典型稻田排水氮污染物的 RIADR 净化与回用技术研究	B 重点	浙江同济科技职业学院	2023 年 12 月	程静
	RB2115	适应潮汐作用的可变式鱼道结构研发及效果分析	B 重点	浙江水利水电学院	2024 年 12 月	白福青
	RB2116	拦污薄膜坝技术研究及应用	B 重点	浙江中水工程技术有限公司	2022 年 12 月	周鸣浩

续表2

研究领域	项目编号	项目名称	计划类别	承担单位	计划完成时间	项目负责人
（四）水利工程勘测、设计与施工	RA2103	泵站大体积混凝土温控防裂、流道施工期变形研究与应用	A重大	绍兴市水利水电勘测设计院有限公司	2022年12月	强晟
	RA2104	混掺纤维和纳米材料水工混凝土耐久性研究及应用	A重大	浙江省水利河口研究院（浙江省海洋规划设计研究院）	2023年12月	黄海珍
	RB2117	高效低碳真空预压技术研究及应用	B重点	玉环海洋经济开发投资有限公司	2023年12月	李斌
	RB2118	双碳背景下海堤迎水坡生态化改造与现场跳脱试验研究	B重点	浙江省钱塘江管理局勘测设计院	2022年12月	陈振华
	RB2119	多级曲线堰水力设计的基础研究	B重点	富阳区林业水利局	2023年12月	赵海
	RB2120	海塘涉河涉堤项目安全监测方案研究	B重点	浙江省钱塘江流域中心	2022年12月	王建华
	RB2121	强潮河口护塘丁坝涌潮多样性塑造融合研究	B重点	海宁市盐仓江堤管理所	2023年6月	钱盛杰
	RB2122	浙江省“未来海塘”提升建设标准化集成设计关键技术研究与实践	B重点	浙江省水利水电勘测设计院	2023年6月	黄朝煊
	RB2123	古海塘振动变形预测方法及限值研究	B重点	浙江省钱塘江流域中心	2023年12月	陈文江
	RB2124	海塘塘顶高程计算关键技术参数研究	B重点	浙江省水利水电技术咨询中心	2022年12月	李玉芬
	RB2125	长距离引水工程复杂地质条件盾构深基坑关键技术研究	B重点	浙江省水利水电勘测设计院	2023年12月	张柏成
	RB2126	浙江省水利工程支护关键技术研究	B重点	浙江省水利水电勘测设计院	2023年12月	吴留伟

续表2

研究领域	项目编号	项目名称	计划类别	承担单位	计划完成时间	项目负责人
（五）信息技术与自动化	RA2105	水利数据治理研究	A 重大	浙江省水利信息宣传中心	2023 年 6 月	金宣辰
	RA2106	基于数字孪生技术的特大城市复杂水网协同调控关键技术研究及应用	A 重大	杭州市南排工程建设管理服务中心	2023 年 12 月	马竟成
	RB2127	“浙江水利人事一点通”开发与应用	B 重点	浙江省水利河口研究院（浙江省海洋规划设计研究院）	2022 年 12 月	胡淑静
（六）水利管理与其他	RB2128	基于机器视觉的表面变形物联监测关键技术研究	B 重点	浙江省水利河口研究院（浙江省海洋规划设计研究院）	2022 年 12 月	许孝臣
	RB2129	共同富裕视角下的地方水文化研究及其应用实践探讨	B 重点	浙江水利水电学院	2023 年 6 月	李海静
	RB2130	水工隧洞工程施工质量检评指南研究——以台州市在建隧洞为例	B 重点	台州市水利工程质量与安全事务中心	2023 年 12 月	瞿晨瑶
	RB2131	堤防综合开发建设模式研究	B 重点	浙江省水利发展规划研究中心	2022 年 12 月	王挺

【水利科技获奖成果】 2021 年度浙江省水利科技创新奖共评选出水利科技创新奖 23 项，其中特等奖 1 项，一等奖 1 项，二等奖 6 项，三等奖 15 项，2021 年度浙江省水利科技创新奖获奖项目见表 3。郑世宗（研究院）、张清明（农水中心）、吕振平（水文中心）、刘益曦（同济学院）和段永刚（浙江水院）等 5 人获得浙江省农业科技先进工作者。

2021 年度水利科技统计共发表论文 468 篇，其中国际期刊论文 77 篇，科学引文索引（Science Citation Index，SCI）、工程索引（The Engineering Index，EI）收录论文 101 篇，国际会议论文 63 篇；出版专著、译著 5 部；专利授权 338 项，其中发明专利 124 项；软件著作权 160 项。

表 3　2021 年度浙江省水利科技创新奖项目

序号	成果名称	获奖单位	获奖人员
特等奖（共 1 项）			
1	杭州市第二水源千岛湖配水工程关键技术研究	浙江省水利水电勘测设计院、杭州市千岛湖原水股份有限公司、浙江大学、河海大学	张永进、赖勇、朱奚冰、陈舟、孙宏磊、赵国军、肖钰、李进、杨立新、杨志祥、杨茂盛、沈才华、王子健
一等奖（共 1 项）			
2	河流连续体多维生态系统修复关键技术研究及应用	中国电建集团华东勘测设计研究院有限公司、中国水利水电科学研究院	魏俊、施家月、赵进勇、陶如钧、程开宇、唐颖栋、楼少华、郑亨、欧阳丽、吕丰锦、黄滨、邱辉、陈奋飞
二等奖（共 6 项）			
3	中小河流洪水预报调度关键技术研究	浙江水利水电学院、浙江省水利河口研究院（浙江省海洋规划设计研究院）、浙大宁波理工学院	钱镜林、严齐斌、李倩、吴钢锋、秦鹏、王维汉、卢德宝、宣伟栋、叶方红
4	复杂环境海堤工程施工关键技术	中国水利水电第十二工程局有限公司	沈益源、沈仲涛、李洪林、徐培土、隗收、翟梓良、李忠、郭丹、杨峰、吴俊磊、金永刚
5	平原河道深厚透水砂层基坑组合渗控关键技术研究与应用	中国电建集团华东勘测设计研究院有限公司、浙江华东工程建设管理有限公司、四川大学	任金明、邓渊、张磊、张志鹏、李东杰、薛新华、钟伟斌、杨锋、羊樟发、王永明、邵卿
6	超强台风入海口水工钢结构关键技术及工程应用	中国电建集团华东勘测设计研究院有限公司	胡涛勇、韩一峰、程堂华、孙美玲、胡葆文、韩晶、周以达、沈燕萍、胡坚柯、厉宽中、任涛
7	基于“物联网＋”技术的水利工程质量检测管理的研究和应用	浙江省水利水电工程质量与安全管理中心、杭州千家网络有限公司	张晔、李艳丽、赵礼、费华飞、傅国强、郑钢、郭建勇、佘春勇、林万青、金棋武、王栋
8	浙西南（丽水）水库群建设究	丽水市水利局、浙江省水利水电勘测设计院	王霞、林宇清、郑雄伟、张映辉、许继良、汪小阳、林松、江政儒、张真奇、叶发青、周荣刚

续表3

序号	成果名称	获奖单位	获奖人员
三等奖（共15项）			
9	平原软土地基超低扬程大流量泵站工程关键技术研究	宁波市河道管理中心、上海市政工程设计研究总院（集团）有限公司	张松达、董敏、王吉勇、郭高贵、谢敏、徐浩、董学刚、廖铭新、许朴
10	超深厚滨海软土地基水闸关键技术研究	浙江省水利水电勘测设计院	袁文喜、陈喆谦、黄朝煊、杜雨辰、包纯毅、王思照、吴蕾、李水泷、曾甄
11	浙江省山区河流生态需水研究及典型案例应用	浙江省水利河口研究院（浙江省海洋规划设计研究院）、浙江省水利发展规划研究中心	尤爱菊、滑磊、王卫标、许开平、王士武、陈筱飞、王贺龙、傅雷、姬雨雨
12	多功能水库行业水权制度建设关键技术研究	浙江省水利河口研究院（浙江省海洋规划设计研究院）、长兴县水利局	王士武、王贺龙、温进化、李其峰、张祖鹏、朱铭江、周瑜佳、陈彩明、戚核帅
13	生产建设项目水土保持信息化监管系统研究与应用	中国电建集团华东勘测设计研究院有限公司、新昌县水利水电局	陈妮、赵勇、王静、李健、应丰、林靓靓、钱爱国、罗艺伟、陈东
14	城市水环境综合治理超大埋深厚壁混凝土调节池工程关键技术研究	中国水利水电第十二工程局有限公司	宋富铁、王磊、李文强、孙朝阳、李晓、张俞琴、顾荣彪、李忠、杨昌
15	区域水资源供求预警管理技术体系研究	浙江省水资源水电管理中心（浙江省水土保持监测中心）、浙江省水利河口研究院（浙江省海洋规划设计研究院）	陈欣、王磊、李其峰、温进化、王士武、舒畅、汤沂园、梁霄、周鹏程
16	浙北近岸主要海洋环境污染物源汇解析与输移路径研究	浙江省水利河口研究院（浙江省海洋规划设计研究院）	张广之、王珊珊、穆锦斌、李新文、孙毛明、姚文伟、曹公平、刘旭、周华民
17	强涌浪深水条件下防波堤整体修复工程施工技术研究	中国水利水电第十二工程局有限公司	刘树军、马黎明、潘伟君、沈仲涛、卓玉虎、涂交三、沈太涛、王志伟、王洪柱
18	环杭州湾南翼地区供水一体化专题研究	浙江省水利发展规划研究中心、浙江省水利水电勘测设计院	夏玉立、王挺、张杨波、周芬、卢晓燕、魏婧、马海波、仇群伊、张喆瑜

续表3

序号	成果名称	获奖单位	获奖人员
19	河湖生态健康评估技术研究与应用	浙江省水利河口研究院（浙江省海洋规划设计研究院）、浙江省钱塘江流域中心、浙江省农村水利管理中心	傅雷、许开平、辛方勇、尤爱菊、滑磊、杜涛炜、方睿骋、王俊敏、姬雨雨
20	农村饮用水单村工程消毒工艺模式优化研究与示范	浙江省水利科技推广服务中心	裴瑶、陈毛良、刘滔、江炜、罗林峰、曹庆伟、葛敏俊
21	钱塘江流域“20200707”洪水反演与防洪风险研究	浙江省水利发展规划研究中心	方子杰、朱法君、仇群伊、王挺、杨溢、刘俊威、张喆瑜、刘志伟、王萍萍
22	城市实时洪涝模拟及预警关键技术研究与示范	衢州市水利局、水利部交通运输部国家能源局南京水利科学研究院、浙江九州治水科技股份有限公司、浙江同川工程技术有限公司	顾锦、游圆、邵学强、钟华、蒋碧、邵建良、石向荣、周淑英、吴有星
23	多技术在宁波市水利建设市场主体标后履约监管中的应用研究项目	宁波市水利工程质量安全管理中心、宁波弘泰水利信息科技有限公司	贺立霞、金羽、潘仁友、周华、程海洲、应晓军、蔡颖平、胥昕、王贝

【水利科技服务】 2021年，根据省政协“送科技下乡”工作的总体部署，省水利厅赴永嘉县、文成县开展“送科技下乡”活动，捐赠防汛物资、开展技术培训、进行实地指导、予以项目支持。在永嘉县开展节水科普进课堂，给鹤盛小学的孩子们讲授节水知识，赠送文具和科普手册；在文成县组织科技云直播，来自全省各地700余名水利工作者在线同上《山洪灾害防御》《水利工程质量安全管理》等课程，受到基层广泛赞誉。

紧扣“百年再出发，迈向高水平科技自立自强”主题，创新科普载体，丰富科普内容，扩大影响面，弘扬水利精神，开展“云游水博”、“媒体采风”、“户外科考”、科普进社区、科普进校园等多形式、广覆盖的水利科普系列宣传活动，为公众提供丰盛的水利科普大餐。省水利厅首次获得“2021年全国科普日优秀组织单位”，连续两年受到中国科协表扬。

【水利科技推广】 2021年，共择优遴选出46项技术（产品）列入《2021年度浙江省水利新技术推广指导目录》。省水利厅支持海宁、武义、常山、岱山4个县（市、区）的4个项目作为2021年水利新技术推广应用示范点，开展水工混凝土表面防护与修复新技术试点应用。搭建水利科技宣传与交流平台，召开现代水利技术与水文化线下技术交流会；围绕节水、海塘安澜、幸福河湖等主题，采用钉钉网络直播，举办6次水利科技云讲堂线上技术交流会。在全国水利科技推广工作座谈会上，以“至优至广唯实惟先　奋力推进浙江水利高质量发展”为题做典型发言。

【水利标准制定】　2021年，《河（湖）长制工作规范》（DB33/T 2361—2021）和《水文通信平台接入技术规范》（DB33/T 816—2021）2项地方标准发布施行。德清县张陆湾节水灌溉标准化示范区项目，列入国家标准化管理委员会“农业农村及新型城镇化领域标准化试点示范项目”。在由水利部组织召开的中期验收、年度绩效考核会议上，2次获得考核优秀，位列水利部考核单位第一名。全面贯彻落实新出台的《国家标准化发展纲要》《浙江省标准化条例》，开展标准化工作的规范化管理，编制《浙江省水利地方标准管理流程》，规范水利地方标准立项、起草、送审、报批等环节的具体流程和责任主体，进一步发挥省水利标准化技术委员会的专业支撑作用。

（陶洁）

水利信息化

【概况】　2021年，省水利厅推进水利数字化改革，做好试点落实任务，一体化智能化公共数据平台试点成功入选“浙政钉”工作台建设和IRS应用编目首批试点名单，IRS应用编目试点任务全面完成。不断推进应用建设，“浙水减碳”并被评为优秀应用。完善数据治理，“一数多源”问题初步解决。

【强化顶层设计】　2021年全省数字化改革大会后，省水利厅传达会议精神，领会改革要求，部署阶段重点，明确“三全一突破”（即全员学习、全面推进、全面应用、重点突破）作为推进水利数字化改革的总要求。在历次专题会议后，开展研讨会、培训班、工作专报。创新工作机制，成立由“一把手”任组长的全省水利数字化改革领导小组，并将各地市水利局局长纳入小组作为成员。成立省水利厅数字化改革专班，由两位厅领导主抓，每个应用建设由业务分管厅领导和数字化分管厅领导共同把关，实行周例会、月评价、季晾晒、年考核。将数字化改革纳入水利年度综合考评和干部绩效考评体系。制定《浙江省水利数字化发展“十四五”规划》《浙江省水利数字化改革实施方案》，明确以“十六字”治水思路为指引，以构建浙江水网为基础，以河（湖）长制为抓手，以数字化改革实现“浙水安澜”总目标的水利数字化改革总体思路。坚持数字化工作与业务工作同步谋划、同步实施、同步推进。

【落实试点任务】　2021年，申报一体化智能化公共数据平台试点建设，成功入选“浙政钉”工作台建设和IRS应用编目首批试点名单，其中一体化智能化公共数据平台试点成果获省大数据局充分肯定，并被作为典型案例在全省数字化改革大会上作介绍，初步确定将纳入全省数字化改革成果展；IRS应用编目试点任务全面完成，实现应用“应编目尽编目”，应用和数据、组件、云资源、项目4项关联率指标均达到100%。组织数字流域、工程建设系统化管理、水利工程数字化管理、水电站生态流量监管、一体化水利政务服务等5个智慧水利先行先试建设任务，在水利部终期验收中获得优秀等次。金华市、建德市等地开展小流域山洪灾害预警、供水安全等数字孪生试点，得到省大数据局肯定。

【推进应用建设】 2021年，浙里“九龙联动治水”应用纳入全省数字化改革重大应用“一本账 S_1”；谋划“浙水减碳”应用上线数字经济跑道，并被评为优秀应用；谋划“浙水好喝”应用上线数字社会系统治理端和浙里办，并入选数字社会第二批典型案例。组织开展党政整体智治水利专题门户建设，成为第一批点亮省级单位。参与数字政府年度重点任务细化量化攻坚工作，完成9个三级任务23个指标梳理拆解、18个指标页面开发，整体进展位居省级单位前列。

【开展数据治理】 2021年，省水利厅制定《水利数据治理实施方案》，印发《浙水安澜统一数据建设指南》等6项数据治理相关技术规范。基本完成工程类、水雨情类数据治理入仓，初步建立水库等18类水利对象名录库和主题库，水利数据仓数据量达3.1亿条，较去年增加44%。依托水利数据仓建立数据共享回流机制，向22个地区回流550万条数据，为全省行业内176个应用提供2.94亿次数据共享调用服务，向省公共数据平台归集水利公共数据2336万条，“一数多源”问题初步解决。

【网络安全运行管理】 2021年，省水利厅印发《关于进一步加强全省水利行业网络安全工作的通知》《2021年网络安全工作要点》，制定出台《浙江省水利厅网络安全管理办法》《浙江省水利网络安全事件应急预案》，建立落实首席网络安全官制度，提升行业网络安全事件预防处置能力。部署开展建党100周年网络安全检查、数据安全检查、计算机信息保密检查等多次专项行动。全年组织完成18个省本级重要信息系统定级备案和等级测评。常态化做好监测预警和信息通报，全年开展安全检测12次，中高危安全漏洞整改完成率100%。围绕“办文、办会、办事”业务主线，完成厅协同办公系统迭代升级。912工程终端和基础软硬件替代率达100%，相关做法经验得到省发展改革委和省912办肯定认可，网络安全攻防演练获水利部网信办书面通报表扬。

（程哲远）

政 策 法 规

Policies and Regulations

171～191 页

水利改革

【概况】 2021年，省水利厅组织开展“水治理体系现代化实践路径调研”等政策研究和课题调研，深入推进“互联网+政务服务”改革，完成“证照分离”业务和数据协调系统建设改造。完成浙江水网、幸福河湖等13个方面61项省级水利改革工作主要目标和任务。

【水利改革创新】 2021年，研究制定《2021年浙江水利改革总体方案》，统筹推进浙江水网、幸福河湖等13方面重大改革和61项具体改革工作。开展现代化先行综合试点、水利数字化改革试点及重点业务领域试点等3大类共21个试点项目，完成地方改革创新项目117个。

【“互联网+政务服务”改革】 2021年，组织完成行政备案事项梳理工作，更新完善“证照分离”改革事项清单2021年版，完成“证照分离”业务和数据协调系统建设改造。配合省发展改革委完成《长江经济带发展负面清单指南（试行）》（2021年版）、《市场准入负面清单》（2020年版）等制定工作。持续推进政务服务事项“好办”“易办”，更新政务服务信息，调整完善服务事项28项，梳理水利“秒办”事项6项，完成材料事项库映射工作，“一网通办率”达到85%以上的目标要求。

【水利政策研究】 2021年，省水利厅出台《浙江高质量发展建设共同富裕示范区水利行动计划（2021—2025年）》等重大政策。提出10个重点调研课题和40个专项调研课题计划。经过专家评选，从全省水利系统参评调研报告中选出优秀报告60篇，见表1。

表1 2021年全省水利系统优秀调研报告

奖项	名　　称	单　位	课题负责人	参加人员
一等奖	临安区太湖流域实施水资源“四定”管理制度研究	临安区水利水电局	陶承	郁东升、凌前江、毛志刚、李其峰、朱士林
	水治理体系现代化实践路径调研报告	省水利河口研究院	严杰	金倩楠、穆锦斌、刘立军、徐思雨、葛于晋、金玉、王申
	浙江省水利数字化改革综合评价指标体系构建及应用	省水利水电勘测设计院	柴红锋	郑雄伟、许继良、王超、俞洪杰、陈凯炜、陈鹏钢
	青田县“十四五”时期农村供水保障研究报告	青田县水利局	张雪勇	胡朝阳、杨理荣、章蓉蓉、叶小雷、伍文水、张兆庆
	浦阳江流域防洪薄弱环节及对策研究	省水利发展规划研究中心	孙伯永	刘俊威、仇群伊、陈宇婷

续表1

奖项	名　　称	单　位	课题负责人	参加人员
一等奖	浙江省基层水利服务现状能力调研	省农村水利管理中心	朱晓源	苗海涛、谢少游、杜利霞、马国梁、李岳洲、万俊毅、李斌、洪佳、焦士威
	关于推进数字赋能浙江水利整体智治的调研报告	省水利发展规划研究中心	杨溢	张喆瑜、黄晓亚
	金华市域外引水思路（乌溪江方向）调研与分析	金华市水利局	贾跃俊	贾宝亮、郑昊安、吴琛、张瑶兰
	北仑区水利信息化系统运维方案研究	北仑区农业农村局	李鸿远	丁宁
	提升水文通信安全保障能力调研报告	省水文管理中心	丁伯良	倪宪汉、姚东、陈浙梁、沈凯华
二等奖	农村饮用水达标提标行动实施成效调研报告	省水利河口研究院	邱昕恺	郑世宗、叶碎高、翁湛、麻捷超、刘丽敏
	缙云县水利事业“十四五”发展规划调研报告	缙云县水利局	陈盛辉	杜洁琴、吕润杞
	遂昌县农村水电发展情况调研报告	遂昌县水利局	上官章仕	王朝辉、邓立鹏
	关于提升桐乡市城市域防洪能力的研究	桐乡市水利局	沈卓群	范生虎
	关于农村水利工程管理人员情况的调研报告	南浔区水利局	周佳楠	褚莉婷
	浙江省取用水管理整体智治对策研究	省水资源水电管理中心	廖承彬	汤沂园、陈欣、王磊、周鹏程
	关于嘉兴城市防洪提升工程的研究和建议	嘉兴市水利局	戴琪悦	
	姚江流域“烟花”台风特大洪水调度实践与思考	宁波市水利局	张松达	江伟安、马群
	龙泉市农村饮用水达标提标行动实施成效调研报告	龙泉市水利局	曾春一	余林弟、严闽、郑子丹
	萧山区镇街水利工程建设管理调研报告	萧山区林业水利局	洪张其	郑亚军、沈宏伟、闻源长、茅桁、王紫霞、唐瑜莲、蔡慧玲、王亦陈、罗卓磊

续表1

奖项	名　称	单　位	课题负责人	参加人员
二等奖	创新小型水库系统治理　打造乡村共同富裕样板——关于小型水库系统治理路径探索的调研报告	诸暨市水利局	吴国强	斯斌超、王霞露、张愉翊
	关于农村小型水电站绿色转型的研究报告	桐庐县林业水利局	葛伊晨	吴杭燕
	“十四五”瑞安水利建设投融资环境调研报告	瑞安市水利局	舒建忠	吴靖、宋培青、唐劲松、林忠、王龙华
	水域岸线资源（指标）化管理需求和实施路径调研报告	省水利河口研究院	胡国建	刘一衡、尤爱菊、王尧、徐海波、仇少鹏、朱永澍、高远
	小型泵站防洪排涝管控及对策研究	余姚市水利局	吴劭辉	曹建国
	松阳县松古平原水系治理的调研报告	松阳县水利局	陈增伟	李韬、刘巧玲、张志杰
	浙东引水受水区引水节水调研报告	省钱塘江流域中心	严雷	唐毅、倪含斌、俞铁铭、叶阳海、郑彬
	浙江省去冬今春旱情及沿海典型地区供水情况调研	省水利发展规划研究中心、省水利水电勘测设计院	夏玉立、魏婧	方子杰、王挺、仇群伊、朱琴、郑雄伟、周芬、张杨波、马海波、张健、张建平、宁智文
	浙江省水利行业“强监管”实施情况调研报告	省水利水电技术咨询中心	章志明	李艳丽、吴国燕、陈伏黎、桂单明、张李朋、杨刚、程伟伦
	河湖库砂石资源利用模式及政策研究	省水利发展规划研究中心、省水利河口研究院	叶碎高、陈宇婷	孙伯永、陈筱飞、刘俊威
三等奖	兰溪市供水管网漏损现状调查研究报告	兰溪市水务局	伍海兵	张文斌、潘浩明、徐学通、姚航宇、邵晨
	浙江水利先发优势和走前列路径调研	省水利河口研究院	顾希俊	穆锦斌、张辰旸、金倩楠、刘立军、严杰
	数字流域建设关键问题调研报告	省水利河口研究院	杨才杰	吴辉、殷腾箐、宋立松、饶丹丹、张笑楠、陈捷、郑国、焦创、王璟

续表1

奖项	名　称	单　位	课题负责人	参加人员
三等奖	围绕丽水市优质水外输的生态资产区域间交易研究	丽水市水利局	张映辉	李见阳、汪小阳、吴根锋、王晓强
	建德市农业用水管理情况—农业水价综合改革	建德市水利局	郑朝红	余晶、陶浩文
	水利科技创新发展问题与对策研究	省水利科技推广服务中心	梅放	郝晓伟、闫聪、柯勰、洪佳、徐昌栋、卢梦飞
	温州城区排涝能力提升水利工程措施的对策建议	温州市水利局	林统	李彦伟、白植帆
	国内外水利公共服务调研	省水利河口研究院	穆锦斌	顾希俊、金倩楠、周丹丹、刘立军、张辰旸
	海塘前沿滩地生态化改造方案研究	永嘉县水利局	陈群锋	戴顺光、陈志胜
	以“小型水库综合治理”为抓手，探索“数字水库”管理	富阳区农业农村局	帅伟	张瑞涛
	当前水文化建设若干问题的调研	中国水利博物馆	罗沁仪	俞建军、宋坚、王一鸣、张裕童、薛哈妮、王磊、张真伟、杨曦
	农村饮用水达标提标行动实施成效调研	云和县水利局	金焕东	林姿、叶晶晶
	以河长制为抓手建设幸福河的探索与实践	柯城区水利局	陈志明	夏志东、张凌燕、周赟彧
	关于常山县南门溪流域洪水防御能力提升的调研报告	常山县林业水利局	金旭华	杨波、王培霞、汪鉴忠、张冬勇
	水利防汛抢险装备模块化建设调研报告	省水利防汛技术中心	陈森美	汪胜中、彭周锋、姚瑶、陈素明、冯蕾磊
	开化非法采砂案件的办理情况、呈现特征、主要原因及对策建议	开化县水利局	程军华、黄进	范海军、诸葛健
	浙江省智慧水利建设路径调研报告	省水利河口研究院	杨才杰	宋立松、饶丹丹、吴辉、殷腾箐、张笑楠、朱雄斌、庞周烨

续表1

奖项	名　称	单　位	课题负责人	参加人员
三等奖	开创水土保持生态建设新局面	三门县水利局	陈怀斌	蔡晓明、包宇超
	关于区域水影响评价改革实施情况的调研	省水利发展规划研究中心	孙伯永	王萍萍、刘志伟、郜宁静
	加快水文数字化转型改革调研报告	省水文管理中心	王淑英	何青、劳国民、陈立辉、沈浩亮、吴珍梅、钱克宠、田玺泽
	关于苍南县城洪涝灾害综合治理的调研报告	苍南县水利局	甘先景	黄煌、林孔亮、褚寒晓、张淑骥、章敏
	水利网络安全态势感知监管能力研究	省水利信息宣传中心	李荣绩	骆小龙、魏杰、董楠楠
	关于绍兴市曹娥江流域水利治理体系和治理能力现代化建设的思考	绍兴市水利局	张宪疆	俞军锋、徐银良
	浙江省水利设计市场调研报告	省水利水电技术咨询中心	朱晓玲	于利均、陈云雀、周勇俊、王建
	武义县水务局关于深化小型水库管理体制改革工作的调研报告	武义县水务局	何武	郎敏、胡卫星、胡朝亮、张雨、王晖
	关于余杭区重要水利工程集中管养调研报告	余杭区林业水利局	章振华	刘桢义、江爱秋、孙龙、沈宇航
	关于在重点水利工程建设中推行全过程工程咨询的实践与探讨	长兴县水利局	钱学良、蔡良琪	徐锦、顾文亮
	关于“十六字”治水思路在玉环实践的调研报告	玉环市农业农村和水利局	王海滨	吴浓娣、徐国印、夏朋、颜斌辉、高丛林
	关于我省水库降等与报废的调研报告	省水库管理中心	唐燕飚	傅克登、应聪惠、吕翰华、董华飞、张涧
	莲都区小水电经营管理模式转变思路探索	莲都区水利局	蓝小华	徐伍峰、陈晓虹

【水利改革创新典型经验评选】　2021年3月1日，印发《浙江省水利厅办公室关于做好2021年度改革创新工作的通知》（浙水办法〔2021〕2号），组织开展改革创新项目申报工作，共申报完成117个改革项目，经评选，确定2021年度地方水利改革创新最佳实践案例10个、优秀实践案例10个，见表2。

表2　2021年浙江省水利改革创新项目名单

奖　项	单　位	项　目　名　称
最佳实践案例	绍兴市水利局	曹娥江流域水利治理体系和治理能力现代化改革
	宁波市水利局	宁波市智慧水利试点建设
	丽水市水利局	丽水市探索水利生态产品价值实现机制
	青田县水利局	青田县农村河道使用经营权抵押贷款改革
	温州市水利局	温州市深化水行政审批论证评估“多评合一”改革
	衢州市水利局	衢州市小型水库“县级统管”体制改革
	苍南县水利局	苍南县水利工程全生命周期管理数字化改革
	南浔区水利局	南浔区幸福河湖建管体制及指数构建
	安吉县水利局	安吉县智慧水利创新探索
	台州市水利局	台州市一线海塘“塘长制”探索
优秀实践案例	杭州市林业水利局	东苕溪预报调度数字化改革
	缙云县水利局	缙云县创新开展全省山区县水利治理现代化综合改革先行区建设
	舟山市水利局	舟山市开发水利工程健康码打造水利工程健康数字地图
	海宁市水利局	海宁市钱塘江海塘产权化改革实践
	乐清市水利局	乐清市海塘安澜工作土地要素保障改革
	湖州市水利局	“湖州市绿色金融＋节水行动”创新试点
	婺城区水务局	婺城区创建全国绿色小水电示范区
	永嘉县水利局	永嘉县数字赋能山洪灾害防御
	诸暨市水利局	诸暨市浦阳江流域水文现代化提升改革
	新昌县水利局	新昌县智慧水保创建

依法行政

【概况】　2021年，省水利厅提出立法建议计划，进行立法调研，出台规范性文件并开展审查、备案和清理工作，加强厅重大行政决策全过程管理和政策法规论证答复，组织开展水利普法活动，进一步完善依法行政制度体系。

【法规体系建设】　2021年，加强立法

前期研究和项目储备，制定《浙江省水法规建设“十四五”规划》，分类提出立法建议计划。《浙江省海塘建设管理条例（修订）》列入省人大2022年年初次审议项目，《浙江省农村供水条例（制订）》列入立法调研项目。完成《浙江省海塘建设管理条例（修订）》立法调研和草案送审稿。出台《浙江省水资源条例》《浙江省防汛防台抗旱条例》配套规范性文件《浙江省节水型企业水资源费减征管理办法》《浙江省水工程防洪调度和应急水量调度管理办法（试行）》。

【规范性文件管理】 2021年，对《浙江省取水许可和水资源费征收管理办法》等19件文件进行合法性审核并出具意见。出台行政规范性文件11件，全部向省司法厅备案，见表3。按照省人大和省司法厅要求，开展涉及长江流域保护和行政处罚法的法规、规章、规范性文件专项清理。组织完成省水利厅规范性文件全面清理工作，继续有效48件，废止8件，需要修订6件。

表3 2021年省水利厅印发的规范性文件目录

序号	文件名称	文 号	统一编号
1	浙江省水利厅关于印发《浙江省水利旱情预警管理办法（试行）》的通知	浙水灾防〔2021〕2号	ZJSP18-2021-0001
2	浙江省水利厅关于废止《关于调整浙江省水利建设工程人工预算单价的通知》等5件行政规范性文件的通知	浙水法〔2021〕1号	ZJSP18-2021-0002
3	浙江省水利厅　浙江省发展和改革委员会　浙江省财政厅　浙江省自然资源厅　浙江省生态环境厅关于印发《浙江省小型水库综合评估指导意见》的通知	浙水运管〔2021〕1号	ZJSP18-2021-0003
4	浙江省水利厅关于公布《规范性文件清理结果》的通知	浙水法〔2021〕7号	ZJSP18-2021-0004
5	浙江省水利厅关于印发《关于加强河湖库疏浚砂石综合利用管理工作的指导意见》的通知	浙水河湖〔2021〕9号	ZJSP18-2021-0005
6	浙江省水利厅　浙江省发展和改革委员会浙江省财政厅关于印发《浙江省节水型企业水资源费减征管理办法》的通知	浙水资〔2021〕6号	ZJSP18-2021-0006
7	浙江省水利厅关于印发《关于提升水利工程质量的实施意见》的通知	浙水建〔2021〕3号	ZJSP18-2021-0007
8	浙江省水利厅　浙江省生态环境厅关于印发《浙江省小水电站生态流量监督管理办法》的通知	浙水农电〔2021〕21号	ZJSP18-2021-0008
9	浙江省水利厅关于印发《浙江省水利工程物业管理指导意见》的通知	浙水运管〔2021〕16号	ZJSP18-2021-0009

续表3

序号	文件名称	文号	统一编号
10	浙江省水利厅关于印发《浙江省水工程防洪调度和应急水量调度管理办法（试行）》的通知	浙水灾防〔2021〕25号	ZJSP18-2021-0010
11	浙江省水利厅关于印发《浙江省水行政处罚裁量基准》的通知	浙水法〔2021〕11号	ZJSP18-2021-0011

【重大行政决策】 2021年，省水利厅严格按照《浙江省重大行政决策程序规定》要求，履行重大行政决策目录编制、公众参与、专家论证、合法性审查、集体研究、档案管理和决策公布等程序，完成制定《浙江省水安全保障“十四五”规划》《关于加强河湖库疏浚砂石综合利用管理工作的指导意见》《浙江省小水电站生态流量监督管理办法》等重大行政决策，加强对重大行政决策全过程管理。

【政策法规论证答复】 2021年，省水利厅参加《浙江省防汛防台抗旱条例》等立法协调会7次，完成《生态保护补偿条例》等司法部、省人大、省司法厅等的法规及政策性文件征求意见64件次。办理全国人大第十三届四次会议第4102号《关于长三角区域水资源立法协同的建议》。

【普法宣传】 2021年，省水利厅编制《浙江省水利系统法治宣传教育第八个五年规划（2021—2025年）》，编印《习近平治水重要论述摘编》《水利常用法规汇编》，制作《浙江省水资源条例》宣传短视频等。利用“世界水日”“中国水周”“宪法宣传周”宣传契机，组织开展“启航新征程 共护幸福水”主题宣传活动、百场水资源普法讲座、“共护幸福水 志愿我先行”等系列活动。开展以案释法工作，编印《依法治水月月谈》11期，制作《一起河道溺亡引发的思考》系列短视频，挑选16个典型案例制作“水宝说法”系列漫画。组织参加长江保护法知识竞赛并获水利部普法办优秀组织奖，“弘扬法治精神 争当普法先锋”普法志愿实践活动被评为第3批社会大普法“六优”培育行动计划优秀普法项目。

水利执法

【概况】 2021年，省水利厅推进“大综合一体化”行政执法改革，完善执法协作机制，根据法律立改废开展水行政处罚裁量基准修订工作，组织开展水行政执法监督、水事矛盾纠纷排查化解等工作，举办全省水行政、综合行政执法业务骨干培训班，不断提升水行政执法水平。

【行政执法体制改革】 2021年，进一步完善执法协作机制，省水利厅联合省综合行政执法指导办出台《关于建立健全钱塘江流域水行政执法协同机制的意见》，落实工作职责清单。修改完善执法事项库信息，新增31项水行政处罚事项，均纳入《浙江省新增综合行政执法事项统一目录（2021年）》，见表4。

表4 《浙江省新增综合行政执法事项统一目录（2021年）》（水行政处罚事项）

处罚事项清单					职责边界清单	备注
序号	主管部门	事项编码	事项名称	具体划转执法事项		
1	水利	330219113000	对农村集体经济组织擅自修建水库的行政处罚	全部	（1）水行政主管部门负责“农村集体经济组织擅自修建水库”的监管，受理投诉、举报；对发现、移送的违法线索进行处理，责令限期改正，并及时将相关证据材料、责令限期改正文书一并移送综合行政执法部门。综合行政执法部门按程序办理并将处理结果反馈水行政主管部门。 （2）水行政主管部门在日常巡查中发现“农村集体经济组织擅自修建水库”的，将相关情况告知业务主管部门；认为需要立案查处的，按程序办理并将处理结果反馈水行政主管部门	
2	水利	330219071000	对在水工程保护范围内从事爆破、打井、采石、取土等的行政处罚	全部	（1）水行政主管部门负责“在水工程保护范围内从事爆破、打井、采石、取土等”的监管，受理投诉、举报；对发现、移送的违法线索进行处理；认为需要立案查处的，将相关证据材料移送综合行政执法部门。综合行政执法部门按程序办理并将处理结果反馈水行政主管部门。 （2）综合行政执法部门在日常巡查中发现“在水工程保护范围内从事爆破、打井、采石、取土等”的，将相关情况告知水行政主管部门；认为需要立案查处的，按程序办理并将处理结果反馈水行政主管部门	

续表4

处罚事项清单					职责边界清单	备注
序号	主管部门	事项编码	事项名称	具体划转执法事项		
3	水利	330219062000	对未经批准或未按批准要求在河道管理范围内建设水工程等的行政处罚	全部	（1）水行政主管部门负责“未经批准或未按批准要求在河道管理范围内建设水工程等”的监管，受理投诉、举报；对发现、移送的违法线索进行处理，责令限期改正，并及时将相关证据材料、责令限期改正文书一并移送综合行政执法部门。综合行政执法部门按程序办理并将处理结果反馈水行政主管部门。 （2）综合行政执法部门在日常巡查中发现“未经批准或未按批准要求在河道管理范围内建设水工程等”的，将相关情况告知水行政主管部门；认为需要立案查处的，按程序办理并将处理结果反馈水行政主管部门	
4	水利	330219067000	对未经批准或不按批准要求在河道、湖泊管理范围内从事工程设施建设的行政处罚	全部	（1）水行政主管部门负责“未经批准或不按批准要求在河道、湖泊管理范围内从事工程设施建设”的监管，受理投诉、举报；对发现、移送的违法线索进行处理，责令限期改正，并及时将相关证据材料、责令限期改正文书一并移送综合行政执法部门。综合行政执法部门按程序办理并将处理结果反馈水行政主管部门。 （2）综合行政执法部门在日常巡查中发现“未经批准或不按批准要求在河道、湖泊管理范围内从事工程设施建设”的，将相关情况告知水行政主管部门；认为需要立案查处的，按程序办理并将处理结果反馈水行政主管部门	

续表4

处罚事项清单					职责边界清单	备注
序号	主管部门	事项编码	事项名称	具体划转执法事项		
5	水利	330219014000	对不符合水文、水资源调查评价条件的单位从事水文活动的行政处罚	全部	（1）水行政主管部门负责“不符合水文、水资源调查评价条件的单位从事水文活动”的监管，受理投诉、举报；对发现、移送的违法线索进行处理；认为需要立案查处的，将相关证据材料移送综合行政执法部门。综合行政执法部门按程序办理并将处理结果反馈水行政主管部门。 （2）综合行政执法部门在日常巡查中发现“不符合水文、水资源调查评价条件的单位从事水文活动”的，将相关情况告知水行政主管部门；认为需要立案查处的，按程序办理并将处理结果反馈水行政主管部门	
6	水利	330219120000	对非管理人员操作河道上的涵闸闸门或干扰河道管理单位正常工作的行政处罚	全部	（1）河道主管机关负责“非管理人员操作河道上的涵闸闸门或干扰河道管理单位正常工作”的监管，受理投诉、举报；对发现、移送的违法线索进行处理；认为需要立案查处的，将相关证据材料移送综合行政执法部门。综合行政执法部门按程序办理并将处理结果反馈河道主管机关。 （2）综合行政执法部门在日常巡查中发现“非管理人员操作河道上的涵闸闸门或干扰河道管理单位正常工作”的，将相关情况告知河道主管机关；认为需要立案查处的，按程序办理并将处理结果反馈河道主管机关	

续表4

处罚事项清单					职责边界清单	备注
序号	主管部门	事项编码	事项名称	具体划转执法事项		
7	水利	330219109000	对从事建设项目水资源论证工作的单位在建设项目水资源论证工作中弄虚作假的行政处罚	全部	水行政主管部门负责“从事建设项目水资源论证工作的单位在建设项目水资源论证工作中弄虚作假”的监管，受理投诉、举报；对发现、移送的违法线索进行处理；认为需要立案查处的，将相关证据材料移送综合行政执法部门。综合行政执法部门按程序办理并将处理结果反馈水行政主管部门	
8	水利	330219027000	对擅自停止使用节水设施、取水计量设施或不按规定提供取水、退水计量资料的行政处罚	全部	（1）取水审批机关负责“擅自停止使用节水设施、取水计量设施或不按规定提供取水、退水计量资料”的监管，受理投诉、举报；对发现、移送的违法线索进行处理；认为需要立案查处的，将相关证据材料移送综合行政执法部门。综合行政执法部门按程序办理并将处理结果反馈取水审批机关。 （2）综合行政执法部门在日常巡查中发现“擅自停止使用节水设施、取水计量设施或不按规定提供取水、退水计量资料”的，将相关情况告知取水审批机关；认为需要立案查处的，按程序办理并将处理结果反馈取水审批机关	
9	水利	330219105000	对擅自在蓄滞洪区建设避洪设施的行政处罚	全部	（1）水行政许可实施机关负责“擅自在蓄滞洪区建设避洪设施”的监管，受理投诉、举报；对发现、移送的违法线索进行处理；认为需要立案查处的，将相关证据材料移送综合行政执法部门。综合行政执法部门按程序办理并将处理结果反馈水行政许可实施机关。 （2）综合行政执法部门在日常巡查中发现“擅自在蓄滞洪区建设避洪设施”的，将相关情况告知水行政许可实施机关；认为需要立案查处的，按程序办理并将处理结果反馈水行政许可实施机关	

续表4

处罚事项清单					职责边界清单	备注
序号	主管部门	事项编码	事项名称	具体划转执法事项		
10	水利	330219104000	对在海塘管理或保护范围内从事危害海塘安全活动的行政处罚	全部	（1）水行政主管部门负责“在海塘管理或保护范围内从事危害海塘安全活动”的监管，受理投诉、举报；对发现、移送的违法线索进行处理；认为需要立案查处的，将相关证据材料移送综合行政执法部门。综合行政执法部门按程序办理并将处理结果反馈水行政主管部门。 （2）综合行政执法部门在日常巡查中发现“在海塘管理或保护范围内从事危害海塘安全活动”的，将相关情况告知水行政主管部门；认为需要立案查处的，按程序办理并将处理结果反馈水行政主管部门	
11	水利	330219098000	对水利工程建设单位未按规定采取功能补救措施或建设等效替代水域工程的行政处罚	全部	水行政主管部门负责“水利工程建设单位未按规定采取功能补救措施或建设等效替代水域工程”的监管，受理投诉、举报；对发现、移送的违法线索进行处理；认为需要立案查处的，将相关证据材料移送综合行政执法部门。综合行政执法部门按程序办理并将处理结果反馈水行政主管部门	
12	水利	330219103000	对违法占用水库水域的行政处罚	全部	（1）水行政主管部门负责“违法占用水库水域”的监管，受理投诉、举报；对发现、移送的违法线索进行处理，责令限期改正，并及时将相关证据材料、责令限期改正文书一并移送综合行政执法部门。综合行政执法部门按程序办理并将处理结果反馈水行政主管部门。 （2）综合行政执法部门在日常巡查中发现“违法占用水库水域”的，将相关情况告知水行政主管部门；认为需要立案查处的，按程序办理并将处理结果反馈水行政主管部门	

续表4

处罚事项清单					职责边界清单	备注
序号	主管部门	事项编码	事项名称	具体划转执法事项		
13	水利	330219211000	对水工程管理单位未按规定泄放生态流量的行政处罚	全部	水行政主管部门负责“水工程管理单位未按规定泄放生态流量”的监管，受理投诉、举报；对发现、移送的违法线索进行处理，责令限期改正，并及时将相关证据材料及责令限期改正文书一并移送综合行政执法部门。综合行政执法部门按程序办理并将处理结果反馈水行政主管部门	
14	水利	330219212000	对公共供水企业未按规定共享用水单位用水信息的行政处罚	全部	水行政主管部门负责“公共供水企业未按规定共享用水单位用水信息”的监管，受理投诉、举报；对发现、移送的违法线索进行处理，责令限期改正，并及时将相关证据材料及责令限期改正文书一并移送综合行政执法部门。综合行政执法部门按程序办理并将处理结果反馈水行政主管部门	
15	水利	330219118000	对水利生产经营单位未提供必需资金保证安全生产的行政处罚	全部	水行政主管部门负责“水利生产经营单位未提供必需资金保证安全生产”的监管，受理投诉、举报；对发现、移送的违法线索进行处理，责令限期改正，并及时将相关证据材料及责令限期改正文书一并移送综合行政执法部门。综合行政执法部门按程序办理并将处理结果反馈水行政主管部门	
16	水利	330219121000	对水利生产经营单位主要负责人未履行安全生产管理职责的行政处罚	全部	水行政主管部门负责“水利生产经营单位主要负责人未履行安全生产管理职责”的监管，受理投诉、举报；对发现、移送的违法线索进行处理；认为需要立案查处的，将相关证据材料移送综合行政执法部门。综合行政执法部门按程序办理并将处理结果反馈水行政住公馆部门	

续表4

处罚事项清单					职责边界清单	备注
序号	主管部门	事项编码	事项名称	具体划转执法事项		
17	水利	330219069000	对水利生产经营单位未按规定设立安全生产管理机构、配备专职安全生产管理人员，未按规定开展安全生产教育培训、告知安全生产事项，特种作业人员未取得资格上岗作业等的行政处罚	全部	水行政主管部门负责“水利生产经营单位未按规定设立安全生产管理机构、配备专职安全生产管理人员，未按规定开展安全生产教育培训、告知安全生产事项，特种作业人员未取得资格上岗作业等”的监管，受理投诉、举报；对发现、移送的违法线索进行处理；认为需要立案查处的，将相关证据材料移送综合行政执法部门。综合行政执法部门按程序办理并将处理结果反馈水行政主管部门	
18	水利	330219123000	对水利生产经营单位未按安全生产规定建设用于生产、储存、装卸危险物品项目的行政处罚	全部	水行政主管部门负责“水利生产经营单位未按安全生产规定建设用于生产、储存、装卸危险物品项目”的监管，受理投诉、举报；对发现、移送的违法线索进行处理；认为需要立案查处的，将相关证据材料移送综合行政执法部门。综合行政执法部门按程序办理并将处理结果反馈水行政主管部门	
19	水利	330219115000	对水利生产经营单位违反安全生产规定，未为从业人员提供符合要求的劳动防护品，使用已经淘汰、禁止的工艺、设备的行政处罚	全部	水行政主管部门负责“水利生产经营单位违反安全生产规定，未为从业人员提供符合要求的劳动防护品，使用已经淘汰、禁止的工艺、设备”的监管，受理投诉、举报；对发现、移送的违法线索进行处理；认为需要立案查处的，将相关证据材料移送综合行政执法部门。综合行政执法部门按程序办理并将处理结果反馈水行政主管部门	

续表4

处罚事项清单					职责边界清单	备注
序号	主管部门	事项编码	事项名称	具体划转执法事项		
20	水利	330219124000	对水利生产经营单位未执行危险物品管理规定的行政处罚	全部	水行政主管部门负责“水利生产经营单位未执行危险物品管理规定”的监管，受理投诉、举报；对发现、移送的违法线索进行处理；认为需要立案查处的，将相关证据材料移送综合行政执法部门。综合行政执法部门按程序办理并将处理结果反馈水行政主管部门	
21	水利	330219129000	对水利生产经营单位未采取措施消除事故隐患的行政处罚	全部	水行政主管部门负责“水利生产经营单位未采取措施消除事故隐患”的监管，受理投诉、举报；对发现、移送的违法线索进行处理；认为需要立案查处的，将相关证据材料移送综合行政执法部门。综合行政执法部门按程序办理并将处理结果反馈水行政主管部门	
22	水利	330219024000	对水利生产经营单位未按安全生产规定发包或出租生产经营项目、场所、设备的行政处罚	全部	水行政主管部门负责“水利生产经营单位未按安全生产规定发包或出租生产经营项目、场所、设备”的监管，受理投诉、举报；对发现、移送的违法线索进行处理；认为需要立案查处的，将相关证据材料移送综合行政执法部门。综合行政执法部门按程序办理并将处理结果反馈水行政主管部门	
23	水利	330219009000	对水利生产经营单位违反同一作业区域安全生产规定的行政处罚	全部	水行政主管部门负责“水利生产经营单位违反同一作业区域安全生产规定”的监管，受理投诉、举报；对发现、移送的违法线索进行处理；认为需要立案查处的，将相关证据材料移送综合行政执法部门。综合行政执法部门按程序办理并将处理结果反馈水行政主管部门	

续表4

处罚事项清单					职责边界清单	备注
序号	主管部门	事项编码	事项名称	具体划转执法事项		
24	水利	330219164000	对水利生产经营单位未按安全生产规定，危险物品生产经营场所与员工宿舍在同一座建筑内，或与员工宿舍距离不符合要求的；生产经营场所和员工宿舍的出口、疏散通道未设置、设置不符合要求或被占用、锁闭、封堵的行政处罚	全部	水行政主管部门负责“水利生产经营单位未按安全生产规定，危险物品生产经营场所与员工宿舍在同一座建筑内，或与员工宿舍距离不符合要求的；生产经营场所和员工宿舍的出口、疏散通道未设置、设置不符合要求或被占用、锁闭、封堵”的监管，受理投诉、举报；对发现、移送的违法线索进行处理；认为需要立案查处的，将相关证据材料移送综合行政执法部门。综合行政执法部门按程序办理并将处理结果反馈水行政主管部门	
25	水利	330219066000	对水利生产经营单位与从业人员订立协议免除或减轻其安全生产责任的行政处罚	全部	水行政主管部门负责“水利生产经营单位与从业人员订立协议免除或减轻其安全生产责任”的监管，受理投诉、举报；对发现、移送的违法线索进行处理；认为需要立案查处的，将相关证据材料移送综合行政执法部门。综合行政执法部门按程序办理并将处理结果反馈水行政主管部门	
26	水利	330219125000	对水利生产经营单位拒绝、阻碍依法实施监督检查的行政处罚	部分（划转对生产经营单位拒绝、阻碍综合行政执法部门依法实施检查的行政处罚事项）	综合行政执法部门在其依法实施监督检查过程中，水利生产经营单位拒绝、妨碍、阻挠其依法实施监督检查的，将相关情况告知水行政主管部门；认为需要立案查处的，按程序办理并将处理结果反馈水行政主管部门	

续表4

处罚事项清单					职责边界清单	备注
序号	主管部门	事项编码	事项名称	具体划转执法事项		
27	水利	330219050000	对水利工程建设单位向有关单位提出压缩工期等违规要求，将拆除工程违规发包的行政处罚	全部	水行政主管部门负责“水利工程建设单位向有关单位提出压缩工期等违规要求，将拆除工程违规发包”的监管，受理投诉、举报；对发现、移送的违法线索进行处理；认为需要立案查处的，将相关证据材料移送综合行政执法部门。综合行政执法部门按程序办理并将处理结果反馈水行政主管部门	
28	水利	330219128000	对提供机械设备和配件的单位未按安全施工要求为水利工程配备安全设施和装置的行政处罚	全部	水行政主管部门负责“提供机械设备和配件的单位未按安全施工要求为水利工程配备安全设施和装置”的监管，受理投诉、举报；对发现、移送的违法线索进行处理；认为需要立案查处的，将相关证据材料移送综合行政执法部门。综合行政执法部门按程序办理并将处理结果反馈水行政主管部门	
29	水利	330219126000	对出租单位出租未经安全性能检测或检测不合格的机械设备和施工机具及配件的行政处罚	全部	水行政主管部门负责“出租单位出租未经安全性能检测或检测不合格的机械设备和施工机具及配件”的监管，受理投诉、举报；对发现、移送的违法线索进行处理；认为需要立案查处的，将相关证据材料移送综合行政执法部门。综合行政执法部门按程序办理并将处理结果反馈水行政主管部门	
30	水利	330219010000	对水利工程施工单位挪用安全费用的行政处罚	全部	水行政主管部门负责“水利工程施工单位挪用安全费用”的监管，受理投诉、举报；对发现、移送的违法线索进行处理；认为需要立案查处的，将相关证据材料移送综合行政执法部门。综合行政执法部门按程序办理并将处理结果反馈水行政主管部门	

续表4

处罚事项清单					职责边界清单	备注
序号	主管部门	事项编码	事项名称	具体划转执法事项		
31	水利	330219037000	对水利工程施工单位违反施工现场安全生产管理规定的行政处罚	全部	（1）水行政主管部门负责“水利工程施工单位违反施工现场安全生产管理规定”的监管，受理投诉、举报；对发现、移送的违法线索进行处理，责令限期改正，并及时将相关证据材料、责令限期改正文书一并移送综合行政执法部门。综合行政执法部门按程序办理并将处理结果反馈水行政主管部门。 （2）综合行政执法部门在日常巡查中发现“水利工程施工单位违反施工现场安全生产管理规定”的，将相关情况告知水行政主管部门；认为需要立案查处的，按程序办理并将处理结果反馈水行政主管部门	

注 本目录行政处罚事项由省司法厅根据浙江省权力事项库（监管库）动态调整。

【执法监督及评议】 2021年，组织开展水行政执法监督，配合太湖局完成对宁波鄞州区、慈溪市、嘉善县和长兴县的实地抽查督导和案卷分析工作。与省司法厅联合开展全省水利系统行政执法质效评议专项行动，水利系统作为全省第一个开展执法评估的单位，11个设区市水行政执法评议结果均为优秀。

【水事矛盾纠纷排查】 2021年，印发《浙江省水利厅关于组织开展水事矛盾纠纷排查化解活动的通知》（浙水法〔2021〕4号），以省际、市际、县际重点水事矛盾敏感地区和海塘安澜千亿工程、幸福河湖建设、水库除险加固、涉河涉堤项目建设和水土保持治理等工作推进中出现的新情况、新问题为排查重点，组织开展全省水事矛盾纠纷排查化解工作，维持良好的水事秩序。

【执法人员培训教育】 2021年，举办全省水行政、综合行政执法业务骨干培训班，执法人员191人参加培训，培训开设“坚持依法行政　防止职务犯罪”“水行政执法工作”“水行政执法的风险及防范”等专题讲座。组织省水利厅领导和公务员参加年度法律知识考试，组织机关工作人员参加行政执法资格培训考试。

【行政复议和行政诉讼】 2021 年 1 月，邬某对省水利厅信息公开申请答复书不服，向省政府提起行政复议，省水利厅组织研究提交行政复议答复书。2 月，省政府作出复议决定，驳回其行政复议申请。全年未发生行政诉讼。

（郜宁静）

能　力　建　设

Capacity Building

193～212 页

组织人事

【概况】 2021年年底，省水利厅系统干部职工共有7000余人，其中行政（参公）165人、事业1995人、企业2054人、离退休干部2000余人、编外用工约1000人。其中，省管干部22人（除8名厅领导外，正厅2人、副厅12人）；正处领导干部（不含厅属高校，下同）54人（40岁以下2人），副处领导干部82人（40岁以下21人），40岁以下处级领导干部占比16.9%；二级巡视员3人、一级调研员10人、二级调研员8人、三级调研员10人、四级调研员23人。

【干部任免】 2021年，省委、省政府任免省水利厅干部5名。省水利厅系统交流提任干部30人次，安置军队转业干部1名，职级晋升30人次，双向挂职锻炼9名，制度性交流2名，“双一流”选调1名。

【厅领导任免】 2021年2月1日和3月3日，浙委干〔2021〕44号、浙政干〔2021〕33号、浙组干通〔2021〕94号文通知，免去徐国平的浙江省水利厅党组副书记、副厅长、一级巡视员职务职级。

2021年3月29日，浙委干〔2021〕82号文通知，李锐任浙江省水利厅党组副书记。

2021年6月14日，浙委干〔2021〕143号文通知，包志炎任共青团浙江省委员会委员、常委、副书记（挂职）。

2021年6月15日和7月5日，浙委干〔2021〕146号、浙政干〔2021〕43号、浙组干任〔2021〕16号文通知，黄黎明任浙江省水利厅党组成员、副厅长（试用期一年）。

2021年11月29日，浙政干〔2021〕60号、浙组干任〔2021〕33号文通知，免去冯强的浙江省水利厅党组成员、副厅长职务。

【厅管干部任免】 2021年1月14日，浙水党〔2021〕4号文通知，包志炎任浙江省水利厅科技处处长；免去陈永明的浙江省水利厅科技处处长、一级调研员职务职级。

2021年2月4日，浙水党〔2021〕10号文通知，赵友敏任浙江省水利厅农村水利水电与水土保持处二级调研员。

2021年2月5日，浙水党〔2021〕13号文通知，卢健国任浙江省水利厅政策法规处（执法指导处）一级调研员；金启明任浙江省水利厅建设处一级调研员；王亚红任浙江省水利厅农村水利水电与水土保持处一级调研员；张日向任浙江省水利厅人事教育处一级调研员；柴红锋任浙江省水利厅直属机关党委一级调研员；孙丽君任浙江省水利厅政策法规处（执法指导处）二级调研员；殷国庆任浙江省水利厅建设处二级调研员；边国光任浙江省水利厅运行管理处二级调研员；朱新峰任浙江省水利厅农村水利水电与水土保持处二级调研员；王新辉任浙江省水利厅直属机关党委二级调研员，免去其浙江省水利厅监督处二级调研员职级；谢根能、王学军任浙江省水利厅办公室三级调研员；杨世兵任浙江省水利厅监督处三级调研员，免去其浙江省水利厅科技处副处长职务；周成良任浙江省水利厅财务审计处三级调研员；王震任浙江省水利厅财务审计处四级调研员；王安明任浙江省农村水利管理中心二级调研员；王宁任浙江省水库管理中心三级调研员，免去其浙江省水库管理中心副主任职务；楼琦任浙江省水库管理中心三级调研员；张清明任浙江省农村水利管理中心三级调研员，免去其浙江省农村水利管理中心副主任职务；葛培荣、江锦红任浙江省农村水利管理中心三级调研员；项亚珍任浙江省农村水利管理中心四级调研员，免去其浙江省钱塘江流域中心一级主任科员职级。

2021年2月5日，浙水党〔2021〕14号文通知，李荣绩任浙江省水利信息宣传中心主任（试用期一年），免去其浙江省水利厅水资源管理处（省节水办）副处长职务；傅利辉任浙江省水利厅规划计划处副处长（试用期一年）；朱绍英任浙江省水利厅科技处副处长；免去包志炎的浙江省水利信息宣传中心主任职务；免去陈黎的浙江省水利厅财务审计处副处长职务。

2021年2月5日，浙水党〔2021〕15号文通知，邬杨明任浙江省水利厅办公室二级巡视员；钱燮铭任浙江省水利厅农村水利水电与水土保持处二级巡视员。

2021年5月13日，浙水党〔2021〕31号文通知，傅世平任浙江水利水电学院党委委员；吴云鑫任浙江水利水电学院党委委员，免去其浙江省水利厅政策法规处（执法指导处）副处长职务；免去郭京的浙江水利水电学院党委委员职务。

2021年7月20日，浙水党〔2021〕43号文通知，免去姜小俊的浙江省水利信息宣传中心副主任职务。

2021年8月12日，浙水党〔2021〕48号文通知，柴红锋任浙江省水利水电勘测设计院党委委员、书记，免去其浙江省水利厅直属机关纪委书记、委员职务，浙江省水利厅直属机关党委一级调研员职级；王新辉任浙江省水利厅直属机关纪委委员、副书记；杜鹏飞任浙江省水利厅财务审计处副处长，免去其浙江省水利科技推广服务中心党委委员、副主任职务；梅放任浙江省水利科技推广服务中心党委委员、副主任，免去其浙江省水利防汛技术中心（浙江省水利防汛机动抢险总队）副主任（副队长）职务；陈毛良任浙江省水利防汛技术中心（浙江省水利防汛机动抢险总队）副主任（副队长），免去其浙江省水利科技推广服务中心党委委员、副主任职务；免去黄黎明的浙江省水利水电勘测设计院党委书记、委员职务。

2021年8月25日，浙水党〔2021〕53号文通知，陈孔湖任浙江省水利厅农村水利水电与水土保持处副处长，免去黄健的浙江省水文管理中心党委委员、副主任职务。

2021年12月1日，浙水党〔2021〕66号文通知，唐燕飚任中国水利博物馆党委委员、纪委书记、副馆长（列陈永明之后），免去其浙江省水库管理中心主任职务；俞勇强任中国水利博物馆党委委员，免去其浙江省水利厅规划计划处二级调研员职级；任根泉任浙江省钱塘江流域中心党委委员、副书记、纪委书记，免去其中国水利博物馆党委委员、副馆长职务；陆列寰任浙江省水利水电技术咨询中心党委委员、书记、主任，免去其浙江省钱塘江流域中心党委副书记、委员、纪委书记职务；蒋小卫任浙江省水利水电技术咨询中心党委委员、纪委书记、副主任，免去其浙江省水利厅办公室副主任职务；郭秀琴任浙江省水资源水电管理中心（浙江省水土保持监测中心）副主任，免去其浙江省水利科技推广服务中心党委委员、纪委书记、副主任职务；免去柴红锋的浙江省水利厅直属机关党委副书记（专职）、浙江省水利厅工会工作委员会副主任职务；免去朱绍英的共青团浙江省水利厅工作委员会书记职务；免去俞建军的中国水利博物馆党委委员、副馆长职务；免去李云进的浙江省水利水电技术咨询中心党委书记、委员、主任职务；免去于利均的浙江省水利水电技术咨询中心党委委员、副主任职务；免去林少青、周伟彬的浙江省水资源水电管理中心（浙江省水土保持监测中心）副主任职务。

2021 年 12 月 1 日，浙水党〔2021〕69 号文通知，陈欣任省水利厅水资源管理处（省节水办）副处长，免去其省水资源水电管理中心（省水土保持监测中心）副主任职务。

2021 年 12 月 24 日，浙水党〔2021〕72 号文通知，俞飚任浙江省水库管理中心主任（试用期一年），免去其浙江省水利厅农村水利水电与水土保持处副处长职务；张翀超任浙江省水利厅办公室副主任（试用期一年）；谢圣陶任浙江省水利厅政策法规处（执法指导处）副处长（试用期一年）；彭妍任浙江省水库管理中心副主任（试用期一年）；童增来任浙江省水文管理中心党委委员、副主任（试用期一年），免去其浙江省水利水电技术咨询中心党委委员、副主任职务；秦旭宝任浙江省水利水电技术咨询中心党委委员、副主任（试用期一年）；周小军任浙江省水利科技推广服务中心党委委员、纪委书记、副主任（试用期一年）；王筱俊任浙江省水资源水电管理中心（浙江省水土保持监测中心）副主任（试用期一年），免去其浙江省水利厅水资源管理处（省节水办）一级主任科员职级。

2021 年 12 月 24 日，浙水党〔2022〕3 号文通知，王新辉任浙江省水利厅直属机关党委委员、专职副书记，省水利厅直属机关纪委书记，免去其浙江省水利厅直属机关党委二级调研员职级；吴伟芬任浙江省水利厅直属机关纪委副书记（兼省水利厅团工委书记），免去其浙江省水利厅直属机关党委一级主任科员职级。

水利队伍建设

【概况】 至 2021 年 12 月 31 日，全省水利行业从业人员 82651 人。其中，水利系统内人员 17123 人，同比减少

3.4%。在水利系统内人员中，公务员（参公人员）2299人，占比13.4%；事业人员11456人，占比66.9%；国有企业人员3368人，占比19.7%。35岁及以下5121人，占比30.0%；36～45岁4545人，占比26.5%；46～54岁4952人，占比28.9%，55岁及以上2505人，占比14.6%，平均年龄43岁。水利系统内专业技术人员11867人，平均年龄41岁，占比69.3%；技能人员1453人，平均年龄50岁，占比8.5%。获得省部级以上荣誉称号的高层次专业技术人才、高技能人才共317人次，其中，2021年新增高层次专业技术人才、高技能人才11人次。

【教育培训】 2021年，省水利厅系统各单位聚焦高质量发展共同富裕示范区建设对水利工作的新要求，举办各类培训共73班次，其中，举办厅管干部党史学习教育培训、市县新任水利领导干部和分管水利乡镇长培训、厅系统新进人员培训、水行政执法业务骨干培训、水资源管理培训、农业水价综合改革培训、首席水利员培训、全省河湖建设管理保护业务培训等线下培训68班次，全省重大水利工程项目法人（建设单位）负责人、水利稽查专家、水文应急机动监测等线上培训5班次。累计发放水利行业继续教育学时登记证书9326人次。全省水利行业从业人员在“浙江省水利人员在线学习系统”共完成课程学习292221门次，同比增长19.1%；累计登记学习时长421572学时，同比增长23.4%。2021年省水利系统各专业领域继续教育登记证书获证情况见表1。

表1　2021年省水利系统各专业领域继续教育登记证书获证情况

业务领域	获证数
职业技能培训	2583
运行管理	1579
农村水利	887
水资源管理	704
农村水电	610
水文管理	571
监督	565
人事教育	548
质量安全	437
水行政执法指导	186
河湖管理	151
党务	143
水旱灾害防御	126
信息宣传	125
水土保持	111

【院校教育】 2021年，浙江水利水电学院录取新生4134人，其中，本科生3778人，联合培养研究生46人。全日制在校学生12263人。2021届毕业生2420人，初次就业率95.0%，本科毕业生读研率15.59%。该校教职工770人，其中，专任教师528人，具有副高级及以上职称的占比39.96%，硕士研究生及以上以上学历的占比73.67%，拥有省一流学科带头人、省中青年学科带头人、省万人计划青年拔尖人才、省宣传文化系统“五个一批”等高层次人才和省级教学名师、省优秀教师等近20人。该校设有工学、理学、管理学、经济学和文学等5大学科门类，其中，水利工

程、土木工程、测绘科学与技术、电气工程、机械工程、软件工程等6个学科为省B类一流学科。设有本科专业35个，专科专业6个，其中，国家级一流专业1个，省优势专业1个，省特色专业7个。拥有国家精品资源共享课程7门、国家级教学成果二等奖1项、省级教学成果奖14项，省重点实验室、省“一带一路”联合实验室、省新型高校智库、省高校高水平创新团队各1个；获评国家水情教育基地、省级国际科研合作基地、省非物质文化遗产传承教学基地等。

2021年，浙江同济科技职业学院录取新生3589人，在校生规模首次破万。成人教育招生563人。2021届毕业生2487人，就业率98.85%。2021年，引进新教师61人，首批遴选年薪制高层次人才6名，引进培养专业领军人才3名，参加省教育厅访问工程师项目教师8名，在省高职高专院校访问工程师校企合作项目评审中1名教师荣获三等奖，参加省水利厅“三服务”专项服务专家5名，入选第六届全国水利职教名师、职教新星各1名。该校教师获首届全国教材建设奖一等奖1项、二等奖1项，立项第二批国家级职业教育教师教学创新团队1个，获全国职业院校技能大赛高职组大气环境监测与治理技术比赛二等奖1项，获2021年水利职业院校教师教学能力大赛一等奖2项、二等奖1项。2021年，该校完成各类培训、考试（鉴定）21720人次。由省水利厅组织，学校参与培养、选拔的高技能人才有3人获第三批水利部首席技师、1人获全国水利技术能手、5人获“浙江工匠”、3人获“浙江青年工匠”等荣誉称号。

【专业技术职务工作】 2021年6月5日，2021年度全省水利专业高级工程师职务任职资格评价业务考试在浙江水利水电学院举行。共1309人报名，实际参考人数1084人。考试最高分84分，最低分31.5分，平均分60.3分。考试成绩合格线为60分，合格人数581人。

2021年10月10日，2021年度省级单位水利专业工程师职务任职资格评价业务考试在浙江同济科技职业学院举行。共147人报名，实际参考人数130人。考试最高分92分，最低分9分，平均分74.3分，60分（含）以上人数126人。考试成绩合格线为60分，合格人数126人。

2021年10月28日，省水利厅印发《浙江省水利厅　浙江省人力资源和社会保障厅关于公布于世松等52人具有正高级工程师职务任职资格的通知》（浙水人〔2021〕17号），52人通过评审，取得正高级工程师职务任职资格；12月15日，印发《浙江省水利厅关于薛晗妮等63名同志初定中级专业技术职务任职资格的通知》（浙水人〔2021〕24号），确认63名人员具有中级专业技术职务任职资格；印发《浙江省水利厅关于公布万晨鸿等78名同志具有水利专业工程师职务任职资格的通知》（浙水人〔2021〕25号），78名人员通过评审，取得水利专业工程师职务任职资格。2021年全省各行政区水利系统专业技术人员职务结构见表2。

表 2　2021 年全省各行政区水利系统专业技术人员职务结构

行政区	专业技术人员总量/人	正高级		副高级		中　级		初　级		副高及以上比例/%	副高及以上占比排名
		人数	比例/%	人数	比例/%	人数	比例/%	人数	比例/%		
杭州	688	16	2.3	155	22.5	290	42.2	227	33.0	24.9	1
宁波	1030	6	0.6	203	19.7	370	35.9	451	43.8	20.3	3
温州	999	3	0.3	132	13.2	335	33.5	529	53.0	13.5	10
湖州	410	1	0.2	55	13.4	206	50.2	148	36.1	13.7	9
嘉兴	476	2	0.4	86	18.1	204	42.9	184	38.7	18.5	4
绍兴	783	5	0.6	113	14.4	311	39.7	354	45.2	15.1	8
金华	1333	3	0.2	153	11.5	406	30.5	771	57.8	11.7	11
衢州	671	4	0.6	109	16.2	248	37.0	310	46.2	16.8	7
舟山	85	1	1.2	20	23.5	37	43.5	27	31.8	24.7	2
台州	858	3	0.3	144	16.8	382	44.5	329	38.3	17.1	5
丽水	573	1	0.2	96	16.8	241	42.1	235	41.0	16.9	6

【专家和技能人才】　2021 年，浙江水利水电学院徐高欢获评省万人计划青年拔尖人才，中国水利博物馆尹路、浙江省水利水电勘测设计院余锦地获评水利部水利青年拔尖人才，浙江省水利河口研究院生态海堤研究创新团队入选水利部水利人才创新团队，浙江同济科技职业学院获评水利部水利技术技能人才培养基地。嘉兴市杭嘉湖南排工程盐官枢纽管理所周伟丰、宁波市河道管理中心单海涛、武义县宣平溪水电工程管理处涂建胜获评第三批全国水利行业首席技师，宁波原水集团有限公司皎口水库分公司谢东辉获评全国水利技术能手，杭州市水文水资源监测中心孟健、金华市水文管理中心徐亮、浙江省水文管理中心陈金浩、宁波市河道管理中心单海涛、嘉兴市杭嘉湖南排工程盐官枢纽管理所周伟丰获评浙江工匠，杭州市水文水资源监测中心杨云、丽水市莲都区水利局饶瞬、浙江省水文管理中心邵加健获评浙江青年工匠。2021 年全省各行政区水利系统技能工人技能等级结构见表 3。

表 3　2021 年全省各行政区水利系统技能工人技能等级结构

行政区	技能人才队伍总数/人	高级技师		技　师		高级工		中级工		初级工		技师及以上比例/%
		人数	比例/%	人数	比例/%	人数	比例/%	人数	比例/%	人数	比例/%	
杭州	77	0	0	46	59.7	26	33.77	5	6.5	0	0	59.7
宁波	143	2	1.4	68	47.6	52	36.36	16	11.2	5	3.5	49.0

续表3

行政区	技能人才队伍总数/人	高级技师		技　师		高级工		中级工		初级工		技师及以上比例/%
		人数	比例/%	人数	比例/%	人数	比例/%	人数	比例/%	人数	比例/%	
温州	128	0	0	18	14.1	17	13.28	16	12.5	77	60.2	14.1
嘉兴	73	13	17.8	38	52.1	11	15.07	7	9.6	4	5.5	69.9
湖州	81	0	0	31	38.3	43	53.09	3	3.7	4	4.9	38.3
绍兴	227	1	0.4	103	45.4	44	19.38	25	11.0	54	23.8	45.8
金华	349	8	2.3	66	18.9	183	52.44	39	11.2	53	15.2	21.2
衢州	120	11	9.2	58	48.3	39	32.50	10	8.3	2	1.7	57.5
舟山	5	0	0	3	60.0	1	20.00	0	0	1	20.0	60.0
台州	113	0	0	36	31.9	33	29.20	24	21.2	20	17.7	31.9
丽水	74	3	4.1	14	18.9	32	43.24	21	28.4	4	5.4	23.0

【老干部服务】 2021 年，省水利厅上门慰问离退休干部 70 余人次，经常性电话慰问百余人次；办理 3 名到龄干部的退休手续，协助料理 4 名老干部后事。开展春、秋季“走、看、促”活动，先后组织厅机关老干部考察绍兴大禹陵和鉴湖二期水利工程、盐官明清海塘，感受水利发展新成就。2 月，省水利厅党组书记、厅长马林云通过书面慰问方式，向厅系统全体离退休干部通报水利工作，致以新春问候。3 月，厅机关、钱塘江中心、研究院分批为 27 名退休干部举办荣誉退休仪式，制作纪念短片，送上温暖祝福。5 月，组织厅系统老干部参加水利部“我看建党百年新成就”书画摄影比赛，选送作品 20 件，获二等奖 1 项、优秀奖 8 项，省水利厅荣获优秀组织奖。6 月，举办“光荣在党 50 年”纪念章颁发活动，厅领导带头、各处室（单位）将纪念章送到厅系统 140 名老党员手中。7 月，为厅机关 24 位离休干部办理居家养老服务手续，为 164 名退休人员报名体检并寄送体检报告。10 月，为厅机关 108 名老党员寄送学习读本，送学上门。省水利厅《赓续红色根脉　讲好治水故事　传承水利精神》入选 2021 年全省离退休工作“双十佳”创新案例。

（陈炜）

财务管理

【概况】 2021 年，浙江水利财务审计工作对照重点工作目标，对标“重要窗口”建设，进一步强化资金保障和资金监管，落实核心业务提升，强化数字变革攻坚，为水利事业高质量发展保驾护航。省水利厅获 2021 年度省级部门财政管理绩效综合评价先进单位，位列省政府考评部门第2名，连续5年获评省级部门财政管理绩效综合评价先进单位。

【预决算单位】 2021年，省水利厅所属独立核算预算单位共16家，其中，行政单位1家，参照公务员管理的事业单位2家，公益一类事业单位8家，公益二类事业单位5家，决算单位数量与预算一致。截至2021年年底，省水利厅本级及所属预算单位实有人数2107人，其中，在职人员2086人（含行政编制人员104人，参照公务员法管理人员66人，事业编制人员1916人），离休人员21人。

【部门预算】 2021年，省水利厅部门调整预算收入220190.27万元，其中，一般公共预算财政拨款收入120222.92万元，占54.6%；政府性基金预算财政拨款收入4000.00万元，占1.8%；事业收入53444.35万元，占24.3%；经营收入8444.75万元，占3.8%；其他收入12154.63万元，占5.5%；使用非财政拨款结余158.51万元，占0.1%；年初结转和结余21765.11万元，占9.9%。省水利厅2021年部门支出调整预算220190.27万元，其中，基本支出94730.33万元（含人员经费支出69897.69万元，日常公用经费支出24832.64万元），占43.0%；项目支出116459.40万元，占52.9%；经营支出9000.55万元，占4.1%。

2021年，省水利厅部门财政拨款收入调整预算129712.67万元，其中，一般公共预算财政拨款收入120222.92万元，政府性基金预算财政拨款收入4000.00万元，年初财政拨款结转和结余5489.75万元（一般公共预算财政拨款结转和结余5489.75万元）。省水利厅部门财政拨款支出调整预算129712.67万元，其中，基本支出66866.13万元（含人员经费支出50046.58万元，日常公用经费支出16819.55万元），占51.5%；项目支出62846.54万元，占48.5%。

【部门决算】 2021年，省水利厅部门决算总收入217332.15万元，其中，2021年收入195401.09万元，占89.9%；使用非财政拨款结余165.95万元，占0.1%；年初结转和结余21765.11万元，占10.0%。全年累计支出217332.15万元，其中，2021年支出197183.74万元，占90.7%；结余分配11695.94万元，占5.4%；年末结转结余8452.47万元，占3.9%。

2021年，省水利厅部门财政拨款收入129712.67万元，其中，2021年一般公共预算财政拨款收入120222.92万元，政府性基金预算财政拨款收入4000.00万元，年初结转结余5489.75万元（含一般公共预算结转结余5489.75万元，政府性基金结转结余0.00万元）。全年累计支出129712.67万元，其中，2021年支出124552.23万元，占96.0%；年末结转结余5160.44万元，占4.0%。

【收入情况】 2021年，省水利厅部门决算收入合计195401.09万元，其中，一般公共预算财政拨款收入120222.92万元，政府性基金财政拨款4000.00万元，事业收入51582.41万元，经营收入7656.72万元，其他收入11939.05万元。比2020年部门决算收入增加25238.69万元，增长14.8%。

【支出情况】 2021年，省水利厅部门决算支出合计197183.74万元，其中，基本支出90907.64万元，项目支出99733.40万元，经营支出6542.70万元。比2020年部门决算支出增加44675.78万元，增长29.3%。

基本支出90907.64万元，占总支出46.1%，比2020年增加8202.47万元，增长9.9%，其中，人员经费支出68851.60万元，占基本支出75.7%，比2020年增加6629.76万元，增长10.7%；日常公用经费支出22056.04万元，占基本支出24.3%，比2020年增加1572.71万元，增长7.7%。

项目支出99733.40万元，占总支出50.6%，比2020年增加35302.88万元，增长54.79%，其中，基本建设类项目支出28721.18万元，占项目支出28.8%，比2020年增加17431.15万元，增长154.4%。

经营支出6542.70万元，占总支出3.3%，比2020年增加1170.42万元，增长21.8%。

【年初结转结余】 2021年年初，省水利厅结转和结余资金合计21765.11万元，其中，基本支出结转2767.36万元，项目支出结转和结余18997.75万元，经营结余0万元。

2021年年初，省水利厅财政拨款结转结余资金合计5489.75万元，其中，基本支出结转2663.52万元，项目支出结转和结余2826.23万元。

【收支结余】 2021年，部门决算收支结余19982.47万元，其中，基本支出结转2931.78万元，项目支出结转和结余15936.67万元，经营结余1114.02万元；使用非财政拨款结余165.95万元；结余分配合计11695.94万元，其中，缴纳企业所得税2315.63万元，提取专用结余3322.89万元，事业单位转入非财政拨款结余6057.42万元。

【年末结转结余】 2021年年末，省水利厅结转和结余资金合计8452.47万元，其中，基本支出结转1737.18万元，项目支出结转和结余6715.29万元，经营结余0万元。

2021年年末，省水利厅财政拨款结转和结余资金合计5160.44万元，其中，基本支出结转1574.49万元，项目支出结转和结余3585.95万元。

【资产、负债、净资产】 截至2021年年底，省水利厅直属行政事业单位资产总计561976.80万元，比2020年增加65854.85万元，增长13.3%；负债总计29732.72万元，比2020年减少538.31万元，下降1.8%；净资产总计532244.08万元，比2020年度增加66393.16万元，增长14.3%。

【预决算管理】 2021年，省水利厅2022年部门预算纳入省人大重点审查，并在省人代会上获得全票通过。以目标体系为引领，坚持以“零”为基点编制预算，立足全省水利发展谋划年度目标任务、科学申报预算，切实做到“量入为出，量力而行”，严控新增、压减一般，据实合理安排预算；以指标体系为引导，充分运用预算一体化管理系统的全过程数据，从收支运行、执行结转、绩效监督等多个维度设计构建指标体系，供预算编制审核分析研判，提高预算安排的精准性；以审核体系抓落实，按照“分类、直观、高效”的预算审核原则完善预算审核体系，通过预算审核小组与部门项目评审委员会，加强对预算编制准确性、规范性、合理性的审核把关；以评价体系促提升，层层落实财政管理绩效综合评价指标主体责任，从预算编制、预算执行、预算绩效等八个方面进行自我促进和提升。

加强预算管理，年初下发《关于做好2021年度预算管理工作的通知》（浙水办财〔2021〕6号），对加快预算执行进度、强化项目管理及成果应用、提高财政综合绩效管理水平、提前谋划2022年度预算编制、严肃财经纪律和风险防控、高度重视财政管理综合绩效考核等7个方面提出明确要求，强化工作前列意识，把预算执行工作放在更加突出的位置；制订预算执行工作计划，在年度预算批复后，立即督促厅属各单位制订切实可行的计划，从4月开始每月对预算执行进度进行通报，6月开始对厅属各单位分项目预算执行滞缓原因进行逐项分析并对各单位年度预算执行情况进行预测，第四季度由分管省水利厅领导约谈预算执行滞缓单位，点对点落实工作，有效提高各单位预算执行率；从4月开始，对可能影响省水利厅系统整体预算执行的重点项目进行跟踪监控，特别是财政资金安排1000万元以上项目，及时进行工作指导，强化主体责任落实，推动工作进度落实。2021年，省水利厅系统年度一般公共预算资金总执行率95.7%，超额完成财政要求执行率达到91%的目标任务，整体预算执行进度在省级部门中位居前列。

严格做好预决算“闭环”管理，有效协调财务数据核实和决算工作组织，按照“真实、合规、准确、完整、及时”的要求，及时布置部门决算编报工作，加强财务信息化管理和数据精准度审核，确保决算报表完整、规范、准确，把牢时间节点、做好档案管理，保质保量完成部门决算，确保部门决算“收支真实、编报合规、计算正确、内容完整、账实相符、账表相符、表表相符、报送及时”；有序组织政府财务报告编制，加强进度管理，强化主体责任和数据审核，杜绝基础性错误，保障高质量完成政府财务报告编报；按时完成预决算公开，积极落实《预算法实施条例》等有关要求，按规定时间、内容等在省政府政务网、浙江水利网站向全社会公开部门预决算，组织厅属各单位严格按照预决算公开工作要求，做好基础工作，保障公开质量，一并公开单位预决算，真实反映部门预算编制和年度执行情况。

【财务核算】　2021年，省水利厅持续加强财务核算管理，不断提升财务综合管理能力。加强政府会计制度实施后续业务指导和难点解析，探索符合水利财务状况的个性化财务报表建设，组织会计核算业务研讨，有针对性地开展业务解析，规范长期股权投资等业务口径，保障会计基础信息质量；加强财务管理工作先试先行与调查研究，提升财务业务引领示范效应，以点带面，点面结合，提高财务管理综合能力和水平；组织开展年度财务管理综合评价分析，高效把脉各单位会计核算质量，财务分析评价结果为各单位领导决策提供强有力的数据支撑。

【资产管理】 2021 年，根据《浙江省财政厅关于调整省级行政事业单位资产管理权限和流程有关事项的通知》（浙财资产〔2020〕3 号）要求，及时办理厅属行政事业单位日常上报的资产出租、处置等审核或审批业务；根据省财政厅、省国资委统一部署，及时组织完成行政事业单位 2020 年度国有资产报告、2020 年度企业财务会计决算报表和 2020 年度企业国有资产统计报表编报工作，组织布置厅属企业完成开展 2020 年度国有资产专项报告及国有资本经营收益申报；根据省财政厅《关于省级单位替换设备处置相关事项的通知》要求，资产配置实行定编管理、预算管理，按标准配置，省水利厅 11 家行政事业单位按规定完成资产盘点、设备处置等工作；加强本部门所属行政事业单位国有资产管理监督指导力度，在省水利厅系统组织开展国资国企低效无效资产处置专项行动，完成编制低效无效资产处置工作报告。

【财务审计】 2021 年，根据审计工作安排，全力做好国家审计整改落实，着力推进省主要领导经责审计和自然资源资产离任审计问题整改、全省重大水利项目实施专项审计调查问题整改、历史审计问题整改，全面完成 2020 年度省级预算执行和全省其他财政收支审计问题整改；联合省审计厅对未完成全省重大水利项目实施专项审计调查整改问题开展专项督导，进一步细化整改方案，压紧压实地方政府整改主体责任，25 个问题已全部完成整改；高效推进中央巡视反馈问题整改涉及省水利厅共计四大类 10 项具体问题，除桐庐富春江干堤加固二期工程正在抓紧扫尾以外，均已按照分工要求完成整改；印发《浙江省水利厅 2021 年内部审计工作计划》，组织完成财务收支审计、绩效工资审计、专项审计调查等三大类 32 个审计项目，实现对经济活动的总体全覆盖，有效发挥内审促规范作用，实现问题数逐年下降。

【水利资金监管】 2021 年，按照省水利厅、省财政厅《开展 2021 年度面上水利建设与发展专项资金核查的通知》（浙水财〔2021〕8 号）要求，开展面上水利建设与发展资金专项核查，围绕 2018—2020 年农村饮用水达标提标工程、中央与省级下达的 2017—2020 年中小流域综合治理工程建设任务完成情况、资金筹集使用情况等，对临安、淳安等 34 个县（市、区）开展重点抽查。

【水利财务数字化平台建设】 2021 年，推进财务平台迁移至浙政钉 2.0 版，完成合同管理模块消息接口对接，促进合同管理模块功能提升；完成内部审计业务需求与流程的梳理、功能模块与应用环境的搭建以及各类基础数据的设置等启用前期各项准备工作，对事务所和厅属单位财务负责人开展内审平台专题培训，在2021年内审项目实施工作中进行全面测试与应用；谋划2022年财务信息化模块建设，根据资产管理需要，结合省财政厅资产云系统，有序推进资产管理“驾驶舱”建设。

【水利财务能力建设】 落实水利价格、税费相关调查研究，制定专题调研方案，深入一线，基本摸清全省原水水价机制，高质量完成省水利厅主要领导领衔的全省原水水价政策和水价形成机制调研工作，并提出调研建议意见。

在已有的省本级预算管理办法、财务管理办法、经费报销管理办法、差旅费管理办法、合同管理办法、水利基本建设项目竣工财务决算管理办法、内部审计工作办法、内部审计整改办法、固定资产管理办法等多项管理制度基础上，完成《常用财务费用标准手册》《厅机关内部控制手册》等内控手册更新，基本形成覆盖预算、支出、采购、合同、资产、建设项目六大经济活动的内控制度体系，经济活动制度约束强，内部财务管理规范，制度执行有效；组织编报2020年厅系统行政事业单位内部控制报告，省财政厅按照统一评价标准对厅属16家单位内控工作进行评价，报告完整、真实、一致，省水利厅本级内控评价结果“优秀”，内控建设成果获得省财政厅的高度认可。

全面履行资金支付审批程序和手续，按预算规定用途使用资金，每月动态监控预算执行情况，牢牢把握预算执行节奏，无截留、挤占、挪用、虚列支出等违规情况；坚持“厉行节约、注重效益”，落实“八项规定”，严把支出关口，坚持对“三公”统筹把控和动态监督，确保“三公”经费按规定、按标准、按要求支出；规范公款存放业务，修订印发《浙江省水利厅行政事业单位公款竞争性存放管理实施办法》，指导厅属单位做好2021年公款竞争性存放招投标工作，实现各单位资金应存尽存，切实防范资金安全风险和廉政风险，实现资金保值增值，提高资金存放效益。

加强政府采购管理，严格落实政府采购意向公开等新要求，完成厅系统贫困地区农副产品采购任务，做好采购预算执行确认初审，审核、审批各类政府采购确认书信息2535条；开展专项审计，委托中介结构对2018—2020年政府采购政策执行情况进行专项审计调查，按照《关于进一步规范采购行为有关事项的通知》，重点调查部分招标方式改变、非竞争性采购、自行采购、采购内控工作等事项，进一步规范单位采购行为；开展政府采购业务知识培训，针对当前政府采购业务中的重点或难点问题邀请财政采购专家等进行详尽讲解，进一步理解和把握政府采购政策，提升单位政府采购业务水平和采购风险管控能力。

按时报送部门非税收入，每月梳理统计政府非税收入情况，及时报送省财政厅审核并进行资金拨款；对2020年政府非税收入资金返还情况，及时开展清算；开展收费清理专项工作，及时反馈水利行政事业性收费意见；做好省本级水利行政事业性收费征收管理，起草印发《浙江省水利厅关于继续实施水资源费阶段性减免工作的通知》（浙水财〔2021〕3号），明确全省水资源费优惠征收政策；根据水利部办公厅《关于开展重点领域政务服务相关中介收费摸排自查工作的函》（办财务函〔2021〕421号）要求，及时面向市县水利部门、厅机关各处室及厅属各单位印发相关通知，专题部署工作任务，明确工作要求，在全省水利系统扎实开展梳理摸排和自查工作。

深入贯彻落实省委、省政府全面深化国有企业改革精神，全面完成省水利水电勘测设计院转企改制资产处置和国有股权设置方案上报审批；贯彻落实省委、省政府国企改革三年行动方案，完成浙江省水利水电建筑监理公司、浙江水利水电工程审价中心等2家全民所有制企业公司制改制；配合企业分类处置，按照经营性国有资产统一监管工作要求，认真研究制定所属企业分类处置实施方案，对服务于全省水利重大战略任务以及承担水利公共事业协同发展职能的浙江省钱塘江管理局勘测设计院、浙江广川工程咨询有限公司、杭州定川信息技术有限公司、浙江水文新技术开发经营公司等4家企业经省政府同意后由财政统一监管，继续支撑水利事业发展；强化厅属单位对下属企业管理。指导厅属企业建立重大事项决策机制，落实企业风险防控。注销关闭浙江水电职业技能培训中心、安吉东篱农业开发有限公司等2家企业。

召开省水利厅系统2021年财务审计工作会议，总结经验，部署任务；结合财务强监管，打造水利财务“三服务”业务载体，围绕资金统筹安排、执行管理、内部管控的难点痛点，赴浙江水利水电学院、中国水利博物馆、浙江省水利河口研究院、浙江省水利防汛技术中心等厅属单位开展为基层解难题财务“三服务”活动，送政策、送服务、送管理，帮助解决单位实际困难，规范单位财务运行；开展全省水利系统“减负降本宣传月”活动，省减负办书面肯定省水利厅减负降本工作；积极配合省财政厅无纸化报销、会计管理等调研工作，得到省财政厅肯定；组织与省农业农村厅等兄弟单位开展财务业务交流学习，不断提高水利财务业务能力。

（胡艳、杜鹏飞、陈鸿清）

政务工作

【概况】 2021年，省水利厅政务工作始终围绕中心，聚焦“党建统领、业务为本、数字变革”，发挥信息枢纽、协调平台、督导落实、底线防守作用，不断推动政务公开工作常态化、规范化，为浙江水利高质量发展提供坚实保障。浙江连续第六年实行最严格水资源管理制度国家考核优秀等次、“十三五”考核排名全国第一，并获国务院通报表扬。

【政务服务】 统筹协调全省重大会议，全年组织党组会24次、厅长办公会13次，协办大会小会近百个。抓好文稿起草工作，全年起草重要文件、重要讲稿，综合性文稿超300万字。加强宣传服务，总结各地创新做法，全年编发《领导参阅》100期、报送政务信息110余条，省领导、厅领导对多条信息作批示肯定。

浙江省水库系统治理和水利工程“三化”改革的经验做法被水利部宣传推广。省直部门首家在党政机关整体智治综合应用“水利整体智治专题门户”上线。牵头开发新版OA系统和无纸化办会系统，实现智慧化办文，党组会、厅长办公会和各类专题会议全过程无纸化。实现应用场景拓展，开发全省水文化遗产应用模块，实现重要调查成果数据“一键查询”，73个县（市、区）完成数据录入，入库7800多个遗产点信息、数据和图片，全年完成档案数字化扫描图幅14.8万页。

【协调督办】 2021年，督促协调解决群众的一大批涉水问题，及时组织化解、转送信访件827件，办结率100%。全年组织办结省部领导批示39件。点对点、面对面办理人大建议、政协提案65件，办结率、满意率均为100%。分解省政府40项考评指标，改进处室单位年度考评体系，完善地方年度综合考评框架，层层传导压力。抓“四风问题”整治，倒逼厅系统减文减会，鼓励开短会、开视频会、点对点对接会，全省性大型会议数量下降。严把审核关，全年发文2000余件，较去年同期减少7.44%。在全省每月通报晾晒重点工作完成情况，并根据党史学习教育“六个一批”活动要求，组织市县总结争先创优经验做法，遴选出89个浙江省水利争先创优优秀案例并宣传推广。干堤加固、病险水库加固、病险山塘整治、新（改）建水文测站、美丽河湖建设、中小河流治理、水美乡镇建设、农村池塘整治8项指标入选政府民生实事。水利建设投资、美丽幸福河湖建设、水库系统治理3个事项纳入省政府督察激励事项，实现省政府督察激励水利事项从无到有的重大突破。

【政务公开】 2021年，省水利厅深入贯彻落实国务院及省政府关于全面推进政务公开的决策部署，主动公开政府信息，加强公开平台建设，持续推进政务新媒体平台矩阵建设，覆盖微信公众号、视频号、微博、头条等几大新媒体平台，集成政策解读、台风路径、潮汐预报等信息发布、政民互动、办事服务功能。加强对新媒体的审核管理，“浙江水利”微信号、微博号、视频号及时纳入全省政务新媒体管理平台管控。全年通过门户网站公开信息5899条，微博、微信、视频号、头条发布信息1689条，通过图片、图表、视频等多种样式开展政策解读10篇，召开新闻发布会3场，举办在线访谈5次，回应公众关注热点11次，全流程公开2021年度重大决策4件。

【后勤服务保障】 2021年，省水利厅严格管理“三公”经费，服务处室需求，接待省部领导调研、兄弟省市考察交流。常态化管理好厅系统疫情防控、维稳安保、食品安全等工作，厅机关及厅属单位成功实现“零感染”目标。办好机关食堂，倡导节约，组织干部职工疫苗接种、体检和疗休养。

（柳贤武）

水利宣传

【概况】 2021年，全省水利宣传工作紧紧围绕中心、服务大局，精心策划、主动作为，为浙江水利高质量发展营造良好的舆论氛围。省水利厅制定《2021全省水利“强宣传”工作要点》，发布《强宣传通报》4期，围绕水利重大主题组织新闻发布会和媒体采风活动，举办“第三届浙江省亲水节暨3·22世界水日”主题宣传活动，拍摄制作微纪录片《丰碑》，评审公布第五批浙江水利优秀新闻作品，各级水利部门在省级以上主流媒体发布稿件780篇。

【媒体宣传】 2021年，全省水利系统围绕建党百年、防汛抗旱、浙江水网等重点工作，强策划、强创新、强效果，开展了一系列主题宣传活动，打造了一批水利宣传成果。

聚焦建党百年，省水利厅先后开展第三届“浙江省亲水节暨3·22世界水日”主题宣传、拍摄制作微纪录片《丰碑》，讲述历代浙江水利人艰苦奋斗搞建设、战天斗地防灾害的故事，推动党史学习教育深入群众、深入基层、深入人心。全省水利系统动态宣传报道党史学习教育学习成效，先后开展“重走八大水系治水路”“有风景的思政课”“红色记忆寻访”等主题宣传活动，切实营造浓厚学习氛围。

聚焦防汛抗旱，及时发布防汛备汛动态、预报预警信息，宣传水利工程在防汛抗旱中发挥的作用和效益。在“烟花”台风影响浙江期间，“浙江水利”微信公众号第一时间发布《余姚河道水位接近“菲特”台风，姚江上游西排工程正在发力!》等稿件，正面宣传水利工程在应对余姚历史性洪水中发挥的作用，正面引导社会舆论。在秋冬旱情抬头、省水利厅启动水利旱情蓝色预警的情况下，对接中央广播电视总台、浙江卫视、浙江日报等媒体，宣传各地抗旱举措，倡导开源节流。

聚焦浙江水网建设，联动中央及省级主流媒体开展重大主题宣传。组织新华社等开展“浙海安澜、浙里共富”媒体采风活动，并在浙江日报、中国水利报等媒体刊发6个整版深度报道全省海塘安澜千亿工程。围绕浙江在“十三五”时期实行最严格水资源管理制度考核中排名全国第一，联系水利部宣教中心、全国节水办组织“节水行动看浙江”中央媒体采风活动，报道浙江省水资源节约集约利用的成效和经验。

【新闻发布】 2021年，省水利厅围绕水旱灾害防御、农饮水达标提标行动收官、海塘安澜千亿工程行动计划发布等重大主题和重点工作，组织新闻发布会和媒体专访，新华社、中央广播电视总台、中国新闻社、浙江日报、浙江电视台、浙江之声等中央和省级媒体参加现场报道，第一时间发布权威信息。

2021年3月22日，结合“世界水日”主题活动，省水利厅新闻发言人、副厅长李锐向媒体通报了浙江节水行动推进成效、“十四五”期间“浙江水网”建设等方面内容。

2021年5月14日，省政府新闻办组织召开浙江省农村饮用水达标提标行动收官新闻发布会。省水利厅党组书记、厅长马林云作为主发布人出席发布会，介绍《浙江省农村饮用水达标提标行动计划（2018—2020年）》实施完成有关情况，宣布浙江在全国率先基本实现“城乡同质饮水”目标，全省农村饮用水达标提标行动收官。新华社、人民网、央广网、中新社、浙江日报等20余家中央及省级媒体参加。

2021年5月14日，省水利厅党组书记、厅长马林云接受《浙江之声》专访，阐述贯彻习近平科学思维方法的水利实践。

2021年7月，省水利厅党组书记、厅长马林云在《中国水利》杂志刊发署名文章《弘扬红船精神　凝聚奋进力量　在高质量发展建设共同富裕示范区中展水利担当》。

2021年8月23日，省水利厅党组副书记、副厅长李锐受邀参加浙江卫视《今日评说》节目，围绕构建完善浙江水网，高标准建设农村水利基础，全域创建幸福河湖，筑牢防洪安全屏障等方面全面解读《浙江高质量发展建设共同富裕示范区水利行动计划（2021—2025年）》。

2021年11月16—17日，省水利厅组织开展“浙海安澜　浙里共富”融媒体联合采访，省水利厅新闻发言人、副厅长李锐向媒体通报解读了《浙江省海塘安澜千亿工程建设规划》。

2021年12月底，省水利厅新闻发言人、副厅长李锐参加了省委宣传部、浙江经视主办的《有请发言人》节目录制，以海塘安澜千亿工程建设为切入点，多维度解读水利助力共富，让“把海塘安澜打造成为经济社会发展的‘安全线’‘生命线’‘幸福线’”的目标更加深入人心。

【媒体采风】　2021年，省水利厅围绕入汛、浙东引水工程、海塘安澜、节水行动等宣传主题，组织或配合完成4场媒体采风活动，《人民日报》、新华社、中国网、《中国水利报》、《浙江日报》、浙江在线等中央及省级媒体记者参加。

2021年4月14日，浙江入汛前日，省水利厅组织“汛来问江河”集中采访，向媒体通报2021年汛期水文形势、水利入汛准备工作及数字化应用如何投入汛期实践。

2021年9月14—17日，省水利厅会同水利部宣传教育中心、全国节水办，组织人民日报、新华社、经济日报、科技日报、农民日报等7家中央新闻媒体单位的记者赴浙江省开展“节水行动看浙江”主题采访活动，深入报道浙江水资源节约集约利用的成效和经验。

2021年9月28—29日，省水利厅组织“水润浙东　逐梦浙江共富路”融媒体采风，通报浙东引水工程正式全线贯通，并实地走访萧山、余姚、慈溪、舟山等地，感受浙东引水工程的民生温度。新华社、中新社、中国网、中国水利报、浙江电视台新闻频道等10余家省内外媒体参加采风。

2021年11月16—17日，省水利厅组织开展“浙海安澜　浙里共富”融媒体联合采访。来自新华社、中国青年报、中国水利报、浙江日报、浙江卫视、浙江之声等近10家主流媒体赴杭州、舟山和宁波等地，实地调研海塘安澜千亿工程进展。

【3·22世界水日宣传活动】　2021年3月22日是第29届“世界水日”，第34届“中国水周”的第一天，由省水利厅

和中共嘉兴市委、嘉兴市人民政府主办的第三届“浙江省亲水节暨3·22世界水日”主题宣传活动在嘉兴南湖畔举办。该次活动以庆祝建党100周年为契机，围绕“启航新征程 共护幸福水”主题，由“忆往昔·饮水思源 喝水不忘挖井人”“看今朝·浙水安澜 砥砺奋进正当时”“新征程·勇立潮头 水利儿女再出发”三个篇章组成，通过人物访谈、视频连线、短片播放等形式生动展现浙江水利取得的新成效，弘扬新时代水利精神，激励和鼓舞浙江水利人投身新时代水利改革发展事业，动员全省人民共同节水护水爱水。省水利厅、嘉兴市等有关方面领导，水利建设者代表、节水标杆代表、媒体记者等参加现场活动。

【“最美水利工程”推选活动】 2021年3月22日，浙江省寻找“最美水利工程”主题活动正式启动。该次活动通过各地推荐、网络投票、专家评审、名单公示等环节，历时4个多月，从省内已建成的大中型水库、水闸、泵站、闸站和Ⅱ级以上堤塘及其他相当规模水利工程中，寻找出一批“安全可靠、效益显著、管理规范、绿色生态、文化彰显”具有标杆性、引领性、示范性的“最美水利工程”。8月3日，浙江省寻找“最美水利工程”主题活动结果正式揭晓并举行授牌仪式，新安江水电站、钱塘江海塘、杭州市千岛湖配水工程与闲林水库、宁波市姚江大闸、温州市珊溪水利枢纽工程、湖州市环湖大堤、绍兴市曹娥江大闸枢纽工程、嘉兴市杭嘉湖南排工程、衢州市乌溪江引水工程、舟山市大陆引水工程（排名不分先后）入选浙江省十大“最美水利工程”名单，杭州市三堡排涝工程等10个工程入选“最美水利工程”提名名单。

【微纪录片《丰碑》拍摄制作】 2021年，省水利厅携手浙江经视创作团队，挖掘红色基因，聚焦全省重大水利工程，策划制作10集微纪录片《丰碑》，以口述的形式还原历史现场，讲述水利人艰苦奋斗搞建设、战天斗地防灾害的故事，将恢弘的治水故事以微观叙事的手法表现出来，生动展示浙江治水事业取得的伟大成就和水利工程发挥的巨大效益。从谋划到完播，历时8个月。期间，由省水利信息宣传中心牵头组织，水利团员、青年干部、电视台编导集结而成的10支队伍，驱车8000余km，前往20余个县（市、区），寻访亲历者60余位。通过他们的回忆，重温那些“千辛万苦”修水库、“千军万马”治太湖、“砸锅卖铁”修海塘等红色故事，感受老一辈水利人的精神伟力，赓续红色根脉，守护浙水安澜。

【“浙江水利”宣传阵地建设】 2021年，浙江水利网站采编各类宣传稿件3100多条，发布各类政府公开信息5500多条，开设“海塘安澜千亿工程”“数字化改革”等10个专题。浙江水利微信公众号、微博发稿1173条，策划“海塘安澜进行曲”“数字化改革看水利”等8个专题。省水利厅获省政府办公厅2021年度全省政务公开工作成绩突出集体通报表扬；“浙江水利”微信公众号在水利部2021年度“省级水利部门官方微信传播力 TOP10”中排名全国第1，在2021年度“浙江省政府系统政务新媒体发展指数省级部门健康指数 TOP30”中排名第6。2021年新开通“浙江水利”微信视频号和澎湃新闻“澎湃号”，形成“一网两微五号”浙江水利政务新媒体阵地，其中视频号已发布视频30个，累计阅读量达30万余次。

【第五批浙江水利优秀新闻作品】 2021年11月9日，省水利厅、省新闻工作者协会联合发文公布第五批浙江水利优秀新闻作品名单。《中国水利报》《持续做减法 最多评一次》，《浙江日报》《新安江水库泄洪背后的浙江治水“秘笈”》，中央电视台新闻频道《浙江旱情调查》，中国蓝新闻客户端《互动 H5｜回顾新安江水库首次9孔全开泄洪全过程》等23件作品获奖。第五批浙江水利优秀新闻作品名单见表4。

表4 第五批浙江水利优秀新闻作品名单

类别	奖项	作品标题	作者	刊发媒体
报刊作品	一等奖	《持续做减法 最多评一次》	李先明、李平、席晶、黄一为	《中国水利报》
		《新安江水库泄洪背后的浙江治水“秘笈”》	金梁、方臻子	《浙江日报》
	二等奖	《浙江探索河权改革变“死水”为“活水”，美了生态富了口袋》	黄筱、许舜达	新华社
		《古井，安好否?》	金梁、任明珠	《浙江日报》
		《汛期已至，养25公斤的“猫”，钓30公斤的“鱼”，水文工作者进入时刻待命状态》	施雯	《钱江晚报》
		《数字赋能为金华水利装上“智慧大脑”》	章馨予	《金华日报》
	三等奖	《水源地保护区居民拿到绿色补贴》	周国勇、叶卫华	《人民日报》
		《浙赣两村同饮一池“放心水”》	王国成、朱海洋	《农民日报》
		《“山海水城”的水利引领》	李顺卿、张隽、李欠林、奚巧芝	《中国水利报》
		《常山城乡共饮“一碗水”》	王世琪	《浙江日报》
		《一场江南粮仓“保卫战”——探访杭嘉湖南排工程》	王杭徽、王志杰、姜林卫	《浙江日报》
		《杭州：全省首例！水利建设项目实现远程异地评标》	徐志刚	《杭州日报》
		《舟山的节水之路只有进行时，没有完成时》	陈颖丹	《舟山晚报》

续表4

类别	奖项	作 品 标 题	作者	刊发媒体
广播电视作品	一等奖	《浙江旱情调查》	杨军威、刘浪	中央电视台新闻频道
	二等奖	《新安江水库水位创历史新高 钱塘江流域维持防汛Ⅰ级应急响应》	杨柯、陈沫、童徐伟、林晨、管晴川、严逸伦、金亮、孙汉辰	浙江卫视
		《精准防汛、科学调度，守护人民群众安全"生命线"》	袁奇翔、叶澍蔚、蔡吉康、涂希冀	《浙江之声》
	三等奖	《金华婺城白沙溪三十六堰入选世界灌溉工程遗产》	孙甜甜、张易	金华广播电视台
		《林义钱："农民的丰收是我最高兴的事!"》	蒋荣良、刘挺、李秉卓	台州影视文化频道
新媒体作品	一等奖	《互动 H5｜回顾新安江水库首次 9 孔全开泄洪全过程》	袁爽、陈洁、沈正玺、陈雷浩、赵宏垚	中国蓝新闻客户端
	二等奖	《温州、台州、宁波南部等多地旱情持续，未来降雨仍将偏少，浙江这样"抗长旱"!》	李为民	浙江发布
		《2020 梅雨这场硬仗：新安江水库开闸泄洪 173 小时背后的故事》	包璇漪、高唯	浙江新闻客户端
	三等奖	《致敬新一代奋斗者们｜王清田：守护家乡的"稻田 竹林与远山"》	马迅、罗潇	央视新闻客户端
		《浙江海塘的朋友圈》	叶双莲、张湉、郑强	温州新闻网

（郭友平）

【水文化建设】 加强水文化建设顶层设计，12 月底，省水利厅印发《浙江省"十四五"水文化建设规划》，明确 170 个重点项目，为未来五年浙江省水文化建设确定目标方向。推进水文化遗产调查，4 月初，省水利厅印发《浙江省水利厅关于开展重要水文化遗产调查的通知》，正式启动水文化遗产调查工作。截至 2021 年年底，全省 92 个县（市、区）均已开展遗产调查工作，63 个县（市、区）完成调查成果的自查自验和市级复核，49 个县（市、区）通过验收。推动遗产保护和工程文化融合，推荐钱塘江明清古海塘、瓯江古堰代表全省申报首批国家水利遗产认定，组织开展第一届水工程与水文化有机融合案例征集活动，评选出杭州拱宸桥水文站等 13 个具有较强文化传承功能和示范借鉴意义典型案例。

（柳贤武）

党 建 工 作

Party Building

213～217 页

党建工作

【概况】 2021年，省水利厅围绕新时代党的建设总要求，贯彻落实中央、省委、省直机关工委的决策部署，聚焦“党建统领、业务为本、数字变革”三位一体统筹发展，以“双建”（建设清廉机关、创建模范机关）工作为总牵引，在理论武装、组织建设、正风肃纪等方面进一步走深走实，牢牢守住“红色根脉”，忠实践行“八八战略”，奋力打造“重要窗口”，为争创水利现代化先行省，争当高质量发展建设共同富裕示范区模范生提供政治和组织保证。

【党务工作】 深化理论武装。2021年，开展省水利厅党组理论学习中心组学习会和党组会前“第一议题”专题学习25次，形成学习交流材料150余篇。举办处级干部学习习近平总书记“七一”重要讲话精神专题读书班2期，省水利厅系统累计发放各类学习书刊1.9万余册。

做实“双建”工作。不断深化“三联三建三提升”（厅党组成员联片，建立季度分析机制，提升基层组织的领导力；厅机关处室与直属单位联线，建立协作共建机制，提升基层组织的组织力；党员干部联点，建立服务指导机制，提升党员干部战斗力）工作机制，印发《中共浙江省水利厅党组关于强化党建统领纵深推进“清廉机关、模范机关”建设实施方案》，推动党建与业务深度融合。省水利厅被省直机关工委确定为5个“模范机关”建设试点单位，并入选长三角20个模范机关建设样板单位，典型交流材料《强化党建统领　落实五大举措　着力建设清廉机关创建模范机关》入选长三角地区机关党建共建共享百个一体化项目。“党建进工地”创新实践做法被水利部推荐为试点工程在全国推广，省水利厅建设处获评“全省‘建设清廉机关、创建模范机关’工作先进集体”。

持续夯实党建基层基础。修订印发《2021年直属单位党委党建工作考评实施方案》（浙水直党〔2021〕4号）和《深化党支部标准化2.0建设强化分类指导实施方案》（浙水直党〔2021〕5号），严格年度考核、日常检查，推动基层党组织抓党建工作主体责任落实落地。持续推进党支部标准化2.0建设，优化指标体系，强化分类指导，进一步增强基层党组织组织力、战斗力和凝聚力。开办“水利大讲堂”“水利云课堂”“云上学党史”，上线专题课程40余门。全年发展党员801名，创历年之最。党建调研文章《关于新形势下水利厅数字廉政监督体系建设的探索与思考》获2021年度全省机关党建优秀课题成果二等奖和全国水利系统2021年度水利思想政治工作及水文化研究成果三等奖。

争优创先氛围浓厚。2021年“七一”前夕，举办“守好红色根脉，争当治水先锋”庆祝建党百年主题党日活动，隆重表彰省直机关和厅系统“两优一先”（优秀共产党员、优秀党务干部、先进基层党组织），为137名老党员颁发“光荣在党50年”纪念章。省水利厅农水水电水保处党支部、浙江同济科技职业学院工程造价党支部和厅直属机关党委吴伟芬，浙江水利水电学院方贵盛，浙江省水利水电勘测设计院有限责任公司何伟，浙江省水利河口研究院（浙江省海洋规划设计研究院）吴辉共4人被评为省直机关“两优一先”。9月10日，省水利厅系统组织开展以“汇聚慈善力量，助力共同富裕”为主题的“慈善一日捐”活动，厅领导集体参加捐款启动仪式，党员干部带头捐款，厅系统2966名干部职工参加捐款，共计捐赠善款58.2万元。

加强队伍建设。2021年，新任免直属机关党委专职副书记，厅直属机关纪委增设1名副书记。中国水利博物馆和浙江省水利水电咨询中心、省水利科技推广服务中心等3家单位各新增1名纪委书记，厅直属9家党委单位都已配齐配强纪委书记。举办党支部书记、纪检干部、团干部等近170人的培训班，多层面加强横向交流，搭建学习互促平台。

党建年度考核结果。根据《2021年直属单位党委党建工作考评实施方案》，按照考核结果，浙江省钱塘江流域中心、浙江省水利河口研究院（浙江省海洋规划设计研究院）、浙江省水文管理中心、浙江省水利水电勘测设计院有限责任公司等4个党委评为优秀，其余5个党委均为良好。根据《关于深化推进党支部标准化2.0建设加强分类指导工作的实施意见》，分厅机关处室党支部、厅直属单位党支部和设党委单位的党支部三类考核，按照考核结果，厅人事处、建设处、农水水电水保处、办公室、财务处等5个机关处室党支部为优秀，其余9个机关处室党支部为良好；浙江省农村水利管理中心、浙江省水利防汛技术中心、浙江水资源水电中心等3个直属单位党支部为优秀，其余4个直属党支部为良好。

【党史学习教育】　2021年3月2日，省委召开党史学习教育动员会后，省水利厅党组迅速启动党史学习教育工作，组建由省水利厅党组书记、厅长马林云任组长，其他党组成员任副组长，厅机关各处室及直属单位主要负责人为成员的领导小组，成立党史学习教育办公室，并抽调16名精干力量组建综合协调、宣传指导、为民服务3个工作组和由省水利厅二级巡视员董福平、钱燮铭任组长的2个巡回指导组。2021年3月11日，省水利厅召开党史学习教育动员部署会，传达贯彻中央和浙江省委有关精神要求，部署《省水利厅党组关于开展党史学习教育的实施工作方案》（浙水党〔2021〕23号），明确7个方面31项主要任务。3月22日，省水利厅党组前往嘉兴南湖，开展“启航新征程”主题党日活动。

省水利厅系统围绕百年党史、习近平总书记“七一”重要讲话精神、中国共产党第十九届中央委员会第六次全体会议精神等深入开展学习宣传，累计组织开展各类研讨2807场次、上党课812场、宣讲610场（次）、专题研学292场、参与65692人次。结合水利实际，开展“六个一”（精读一系列文件文章、聆听一次专题宣讲、参加一次主题党日、交流一次主题发言、走访一项红色水利工程、撰写一篇学习心得）活动。开展

“浙水润民·为民服务”专题实践活动，制定水利为民三大方面23条具体措施，全省水利“三服务”累计服务2.7万人次，解决问题5212个，满意率100%。举办4期水利大讲堂、举办厅系统青年理论宣讲暨微党课大赛、成立“治水路上话初心”和“8090”宣讲团、开展饮水思源学党史主题征文等一系列比赛活动。编发党史学习教育简报50期，在浙江水利网、微信公众号开设“党史学习教育”专栏，发布动态740篇，连载赓续“红色根脉”系列报道60期，被省党史学习教育简报采编信息7条，被省党史学习教育“红色文物故事”采编信息2条，在人民网、《中国水利报》、《浙江日报》、《浙江新闻联播》等国家、省级主流媒体发表报道39篇，省水利厅党组书记、厅长马林云接受“浙江之声”专访，水利服务“百县千企万村”行动入选浙江省党史学习教育“三为”专题实践活动最佳实践案例。

【纪检工作】 履行主体责任。2021年，省水利厅党组专题研究全面从严治党工作15次。3月8日，召开全省水利系统党风廉政建设工作视频会，部署印发《深化推进“清廉水利”建设2021年重点工作任务》（浙水办〔2021〕5号），明确“清廉水利”年度6方面21项工作，省水利厅党组书记、厅长马林云分别与厅党组班子其他成员签订党风廉政建设责任书，与11个市水利部门签订党风廉政建设承诺书。为加强对厅系统各级“一把手”和领导班子的监督，厅党组与派驻纪检监察组联合印发《关于加强对“一把手”和领导班子监督的工作细则》（浙水党〔2021〕58号），明确7张职责清单，建立谈心谈话、巡察检查、廉情分析、政治生态研判、重要事项请示报告、建立干部廉政档案、日常监督等7项监督机制，开展分片廉情分析会，每季度每位厅党组成员牵头召开1次分管单位（处室）的廉情分析会，持续推动厅党组成员“一岗双责”落实。

开展第二轮厅系统内部巡察。对浙江水利水电学院开展专项检查，对浙江同济科技职业学院、浙江省水利水电技术咨询中心、浙江省水库管理中心、浙江省水资源水电中心等4家单位开展巡察。

做实做细监督检查。在省水利厅系统开展“规范领导干部廉洁从政从业行为 进一步推动构建亲清政商关系”专项行动，实现厅系统处级干部（含两所高校）、四级调研员、六级职员及以上干部全覆盖，共350余名干部进行自查。制定印发《关于加强河道采砂监管防范涉砂领域廉政风险的通知》（浙水办〔2021〕15号），明确采砂监管“十条”举措，加强对水利资源富集、资金密集领域的监管。组织开展违规吃喝违规收送礼品礼金和酒驾醉驾及其背后“四风”（形式主义、官僚主义、享乐主义和奢靡之风）问题专项治理，厅系统4872人开展自查。强化正风肃纪检查，2021年以来，共开展10轮正风肃纪检查，提出意见建议42条，及时督促落实整改。

【“浙水清廉”应用】 探索以数字赋能廉政监督，“浙水清廉”应用列入水利数字化改革总体布局，纳入省水利厅浙里“九龙联动治水”重大应用中“六大应用”（浙水安全、浙水美丽、浙水好喝、浙水节约、浙水畅通、浙水清廉）之一。以在建水利重点工程全生命周期管理为切入口，2021年，率先迭代建设透明工程场景，谋划清廉权力场景。重点聚焦水利领域公权力大数据监督，设计若干预警模型，对预警预报信息进行分级管控。组织召开“浙水清廉”水利数字化改革调研座谈会3次，调研上虞、嵊泗试点单位2次，在数字底座上构建监督新机制。

【精神文明建设】 2021年，浙江省水文管理中心、金华市梅溪流域管理中心等2家单位获评第九届全国水利文明单位。杭州三堡排涝工程成功入选全国第三届水工程与水文化有机融合案例。

【群团及统战工作】 工会工作。浙江水文管理中心、浙江省钱塘江流域中心、浙江省水利水电勘测设计院、浙江省水利河口研究院（浙江省海洋规划设计研究院）等4家单位工会完成换届选举工作。完成浙江省水利水电勘测设计院工会更名工作。2021年，省水利厅工会工作委员会为厅系统34名劳模、27名困难职工、410名春节坚守一线岗位职工送去温暖。持续开展高温慰问，专门下拨20万元专项慰问经费，覆盖厅系统职工1000余人。厅系统干部职工开展疗休养3288人。浙江省水利水电建设控股发展公司姚江上游西排工程建设管理处、绍兴市五水共治工作领导小组（河长制）办公室等2个科室（班组）获得全国工人先锋号，完成浙江省水文管理中心胡永成劳模创新工作室申报，省水文管理中心陈金浩入选2021年“浙江工匠”，省水文管理中心邵加健入选2021年“浙江青年工匠”。组建厅系统乒乓球、羽毛球、网球、广播操、围棋、登山、足球、篮球、桥牌等9支队伍参加省第四届体育大会和省直机关第十四届运动会，取得优异成绩，乒乓球代表队在2项赛事中均获得团体第一，省水利厅工会工作委员会获得省第四届体育大会优秀组织奖和道德风尚奖，获省直机关第十四届运动会突出贡献奖。

团工委工作。印发《2021年省水利厅共青团工作要点》（浙水团〔2021〕6号），明确3个方面9项重点任务。浙江省钱塘江流域中心、浙江省水利水电勘测设计院有限责任公司、浙江省水利河口研究院（浙江省海洋规划设计研究院）等3家单位团委换届。印发《关于开展“青春亲水”志愿服务行动的通知》（浙水团〔2021〕5号）。以“世界水日·中国水周”为契机，组织厅系统团员青年开展志愿活动。开展2019—2020年度厅级先进基层团组织、优秀团干部和优秀团员评选。在团系统扎实开展党史学习教育，利用智慧团建系统开展监督指导。开展“数字化改革，青年在行动”系列行动，组织参观杭州海康威视数字技术股份有限公司、杭州八堡数字工地，强化青年数字化思维，提升数字化素养。

统战工作。做好厅系统无党派人士信息更新登记工作，完成27名无党派人士信息更新，推荐陈海生、张晓波、余锦地等3人为省直机关工委重点联系的无党派人士。

（王新辉、吴伟芬、郭明图、孙瑜）

学 会 活 动

Learning Activities

219～228 页

浙江省水利学会

【学会简介】 浙江省水利学会（以下简称省水利学会）成立于1958年，是一个由省水利厅、中国电建集团华东勘测设计研究院有限公司（原华东勘测设计院）、中国水利水电第十二工程局有限公司共同发起，浙江省水利科学技术工作者和单位自愿结合组成的学术性、地方性非营利性社会团体，是省水利科学技术事业的重要社会力量。省水利学会依托省水利厅，党建领导机关是中共浙江省科学技术协会科技社团委员会，接受业务主管单位省科学技术协会的领导和社团登记机关省民政厅的监督管理，并接受中国水利学会的业务指导。2021年，省水利学会领导机构为第十一届理事会，共有理事51人，其中常务理事17人，监事3人。截至2021年年底，学会有单位会员128家，个人会员2333名。下设专业委员会19个，分别是水工建筑与施工技术专业委员会，地质与勘测专业委员会，河口海岸与泥沙专业委员会，水文、水资源与水环境专业委员会，水旱灾害防御专业委员会，农村水利专业委员会，水利信息技术专业委员会，滩涂湿地保护与利用专业委员会，水利科技推广专业委员会，工程造价专业委员会，水文化专业委员会，水利科普专业委员会，水利工程管理专业委员会，水利规划与政策专业委员会，引调水工程管理专业委员会，海塘工程专业委员会，河道与水生态专业委员会，河道与水生态专业委员会，涌潮研究专业委员会。全省11个地市均建立市级学会。

省水利学会的业务范围，包括开展学术交流和科学考察活动，组织重点学术课题和重大技术经济问题的探讨，编辑出版学术书刊、学会通讯；普及科技知识，推广先进技术经验，积极开展技术开发、技术推广和技术咨询活动，向有关部门提出合理化建议，接受委托开展项目评估与论证、项目管理与咨询、科技成果鉴定、技术职务资格评审等；开展国（境）内外学术交流活动，加强同国（境）内外水利科技技术团体和科技工作者的友好往来与合作，加强与兄弟学会的联系与交流；举荐科技人才，发展新会员，通过各种形式的技术培训，不断提高会员的学术与业务管理水平；开展为水利科技工作者服务的活动，反映会员的意见和要求，维护他们的合法权益；奖励在学会活动和科技活动中取得优异成绩的集体和个人。

【概况】 2021年，省水利学会以能力提升为重点，扎实推进学术交流、科学普及、人才举荐、科技奖励、决策咨询、组织建设等工作。省水利学会联合温州市塘河沿线开发建设指挥部等举办“创新协同智治，高质量推进县域水治理”为主题的“长三角一体化县域水治理暨幸福河湖创新发展论坛”。依托“水利科技云讲堂”举办线上科普和学术交流会6场，4000余人参加。开展水利科技成果评价10项，组织完成2021年度省水利科技创新奖评选和大禹奖提名，评选出省水利科技创新奖23项，提名6项成果参评2021年大禹水利科技奖。出版

《地方水利技术的应用与实践》第31辑、《浙江水利水电》4期，与省水科院联合主办《浙江水利科技》双月刊。省水利学会加入省科协资源环境联合体和省科协乡村振兴联合体，助力美丽浙江建设和乡村振兴。省水利学会在中国水利学会分支机构和地方学会秘书长工作座谈会上作题为“发挥学会桥梁纽带作用，助力水利现代化先行省建设”的典型发言。

【学会建设】 2021年，分别组织召开省水利学会第十一届理事会会议和常务理事会会议，审议通过关于增补副理事长、增补专委会副主任委员、单位会员入会等事宜。根据社会团体党的建设新要求，学会党的工作小组转换为学会理事会功能型党支部，设支部书记1名，委员2名。开展会费收缴，收取会费42.8万元，较往年有大幅提高。全年共吸纳上海威派格智慧水务股份有限公司等5家单位会员，收到5家单位会员和15名个人会员的入会申请。

【学术交流】 2021年3月23—24日，省水利学会联合浙江省钱塘江流域中心、杭州市南排工程建设管理服务中心主办首届泵闸站技术与管理高峰论坛，200多名专家、技术人员代表到场，以特邀报告、新技术交流、技术沙龙以及现场考察的形式，分享行业新动态、探讨行业新趋势。

4月8—9日，省水利学会联合宁波市水利学会主办现代水利技术与水文化交流会，会议组织现代水利技术创新及应用做法与经验交流，开展水利工程考察，深刻了解宁波古今水利工程深厚的文化底蕴和历史传承。

4月29—30日，省水利学会联合浙江省生态经济促进会、中国水利学会生态水利工程学专委会主办2021长三角水大会暨首届幸福河湖科技峰会，中国工程院院士徐祖信、浙江省勘察设计大师陈斌、水利部太湖流域管理局总工程师林泽新等专家分别作大会主题演讲，共同研讨长三角生态绿色一体化河湖系统治理发展，共商河湖领域的交流与合作，推动长三角一体化河湖综合治理从顶层规划到落地实施。

5月28日，联合中国水利博物馆、中国水利学会水利史研究会主办潘季驯治水成就与新时代水文化高层论坛，纪念潘季驯诞辰500周年。

面对疫情防控新形势，省水利学会开辟学术交流新途径，推出“水利科技云讲堂”线上实时网络直播课堂，围绕节水科普、海塘安澜、水利工程建设质量、山洪灾害防御管理、水资源计量与监控、混凝土表面防护与修复等主题举办云讲堂6期，4000余人次参与线上学习和讨论，云讲堂还纳入省水利厅线上继续教育计划，实现学术交流与会员继续教育有效融合。

【科普宣传】 为纪念第二十九届“世界水日”、第三十四届“中国水周”，进一步提升公众爱水、护水、节水意识，结合“节水中国　你我同行”主题宣传联合行动，省水利学会组织开展世界水日系列主题宣传活动。围绕“浙江节水科普”，精心设计课程内容，通过“水利科技云讲堂”视频直播形式，向社会公众详细介绍“水与水资源、为什么要节约用水、如何节约用水及浙江节水行动”四大板块知识。线下同步开展科普宣传“进学校、进社区、进家庭、进农村、进企业、进机关”的“六进”活动，通过播放节水宣传片、科普云讲座、宣发节约用水知识读本及宣传用品等，将“世界水日”科普宣传走进学校、社区及家庭。

围绕水利中心工作和基层需求，组织专家围绕“什么是水、生活中为什么要节水、生活节水常识、如何在生活中节水”4个方面编写《生活节水科普手册》等科普读物，深入社区、校园、农村发放手册，传播生活节水知识。在送科技下乡期间，学会专家走进永嘉，为鹤盛镇中心小学的同学们带去一场节水科普活动，引导同学们增强节水意识、养成节水习惯，并把爱水、惜水、护水的理念传递给身边的人。水利科普专委会开展“大手拉小手，小手牵大手”科普活动，130多名志愿者与光明小学近1000名学生共唱一首歌，共护一滴水；科普专委会组织7支暑期“三下乡”社会实践团队分赴开化、临安、萧山、湖州、丽水等地进行实践和调研，进行水质检测、开展节水宣传等系列活动，受到中国新闻网、浙江新闻、浙江在线、新蓝网、临安电视台等新闻媒体的报道。

【创新发展】 开展2021年省水利科技创新奖评选，经形式审查、评前公示、专业评审、会议评审、结果公示等流程，共评选出获奖项目23项，其中“杭州市第二水源千岛湖配水工程关键技术研究”获特等奖，“河流连续体多维生态系统修复关键技术研究及应用”获一等奖，“中小河流洪水预报调度关键技术研究”等6项成果获二等奖、“平原软土地基超低扬程大流量泵站工程关键技术研究”等15项成果获三等奖。提名6项科技成果参评2021年大禹水利科技奖，“河流连续体多维生态系统修复关键技术研究及应用”获三等奖。

发挥专家智库优势，围绕浙江省沿海及平原地区风浪研究等关键技术项目和重大应急攻关项目列出榜单，鼓励有能力的领军人才“揭榜挂帅”，组织讨论形成研究方案，相关课题研究列入2022年省级部门预算。

发挥学会专家优势，组织完成“温岭市新金清闸保护性加固关键技术研究及应用”“海岛地区水资源高效利用关键技术研究——以浙江省舟山地区为例”等10项水利科技成果评价。

【能力提升】 围绕“科创中国”，组织专家深入涉水企业开展“千名专家进万企”专项行动。组织学会专家积极参加“三服务”“百名处长联百县”水利三服务行动，在水库安全度汛大排查大整治省级督导、“护航建党百周年”安全隐患大排查大整治省级督导、数字化改革暨改革创新综合指导中发挥重要作用，得到群众称赞。组织专家到永嘉、文成等县（市、区）进行科技下乡服务，通过工程一线指导、现场专题技术培训等方式，为县（市、区）破解水利建设和管理问题，服务工作深受基层干部和群众欢迎。

围绕学会科普和学术交流，联合省水利科技推广服务中心向省水利厅报送

《无接触交流、一站式科普、高精准对接科技推广开启“云服务”》参阅件，被水利部采纳推广。水利规划与政策专委会组织专家编写《探索运用基础设施领域不动产投资信托基金推动“浙江水网”建设的建议》《破解水利工程用地难的思路与建议》《城市洪涝治理的“余姚模式”》等参阅报告，提交省水利厅党组供决策参考。

省水利学会组织专家开展《水利科技创新发展问题与对策研究》专题调研，分析水利科技创新在体制机制、资金保障、转化推广、平台建设等方面存在的问题，研究提出加强水利科技创新发展的重点任务和对策措施。调研成果获2021年水利系统优秀调研报告三等奖。

【会员服务】 2021年，面向会员征集并遴选49篇论文，出版第31辑《地方水利技术的应用与实践》，宣传基层技术应用和实践经验。围绕全省水利工作动态，出版一年四期会员刊物《浙江水利水电》，优化刊物内容，提升刊物质量，更好地宣传全省水利水电工作重要政策、科研成果及科普知识。与省水科院联合主办《浙江水利科技》双月刊，发表最新水利科技进展论文。

组织会员参观世界灌溉工程遗产它山堰和水工程与水文化有机融合案例化子闸泵站两大水利工程。组织会议考察温州温瑞塘河治理情况，体验“塘河夜话”水利与文旅融合成果。引调水专委会组织会员赴南水北调东线工程开展调研。

省水利学会推荐傅雷和杨峰为首届浙江省青年科技英才奖候选人。推荐尤爱菊、朱丽芳2名专家入选省科协资源环境联合体专家委员会专家，推荐郑世宗、陈晓东、叶利伟3名专家入选省科协乡村振兴联合体专家委员会专家。

【重点工作】 围绕长三角一体化上升为国家战略三周年，省水利学会联合温州市塘河沿线开发建设指挥部等举办“长三角一体化县域水治理暨幸福河湖创新发展论坛”，论坛以“创新 协同智治，高质量推进县域水治理”为主题，王浩院士、徐祖信院士和来自太湖流域管理局，浙江省、上海市、江苏省、安徽省长三角三省一市相关领导、水利专家齐聚，交流“十六字”治水思路指引下的县域治水实践，共商新发展阶段长三角区域治水理念创新、机制创新的有效路径，推动长三角一体化水治理形成更多标志性成果。该论坛为长三角区域“治水”经验交流的重量级研讨会，来自长三角地区三省一市的水利专家、学会领导、各单位的负责人及技术人员170余位代表参加，受到学习强国、人民网、新华网、中国新闻等数十家中央及省、市级媒体的关注。

省水利学会副理事长、中国电建华东勘测设计院总工程师吴关叶作为省水利厅第三期水利大讲堂主讲人，作“白鹤滩水电站工程设计和建设特点”专题宣讲，以翔实的数据和大量的事例，深入介绍白鹤滩水电站的建设过程，并讲述特高拱坝和巨型水电站设计施工中的一系列世界级关键技术创新。

在2021年全国科普日期间，省水利学会支撑省水利厅举办“数字赋能 云游水博”水文化科普、“节水行动看浙江”媒体采风、“生活节水宣传”进社区、“水科学实验”进校园、“中国之水”主题展览、“一滴水的旅行”户外科考、“相聚云端　共话水利”科技云讲堂等水利科普活动。线上和线下融合，为青少年、学生、社会公众等提供超丰盛的水利科普大餐，有效提升公众爱水、惜水、护水、节水水科学素养。

（郝晓伟、柴轶）

浙江省水力发电工程学会

【学会简介】 浙江省水力发电工程学会（以下简称省水电学会）成立于1983年，是浙江省水电科学技术工作者自愿组成的学术性、地方性、非营利性的社会团体，也是全省水力发电科学技术事业的重要力量。省水电学会的业务主管单位为省科学技术协会，党建领导机关是省科学技术协会社团党委，接受中国水力发电工程学会的业务指导和社团登记管理机关省民政厅的监督管理。省水电学会挂靠在省水利厅，办事机构设在省水利水电勘测设计院。2021年，省水电学会领导机构为第七届理事会，共有理事46人，其中常务理事15人。截至2021年年底，学会有单位会员48家，个人会员1800名。下设4个专业委员会，分别是绿色水电专业委员会、大坝安全监测专业委员会、水电站运行管理专业委员会、机电设备专业委员会。

省水电学会的业务范围，包括围绕全省水电开发的生产建设和运行管理中的问题，开展学术交流活动，组织重点学术课题攻关和重大技术经济问题的探讨及科学考察活动；及时总结、评价科研成果和先进生产管理经验；普及科学技术知识，推广科技成果和传播生产技术经验；积极开展中介业务，搞好科技咨询服务，向有关部门和单位提出合理化建议，接受委托进行工程项目评估、论证与咨询、科技成果鉴定、技术职务资格评审等；编辑刊印学术书刊和学术资料，出版学会通讯；开展技术培训和继续教育工作，通过各种形式努力提高会员的学术和业务水平，培养、发现和推荐水电科技人才；加强与省内外、国内外有关科学技术团体、科技工作者的友好往来与合作交流；开展为水电科技工作者服务的活动，反映会员的意见和要求，维护会员的合法权益；奖励在学会活动和科技活动中取得优异成绩的科技工作者；上级交办的其他业务。

【概况】 2021年，省水电学会组织召开第七届第四次理事会、2次常务理事会，举办学术交流会1场。与省水利学会联合编辑出版发行《地方水利技术的应用与实践（第31辑）》论文集1辑、学会会刊《浙江水利水电》4期。在省科协“十一大”代表选举和第十一届委员会委员候选人推选工作中，完成1名代表和1名委员候选人的推选。在中国水力发电工程学会组织开展的2021年度水力发电科学技术奖申报工作中，完成2个项目的申报推荐工作，其中1个项目荣获三等奖。

【学会建设】 2021年，省水电学会完成会员单位和个人会员的详细信息采集，初步形成学会数据中心。受新冠肺炎疫情的影响，为减轻会员单位负担，根据《中共浙江省委　浙江省人民政府关于坚决打赢新冠肺炎疫情防控阻击战全力稳企业稳经济稳发展的若干意见》《浙江省水利厅关于做好当前水利疫情防控服务稳企业稳经济稳发展九项举措的通知》精神，12 月，下发《浙江省水力发电工程学会关于免缴 2021 年度学会会费的通知》（浙水电学秘〔2021〕4 号），免除全体会员单位 2021 年度会费。

【学术交流】 2021 年 5 月底，中国水力发电工程学会在新安江水电厂组织召开“中国碳中和之路”座谈会，学会和单位会员国网新源水电有限公司新安江水力发电厂为承办单位。华东勘测设计研究院有限公司、中国水利水电第十二工程局有限公司、浙江省水利水电勘测设计院等 20 余家单位参会，学会副理事长沈益源到会并介绍新安江水电站建设情况。交流会上，在总结回顾中国最早、最成功的新安江水电站开发建设的成功经验基础上，结合中国当前亟须加强的抽水蓄能建设和水、风、光互补发电等科学技术问题，探讨中国实现碳中和之道路，科学论证和阐述水力发电在中国实现碳中和过程中的重要作用。会上，新安江水电厂被中国水力发电工程学会授予“全国水电科普教育基地”称号。会后，与会人员参观考察新安江水电站。

2021 年，与省水利学会合作，面向会员开展论文征集，完成《地方水利技术的应用与实践》第 31 辑论文集的编辑、出版和发行工作，收录论文 49 篇。该论文集作为行业学术信息和成果的交流平台，总结和推广全省水力发电科技工作者工程建设、管理实践经验。

【创新发展】 省水利水电勘测设计院等会员单位配合省级有关部门开展浙江省中型抽水蓄能电站选址研究，并形成报告供省级部门决策参考，为推动实现碳达峰、碳中和，发挥抽水蓄能电站的调峰填谷作用，集成优化现有水电资源，实现小水电的绿色转型提供技术支持。

【科普活动】 2021 年，以“世界水日”“中国水周”等活动为契机，支持省水电学会会员单位开展科普活动。参加省水利厅、省科协组织的科普活动，宣传水电法律法规，普及水电知识，取得较好的社会效果。

【会员服务】 在中国水力发电工程学会组织开展的 2021 年度水力发电科学技术奖申报工作中，完成会员单位的 2 个项目的申报工作，分别是超深厚滨海软土地基水闸关键技术研究、浙江省沿海平原“强排成网”关键技术与实践。其中，省水利水电勘测设计院完成的“超深厚滨海软土地基水闸关键技术研究”项目荣获部级水力发电科学技术奖三等奖。

2021 年，出刊学会会刊《浙江水利水电》4 期，把稳政策与行业发展方向，搭好信息桥，以报道水利水电行业热点关注、行业要闻、学术研讨等为主，同时，发布学会动态、专业培训等信息，刊登会员单位科技论文。

【对外沟通交流】 2021 年，省水电学会秘书处和各分支机构履行“服务科技工作者”“服务创新驱动发展”“服务全民科学素质提高”“服务党和政府科学决策”4个服务方向职责，以加强学术引领广泛凝聚人心，以深化学会治理增强服务效能，加快学会自身建设。6月，参加省科协组织召开的学会深化党史学习教育暨省科协科技社团党委成立大会；10月，参加省科协举办的2021年浙江省科协所属学会党建及业务培训班。

做好与中国水力发电工程学会的日常沟通联络等工作。3月，参加2021年中国水力发电工程学会专业委员会和省级水力发电学会秘书长工作会议。12月，推选学会常务理事代表参加中国水力发电工程学会第九次全国会员代表大会，会议采用线上线下相结合，表彰学会工作先进集体和优秀学会工作者，审议学会第八届理事会工作报告、第八届理事会财务报告、第一届监事会工作报告、学会章程修订草案等。

（黄艳艳）

浙江省水土保持学会

【学会简介】 浙江省水土保持学会（以下简称省水保学会）由省水利厅、省林业厅、省环保厅、浙江农林大学等共同发起，于2012年2月成立。省水保学会是全省水土保持科学技术工作者自愿组成的学术性、地方性的非营利性社会团体，是全省水土保持科学技术事业的重要力量。省水保学会挂靠在省水利厅，秘书处设在省水资源水电管理中心（省水土保持监测中心），接受省科协的领导和社团登记机关省民政厅的监督管理，并接受中国水土保持学会的业务指导。省水保学会的宗旨是积极倡导科学精神，促进水土保持科学技术的创新、普及和推广，促进科技人才的成长，促进水土保持科技与市场的结合；实施环境与生态可持续发展战略，为构建资源节约和环境友好型社会做出贡献。截至2021年年底，省水保学会有单位会员162家，个人会员1464人，下设7个专业委员会，分别为水土保持预防监督，水土保持规划设计，水土流失综合治理，水土保持监测，水土保持科普教育，水土保持信息化（遥感遥测），城市、平原河网水土保持生态建设专业委员会。

省水保学会的业务范围包括：组织水土保持学术交流活动和科技考察活动，开展与境内外水土保持相关科研团体、科技组织和个人的合作和交流；研究和推广水土保持先进技术，普及水土保持科技知识；编辑出版会刊和有关学术刊物、技术专著与科普读物及相关的音像制品，开展优秀科技项目、论文与书刊的评选活动；开展职业培训及相关从业人员业务培训工作，举办科技讲座及科技展览等相关活动；受有关部门的委托，进行水土保持技术资格评审，科技项目的评估与论证，科技文献编纂与技术标准的编审等工作；组织科技工作者参与水土保持科技政策、发展战略及有关政策法规的制定，为各级决策部门提出合理化建议；承担相关业务主管部门委托的工作；为会员和水土保持科技工作者服务，反映会员的正当要求，维护会员的合法权益，促进会员的职业道德建设、学科的学风建设，做好行业自律。

【概况】 2021年，省水保学会组织开展全省水土保持方案编制质量抽查和全省生产建设项目监督性监测工作；组织开展第二届优秀设计评选工作，共评出优秀设计11项；承办南方水土保持研究会2021年学术年会；举办全省生产建设项目水土保持遥感监管核查与认定查处技术视频培训、全省水土保持遥感监管系统视频培训、全省生产建设项目水土保持技术培训。

【学会建设】 2021年9月，召开第二届理事会第四次常务理事（通讯）会议，按照严格按照酝酿提名、组织考察、推荐人选的工作程序，广泛征求相关方面意见。经民主协商、讨论酝酿，并报请理事长同意，推荐蓝雪春代表参加省科学技术协会第十一次代表大会。2021年，学会新增单位会员10家，个人会员81人，年内新增会员达6%。

【科协联合体建设】 按照省科协的要求，参加科协学会联合体创建。2021年5月，省水保学会联合省水利学会、省林学会、省食用菌学会、省园艺学会等31省级学会在衢州起共同发起成立乡村振兴学会联合体，推荐陈国伟、聂国辉等两位学会专家，参与乡村振兴联合体的各项活动。6月，省水保学会联合省水利学会、省土地学会、省电力学会、省气象学会等28家省级学会在杭州市共同发起成立省科协资源环境学会联合体，学会副理事长王亚红任省科协资源环境学会联合体副主席，联合体成立后开展“资源环境月”主题活动。

【能力提升】 2021年6—11月，省水保学会组织开展全省水土保持方案编制质量抽查和全省生产建设项目监督性监测工作。对各级水行政主管部门审批的2300多份水土保持方案报告书，按比例随机抽取110份，组织专家进行质量评定。对全省开展监测的500多个生产建设项目，重点选取国家和省级重点防治区58个项目开展监督性监测。在省内开展生产建设项目水土保持方案编制、监测、验收评估单位的备案工作，逐步实现全省水土保持中介服务的长效管理，服务于全省水土保持事业。

【水土保持优秀设计评选】 2021年，省水保学会组织开展第二届优秀设计评选工作，共评出优秀设计11项。获奖项目推荐上报中国水土保持学会优秀设计奖评审，获得3项大奖，其中德清县东苕溪水土保持科技示范园规划设计荣获一等奖，生产建设项目水土保持智慧监管系统项目、82省道（S325）延伸线黄岩北至宁溪段公路工程水土保持设计荣获三等奖。

【会员服务】 2021年7月30日，省水保学会举办全省生产建设项目水土保持遥感监管核查与认定查处技术视频培训，培训内容包括2021年水土保持遥感监管工作要求、水利部水土保持遥感监管现场核查技术规定以及生产建设项目水土保持信息化监管App操作等内容，为全省生产建设项目水土保持遥感监管核查工作提供技术服务。

10月20日，省水保学会举办全省水土保持遥感监管系统视频培训，培训内容包括浙江省水土保持遥感监管系统操作培训和疑难问题解答，为全省生产建设项目水土保持遥感监管核查工作提供技术服务。

11月15—17日，省水保学会举办全省生产建设项目水土保持技术培训。邀请国内专家、学者赴杭州市对省内从事水土保持技术服务的69家水土保持方案编制单位、监测单位111余名学会会员进行技术培训（因新冠疫情原因严格控制培训人员）。培训内容包括新形势水土保持技术服务新趋向、生产建设项目水土保持后续设计与实施的关键技术、生产建设项目水土保持监测，浙江省生产建设项目水土保持方案审查要点等内容，贯彻新发展理念，推动高质量发展，对今后水土保持工作的开展具有指导作用。

【学术交流】 2021年7月13—15日，省水保学会承办南方水土保持研究会2021年学术年会。该学术年会以“新时代水土保持工作高质量发展”为主题，设置主会场和青年专场，交流内容涉及水土保持部门协作与社会参与机制、强监管手段与体系、水土流失治理模式创新、水土保持率指标、水土保持信息化技术等领域。

【行业活动】 省水保学会指导德清县东苕溪水土保持科技示范园创建。德清水土保持科技示范园于2020年11月通过完工验收，学会积极指导其申报国家水土保持科技示范园，并于2021年年底成功创建国家水土保持科技示范园，成为全省继安吉县水土保持科技示范园之后的第二个国家级的水土保持科技示范园。

（郭秀琴、陈国伟、钟壬琳）

地 方 水 利

Local Water Conservancy

杭 州 市

【杭州市林业水利局简介】 杭州市林业水利局（以下简称杭州市林水局）是主管杭州全市林业水利工作的政府工作部门。主要职责是负责生活、生产经营和生态环境用水的统筹和保障；负责节约用水和水土保持工作；指导全市水资源保护和水文工作；指导农村水利工作；负责落实综合防灾减灾规划相关要求，组织编制洪水干旱灾害防治规划和防护标准并指导实施；指导水利设施、水域及其岸线的管理、保护与综合利用；制定水利工程建设与管理的有关制度并组织实施；组织开展水利行业质量监督工作；指导全市水利人才队伍建设。杭州市林水局机关在编人员 35 人，内设 9 个职能处室，分别是办公室、组织人事处、法规计财处、水利规划建设处、水旱灾害防御与运行管理处和水资源与水土保持处、国土绿化处、森林和自然保护地管理处和森林防火处。局系统直属事业单位 8 家，在编人员 205 人，其中参公在编人员 24 人，事业在编人员 181 人。8 家直属事业单位分别是杭州市林业水利综合行政执法队（参公单位）、杭州市森林和野生动物保护服务中心（参公单位）、杭州市林业科学研究院、杭州市河道与农村水利管理服务中心、杭州市水文水资源监测中心、杭州市水利发展规划研究中心、杭州市水库管理服务中心和杭州市南排工程建设管理服务中心。

【概况】 2021 年，杭州市完成水利建设投资 58.7 亿元，超省计划任务 17.7%。杭州市印发水安全保障“十四五”规划。高标准创建美丽河湖 17 条（254km），数量连续 4 年居全省第一。全市农饮水水质总合格率达 93.9%，完成 7 座省级规范化水厂创建。杭州市获评全省“十三五”实行最严格水资源管理制度成绩突出集体；水土保持“十三五”考核获全省优秀。杭州市桐庐县成功创建“国家水土保持示范县”，淳安县下姜小流域成功创建“国家水土保持示范工程”，三堡排涝工程入选水利部水工程与水文化有机融合案例，千岛湖配水工程和闲林水库获评省十大“最美水利工程”，杭州市第二水源千岛湖配水工程通过竣工验收，并获 2021 年度浙江省建设工程“钱江杯”（优质工程）。

【水文水资源】

1. 雨情。2021 年，杭州市平均年降水量 1852.7mm，较多年平均值偏多 18.2%。汛期全市面平均降雨量 1299.1mm，比 2020 年偏多 4.4%，比常年雨量偏多 21.2%。入梅出梅偏早，梅雨期 26 天，与常年基本持平。入梅前有 3 次较明显降雨过程；梅汛期出现 9 轮强降雨过程，梅雨量 320.7mm，比常年梅雨量偏多 22.9%；出梅后至汛期结束，杭州市遭受 6 号台风“烟花”和 14 号台风“灿都”明显影响。“烟花”台风影响期间，全市平均降水量 203.3mm，其中萧山区降水量最大为 375.5mm，创萧山区台风过程降水历史极值；单站最大降雨量为临安区部岭平溪 1050.5mm，其次为天目山西游 1049.5mm，均破浙江省登录台风过程降雨历史极值。

2. 水情。2021 年，入梅前总体水情较为平稳。梅雨期间，兰江流域三河站最高水位 26.78m（超保证 0.28m），分水江流域分水江站最高水位 23.36m（超警戒 0.36m），14 座大中型水库超汛限。台汛期，“烟花”台风期间，萧绍平原出现超保证水位洪水，东苕溪流域、运河流域和浦阳江流域出现超警戒水位洪水，全市 12 座大中型水库超汛限水位，其中东苕溪流域水涛庄水库最高水位 149.31m（超汛限 10.11m）创历史新高。

3. 水资源。2021 年，杭州市水资源总量 191.42 亿 m^3，比 2020 年偏少 12.5%，比多年平均值偏多 32.6%。全市总供水量 29.75 亿 m^3（不包括环境配水量）。总用水量 29.75 亿 m^3（不包括环境用水量），比 2020 年减少 0.01 亿 m^3。其中农田灌溉用水量 8.94 亿 m^3，较 2020 年持平；林牧渔畜用水量 2.20 亿 m^3，较 2020 年减少 0.06 亿 m^3；工业用水量 5.18 亿 m^3，较 2020 年减少 0.07 亿 m^3；居民生活用水量 6.17 亿 m^3，较 2020 年增加 0.24 亿 m^3；城镇公共用水量 5.99 亿 m^3，较 2020 年减少 0.09 亿 m^3。总耗水量 16.11 亿 m^3，总退水量 9.08 亿 m^3。全市平均水资源利用率 15.5%。全市人均年综合用水量 243.8m^3。万元工业增加值用水量 10.8m^3（现价）、万元 GDP 用水量 16.4m^3（现价），同比下降 12.9% 和 11.4%。

【水旱灾害防御】　2021 年，杭州汛期暴雨洪水较频繁，梅汛 25 天，梅雨总量比常年偏多两成，出现 9 轮降雨、2 场洪水。2021 年，杭州市林水局完成《杭州市 2021 年水雨情趋势预测》《2021 年钱塘江（杭州段）潮汐趋势分析》等中长期分析报告，对全市汛期及全年水雨情趋势进行预测，预测成果精度较高，与实况基本吻合。汛期开展东苕溪、分水江、钱塘江杭州段和主城区等主要江河湖库代表站洪水预报共 60 期 125 站次，发布洪水预警 9 期。65 个省级报汛站共上报人工报文 1.3 万条，人工报汛及时率和准确率 100%，为洪水预报预警调度提供基础信息；并向县级水利部门发送雨量预警通知单 638 份、预警短信 3.4 万条，预警及时率 100%、准确率 100%。组织调度水库闸站 357 站次，拦蓄洪水 5.7 亿 m^3，排涝 6.2 亿 m^3。在“烟花”台风防御期间，打好水库群、闸泵群“组合拳”，调度东苕溪 3 次精准错峰，削减洪峰 95%，青山水库充分发挥“上蓄”防洪作用，最大拦蓄洪量 0.61 亿 m^3；调度三堡工程首开 4 台机组排涝、闲林水库“零出库”拦洪，降低城区最高水位 41cm，缩短高水位持续时间 116h，保障杭州城市正常运转。组织全市水利部门出动 10.3 万余人次，检查水利工程 3.1 万余处（次），问题隐患及时整改到位；派出 179 个工作组、2274 人次下沉一线指导抢险，实现“堤防无一决口、水库无一垮坝、人员无一伤亡”的防御目标。

【水利规划计划】　2021 年，杭州市林水局围绕水安全保障规划与国土空间规划有机融合，加强重大水利项目空间布局规划调研，《杭州市水安全保障“十四五”规划》批复实施。扩大杭嘉湖南排后续西部通道等工程列入《国家“十四五”水安全保障规划》《长三角一体化发展水安全保障规划》《浙江省水安全保障“十四五”规划》等省级以上规划，是省、市“十四五”规划纲要“浙江水网”典型工程、基础设施建设“十大标志性项目”。《杭州云城防洪专项规划》通过杭州市林水局和杭州市规划和自然资源局联合组织审查，《杭州市水网布局架构研究》《杭州市大运河岸线保护与利用专题研究》《杭州市解决防洪薄弱环节实施方案》共3个专题通过杭州市林水局组织的专家验收。《杭州市水资源节约保护与开发利用总体规划》完成初稿编制。

【水利基本建设】 2021年，杭州市全年完成水利建设投资58.7亿元，其中重大项目投资完成21.1亿元。杭州市纳入省民生实事8项任务全部超额完成，其中完成水库除险加固27座，新（改）建水文测站288座，完成中小河流治理119km。

【重点水利工程建设】 2021年，杭州市持续推进防洪排涝重大水利工程建设，八堡排水泵站5台泵组设备安装基本完成；青山水库防洪能力提升工程顺利开工；富阳区北支江综合整治主体完工，夯实水上赛事保障；西湖区铜鉴湖防洪排涝调蓄、桐庐县富春江干堤加固二期、建德新安江兰江治理等工程主体完工；滨江区沿江区域提升改造工程开工建设11.4km。重大项目前期加快推进，东苕溪防洪后续西险大塘达标加固工程可研及防洪水位专题通过省水利厅技术审查，扩大杭嘉湖南排后续西部通道工程取得省发展改革委项目受理通知书。杭州市本级海塘安澜工程（珊瑚沙海塘）项目建设书取得省发展改革委受理，可研报告报省水利厅行业审查。

【水资源管理与节约保护】 2021年，杭州市林水局持续深入落实最严格水资源管理制度，省下达的各项考核指标均超额完成，以水资源集约安全利用有力支撑和保障经济社会高质量发展。据统计，2021年全市用水总量约29.75亿m^3，万元GDP用水量为16.16m^3，万元工业增加值用水量为11.06m^3；农田灌溉水有效利用系数达到0.610。新增高效节水灌溉面积2100万m^2，同比增长166%；工业水源分质供水持续推进，富阳区新登、临安区於潜、建德市高铁新区工业水厂基本建成，萧山区、钱塘区工业水厂建设稳步推进；杭州市城区公共供水管网漏损率降至5.81%，达到全省先进水平；对548家非农取水户实施取水在线监控。

【河湖管理与保护】 2021年，杭州市以着力构建高品质幸福河湖网为目标，高标准创建美丽河湖。“杭州市打造全域美丽河湖”入选浙江省水利争先创优第一批优秀案例，率先发布首部市级地方标准《幸福河湖评价规范》。创建浙江省美丽河湖17条（个），杭州市美丽河湖67条（段、个）、“水美乡镇”18个，中小河流治理119km。编制印发《杭州市中小河流治理“十四五”规划》，建德市列入浙江省首批幸福河湖建设试点县，杭州市“幸福河湖”在线数字平台列入省水利厅第一批水利数字化改革试点项目。全年累计整改销号“四乱”问题共90处，拆除违法建筑5199.5km²，清理建筑和生活垃圾179.52t，清理非法占用河道岸线6.7km，清理非法采砂点2个，清理非法砂石量211m³。启动县（市、区）水域保护规划编制工作，完成新一轮水域调查，推动杭州市和浙江省全域美丽河湖和高品质幸福河湖网建设。

【水利工程运行管理】 2021年，杭州市林水局严格落实水利工程管理责任，公布1567个水利工程“安全管理责任人”，组织完成全市35家水管单位考核，优秀率100%。完成水利工程安全鉴定417项（水库219项、堤塘泵闸198个），水利工程安全度汛率100%。有序推进小型水库系统治理，全年完成水库核查632座。并以县（市、区）为单位形成小型水库综合评估报告（一县一方案），通过属地政府批准。完成159个农村池塘整治，《杭州市美丽河湖建设方案（2018—2022年）》获评杭州市规划设计优秀奖。推进水利工程“三化”改革，组织西湖区、江干区、滨江区、萧山区、钱塘新区、余杭区开展143.13km的钱塘江市管海塘、西险大塘的管理和保护范围划界，相关划界方案已通过省水利厅组织的技术审查和属地政府公示。水利工程纳入水平台管理率100%、物业化率66.5%、产权化率43%。

【水利行业监督】 2021年，杭州市林水局统筹安全与发展，以安全生产专项整治三年行动、打赢“遏重大”攻坚战为主线，以八堡排水泵站、青山水库防洪能力提升等全市重大工程为重点，通过监督检查、质量抽查、安全巡查等手段，强化水利行业监管。对全市827项水利工程开展隐患排查，辨识危险源4135处，100%落实管控，基本完成水利行业“双重预防机制”构建。对283个工程开展质量监督活动，累计参与894人次，发现并整改质量安全隐患1596个。全年水利安全生产实现“零事故”，杭州市林水局在杭州市政府安全生产目标责任制考核中获优秀等次。

【水利科技】 2021年，杭州市林水局共申报厅级水利科技项目8项，其中杭州市南排工程建设管理服务中心申报的《基于数字孪生技术的特大城市复杂水网协同调控关键技术研究及应用》被列入重大科技项目，杭州市水文水资源监测中心申报的《实时洪水概率预报及其应用研究——以分水江为例》和浙江中水工程技术有限公司申报的《拦污薄膜坝技术研究及应用》2个项目被列入重点科技项目，另有5项一般科技项目。完成6个厅级水利科技项目的验收工作，分别为2020年申报的《杭嘉湖平原杭州城市防洪格局研究》《杭州钱塘江拥江发展堤岸提升技术导则研究》《千岛湖饮用水源安全影响要素及治理对策研究》和《海岛地区分质供水关键技术研究及应用》等4项，2019年申报的《泵站机组异常振动和温升研究——以七堡排涝泵站为例》和《基于图像处理与滑动模给的智能水利监测系统研究》2项。杭州市水利学会作为提名单位，提名《基于通航水流条件的排涝泵站进水口布置关键技术研究》参加2021年的水利科技进步奖的评审，该项目由杭州市南排工程建设管理服务中心（杭州市水利科普馆）和浙江省水利河口研究院（浙江省海洋规划设计研究院）共同完成。

【依法行政】 2021年，杭州市林水局开展干部学法用法活动，组织行政处罚法、民法典、长江保护法、全面从严治党主体责任规定、保密法、浙江省防汛防台抗旱条例等专题学习8次，组织执法人员集中培训4次、技能比武2次。组织世界水日、防潮安全等主题宣传，接受和答复各类问题咨询1100余人次，发放宣传资料14000余册，发送公益短信80万余条。加强水行政监管，重点对省、市审批的41个水保项目和取用水管理进行监督检查，下发并督促落实检查意见5份，100%完成266个问题清单整改。全面推广浙江省行政执法监管平台（互联网+监管系统）应用，杭州市本级220项行政检查事项检查覆盖率、掌上执法率均达100%。做好营商环境创新试点城市改革任务3项，推行“水电气网”一件事联办、联合踏勘等模式，全年完成“最多跑一次”办结事项2436件，其中行政许可2381件、其他55件。

【杭州市节水宣传基地开馆】 2021年3月22日，杭州市节水宣传基地于揭牌开馆。基地为依托闲林水库工程实体和生态环境布展的水利专业科普馆，以“护杭润州”为主题，以“一滴水的奇幻旅程”为主线，通过室内、室外两个展区全面宣传展示杭州水利建设与管理、水资源管理与保护、林业水利法治管理等成果。基地成功入选浙江省节水宣传教育基地，浙江水利水电学院、浙江同济科技职业学院等三家“校外实践基地”挂牌，全年接待参观团组54批2986人。

【节水行动】 2021年，杭州市林水局印发《杭州市2021年度节水工作任务计划》，大力实施国家节水行动。全年建成省级节水标杆单位48家，杭州电化集团有限公司、浙江水利水电学院、杭州市妇产科医院3家企业（单位）位入选“国家水效领跑者”企业（单位）。县域节水型社会达标建设实现创建“全覆盖”、省级“全达标”，桐庐县通过国家级创建水利部复核，临安区、建德市通过国家级创建省级初验，杭州市妇产科医院等4家单位分别入选省“节水行动十佳”实践案例和优秀安全。淳安县、桐庐县党委主要负责人在水利部官网撰文介绍县域抓节水典型做法。

【农村饮用水】 2021年，杭州市开工建设规模化水厂8处，完成45处单村水站设施提升改造，提升6.2万人饮水品质，新增规模化供水人口2.7万人，城乡规模化供水工程覆盖人口比例达到95%。建德市新安江第二自来水厂等7个水厂荣获省农村供水规范化水厂。城乡供水数字化管理应用入选浙江省全域供水数字化试点，打造品质饮水系统，实现“全域数字监管、旱情应急处置、浙水好喝便民服务”等功能。

【农业水价综合改革】 2021年，杭州市创建省级泵站机埠、堰坝水闸、灌区灌片、农民用水管理主体和基层水利站

47处，市级示范118处。杭州市本级（连续4年）和淳安县等5个县（市、区）获得省级考评优秀。桐庐县江南灌区获评省级节水型灌区。推动面上农田水利设施提质增效，促进农业节水减排，保障粮食安全生产，助推乡村振兴和共同富裕战略实施。据测算，全年增加粮食生产能力0.889万t，节水2474万m^3，节电79.67万kW·h，COD减排0.056万t。

【钱塘江防潮管理】 2021年，市防潮办持续深化钱塘江防潮安全长效管理，全年累计劝阻下堤下江4.7万余人次，圆满完成中秋节、国庆节期间的防潮安保工作，未发生一起群死群伤责任事故。严格落实潮前潮后各1小时巡防喊潮制度，针对危险地段和夜潮时段，严格落实现场管控和临时封闭措施，严防潮水伤人和次生事故的发生。全面推进钱塘江智慧防潮建设和管理，逐步实现集信息发布、文化展示、宣传教育、监测预警、应急联动、数据分析、综合管理于一体的覆盖全域的智慧防潮管理模式，积极打造“江潮壮观、观潮有序、防潮安全”的钱塘江防潮安全长效管理新局面。

（徐谦）

宁波市

【宁波市水利局简介】 宁波市水利局是主管宁波全市水利工作的市政府工作部门，主要职责是负责保障水资源的合理开发利用；负责生活、生产经营和生态环境用水的统筹和保障；负责制定水利工程建设与水利水务设施管理的有关制度并组织实施；指导水资源保护工作；负责全市排水行业监督管理，指导全市城镇排水和污水处理、再生水利用工作；指导市级污水处理厂建设；负责节约用水工作；指导水文工作；指导水利水务设施、水域及其岸线的管理、保护与综合利用；指导监督水利工程建设与水利水务设施的运行管理；负责水土保持工作；指导农村水利水务工作；指导水政监察和水行政执法；开展水利水务科技、教育和对外交流工作；负责落实综合防灾减灾规划相关要求，组织编制洪水干旱灾害防治规划和防护标准并指导实施。内设职能处室8个，分别为办公室、组织人事处、规划计划处、水资源管理处（挂市节约用水办公室牌子）、建设与安全监督处、河湖管理处（挂行政审批处牌子）、水旱灾害防御处、排水管理处，另设机关党委，行政编制36人。直属事业单位8家，分别为宁波市水政监察支队、宁波市水文站、宁波市水务设施运行管理中心、宁波市水利工程质量安全管理中心、宁波市水资源信息管理中心、宁波市河道管理中心、宁波市水库管理中心、宁波市水利发展研究中心。

【概况】 2021年，宁波市完成水利水务投资140.7亿元，居全省第一。全国智慧水利先行先试全面完成，基本建成“山洪灾害预警”“城镇供水动态预测预警”“智能巡河”“信用市场动态评价”“水利工程安全风险管控”等5大应用场景建设。组建宁波市水利水务综合执法办公室，推动综合执法改革后水事执法有力有序进行。应对“烟花”“灿都”等强台风，最终取得“人员无伤亡、水库山塘无垮坝、重要塘堤无决口”的重大胜利。组织开展各类督查检查活动 3933 次，发现各类问题 5164 个，问题整改率 92.7%。办结各类涉水违法案件 240 多件，罚款 160 余万元。创建汶溪、鄞州公园二期湖等 13 条（个），长约 100km 美丽河湖，完成 14 个水美乡镇创建、125 个农村池塘整治、48km 中小河流治理任务等省民生实事项目，各项数据均超额完成指标。完成 4 家污水处理厂的新建（扩建），新增污水处理能力 30 万 m^3/日；完成排水管网检测 1881km，修复 212km，清淤 5346km；重点区域水体水质稳定向好。“十三五”期末实行最严格水资源管理制度考核成绩优秀，位居全省 11 个设区市第一位。抓好“互联网＋监管”，人员账号开通率和激活率 100%，监管事项入驻率 100%。开展各类执法检查 1821 次，“双随机”（随机抽取检查对象、随机选派执法检查人员）事项覆盖率 100%，“双随机”任务完成率 100%，举报投诉事件处置率 100%。

【水文水资源】

1. 雨情。2021 年，宁波市降水量的特点是总量大、降雨集中、丰枯明显。全市面平均降水量 2270mm，为 1949 年以来第一；其中汛期降水量 1770mm，为 1949 年以来第一；因“烟花”台风带来的强降雨导致 7 月降水量达到 523mm，为 1949 年以来第一。从各月降水量来看，除 1 月、2 月、4 月和 12 月比常年偏少外，其余各月降水量均比常年偏多，其中 7 月多 2.3 倍，10 月多 1.6 倍；汛期降水量比常年偏多七成，占到全年降水量的 78%。2020 年的秋冬连旱持续影响到 2021 年 3 月，旱情于 5 月以后得到缓解。

2. 水情。2021 年，宁波市受“8.10”暴雨、第 6 号“烟花”台风和第 14 号“灿都”台风影响，部分地区出现 3 次较为明显的汛情，尤其是“烟花”台风影响期间，全市各主要河网水位迅速上涨，普遍超保证。其中姚江流域余姚站最高水位 3.53m，超保证水位 0.93m，超实测历史最高水位 0.13m；姚江大闸站最高水位 3.38m，超保证水位 0.78m，超实测历史最高水位 0.44m；海曙西部平原黄古林站最高水位 3.28m，超保证水位 0.78m，达到实测历史最高。

3. 水资源。2021 年，全市水资源总量 153.65 亿 m^3，其中地表水资源量 146.96 亿 m^3，比上年多 93.7%，比多年平均值多 86.9%。全市大中型水库年末蓄水总量为 8.895 亿 m^3，比年初增加 3.120 亿 m^3。其中，大型水库当年末蓄水总量为 4.336 亿 m^3，比年初增加 1.858 亿 m^3；中型水库当年末蓄水总量为 4.559 亿 m^3，比年初增加 1.262 亿 m^3。全年总供水量为 21.81 亿 m^3，较上年增加 3.8%。其中地表水源供水量为 21.38 亿 m^3，污水处理回用量及雨水利用量为 0.42 亿 m^3（不包括直接用于河湖生态配水的再生水利用量），浅层地下水源供水量为 0.01 亿 m^3。全市县级以上（含县级）公共水厂 22 座，总供水能力 408.5 万 m^3/d。用水量组成包括生产用水、生活用水、生态环境用水。全市总用水量为21.81亿m^3，比上年增加3.8%。居民生活用水量为5.33亿m^3，比上年增加5.1%。其中城镇居民生活用水量为4.27亿m^3，农村居民生活用水量为1.06亿m^3。生产用水量为15.89亿m^3，比上年增加3.5%。其中第一产业用水（包括农田灌溉用水、林牧渔用水和牲畜用水）6.82亿m^3，第二产业用水（包括工业用水和建筑业用水）6.73亿m^3，第三产业用水（包括商品贸易、餐饮住宿、交通运输、仓储、邮电通信、文教卫生、机关团体等各种服务行业）2.34亿m^3；生态环境用水量0.59亿m^3。另外，全市实现河湖生态配水量（河道内用水）5.47亿m^3，较上年增加5.0%。全市总耗水量11.72亿m^3，耗水率53.7%。其中生活用水耗水量为2.24亿m^3，生产用水耗水量为8.92亿m^3，生态用水耗水量为0.56亿m^3。2021年，全市共有集中式生活污水处理厂31座，处理规模230.2万t/d。全年处理污水总量77642万t，比上年增加7.3%。全市人均综合年用水量为229m^3，万元GDP用水量为16.0m^3，万元工业增加值用水量为11.3m^3。农田（包括水田、水浇地和菜地）灌溉水有效利用系数0.620，亩均用水量为243m^3；城镇居民人均生活用水量为57.0m^3/a；农村居民人均生活用水量为51.4m^3/a。节约用水包括农业节水、工业节水和城市节水等方面。全市节约水资源量达到0.85亿m^3，其中通过建设节水灌溉工程、改善农业灌溉条件、农业水价综合改革等措施，农业节水0.31亿m^3；通过中水回用、企业节水技术改造等措施，全市重点工业企业节水0.30亿m^3；宁波市区城市节水（包括城镇居民生活用水和城镇公共用水）0.24亿m^3。

【水旱灾害防御】 2020年冬至2021年春，宁波市发生2003年以来城镇供水保障形势最为严重的旱情。市水利局积极应对，采取双网联调、区域互济、动态平衡等措施最大程度减轻旱情带来的不利影响，取得“全市城镇无一天断供，中心城区无一天限供”的抗旱成效。汛期，成功防御“烟花”“灿都”等强台风，尤其是面对“烟花”台风“五个超历史”重大考验，落实落细各项防御措施，做好水情汛情监测预报预警，水利工程预泄预排3.3亿m^3，累计拦蓄洪水3.93亿m^3。靶向发送山洪预警信息6.5万条；对奉化江、姚江全流域实施“一盘棋”错峰错潮调度，保障水工程安全，实现“人员不伤亡、水库不出险、重要堤防不决口、重要基础设施不受冲击”的目标。

【水利规划计划】 2021年，宁波市水利局完成《宁波市水利综合规划》《宁波市“十四五”水利发展规划》的报批工作。《水资源综合规划》《水域保护规划》《宁波市区排水（污水）专项规划（2020—2035）》等完成审查验收，《宁波市中心城区内涝防治规划》于12月下旬完成初步成果验收审查。《宁波市水安全保障“十四五”规划》已联合市发展改革委员会正式印发。完成《宁波市城镇排水管理体制机制研究》《宁波市水利投融资及“十四五”资金平衡方案研究》及《宁波市“三江”干流多要素综合监测实施方案研究（一期）》三个课题研究工作，并形成研究报告。为进一步落实最严格水资源管理制度，深入推进节水行动，促进经济社会高质量发展，编制印发《宁波市节约用水专项规划》。

【水利基本建设】 2021年，宁波市完成水利投资140.7亿元，同比增长29.2%。面上工程完成30.8亿元，同比增长36.1%。开工建设慈溪市郜岙水库和上林湖水库联调工程，推进慈西水库和干岙水库等工程，全市再生水利用量达到1.2亿m^3/a。在2020年全面完成宁波市农业水价综合改革的基础上，2021年持续推进改革进程，抓紧示范工程创建，在全省农业水价综合改革“五个一百”优秀典型案例中，宁波市示范工程入选数量全省第一，该项工作也连续4年获得省级考评优秀。农村规模化供水“应通尽通”工程被列为宁波市共同富裕19个标志性工程之一。通过在全市实施城镇水厂管网延伸工程和村级水站同质供水工程，进一步扩大农村山区的规模化供水覆盖率，全面提升村级水站供水水质，让全市农民喝上放心水、优质水。

【重点水利工程建设】 2021年，宁波市重点工程完成投资110.0亿元，较2020年同比增长27.4%。建设流域“6+1”工程，续建葛岙水库工程、姚江上游余姚西分工程和余姚市陶家路江三期整治工程等3个项目，至12月底，完成投资12.7亿元。建设水环境综合治理工程，续建新周污水处理厂二期、江北下沉式再生水厂等7个项目，新开工余姚小曹娥污水处理厂（扩容）、奉化阳光海湾再生水厂、北仑春晓净化水厂等7个项目，至12月底，完成投资25.1亿元。建设分洪与排涝工程，续建慈溪新城河工程、奉化区龙潭滞洪分洪区改造工程等10个项目，新开工东钱湖北排等9个项目，至12月底，完成投资33.6亿元。建设闸泵工程，续建清水浦泵站、鄞州楝树港泵站等3个项目，新开工下梁闸工程等4个项目，至12月底，完成投资4.6亿元。建设独流入海河道及堤防工程，续建奉化区滨海新区沿海中线以南基础设施配套工程等4个项目，至12月底，完成投资5.6亿元。建设水源及引调水工程，续建宁波至杭州湾新区引水工程等5个项目，新开工杭州湾新区自来水厂等3个项目，至12月底，完成投资12.7亿元。建设海塘安澜工程，全市海塘安澜新开工建设64.88km，至12月底，完成投资10.9亿元。建设小流域治理工程，共涉及9个县（市、区），至12月底，完成投资4.1亿元。建设围垦工程，续建宁海县西店新城围填海项目，6月底完工，完成投资0.5亿元。

【水资源管理与节约保护】 2021年，宁波市水利局制定《宁波市水资源节约保护和开发利用总体规划（2020—2035年）》《宁波市节约用水专项规划》《甬江流域水量分配方案》《宁波市主要断面生态流量管控方案》和《宁波市2020年水资源承载能力评价预警报告》等规划方案；同时，指导审查县（市、区）水资源节约保护和开发利用总体规划的编制，结合各地的水资源特征，因地制宜，统筹谋划，完成海曙、鄞州、北仑、奉化、宁海、象山和慈溪7个县（市、区）水资源规划的市级复审工作。组织开展对县（市、区）的最严格水资源管理监督检查，7月开展第一轮全覆盖监督检查，并印发“一县一单”反馈意见，共检查82家取用水单位，发现问题89个，要求各地对发现问题进行及时整改，并“举一反三”。11月，开展第二轮全覆盖监督检查以及“回头看”，各地整改效果良好。完成取用水管理专项整治行动整改提升工作，取水口专项整治问题368个。按照省水利厅“十四五”水资源集约安全利用试点建设工作要求，慈溪市申报综合试点、宁海县申报水权交易专项试点（全省首例水权交易）、市本级申报再生水利用专项试点，均成功入选。宁波市在浙江省“十三五”期末最严格水资源管理制度考核中荣获优秀等次，在11个地市中位居第一。

《宁波市城市供水和节约用水管理条例》被列为2021年宁波市立法预备审议项目。对医院、酒店、学校等60家用水单位实施定额用水管理，推进计划用水向定额用水管理转变。象山县水务集团有限公司与宁波东海集团签订漏损控制合同节水管理项目；江北区宁波开放大学等2所学校推进“管家式”服务合同节水管理模式。创建申报省级节水型单位（小区）130余家、省级节水标杆单位47家。

【河湖管理与保护】 2021年，宁波市水利局坚持水岸同治。清水环通一期工程扎实推进，江北西大河流域生态整治等4个项目完工见效，完成生态护岸建设100km，全年生态补水达到5.5亿m^3。完成2018—2020年三江常态清淤工程竣工验收，启动2021—2023年常态清淤工程，完成本年度清淤50万m^3，年度投资3200万元。三江河道全年出动保洁船9949次、20289人次，打捞垃圾7150t；边滩和堤防保洁291次，堤防养护314次。中东欧博览会期间，市区河道水环境得到有效保障。市、区两级河道管理部门共出动巡查检查人员12829人次，发现并处理水面漂浮物等河道问题2732件；出动保洁船只33811船次，清理水面垃圾2717.15t。创建汶溪、鄞州公园二期湖等13条（个）美丽河湖，长约100km。完成14个水美乡镇创建、125个农村池塘整治、48km中小河流治理任务等省民生实事项目，各项数据均超额完成指标。

【水利工程运行与管理】 2021年，宁波市完成水库安全鉴定71座、水库除险加固22座、山塘整治45座、水库核查评估404座、美丽山塘创建62座；完成重要山塘安全评定854座，完成电站安全评估21座；开展面上现场检查235座次。强化工程与管理双向发力，提升洪涝防御能力，紧守安全底线。全年共完成海塘安澜新开工建设任务64.88km，完成堤防整治34km，完成小流域治理60.6km；开工周公宅等大中型水库预泄能力提升工程3座，新增江海强排能力80m^3/s。同时，切实加强防御非工程能力提升，完成《甬江流域洪水调度方案》修编，优化山洪灾害防御系统。优化营商环境服务企业，探索实践水利工程综合保险，进一步完善水利工程担保机制，累计已投保出单6098份，受益企业734家，释放保证金13.26亿元，为企业减负1.33亿元。

推进“三化”改革。工程物业化管理覆盖面进一步提高，物业化工程数量达1624项，为全省最多；合同总额达1.96亿元，为全省最高。产权化改革多样化推进。奉化以水库为试点，自然资源和规划部门参照特定资产清查程序办理。慈溪由自然资源和规划部门主导，政府已印发《慈溪市水流自然资源统一确权登记实施方案》。象山以资产化为导向，政府层面强势推进。截至2021年12月底，工程产权化颁证率51%，超额完成省定目标任务35%，其中水库达63%；工程划界率80%，其中水库98.5%、海塘74.5%、堤防闸泵74.1%。数字化求真务实，省监管平台数据设专人盯盘、专项通报，实现在库1636项工程100%纳入管理。

北仑区梅山水道项目获2020—2021年度中国建设工程鲁班奖（国家优质工程），为宁波市水利工程首次获此殊荣。另外，江北区孔浦闸站整治改造工程和北仑区梅山水道抗超强台风渔业避风锚地工程（南堤）获2019—2020年度“中国水利工程优质（大禹）奖”，姚江二通道（慈江）工程—澥浦闸站、五江口闸及上游配套河道工程荣获2021年度“浙江省建设工程钱江杯（优质工程）”。

【水利行业监督】 2021年，宁波市组织开展各类督查检查活动3933次，发现各类问题5164个，整改落实4786个，问题整改率92.7%。办结各类涉水违法案件240多件，罚款160余万元。全年开展三江河道共计巡查6370次，其中日常巡查检查6217次，定期检查2次、特别检查114次。抓好“互联网＋监管”，人员账号开通率和激活率100%，监管事项入驻率100%。开展各类执法检查1821次，“双随机”事项覆盖率100%，“双随机”任务完成率100%，举报投诉事件处置率100%。落实专项资金打造全市水利“双控”（随机抽取检查对象、随机选派执法检查人员）预防系统，将安全生产风险管控和隐患排查治理工作融入综合应用管理平台，加强水利实时信息化技术在工程建设过程中的运用。研发建成水利建设市场信用信息平台系统，建立一套全市统一的“1＋2＋X”（即1个办法，2个支撑文件，X个评价标准及评价结果应用配套制度）的制度体系等一系列举措。修订完善《宁波市水利建设市场主体信用动态评价管理办法》《宁波市水利建设市场主体信用动态评价结果应用管理办法》，2021年共对117家施工单位，22家监理单位，13家设计单位开展信用评价。

【水利科技】 2021年全年下达38个科技项目，开展8个重点水利项目的研究。总结“十三五”水利科技项目推进情况，修订《宁波市水利科技项目及资金管理办法》《宁波市科技项目验收资料目录》。组织开展全市水利科技培训，邀请市水利学会专家讲授课题申报、项目评奖、科技鉴定等内容。《平原软土地基超低扬程大流量泵站工程关键技术研究》以及《多技术在宁波市水利建设市场主体标后履约监管中的应用研究》2项科技成果获2021年度浙江省水利科技创新奖三等奖。

【政策法规】 2021年，宁波市水利局开展《宁波市城市供水和节约用水管理条例》修订和立法调研工作，形成条例初稿、立法调研报告等。对2007年公布的《宁波市城市排水和再生水利用条例》进行修订，并于2021年7月1日起正式施行。修订后的《条例》为源头治污、污染物减排、再生水利用、防汛排涝、排水安全、水环境改善等提供重要法律依据。结合市场信用体系监管体系运行实际，将《宁波市水利建设市场主体信用动态评价管理办法（试行）》和《宁波市水利建设市场主体信用动态评价结果应用管理办法（试行）》合并修订为《宁波市水利建设市场主体信用动态评价管理办法》。印发《宁波市水利局2021年度重大行政决策事项执行情况》，依照规定在市水利局网站对外公布。

【行业发展】 2021年，宁波市整合涉水执法力量，及时发现并解决问题，形成闭环机制，推动形成宁波市水利水务执法“一盘棋”。6月，宁波市水利水务综合执法办公室正式挂牌。8月，市水利局与市综合行政执法局根据省市有关文件，结合宁波市实际，联合制定《水利水务领域综合行政执法协作配合工作细则》，细化日常巡查监管、行政处罚、投诉举报处置等职责行使，进一步明晰水利和综合执法部门的权力职责边界，明确案件移交、信息共享等协作配合细节。2021年，宁波市水利局全面完成全国智慧水利先行先试，智慧水利正式上线运行，建成“山洪灾害预警”“城镇供水动态预测预警”等五大应用场景，入选宁波市“数字政府”重大标志性工程。宁波城区智慧防汛系统布设152个积水监测点，具备积水深度实时监测、积水过程曲线分析、积水处置闭环管理等功能。第6号台风“烟花”期间积水地图应急上线，面向公众实时公布积水信息，得到社会广泛关注与认可。该场景应用属全省首创，积水监测能力全国领先。2021年，宁波市水利局申请增加编制、严格落实周转编制使用规定，为河道中心、信息中心增加事业编制3名。按照“按需引进、专业对口”原则，通过调转任、选（招）聘、高层次人才引进、安置选调生等多种方式做好人才补给。全年补入水利水电工程、水工结构工程、环境工程等优秀专业人才共计20余名。修订完善《宁波市水利工程师、高级工程师职务任职资格评审实施办法》。推荐全市水利人才参加省水利厅组织的第九届全国水利行业职业技能竞赛的选拔集训，全省前8名选手中宁波市水利系统4名入选，2人入围参加国赛。

（陈晓芸）

温 州 市

【温州市水利局简介】 温州市水利局是主管温州全市水利工作的市政府工作部门。主要职责是负责保障水资源的合理开发利用；负责生活、生产经营和生态环境用水的统筹和保障；制定水利工程建设与管理的有关制度并组织实施；指导水资源保护工作；负责节约用水工作；指导水文工作；指导水利设施、水域及其岸线的管理、保护与综合利用；指导监督水利工程建设与运行管理；负责水土保持工作；指导农村水利工作；开展水利科技、教育和对外交流工作；负责落实综合防灾减灾规划相关要求，组织编制洪水干旱灾害防治规划和防护标准并指导实施；完成市委、市政府交办的其他任务。主要内设机构有温州市珊溪水利枢纽管理中心办公室、温州市创建水生态文明城市领导小组办公室、温州市水资源管理和水土保持工作委员会办公室、温州市农村饮水安全巩固提升工作领导小组办公室、温州市节水办等综合议事协调机构。下属事业单位 9 家，分别是温州市温瑞平水系管理中心、温州市珊溪水利枢纽管理中心、温州市水文管理中心、温州市水利规划研究中心、温州市水利建设管理中心、温州市水利运行管理中心、温州市水旱灾害防御中心、温州市水情数据服务中心、温州市水政管理服务中心。截至 2021 年年底，核定机关编制 25 人，事业编制 231 人（其中参公编制 13 人），实际在编在岗 228 人。

【概况】 2021 年，温州市完成水利基本建设投资 82.4 亿元，完成率超 110%，重大项目完成投资 33.9 亿元，完成年度计划的 149%。出台温州市非常规水资源管理办法、地下水管理实施意见，全域创建成为节水型社会。完成 961 个供水水厂（水站）终端感知设备建设，2 座农村水厂入选国家级规范化水厂，8 座农村水厂入选省级规范化水厂。印发《温州市小型水库和重要山塘系统治理实施方案》（温政办〔2021〕47 号），完成小型水库和重要山塘“一库（塘）一策”“一县一方案”批复。瓯飞工程荣获“中国建设工程鲁班奖”，珊溪水库、瓯飞工程入选浙江省最美水利工程。全国首创实施“灾毁＋管养”的双轮保险模式，实施温州市农村饮用水灾害设施及管养综合保险，进一步提高农村饮水安全。河湖“清四乱”整治涉河乱点 8992 处，创成“无乱点”河道 5650 条。推行水行政审批改革，切实减轻企业审批成本负担，入选 2021 年度“全国基层治水十大经验”，入选国家发展改革委《地方支持民营企业改革发展典型做法》推广名单，获国务院、省常委领导批示肯定。

【水文水资源】

1. 雨情。2021 年，温州市水雨情的主要特点是汛前降雨明显偏少，1 月较常年同期降水量偏少 63%，各江河水库低水位运行；汛期总降雨量偏多，历经 9 轮集中降水过程，局地短时暴雨多，强度大。2021 年温州市平均降水量 2228.7mm，折合水量 269.40 亿 m^3，比多年平均降水量多 20.7%，比 2020 年（枯水年）多 56.0%，属丰水年。在空间上，降水量排名前三的分别为苍南县（2692.4mm）、平阳县（2489.7mm）、龙港市（2369.9mm），后三名分别为洞头区（1764.3mm）、龙湾区（1898.9mm）、鹿城区（2048.1mm）；在时间上，降水主要集中在 5—10 月，其中 10 月较常年同期降水量偏多229%。温州6月10日入梅，7月5日出梅，梅雨期持续25日，比常年偏短5天。梅雨量偏少，梅雨期全市面雨量208.7mm，比常年平均梅雨量280.8mm偏少25.7%。面平均雨量较大的为乐清市259.2mm、永嘉县253.3mm和文成县252.7mm，较小的为洞头区139.7mm。受第18号台风“圆规”影响期间（10月12日8时至15日8时）全市平均面雨量150.2mm，县级面雨量较大的有苍南县252.4mm，龙湾区228.0mm，瓯海区225.1mm。

2. 水情。2021年，温州市三大江潮位最高均出现在第6号台风“烟花”期间的7月24日，温州站最高潮位4.66m，灵昆站最高潮位4.42m，瑞安站最高潮位4.20m，鳌江站最高潮位4.33m。受强降雨影响，温瑞塘河西山片最高水位3.18m（5月18日），超过警戒水位0.08m；鳌江内河最高水位3.19m（10月13日），超过警戒水位0.19m；苍南横阳支江灵溪站最高水位6.91m（10月14日第18号台风“圆规”影响期间），超警戒1.21m，超警戒时长19小时；苍南江南垟宜山片最高水位3.13m（10月8日），超过警戒水位0.13m；其余平原河网水位均在警戒水位以下。

3. 水资源。2021年，温州全市水资源总量为180.68亿m^3（其中，地表水资源量为177.98亿m^3，地下水资源量为2.70亿m^3），水资源利用率9.7%，人均拥有水资源量为1873m^3。全市20座大中型水库年末蓄水总量为13.03亿m^3，同比增加3.37亿m^3，其中珊溪水库蓄水量同比增加2.26亿m^3。全市总供水量16.50亿m^3，其中地表水源供水量为16.45亿m^3，地下水源供水量0.02亿m^3，其他水源供水量0.03亿m^3。全市总用水量16.50亿m^3，其中农田灌溉用水量5.33亿m^3，林牧渔畜用水量0.27亿m^3，工业用水量2.82亿m^3，城镇公共用水量2.19亿m^3，居民生活用水量4.54亿m^3，生态与环境用水量1.35亿m^3。全市全年耗水量为9.53亿m^3，平均耗水率为57.7%。全市日退水量为121.62万m^3，年退水总量为4.44亿m^3，其中入河退水量为2.44亿m^3。

【水旱灾害防御】 2021年，温州市遭遇汛前干旱、汛期雨量偏多等极端性天气。1—4月，全市平均降雨量305.0mm，比多年同期偏少30.8%，全市最长连续40天无有效降雨，延续2020年秋冬旱情。5月16日珊溪水库水位124.14m，是2006年以来珊溪水库最低水位。5月以后，旱涝急转，先后出现5次强降雨和4次台风共9次集中强降雨过程，过程雨量1132.9mm，占累积雨量的50.8%。“烟花”“卢碧”“灿都”和“圆规”4个台风影响温州市时间长达21天。强降雨期间，温州市水利局组织调度专家集中办公，科学精准调度全市水利工程，动态测算20座大中型水库和温瑞、乐柳虹、江西垟等平原河网的纳蓄能力，逐库分级制定洪水调度方案。全年大中型水库累计预泄洪水3.1亿m^3，拦蓄洪水4.64亿m^3，五大平原河网累计排水4.7亿m^3，最大限度发挥水利工程的防灾减灾效益。汛末，利用水库库容进行回蓄，为后期储备充足水资源。7月29日凌晨1时，永嘉县东城街道陡门社区3h降雨量超110mm，永嘉县及时向6个村落发送预警信息，协同街道、村居提前转移高危区域16人，成功避免人员伤亡。

针对农村饮水设施受暴雨洪水和干旱等灾害影响大，存在供水水源不稳定、供水保障率低、日常管养经费难保障等问题，温州市水利局组织推行温州市农村饮用水灾害设施及管养综合保险，属全国首创实施“灾毁＋管养”的双轮保险模式，进一步提高温州市农村饮水安全。

【第9号台风“卢碧”】 8月4—7日，受第9号台风“卢碧”外围云系影响，温州南部地区普降大到暴雨、部分大暴雨，全市平均降水量171.8mm，过程雨量较大的县有苍南县259.4mm、平阳县232.7mm、瑞安市210.5mm，单站最大为平阳县罗垟水库517.5mm。

【水利规划计划】 2021年3月，温州市水利局启动编制《温州市水资源节约保护与开发利用总体规划》，并于12月完成初稿，内容包括上一轮规划评估，全市水资源及其开发利用基本情况，水资源开发利用总体思路，规划目标与任务，水资源节约与用水需求，水资源供需分析与配置等。4月启动编制《解决突出防洪薄弱环节实施方案》，并于9月完成编制上报省水利厅。2021年，温州市本级水利建设与发展专项资金共安排23750万元，其中具体安排有五个方面：一是市级水利规划及课题研究542.8万元；二是水生态环境提升3200.0万元；三是防灾减灾能力提升3029.7万元；四是重点水利工程建设14476.0万元；五是水利工程管理2501.5万元。截至2021年年底，专项资金转移支付共1.4亿元，局本级各项目支出3562万元。2021年，温州市争取省级资金12.3亿元，总额居全省第二，全面完成省级以上年度资金目标任务。

【水利基本建设】 2021年，温州市完成水利基本建设投资82.4亿元，完成率超110%。水利管理业投资增速与全省平均值持平，其中中央投资完成15242万元，重大项目完成投资33.9亿元。

【重点水利工程建设】 2021年，温州市水利局重大项目完成投资33.9亿元，完成年度计划的149%。平阳水头水患治理工程取得重大进展，主体工程已完工，南湖分洪工程隧洞已全线贯通，显桥水闸完成完工验收，水头段防洪工程完成完工验收。泰顺樟嫩梓水库工程主体完工并通过蓄水验收。瓯江引水工程、温瑞平原西片排涝、永嘉县瓯北三江标准堤工程、乐柳虹平原排涝一期、温瑞平原南部排涝一期等工程顺利推进。苍南县海塘安澜工程（南片海塘）、洞头区陆域引调水工程等9项重点工程完成可行性研究批复；瓯江口产业集聚区海塘安澜工程（浅滩二期）等10项重点工程完成可行性研究审查。全年共争取省级以上资金补助12.3亿元，其中瓯江引水工程等2项工程获中央非水利口补助资金2887万元，2项工程争取省统筹耕地和水田占补平衡指标32.27hm^2。

【水资源管理与节约保护】 2021年，温州市荣获2020年度“最严格水资源管理制度”和“水土保持目标责任制”省级考核“双优秀”，温州市政府等4个单位获评省政府办公厅“实行最严格水资源管理制度工作成绩突出集体”，18人获评“实行最严格水资源管理制度工作成绩突出个人”。泰顺县珊溪库区清洁小流域治理项目被评为国家水土保持示范工程。

水资源刚性约束不断强化。编制完成三大江流域水量分配方案和生态流量保障实施方案，出台温州市非常规水资源管理办法、地下水管理实施意见，印发“十四五”节约用水规划和水土保持规划。严格落实取水许可、水资源论证、计划用水、定额管理、节水评价等制度，完成338项取水口整改提升，实现存量证照电子化，按时保质完成取水计量监控运维和水资源费征收等工作。数字化改革有力推进，龙港、乐清、苍南分别揭榜挂帅水资源集约安全利用综合试点、一体化取水计量监控和工业园区水效评估监管专项试点，乐清、瑞安分别揭榜挂帅水土保持极简审批、卫星遥感图斑监管试点。

节水行动深度推进。全年节水8340万m^3，全域创建成为节水型社会，创建节水标杆单位61家，试点合同节水单位6家，节水宣传贯彻“百场六进”（进校园、进社区、进农村、进企业、进机关、进公园广场）、“为未来节水”微视频大赛等树立为全省典型。万元国内生产总值用水量21.75m^3，万元工业增加值用水量11.03m^3，人均用水量171.08m^3，农田灌溉亩均用水量327.74m^3，农田灌溉水有效利用系数达到0.599。

【河湖管理与保护】 2021年，温州市高质高效推进河湖“清四乱”专项整治工作，建立健全联席会议、联合督查、通报排名、约谈督办、常态考核“五大监管机制”，创新推出“无乱点”河道创建及“最美最差”河道评选，全年共创成“无乱点”河道5650条，评选出温州市第一期“最美河道”“最差河道”各10条，河湖“清四乱”整治涉河乱点8992处，整治量位居全省第一。率全省之先制定监管实施办法，全面梳理近5年审批后监管项目形成数据库，实现全周期追溯。对151个涉河建设工程开展检查，实现全覆盖监管，先后2次被《中国水利报》报道。全面开展河道非法采砂专项整治行动，开展对“采、运、销”三个关键环节以及“采砂业主、采砂船舶和机具、堆砂场”三个关键全要素、全过程、全方位监管。2021年全市共查获非法采砂案件13起，其中移交公安部门立案1起。在瓯江上查获非法采砂船舶6艘，均依法扣押在船厂轮候拆解，有力震慑违法采砂行为，维护水事秩序稳定。

【农村饮水安全】 2021年，温州市持续强化城乡同质饮水标准，落实县级统管责任，以农村供水服务质量为要，推进农村饮用水数字化管理建设，全面健全“统管＋监管＋智管”机制，推动全市1444个供水水厂（水站）终端感知设备建设，完成建设961个。完成县级统管单位（企业）入驻“浙水好喝”民生服务区，完成“浙水好喝”政府治理端建设，供水水厂（水站）、水源基础信息全部集成管理，262个供水水厂（水站）实时水质、水量接入省城乡供水数字化管理平台。加大城乡供水管网联网、提升改造，全市有68个行政村新纳入城乡供水范围，新增受益人口10万人。推进规范化水厂评选，2座农村水厂入选国家级规范化水厂，8座农村水厂入选省级规范化水厂，数量居全省第一。

【水利工程运行管理】 2021年，温州市政府印发《温州市小型水库和重要山塘系统治理实施方案》（温政办〔2021〕47号），完成329座小型水库和389座重要山塘核查评估以及“一库（塘）一策”“一县一方案”批复工作。全面落实水利工程安全管理“三个责任人”“三个重点环节”、行业监管责任人，明确2060个水利工程共10370名（人次）安全管理责任人。全市各级政府责任人带头开展水库安全管理“三到位”专项检查，累计出动2000余人次，有效开展安全隐患大排查大整改。制定安全鉴定超期存量清零计划，完成水库、水闸、海塘、堤防安全评价报告审查91个，完成率114%；超期未鉴定水库、水闸全面销号。开展水利工程标准化管理“回头看”120处，发现整改问题760个。全市规模以上水利工程划界率92.4%，产权化率达到49.3%，物业化管理覆盖率达到74.2%；规模以上水利工程100%纳入浙水安澜平台管理。平阳县入选省级“三化”改革试点县；瓯海区县级统管做法入选省争先创优优秀案例；珊溪水库、瓯飞工程入选浙江省最美水利工程。鹿城区域海塘防潮能力动态研判“揭榜挂帅”项目入选省水利厅第二批争先创优优秀案例，典型经验获中国水利报、学习强国平台宣传推广。

【水电站运行管理】 2021年，温州市全面开展小水电清理整改“回头看”工作，持续巩固小水电清理整改成果。逐步完善市级小水电生态流量监管平台，290座小水电站实现实时流量监测，190座小水电站实现动态视频或静态图像监测，生态流量监测数据完整率、及时率达90%以上。强化小水电站生态流量监督管理，累计获评国家级绿色小水电示范电站35座。在泰顺县建立远程集控中心，完成10座小水电站自动化改造，探索农村水电管理体制创新。

【水利行业监督】 2021年，温州市印发水利督查检查工作计划，明确各单位监督工作职责和检查事项。水旱灾害防御实行汛前全面排查、汛中严控水位、汛后总结复盘全过程监督。水利工程建设将“突击检查”“第三方检测”“视频监控”等纳入常规监管手段。水利工程运行实行网格化、专业化、数字化监管。水土保持实施全覆盖监督检查，严格执法，加强县级以上饮用水源地安全保障达标建设，探索推进数字化综合监管。河湖“清四乱”常态化，全面实行拉网式排查。珊溪水源保护持续开展“人员全参与、库区全覆盖、巡查全天候”“三全”式执法巡查，确保库区执法巡查正常开展。

开展农民工工资支付夏季、冬季攻

坚行动。防范欠薪六项制度覆盖率达到100%，保障农民工权益，全市未发生欠薪案件。开展水利建筑施工领域“遏重大”攻坚战，对40个在建工程开展监督检查128人次，发现并完成整改问题216个。6月底完成所有在建工程风险普查，全面摸清温州市水利建设施工领域安全生产风险底数，落实管控措施。切实做好护航建党百年安全大排查大整治，全市开展排查1571人次，发现并完成整改问题191个，不良行为记录11家单位、行政处罚14家单位、罚款16.4万元。全市未发生水利安全生产责任事故。2021年，温州市水利局获得温州市政府安全生产考核优秀等级。

数字改革扎实推进，创新平台助力监管。水利“综合查一次”数字化应用作为全省水利数字化改革试点项目“揭榜挂帅”，入围最佳应用评选。通过流程再造、制度重塑，精简检查事项，强化检查计划统筹，实现监督检查全过程线上闭环管理和差异化分级管理，推动基层和企业减负，实现监督检查提质增效。开展在建水利工程安全生产智慧工地试点，明确瓯江引水工程等5个工程为试点工程。其中南湖分洪工程、瓯江引水工程已完成平台建设。

完成瑞安下埠水闸提升完善等3项工程初步设计审查，永嘉三江标准堤三阶段等3项重大设计变更审查，平阳显桥水闸加固等3项工程通水阶段验收。编制《温州市水利工程竣工验收典型案例库》《温州市水利工程竣工验收指导手册》，推动七都标准堤、洞头环岛西片围垦等40项工程完成竣工验收。

【水利科技】 2021年，温州市持续开展瓯江、飞云江和鳌江三大江治理基础性研究工作。完成“十四五”瓯江水下地形测量的招标工作，并开展2021年度瓯江地形测量及江心屿分流比测量等工作。编制《瓯江河口简报》，探究瓯江河口近期的水文情势变化、河势变化趋势、堤防安全、水环境与生态河口建设等，分析存在的问题，为瓯江河口的保护和治理提供对策和建议。申报省水利厅重点科技项目1项——“基于DPSIR模型的温州市用水结构变化趋势及对策研究”、一般科技项目1项——“飞云江流域超标准降雨下洪水调度及风险预警”，申报温州市科技局基础性软课题研究项目2项——“鳌江流域水头段超标洪水防御方案研究”和“基于Copula函数的温州瓯江设计潮位过程线及雨潮遭遇情况研究”，申请温州市科学技术协会科普教育阵地项目1项——“温州市水情科普能力提升”。

温州市瓯飞一期围垦工程（北片）荣获2020—2021年度中国建设工程鲁班奖；《温州市大型水库水生态健康评价体系研究》被列入全省“水库型水源地生态健康评价体系研究”试点，并被推荐作为2021年全省第一批水利争先创优优秀案例。河流生态健康评价体系研究（飞云江生态保护和高质量发展状态评价及对策研究）等项目列入温州市水文高质量发展先行区建设项目。

2021年8月23日，温州市水利局与浙江省水利河口研究院在温州举行工作交流座谈会，双方就海塘安澜、防灾减灾、河口研究、防汛风险动态研判等进行深入交流。

【政策法规】 2021年，温州市水利局聘用法律顾问3名、公职律师1名，对4份行政规范性文件、31份行政经济合同进行合法性审查。结合数字化改革，将合法性审查流程纳入内部控制审批平台，形成数字化闭环管理。开展制度回头看和规范性文件清理工作，共保留规范性文件12件、宣布失效5件、废止4件。汇编2010年以来新修订的水利相关法律法规和规范性文件105件并成册分发。开展行政执法质效评议，围绕6项A级指标和55项B级指标，对水利系统行政执法质效进行省级的全面体检。编制“十四五”水法规建设规划，把握立法选题面向重点领域，主动服务水利中心工作。深化水行政审批论证评估“多评合一”改革，创新实施跨部门联合论证评估、并行审批，切实减轻企业审批成本负担。

【行业发展】 2021年，温州市水利局大力发展水利人才建设工作，面向全国“985”“211”高等院校引进6名水利相关专业硕士研究生，不断改进人才队伍质量。制订干部职工教育培训计划，持续实施水利讲师团制度；开展水利专业技术人员继续教育全员培训工作，培训人员达1500余人次。选拔3名市派农村工作指导员成立驻村工作组下派平阳县、5名新进硕士研究生到局机关重难点中心处室、2名优秀干部到数字化专班、2名技术骨干到瓯江引水工程等进行实战历练，提升年轻干部应对实战能力。紧扣水利防汛防旱、信息化建设等中心工作，积极争取市编制办支持，对温瑞平中心、防御中心、数据中心等3个事业单位人员编制进行优化调整，新增副科级领导职数2名。开展事业单位专业技术岗位重新核定工作，向市人社局争取到专业技术岗位最高比例配置，核增正高级高工岗位6个、工程师岗位10个。制定出台《事业单位聘期考核实施方案》（温水党〔2021〕29号），开展2021年事业单位人员全员聘期考核工作，通过竞争择优方式，聘任1人为正高级岗位、5人为副高级岗位、10人为中级岗位。组建2021年温州市工程技术人员水利职称评审委员会，调整专家库成员55名，完善水利专业技术中高级网络评审系统，职称评审制度体系逐步健全。2021年，温州市共有2人获评正高级工程师任职资格、16人获评副高级工程师任职资格、87人获评中级专业技术职务任职资格。至2021年年底，温州市水利局系统共有在编在岗干部231名，其中本科以上学历198人，占85.7%；研究生学历51人，占22.1%；工程师45人，占19.5%；副高级工程师52人，占22.5%；正高级工程师3人，占1.3%。

【珊溪水源保护】 2021年，温州市持续深入开展珊溪水源保护工作，珊溪水库水质稳定保持在Ⅱ类以上，保障温州全市近600万人的水源安全。有机融合线上线下巡查手段，全年不间断、全域无死角开展库区巡查管理，有力维护珊溪、赵山渡水库水源地水事秩序。谋划并推动珊溪幸福水源创建行动，开展幸福水源课题理论研究，探索建立珊溪特色的幸福水源评价标准和指标体系，争创全国一流饮用水源地保护管理样本。督促指导赵山渡一级水源保护区生态搬迁工作，文成县提前1年半完成搬迁工作。珊溪水利枢纽管理中心荣获“市级文明单位”称号；中心支部荣获“市直单位先进基层党组织”称号；珊溪水利枢纽工程获评浙江省十大“最美水利工程”。

（吕品）

嘉 兴 市

【嘉兴市水利局简介】 嘉兴市水利局是主管全市水利工作的市政府工作部门。主要职责是：指导水文、水资源保护工作，负责保障水资源合理开发利用；制定水利工程建设与管理制度并组织实施；指导农村水利工作；指导水利设施、水域及其岸线的管理、保护与综合利用；负责节约用水与水土保持工作；指导监督水利工程建设、运行管理、水政监察和水行政执法；负责涉水违法事件的查处；指导协调水事纠纷处理与水利行业安全生产监督管理；开展水利科技、教育和对外交流工作；落实综合防灾减灾规划相关要求，组织编制洪水干旱灾害防治规划和防护标准并指导实施；承担水情旱情监测预警工作。市水利局内设机构4个，分别为办公室、规划计划与建设处（监督处）、水资源水保处（市节约用水办公室）、人事教育处，另设机关党委。下属事业单位10家，其中嘉兴市杭嘉湖南排工程管理服务中心（公益一类）内设机构4个：综合处、基本建设处、工程管理处、科技安全处。其他9家下属事业单位分别为市水行政执法队（参公）、市河湖与农村水利管理服务中心（市水旱灾害防御中心）（参公）、市水利水电工程质量管理服务中心、市水文站、南排工程南台头枢纽管理所（海盐河道管理站）、南排工程盐官枢纽管理所（海宁河道管理站）、南排工程独山枢纽管理所（平湖河道管理站）、南排工程长山河枢纽管理所、南排工程桐乡河道管理站。至2021年年底，嘉兴市水利局行政编制10名，下属事业单位共有编制170名。

【概况】 2021年，嘉兴市共完成水利投资57亿元，总投资81亿元的国家重大水利工程平湖塘延伸拓浚工程和扩大杭嘉湖南排工程基本完成建设任务并正式投入运行。列为省级层面推动的重点规划《长三角生态绿色一体化发展示范区嘉善片区水利规划》编制完成并正式获批。“嘉兴市推进全域水系重构打造嘉兴水网”被省水利厅评为2021年度水利争先创优第一批优秀案例。全市共设置河（湖）长6900多名，完成河湖清淤562.68万m^3。在全省率先编制完成《嘉兴市生态水位计算报告》，研究建立生态水位监测预警、调度和保障机制。在2021年年初开始的干旱期间，通过长水塘枢纽往城区内抽水抬升水位，保障河湖生态水位，切实维护河流生态健康。“呵护美丽河湖”志愿服务队常态化开展河湖巡查，共志愿巡河1200余人次、1500余km。

【水文水资源】

1. 雨情。2021年，嘉兴市年平均降水量1512.9mm（折合水量63.89亿m^3），较2020年偏少7.8%，较多年平均偏多23.8%，属丰水年。降水时空分布不均，主要集中在7月、8月，占全年降水量的41.9%；其中最大年雨量出现在盐官站（1837.5mm），最小出现在崇德站（1349.5mm）。从水源分区看，杭嘉湖平原区（运河水系）年平均降水量1507.2mm（折合水量60.8340亿m^3），较多年平均偏多23.6%；钱塘江河口水域年平均降水量1635.9mm（折合水量3.0559亿m^3），较多年平均偏多27.9%。

2. 水情。2021年，嘉兴市经历冬春旱情、梅汛、第6号台风"烟花"、第14号台风"灿都"、局地强降雨等多次极端天气过程影响。第6号台风"烟花"在平湖沿海二次登陆，多站出现历史最高水位，其中嘉兴站实测洪峰水位2.51m，为该站历史第二高，王江泾、嘉善、青阳汇站出现历史最高水位。高水位给全市造成一定程度的灾害损失。

3. 水资源。2021年，嘉兴市水资源总量35.8318亿m^3，较多年平均偏多49.0%，产水系数为0.56，产水模数为84.85万m^3/km^2。其中地表水资源量31.8860亿m^3（径流深755.1mm），较2020年偏少15.8%，较多年平均偏多53.2%；地下水资源量8.1487亿m^3，地表水与地下水资源重复计算量4.2029亿m^3。从水资源分区看，杭嘉湖平原区水资源总量34.2205亿m^3，较多年平均偏多48.5%；钱塘江河口水域水资源总量1.6113亿m^3，较多年平均偏多60.8%。全市人均水资源量656m^3（年平均常住人口）。2021年全市入境水量64.2748亿m^3，其中西部入境亿33.9414m^3、北部入境30.3334亿m^3；出境水量84.6234亿m^3，其中南排30.9088亿m^3、东排53.7146亿m^3。

全市总供水量18.743亿m^3，较2020年增加4.2%，均属杭嘉湖平原区。其中地表水源供水量18.6095亿m^3，占总供水量99.3%；非常规水源利用量0.1335亿m^3，占总供水量0.7%。地表水源供水中，本地河网提水18.1077亿m^3，跨流域调水［即市域外配水工程（杭州方向）］0.5018亿m^3；其中14座城市水厂2021年提水量6.6612亿m^3，8座工业水厂2021年提水量0.5675亿m^3。全市用水总量18.7430亿m^3，其中农业生产用水（包括农田灌溉、林牧渔畜）9.4456亿m^3、工业生产用水4.7990亿m^3、居民生活用水2.6768亿m^3、城镇公共用水（包括服务业和建筑业）1.5870亿m^3；生态环境用水量0.3246亿m^3。全市人均综合年用水量为343m^3（按年平均常住人口）；万元GDP用水量为29.5m^3（现价），万元工业增加值用水量为15.3m^3（现价）；农田灌溉亩均用水量为398m^3，农田灌溉水有效利用系数0.663。

【水旱灾害防御】 2021年，嘉兴市水利局根据人事变动，及时调整水旱灾害防御领导小组成员，明确分管领导，细化工作分工。第6号台风"烟花"期间，与太湖局浙闽皖水文中心共同成立红船水利战队，全面投入抗台风工作。完成《嘉兴市城市超标准洪水防御预案》修编。牵头开展各县（市、区）水旱灾害风险普查，其中平湖市已完成试点县普查工作。

全面开展汛前大检查，累计出动检查人员4935人次，检查水利工程5286处，查出隐患289处，即时整改279处，还有10处在主汛期前落实度汛措施。所有口门闸门与泵站全部具备正常运行工况。全市水利部门有防汛物资仓库18座，水利抢险队伍10支。汛期结束，市本级防汛仓库又增补有关物资，确保防汛物资储备充足。

3月10日，印发《嘉兴市水情旱情预警发布管理办法（试行）》《嘉兴市市级水情旱情预警发布标准（试行）》，执行水情专业化与社会化预警。6月中旬，作为浙江省民生实事项目之一，25个新改建水文测站全部建成，提高水文监测预警能力与河道流量自动监测水平。第6号台风“烟花”期间，预警5次，编写洪水报告8期，并组织分析洪水风险图，向市防指提出提前转移受灾严重地区群众的建议，得到市主要领导高度认同与批示表扬。第14号台风“灿都”期间，预警3次，编写洪水报告4期。7月28日，全市各水文站出现超保证水位，特别是王江泾站、嘉善站出现持续超实测历史最高水位，圩区内外水位差较大，对圩区安全造成影响，市水利局组织技术力量进行紧急会商研判，向市防指报送后期预测分析，并提出立即停止全市范围内所有城防、圩区外排涝水，落实每1km堤防至少安排1名巡查人员24小时不间断巡查的处理建议。

入梅初期，做好水利工程运行调度预排预降。南排工程长山闸开3孔、南台头闸开2孔，嘉兴市南排工程在梅汛期累计排水量4.82亿m^3，全市河网水位经历3次较大涨落。从7月20日至第6号台风“烟花”登陆主降雨来临前，预排水量5214万m^3。第14号台风“灿都”主降雨来临前，南台头闸开4孔，长山闸开7孔、独山枢纽内外各开2孔预泄，提前腾出河网调蓄库容。

全年累计印发各类重要水利工程调度令121份，其中，调度嘉兴南排工程79次、嘉兴城防工程36次、王凝圩区工程6次。汛期，嘉兴南排工程累计排水29.17亿m^3，其中，闸排25.36亿m^3，泵排3.81亿m^3。各闸站枢纽累计运行3444小时，长山闸运行119天、南台头闸运行106天、独山闸运行25天、盐官下河闸运行11天、上河闸运行56天。嘉兴城防工程累计运行516小时，累计排水7003万m^3。王凝圩区工程累计运行288小时，累计排水3463万m^3，其中，毛漾荡泵站排水2101万m^3，湖滨泵站排水915万m^3，汾湖泵站排水447万m^3。第6号台风“烟花”期间（7月20—30日），嘉兴南排工程累计排水5.25亿m^3。

第6号台风“烟花”登陆，全市各水文站出现超保证水位，市水利局多次向太湖局、省水利厅提请协调上游太浦闸、湖州地区减小放水强度。7月28日，省水利厅在德清大闸组建防洪调度现场专家组。经协调，当天17时30分，德清大闸流量从300m^3/s减至250m^3/s，19时40分减至200m^3/s，20时5分减至 100m³/s，大大削减了杭嘉湖下游河网防洪压力。

2021 年嘉兴市共发出防汛明传电报 19 期，其中提醒加强海塘、圩堤工程巡查的专项通知 3 期。防御第 6 号台风“烟花”期间，全市累计出动 9.37 万人次，对 1.99 万处水利工程进行检查；第 14 号台风“灿都”期间，全市累计出动 5303 组 24661 人次，对 8695 处水利工程进行巡查检查。

第 6 号台风“烟花”期间，收到平湖、海盐、海宁地区水毁情况报告，共有水毁点位 18 处，至 2021 年年底已全部完成水毁修复。

【水利规划计划】 2021 年，嘉兴市水利局组织开展水利规划和实施方案编制，并配合省、市有关部门，组织完成涉水规划和其他规划征求意见反馈工作。组织编制、并与市发展改革委联合印发实施《嘉兴市水安全保障“十四五”规划》（嘉发改〔2021〕193 号），规划的五大类项目总投资 1445 亿元，“十四五”计划投资 567 亿元。编制并印发《嘉兴市全域水系重构规划（2021—2035 年）》（嘉水〔2021〕121 号），拟通过对全域水系重构，构建由行洪航运网、水资源配置网、清水生态网和数治水利网四网叠加而成的嘉兴水网，奋力打造“江南新水乡”。组织完成《嘉兴市长三角一体化高质量发展水利基础保障方案》的编制审查。组织编制《嘉兴市解决防洪突出薄弱环节方案》，36 个项目列入全省解决防洪突出薄弱环节项目清单，估算总投资 480.32 亿元，其中实施解决防洪排涝突出薄弱环节工程 26 项，系统性流域性工程 10 项。加强重大水利项目谋划、申报、储备等工作，全市 53 个重大水利项目全部纳入《浙江省水安全保障“十四五”规划》（浙发改规划〔2021〕127 号）；组织编报《长三角体化发展规划“十四五”实施方案重大项目库（表）》（长三办〔2022〕第 4 号），30 个申报二类的项目纳入项目库；开展水利工程项目与“三区三线”划定和国土空间规划落图对接工作，争取为项目实施用地留出空间。组织开展大运河文化公园（嘉兴段）、浙沪天然气二期、市域外配水市区分质供水工程二期工程等 26 个工程的防洪影响评价审查，及市区涉水项目的规划协调、绿道规划衔接等工作。

分阶段、多批次及时编报各类工程建设计划，反映水利建设实际和需求，督促各地按计划落实。联合市财政局及时分解落实省水利厅、省财政厅下达的市本级 2021 年省水利建设与发展专项资金 1405 万元，用于杭嘉湖南排工程管护、市水资源节约保护和开发利用总体规划编制、水土保持监督管理技术服务等面上水利建设与水利管理任务。联合市财政局组织完成嘉兴市级 2020 年度中央水利建设资金安排项目绩效和 2020 年度省水利建设与发展专项资金绩效自评，经省级核定均获得优秀等次。

【水利基本建设】 2021 年，全市完成水利投资 57 亿元，超额完成当年投资任务，是省水利厅下达年度水利投资计划 118%，其中重大项目完成投资 27.5 亿元。紧盯海塘安澜千亿工程年度开工任务，列入省海塘安澜千亿工程开工计划的海宁市百里钱塘综合整治提升工程一期（盐仓段）和海盐县东段围涂标准海塘二期工程（海堤部分）完成初设审批，顺利开工，开工长度12.44km。协调推进重大项目前期工作开展，青嘉蓝色珠链工程（嘉善段）完成试验段审批，开工建设；扩大杭嘉湖南排后续东部通道（麻泾港枢纽工程）项目建议书通过省水利厅技术审核，并转报省发展改革委申请项目受理；扩大杭嘉湖南排后续东部通道（南台头干河整治工程）完成项目建议书编制，已经省水利水电咨询中心技术审查；嘉兴中心河拓浚及河湖连通工程列入《长江三角洲区域一体化发展水安全保障规划》，具备用地审批条件，已着手修编可研报告；嘉兴港区、海宁市、平湖市、海盐县6项海塘安澜工程项目前期工作开展有序。持续推进竣工验收“三年存量清零”行动，全市全年完成竣工项目验收24项，配合完成省水利厅、省发展改革委组织的海宁市涓湖应急备用水源工程、海盐县东段围涂标准海塘一期工程竣工验收和省水利厅组织的嘉兴市域外配水工程（杭州方向）通水阶段验收。

【水资源管理与节约保护】 2021年，嘉兴市深入实施水资源消耗总量和强度“双控”，严格建设项目和规划项目水资源论证，落实节水评价制度，从严控制用水规模。严格取水计量监测，执行取水计划和超计划累进加价制度，落实用水统计调查制度，强化用水过程管控，规范水资源费征收。全市全年共征收水资源费1.27亿元，超计划加收水资源费近30万元；助力市场主体纾困，落实水资源费减免和自备水节水型企业减免征收水资源费政策，共优惠减免达2000万元。编制印发《嘉兴市节约用水“十四五”规划》（嘉水〔2021〕135号），明确2021年度工作任务和部门责任分工。全市年度完成企业清洁生产审核127家、水利行业节水型单位5个，完成嘉兴市、嘉善县2个节水宣传教育基地建设；年度新增省级节水型企业31家、省级节水型小区41个、省级公共机构节水型单位54家，创建省级节水标杆51个（6家酒店、6家校园、18个小区、21个工业企业）。上塘河灌区上榜国家第二批水效领跑者灌区、海宁市行政中心上榜国家第二批公共机构水效领跑者。

【河湖管理与保护】 2021年，印发《嘉兴市水利局关于下达2021年嘉兴市河湖建设计划与做好进度统计工作的通知》（嘉水〔2020〕23号），对全年河湖治理任务进行统筹部署。针对水域管理、“清四乱”问题专项整治、中央环境督查等问题整改多次召开工作专题部署会。

全市列入2021年省民生实事项目的中小河流综合治理60.2km、创建美丽河湖20条（其中省级9条）、建设水美乡镇8个、农村池塘整治80个。至12月底，全市实际成功创建美丽河湖36条（其中省级9条）；完成中小河流综合治理60.78km，完成率101.3%；8个水美乡镇建设和80个农村池塘整治全部完成。11—12月，以上4项省民生实事项目均通过省级复核和省政府督察室组织的抽查验收。

全力推进幸福河湖试点县建设。2021年年底，嘉善县全国水系连通及农村水系综合整治试点项目总投资已达100%，基本完成试点任务。3月，海盐县、嘉善县的《省级幸福河湖试点县实施方案》编制完成并同步推进年度任务建设。至12月底，海盐县完成2.59亿元，形象进度107%；嘉善县完成4.26亿元，形象进度100%。2021年年底，海宁市成功入围2022年度第二批省级幸福河湖建设试点县名单。

持续推进河湖清淤达到碧水要求。按照市政府印发的《夯实生态绿色基底建设碧水嘉兴行动方案（2021—2025年）》（嘉委办发〔2021〕18号），对全市2021年500万m^3清淤任务进行量化分解。到年底实际完成651万m^3，完成率达到130.2%，为碧水绕城、碧水绕镇、碧水绕村“水下森林”建设创造良好条件。结合全市垃圾无死角专项整治行动，加强市区二环内79.3km河道（面积约为33.6hm^2）和海盐塘新划转的河道保洁的监督检查。开展市区沉船打捞专项清理，共打捞沉船30余条。按时发布第一批重要水域名录。根据省水利厅重要水域名录新的定义与技术要求，于8月16日对第一批重要水域名录予以调整，并在市水利局官网公示公布。依法依规做好涉河项目审批并开展事中事后监管。全年办结涉河审批项目68件。在审批过程中，结合“最多跑一次”改革要求提高工作效率；委托第三方对审批项目加强事中、事后过程监管，基本实现涉河审批项目全过程跟踪管理。全力做好“清四乱”、水利遥感、中央环境督查等问题整改工作。根据《浙江省水利厅 浙江省治水办（河长办）转发水利部办公厅关于深入推进河湖“清四乱”常态化规范化的通知》（浙水河湖〔2021〕4号）的有关要求，到12月底，全市整改销号“清四乱”问题155个，完成率100%；督办各县（市、区）水利遥感图斑1491处，办结率100%。根据城市品质提升与精细化管理要求，牵头编制完成《城市内河河岸管理标准》《城市水域保洁管理标准》《防洪设施管理标准》。

【水利工程运行管理】 2021年，按照《嘉兴市水利局关于开展全市水利行业迎接建党百年安全生产大排查大整治的通知》（嘉水〔2021〕48号）的要求，聚力推进安全生产领域“遏重大”攻坚战和专项整治三年行动，完成全市水利工程安全生产抽查检查、督查整改工作。会同国网嘉兴电力供电公司在全市开展中型以上水闸、泵站、闸站及重要水利工程防汛排涝用电安全排查，印发《嘉兴市水利局关于进一步加强重要水利工程运行用电安全的意见》（嘉水〔2021〕105号）。按照省治水办《关于全面推进河（湖）长制提档升级工作的通知》（浙治水办发〔2020〕1号）和考核评价细则等要求，编制《长山河“一河一策”实施方案（2021—2023年）》，按期落实各项工作任务，长山河河长制工作考核位列全市第一。根据《浙江省水利工程运行管理2021年行动计划的通知》的要求，完成全市66项大中型水利工程、213项规模以上水利工程的市级督查检查，督促水利工程产权人及其管理单位限期整改所发现的问题，并实行清单式销号制度。与市财政局联合组织开展

2020年度南排工程维修养护项目验收，经费总额2214.99万元。统筹落实2021年度南排工程各站所维修养护项目经费，累计2418.28万元，其中含省级资金1380万元，市级资金1038.28万元。完成2022年度南排运行管理经费测算和上报工作。完成《2021年度杭嘉湖南排工程控制运用计划》初审及报批。全面梳理需省、市公布的水利工程名录，逐一落实各水利工程的政府责任人等相关责任人，并发文公布。嘉兴市杭嘉湖南排工程成功入选省十大“最美水利工程”。根据《嘉兴市本级水利工程标准化管理物业化工作考核办法》，对水管单位物业化管理工作进行监督考核，促进水利工程物业管理规范化运行和依标管理有效开展。落实排查梳理水利工程安全鉴定存量。2021年省水利厅安排计划完成60项，全市已完成水利工程安全鉴定241项，其中规模以上120项，均已印发安全鉴定书。编制完成《嘉兴市本级水利工程系统治理工作方案》、《嘉兴市本级水利工程核查评估报告》（堤防、水闸、泵站、闸站）和《嘉兴市病险工程加固提标年度实施方案（2021—2025）》。组织海宁、海盐、平湖、嘉兴港区开展备塘调研，组织全市相关单位围绕《浙江省海塘建设管理条例》（2015版），从修订案由、案据、建议等方面完成提案初稿。组织完成南湖等水质提升服务项目、2021年度市区城市防洪服务项目单一性论证，组织编制绩效考核方案及水质检测方案。结合全市水利工程项目建设工作实际，研究制定《领导干部打招呼、过问水利工程项目登记备案制度（试行）》。

【水利行业监督】　2021年，牵头制定印发《嘉兴市水利局关于印发2021年督查检查计划的通知》（嘉水〔2021〕50号），明确工作任务，落实工作责任，开展9个方面16项督查检查工作。根据人事变动，对嘉兴市水利监督工作领导小组组成人员进行调整，加强对全市水利监督工作的统一领导。组织开展面上小型水利工程质量抽查和技术指导服务、在建重大水利工程质量检查和技术指导服务，在建水利工程质量安全交叉检查，水利工程建设质量提升专项行动等工作，持续加大对在建水利工程的监督检查，对检查发现的问题，实行清单式、销号闭环管理，适时组织“回头看”，确保全部整改到位。配合省水利厅稽查组完成3个在建项目稽查和3个2020年稽查项目复查，督促相关主体整改并反馈省水利厅。

【水利科技】　2021年，嘉兴市本级列入省水利厅“流域、区域预报调度一体化”多跨场景试点。桐乡市列入省水利厅第一批水利数字化改革“区域一体化类试点”，计划重点建设总控中心、节水智管、涝水智治、工程智控等场景建设。海宁市列入“水利建设市场信用评价”和“智慧工地”多跨场景试点。海盐县列入“区域海塘防潮能力动态研判”和“幸福河湖”多跨场景试点。嘉兴市水灾害防御决策调度一体化平台1.0版本已于6月15日主汛期前上线“浙政钉”，于7月26日列入浙江省第一批水利数字化改革试点项目。根据试点要求细化深化“三张清单”，试点方案已于8月10日通过水平台上传至省水利厅数改办。

已完成水情、雨情及大部分工情等数据归集，已归集气象部门 5km×5km 网格的降雨数值预报数据，以及部分自然资源数据资源。初步完成嘉兴智慧水利大脑构建，基本实现综合监测、预测预报和初步预演预案等功能。该应用在 12 月 23 日召开的水利部数字孪生流域建设会议上作为全国唯一的地市级水利部门做会议交流发言。编制印发《嘉兴市水利数字化改革实施方案》（嘉水〔2021〕143 号），明确相关处室职能分工，全力保障和推进水利数字化改革工作。《嘉兴市水利数字化改革实施方案》重点围绕六大水利核心业务，建设跨部门、跨层级、跨业务的场景协调应用，配合做好全省水利整体智治综合应用迭代升级，重点做好"嘉兴市智慧水利大脑"构建，实现嘉兴市水灾害防御和杭嘉湖南排工程"预报、预警、预演、预案"功能，实现水治理体系和治理能力的现代化。

【行业发展】 2021 年，严格落实施工企业市场准入制度，全年共受理水利水电施工总承包企业、河湖整治工程专业承包企业分立或吸收合并至嘉兴共 13 家，审核通过 12 家。

全面推进"水利无欠薪嘉兴"创建，多次会同市人社局等部门通过召开座谈会、实地核查、现场访谈、明察暗访等方式，对全市在建水利工地开展"防欠薪"专项检查，加强重点工程项目防欠薪督查，规范用工市场秩序，提高工程建设领域欠薪治理精准性，实现全市水利建设"无欠薪"六大长效机制全覆盖。组织开展水利建设工程安全文明标化工地创建，修改完善《嘉兴市水利建设工程安全文明施工标准化工地创建管理办法》。全年检查在建市级水利建设工程安全文明标化创建工地 6 家。组织完成全市第一批、第二批水利建设工程安全文明施工标准化工地评审，确定 2019 年度长山河海宁市区片水系综合治理项目等 5 个工程为市级水利建设工程安全文明施工标准化工地。推荐嘉兴市域外配水工程（杭州方向）盾构段、管道段等 5 个项目获评 2021 年度浙江省建筑施工安全生产标准化管理优良工地。

（虞赟）

湖 州 市

【湖州市水利局简介】 湖州市水利局是主管湖州水利工作的市政府工作部门。主要职责是：拟订并组织实施水资源、水利工程、水旱灾害等方面的规划、计划，以及政策、制度和技术标准等；组织实施最严格水资源管理制度，实施水资源的统一监督管理；监督、指导水利工程建设与运行管理；负责提出水利固定资产投资规模、方向、具体安排建议并组织指导实施；负责和指导水域及其岸线的管理、保护与综合利用，重要江河、水库、湖泊的治理、开发和保护，以及河湖水生态保护与修复、河湖生态流量水量管理和河湖水系连通等工作；负责落实综合防灾减灾规划相关要求，组织编制重要江河湖泊和重要水工程的水旱灾害防御调度及应急水量调度方案，并组织实施；指导水文水资源监测、水文站网建设和管理，发布水文水资源信息、情报预报和湖州市水资源公报；负责、指导水土保持工作，组织实施水土流失的综合防治、监测预报并定期发布公告；指导农村水利改革创新和社会化服务体系建设；负责、指导和监督系统内行政监察和行政执法，负责重大涉水违法事件的查处，协调、指导水事纠纷的处理；组织开展水利科学研究、科技推广与应用，以及涉外合作交流等工作；推进水利信息化工作；负责、指导系统内安全生产监督管理工作。内设机构6个，分别为：办公室、规划计划处、建设处（挂监督处牌子）、水资源管理处（挂河湖管理处、政务服务管理处牌子）、水旱灾害防御处（挂运行管理处牌子）、农村水利水电与水土保持处。下属事业单位7家，分别为：湖州市太湖水利工程建设管理中心、湖州市水情监测预警与调度中心、湖州市河湖管理中心、湖州市农村水利水电管理中心、湖州市水利工程质量与安全管理中心、湖州市水文水源地管理中心、湖州市直属水利工程运行管理所。至2021年年底，湖州市水利局有在编干部职工126人（公务员17人，参公55人，事业单位54人）。

【概况】 2021年，是湖州市“大兴水利、大干项目”之年，全年完成水利投资46.4亿元，年度计划完成率121%，其中，重大项目完成投资21.6亿元，年度计划完成率111%，排名均列全省第三，水利管理业投资同比增幅12%。成功防御“烟花”“灿都”台风，实现“不死人、少伤人、少损失”的总目标，得到市委主要领导“水调的好”的批示肯定。安吉两库（老石坎水库和赋石水库）引水工程、环（太）湖大堤（浙江段）后续工程、太嘉河后续工程等重点工程全线施工，苕溪清水入湖后续工程、杭嘉湖北排通道后续工程等前期项目加速推进。水利民生实事项目快速推进，5项指标排名全省第一，群众好评率达到99.5%。水利数字化改革全域推进，7个场景入选“全省数字化改革重大应用一本账S_1”。全国农业水价改革技术研讨会在湖州召开，实现国家级节水型社会区县全覆盖，荣获“全国全面推行河湖长制先进集体”“全省水旱灾害防御先进集体”等荣誉。

【水文水资源】

1. 雨情。2021年，湖州全市平均降水量1658.6mm（折合水量96.53亿m^3），较多年平均降水量1388.9mm多19.4%，接近丰水年；较2020年降水量1723.2mm少3.7%。其中，5—10月全市平均降水量1328.6mm，占全年降水量的80.1%。降水量自东北向西南随地势增高而递增，年降水量变化范围为1400～2800mm。降水量年内分配不均，与常年同期相比5个月偏少、5个月偏多、2个月基本持平。1月、4月、9月、11月、12月偏少，其中12月降水量约占常年的1/4；3月、5月、7月、8月、10月偏多，特别是7月降水量是常年的1.7倍。6月10日入梅，7月5日出梅，入、出梅略偏早，梅雨期25天，平均梅雨量269.4mm，较常年梅雨量228.0mm多18.2%，单站最大梅雨量为安吉县马峰庵站428.0mm。2021年，全市主要受6号台风“烟花”和14号台风“灿都”的影响，其中“烟花”台风影响显著。7月22日8时至28日8时，受“烟花”台风过境影响，全市平均过程雨量286.4mm，单站最大雨量为安吉县董岭站969.0mm。

2. 水情。2021年，东苕溪代表站德清大闸站发生3次超警戒水位洪水，其中2次超保证水位，最高洪水水位4.58m，仅低于历史最高水位（4.62m）0.04m；西苕溪港口站发生1次超保证水位洪水，最高洪水位6.07m，超实测历史最高水位0.01m；东、西苕溪汇合处杭长桥站发生2次超警戒水位洪水，其中1次超保证水位洪水，最高洪水位3.81m，超实测历史最高水位0.04m；长兴平原代表站长兴站发生2次超警戒水位洪水，其中1次超保证水位洪水，最高洪水位3.79m，超实测历史最高水位0.11m；东部平原河网代表站菱湖站发生3次超警戒水位洪水，其中2次超保证水位，最高洪水位2.60m，超保证水位0.24m。“烟花”台风期间，东苕溪尾闾段、西苕溪中下游和长兴平原水位创历史新高。11座大中型水库中的对河口、合溪水位创历史新高；西苕溪港口站最大实测流量1070m^3/s，超过2019年“利奇马”台风期间的流量历史记录。

3. 水资源。2021年，湖州市水资源总量53.92亿m^3，较多年平均水资源总量40.40亿m^3多33.5%，较2020年水资源总量59.85亿m^3少9.9%。全市平均产水系数为0.56，产水模数为92.6万m^3/km^2。人均拥有水资源量1583m^3，亩均耕地拥有水资源量2268m^3。全市境外流入水量50.65亿m^3，区域内自产地表水量52.50亿m^3，年初年末大中型水库蓄水变量0.55m^3，耗水6.79亿m^3，出境水量95.80亿m^3。供水总量12.61亿m^3，其中，地表水供水12.09亿m^3，地下水供水0.0013亿m^3，中水回用0.52亿m^3，供水量满足各行业用水需求。用水总量12.61亿m^3，其中，农林牧渔畜用水量7.37亿m^3，工业用水量2.18亿m^3，居民生活用水量1.66亿m^3，城镇公共用水量1.10亿m^3，生态用水量0.30亿m^3。各行业耗水总量6.79亿m^3，耗水率53.7%。城镇居民、城镇公共用水、工业用水年退水量2.47亿t，途中渗失后，年退水入河总量1.36亿t。

【水旱灾害防御】 2021年，湖州市先后遭遇冬春连旱、梅雨洪水以及“烟花”“灿都”等影响。汛前，湖州市水利局组织开展大检查，全面推进隐患排查整改、水毁工程修复、预案修订完善、物资队伍储备、宣传演练培训等各项汛前准备工作，累计派出检查人员4961人次、检查点位5966处次，对排查出的95处风险隐患实行限期销号整改。汛期，严格执行24小时值班和领导带班制度，密切监视雨情、水情、工情变化，及时开展洪水和山洪预报预警，全年向各区县发出强降雨预警单285份、西苕溪洪水预警单3份、山洪灾害预警单26份、洪水预估报83场次834站次。“烟花”台风期间，提前调度11座大中型水库预泄腾库1.08亿m^3，低水位迎台；调度大中型水库全力拦洪2.53亿m^3，为下游河道减轻压力；动态调度环湖大堤水闸群，累计拦挡太湖回水2000万m^3、抢排平原涝水入湖 1.16 亿 m^3；动态调度导流东大堤水闸群导引东苕溪洪水入太湖，向杭嘉湖平原分洪 5114 万 m^3，占东苕溪洪水总量的 11%。强化山洪灾害防御，确保巡查、预警、转移三大责任人及时进岗到位，切实做好危险区域巡查、监测、预警等工作，及时果断转移危险区域人员。受台风“烟花”等影响，2021 年，湖州市全年水利直接经济损失 7226 万元，顺利实现“不死人、少伤人、少损失”总目标。

【水利规划计划】 2021 年，湖州市水利局与湖州市发展改革委联合印发《湖州市水安全保障“十四五”规划》，明确“166”（“1”指的是咬定一个目标：推动水利高质量发展；“6”指的是六大工程，即高速水路、水资源配置、幸福河湖、水库提能、数字水利、乡村水利；“6”指的是 6 个样本（江南易涝地区的防洪保安样本、江南水乡地区的优质供水样本、江南水网地区的幸福河湖样本、江南丰水地区的节水用水样本、江南滨湖地区的数字水利样本、诗画江南的水文化发展样本）的发展思路。完成南太湖新区防洪排涝工程项目建议书批复，可行性研究报告通过行业审查。做好 2021 年市级水利建设专项资金上会、网上公示、行文下达等工作，并及时审核、拨付水利建设资金。制订年度标准化工作计划，梳理形成水利行业专题标准库，完成年度标准化工作。完成《2022 年市级水利建设专项资金预算方案》编制，保障 2022 年重大水利工程建设和市直管水利工程运行管理以及部分重点工作资金需求。全年累计争取省级以上资金共计 10.76 亿元（中央资金 1.61 亿元，省级资金 9.15 亿元），同比增幅 79%。

【水利基本建设】 2021 年，湖州市加快农村水利工程建设，持续提升农村地区防洪排涝和供水保障能力。圩区整治方面，新开工圩区 6 片，续建圩区 9 片，全年完成圩区整治 11.23 万亩。农村饮用水方面，持续深化农村饮用水长效运维管护，健全县级统管机制，建设标准化水厂，安吉县老石坎水厂入选 2021 年度全国百佳“农村供水规范化水厂”。民生实事方面，8 件水利民生实事快速推进，其中 3 项入选市级民生实事。2021 年，湖州市全年共完成病险水库除险加固 10 座，干堤加固 3.1km，山塘整治 8 座，新（改）建水文测站 116 个，中小河流治理 93.7km，农村池塘整治 85 个，美丽河湖创建 12 条，水美乡镇创建 12 个。

【重点水利工程建设】 2021 年，湖州市重点水利工程完成投资 21.6 亿元，完成率 111%。其中，环湖大堤（浙江段）后续工程完成先行段施工，主体工程 6 月全面开工建设，成功入选全省“红旗”项目，完成投资 7.7 亿元，完成率 119%。安吉两库引水工程推进隧洞开挖 28.8km，管道埋设 3.7km，完成投资 4.7 亿元，完成率 116%。太嘉河及环湖河道整治后续工程政策处理基本完成，练市塘和北横塘段整治已完成，全面推进南横塘段整治，启动绿化景观施工，完成投资 3.2 亿元，完成率 107%。苕溪清水入湖河道整治后续工程（市直管和三县段）完成初步设计批复，启动政策处理和招投标工作，完成投资2.8亿元，完成率103%。苕溪清水入湖河道整治后续工程（开发区段）基本建成，完成投资1.4亿元。杭嘉湖北排通道后续工程（南浔段）完成初步设计批复，完成投资1亿元。德清县东苕溪湘溪片中小流域综合治理进入工程收尾，完成投资0.8亿元，完成率109%。南太湖新区启动区防洪排涝项目，完成可行性研究报告编制并上报待批。

【水资源管理与节约保护】 2021年，湖州市深入贯彻“节水优先”理念，实施全市节水行动，吴兴区、南浔区、安吉县顺利通过水利部复核，实现国家级县域节水型社会全覆盖。全年完成清洁生产审核61家，创建节水型灌区1个、节水型企业38家，通过复评43家，节水型居民小区13个、公共机构节水型单位8家、水利行业节水型单位16个。创建节水型标杆酒店4个、企业14个、居民小区10个、学校（非高校）5个。强化取用水日常监管，制定出台《取用水管理监督检查制度》，全域完成取用水标准化建设，全市共征收水资源费6600万元，减免水资源费688万元。加强水土保持监督管理，实施德清县钟管、长兴县合溪南涧新槐片和安吉县后山坞3个小流域综合治理项目，治理面积20.7km²，征收水土保持补偿费2029万元，“十三五”水土保持目标责任制考核获得全省优秀。

【河湖管理与保护】 2021年，湖州市持续强化水域监管，推进河湖“清四乱”制度化、常态化，建立完善“一河一档”“一案一档”，全年清理非法占用河道岸线1.95km，清理建筑和生活垃圾417.44t，拆除违法建筑2282.8m²，142个“四乱”问题全部整改销号，销号率100%。持续开展河（湖）长效保洁工作，共落实保洁船只1600余艘、队伍496支、4600余人，实现全市河道及内港湖漾保洁全覆盖。强化日常保洁督查，组织现场巡查38次、120余人次，发现问题河道150余条次，均在时限内完成整改。德清县、长兴县和吴兴区、安吉县分别被列入全省幸福河湖第一批和第二批试点县。

【水利工程运行管理】 2021年，湖州市全面落实水利工程安全管理责任，落实水利工程安全管理政府责任人、主管部门责任人、技术责任人、巡查责任人等，并在汛前公布，接受社会监督。推进水利工程安全鉴定（认定）工作常态化，完成安全鉴定（认定）71项，其中水库5项、水闸47项、泵站13项、闸站4项、堤防2项。定期开展水利工程安全运行督查检查，重点加强水利工程安全隐患和运行管理违规行为检查，列出问题清单，逐一整改销号。全面启动水库系统治理，完成辖区内157座水库的核查评估工作，完成“一库一策”与“一县一方案”编制，获得县级人民政府批复。全域推进水利工程管理“三化”改革，全市规模以上水利工程确权颁证率达到65%以上，物业化覆盖率达到75%以上，主要指标数据全部纳入水平台管理。深化水利工程体制改革创新，安吉县成功创建全国第二批深化小型水库管理体制改革样板县，长兴县合溪水库管理所成功通过水利部验收省级初验，湖州中环原水有限公司（老虎潭水库管理单位）成功通过省水利厅验收。

【水利行业监管】　2021年，湖州市围绕民生实事、安全生产、水生态三大领域，对6项综合监督事项，27项专业监督事项开展水利监督检查。全年完成综合监督7次，检查对象157个，发现问题75个；专业监督745次，检查对象759个，发现并整改问题803个；日常监管6111次，检查对象4841个，发现并整改问题1789个，“一单一报一环”“水资源强监管综合改革”等经验做法成功入选省强监管案例，指导长兴县创建浙江省水利“强监管”改革试点县。坚持问题导向，严格闭环管理，实现省级以上检查发现问题全部整改，整改情况全部通过市级复查。对2020年省水利厅稽查发现问题整改情况开展复查，完成整改率达100%。工程建设领域“遏重大”（遏制重特大安全生产事故）工作取得实效，危险源得到有效管控。创建省级水利安全文明标化工地5个，市级水利安全文明标化工地13个，水利施工现场面貌大幅提升。2021年湖州全市水利系统未发生安全生产事故，目标责任制考核获省、市“双优”。

【水利科技】　2021年，湖州市开展水利重大课题研究，充分发挥水利学会专家作用，启动杭嘉湖东部平原（运河）高速水路、城市防洪能力提升、长三角合作区（湖州片区）水利规划等一批课题研究，争取纳入上位规划，早日落地实施。加大水利科技人才培养力度，创新开展“处长讲堂”、专家授课等学习教育活动，全年开展授课培训8次，参与职工人数500多人次。加大科技宣传力度，2021年6月，参与组织并成功举办第二届“黄浦江节·黄浦江论坛”，加强与上海、嘉兴、苏州等地的沟通联系。

【政策法规】　2021年，湖州市水利局全面深化法治政府建设，修订《中共湖州市水利局党组重大问题议事规范》，对105个局重大事项进行依法民主决策，组织执法人员参加法律法规业务知识学习7次，领导干部年度普法知识考试通过率100%。强化政务公开，实现水行政决策、执行、管理、服务、结果等全领域信息公开，全年通过湖州市水利网公开信息700余条，通过微信、微博等累计发布信息400余条，7条依申请公开信息均及时办结。启动《湖州市太湖溇港世界灌溉工程遗产保护条例（草案）》制定工作。制定发布全国首个地方标准——《生产用水企业节水指数评价规则》。加强水利普法宣传，结合世界水日、“八五”普法日、宪法宣传日开展集中普法宣传14次，专题培训2次。全年无水事纠纷、无行政复议案件被纠错、无行政诉讼案件败诉情况。

【行业发展】　2021年，湖州市全面深化水利改革，完成市水平台（一期）竣工验收，率先启动二级建设并完工验收。10个项目，16个应用场景列入省水利厅数字化改革试点，其中7个场景列入“全省数字化改革重大应用一本账S_1”，“河长在线”成功上线。南浔区举办全国农业水价综合改革技术研讨会。安吉县亮相全国水土保持经验交流会。吴兴区西山漾创建国家水利风景区。重要水文化遗产调查全域推进，高质量完成成果验收。启动高速水路、城防提升、苕溪分洪、长合区水利规划等方面的项目谋划工作。

（葛超锋）

绍 兴 市

【绍兴市水利局简介】 绍兴市水利局是主管全市水利工作的市政府工作部门。主要职责是：负责保障水资源的合理开发利用；负责生活、生产经营和生态环境用水的统筹和保障；按规定制定水利工程建设与管理的有关制度并组织实施；指导水资源保护工作；负责节约用水工作；指导水文工作；指导水利设施、水域及其岸线的管理、保护与综合利用；指导监督水利工程建设与运行管理；负责水土保持工作；指导农村水利工作；负责、指导水政监察和水行政执法，负责重大涉水违法事件的查处，指导协调水事纠纷的处理；开展水利科技、教育和对外交流工作；负责落实综合防灾减灾规划相关要求，组织编制洪水干旱灾害防治规划和防护标准并指导实施；承担市“五水共治”［河（湖）长制］工作领导小组日常工作。市水利局内设机构5个，分别是办公室、规划计划处（河湖管理处）、建设安监处、水政水资源处（节约用水办公室、行政审批服务处）、水旱灾害防御处（运行管理处）。下属事业单位9个，分别是绍兴市曹娥江大闸运行管理中心、绍兴舜江源省级自然保护区管理中心（绍兴市汤浦水库管理中心）、绍兴市防汛防旱应急保障中心、绍兴市水政执法支队、绍兴市水利工程管理中心、绍兴市水文管理中心、绍兴市水土保持与小水电管理中心、绍兴市引水工程管理中心、绍兴市水利水电工程质量安全管理中心。单位编制数129人，公务员16人，参公13人，事业100人。实际在编人员112人，教授级高工2人。

【概况】 2021年，绍兴市完成水利投资47.5亿元，完成率118.8%，争取省级以上补助资金5.4亿元。全市完成“污水零直排区”建设镇（街道）24个、工业园区（工业集聚区）16个、城镇生活小区64个，分别占省下达任务的109%、266%、156%。至年末，11个国控断面、14个省控断面、7个交接断面、128个县控及以上断面Ⅰ—Ⅲ类水比例和功能区达标率均达到100%，“五水共治”群众幸福感指数90.86分，比2020年提高0.18分。成功抵御2021年冬春连旱，农村饮用水达标提标人口覆盖率99.9%，新增改善受益人口约6.5万人。创建省级“美丽河湖”17条（个），创建条数位列全省第一位。绍兴市连续三年在全省实行最严格水资源管理制度考核中获优秀等次，获评“十三五”期末实行最严格水资源管理制度考核优秀地市、浙江省2021年度农业水价综合改革绩效考核评价优秀市。绍兴市水利局获得全国全面推行河（湖）长制先进集体、全省“五水共治”先进集体，2021年度市委市政府目标责任制考核和全省水利工作综合绩效考评“双优秀”。市治水办［河（湖）长办］获评全国工人先锋号，2020 年度浙江省“五水共治”（河长制）工作优秀市“大禹鼎”银鼎。绍兴市曹娥江大闸枢纽工程荣获浙江省十大“最美水利工程”称号。

【水文水资源】

1. 雨情。2021 年，绍兴市平均降水量 1836mm，比多年平均降水多 22.4%，较 2020 年降水量多 8.8%。4—9 月，全市平均降雨量 1349mm，较多年平均多 34.3%。6 月 10 日入梅，7 月 5 日出梅，梅期 25 天。梅雨期遭遇三轮强降水过程，6 月 9 日 20 时至 7 月 5 日 8 时，全市平均降雨量 275.5mm，比常年偏多一成，最大降水站点在诸暨祝园，雨量 598.3mm，小时最大雨强出现在诸暨五泄水库，雨量 100.5mm（超百年一遇）。受第 6 号台风“烟花”影响，绍兴全市域普降暴雨到大暴雨。7 月 22 日 8 时至 28 日 8 时，全市面平均雨量 315.8mm。

2. 水情。2021 年梅雨期间，绍兴平原河网水位相对较为平稳，受第二轮强降雨影响，绍兴站于 6 月 20 日 15 时出现最高水位 4.16m。曹娥江共出现 3 次明显洪水过程，曹娥江嵊州站及各支流水文站均未超警戒水位。但短历时强降雨引起的小流域洪水频繁出现，特别是 6 月 20 日凌晨，受短历时暴雨影响，长乐江、小乌溪江均出现较大洪水。浦阳江支流受第一轮强降雨影响，出现较大洪水。五泄江大唐站水位于 6 月 10 日 0 时开始起涨，至 6 月 10 日 5 时 35 分出现洪峰 11.94m，是建站以来最高水位。浦阳江干流水情总体平稳，水位未超警戒。诸暨太平桥站于 6 月 20 日 23 时 20 分出现最高水位 9.76m。

受第 6 号台风“烟花”带来的强降雨影响，曹娥江上游及各支流均发生洪水，但河道水势较平稳，没有产生暴涨暴落的洪水过程。其中黄泽江黄泽站和长乐江孟爱站出现超警戒水位。曹娥江嵊州站洪峰水位 14.82m，洪峰流量 1610m^3/s。曹娥江上虞东山站于 7 月 26 日 11 时 15 分出现最大流量 3330m^3/s，7 月 26 日 11 时 20 分出现最高水位 11.06m。诸暨（二）站水位于 7 月 24 日 8 时开始上涨，起涨水位 7.73m，7 月 25 日 15 时 20 分出现最高水位 12.04m。太平桥站水位于 7 月 24 日 5 时开始上涨，起涨水位 7.61m，7 月 25 日 16 时 25 分上涨到最高值 11.94m，超警戒水位 1.30m，距离保证水位 0.20m。湄池站水位于 7 月 24 日 6 时开始上涨，起涨水位 6.14m，7 月 26 日 7 时 05 分出现最高水位 10.58m，超保证水位 0.88m，并且超出历史最高水位 10.48m（发生于 1997 年 7 月 9 日）。枫桥江枫桥站水位从 7 月 24 日 5 时开始明显上涨，至 25 日 23 时 10 分出现最高水位 12.60m，超出历史最高水位 12.55m（发生于 2012 年 8 月 8 日）。五泄江大唐站水位从 7 月 24 日 6 时开始上涨，起涨水位 9.04m，7 月 25 日 13 时 20 分出现最高水位 11.75m。台风期间，绍兴平原于 7 月 26 日 20 时出现最高水位 4.98m。

3. 水资源。2021 年，绍兴市总水资源量 101.70 亿 m^3，比多年平均（63.02 亿 m^3）偏多 61.4%，比 2020 年偏多 29.7%。其中，地表水资源量 99.02 亿 m^3，

占总水资源量的97.4%，地下水资源量2.68亿m^3，占总水资源量的2.6%。全市19座大中型水库年末蓄水总量5.48亿m^3，比2020年年末增加36.6%，占正常库容64.0%。人均水资源量1905.6m^3。全市总用水量17.48亿m^3，比2020年增加0.8%。万元GDP用水量（可比价）27.0m^3、万元工业增加值用水量（可比价）18.3m^3，较2020年下降7.3%和4.6%，用水效率提升。

【水旱灾害防御】 2021年，绍兴市水利局修订《水旱灾害防御应急工作预案》《水旱灾害防御工作规则》，调整水旱灾害防御工作领导小组，对5498名各类责任人进行分级公布。

汛前，开展水旱灾害防御大检查，共派出11663人次，检查工程6081处，发现问题隐患220处。利用"一县一单"和钱塘江流域防洪减灾数字化平台，对问题隐患进行线上线下动态监管。结合"平安护航建党百年"，开展水利安全隐患大排查大整治专项行动，成立水库山塘安全度汛工作专班，动态开展隐患排查，实时掌握安全状况，实行隐患闭环管理。充实调整市、县两级防汛抢险技术专家92名，做好防汛抢险物资的储备管理。组织开展2021年山洪灾害防御演练、2021年水利业务（水旱灾害防御）培训班等，开展市、县两级各类培训19次，培训人数2047人，组织各类演练9场，参演人数1322人。

汛期，绍兴市水利局共启动、调整应急响应22次，其中在防御第6号台风"烟花"期间，提升应急响应至Ⅰ级；在防御第14号台风"灿都"期间，提升应急响应至Ⅱ级。下发各类文件通知56个，调度令79份，召开水旱灾害防御工作视频会商会议11次，研究部署梅雨强降雨、台风暴雨等防御工作。梅雨强降雨期间，曹娥江大闸排水6.61亿m^3，绍虞平原排水3.18亿m^3，19座大中型水库累计预泄2.15亿m^3，拦蓄洪水2.53亿m^3。在第6号台风"烟花"和第14号台风"灿都"影响期间，曹娥江大闸分别排水10.1亿m^3和2.69亿m^3，绍虞平原分别排水3.69亿m^3和1.43亿m^3，19座大中型水库分别累计预泄1.2亿m^3和0.91亿m^3。在防御第6号台风"烟花"期间，曹娥江全流域遭遇近20年一遇的降雨影响，通过提前科学调度曹娥江大闸、19座大中型水库等防洪排涝骨干工程，及时启用高湖蓄滞洪区，曹娥江未发生流域性洪水，浦阳江流域干流堤防未发生重大险情，19座大中型水库累计拦洪2.65亿m^3。在梅雨台风期间，全市共派出专家组339组次，949人次，指导防汛工作。市水利局落实山洪防御责任，密切监视水雨情、工情，充分发挥山洪灾害防御数字化应用平台和群测群防体系作用，及时发布预警信息并叫应。全年汛期，市、县两级发布山洪灾害预警100期，全市触发山洪预警4796次，累计推送各类预警短信26.8万条次。

【水利规划计划】 2021年，绍兴市编制印发《绍兴市节约用水"十四五"规划》，开展《绍兴市水资源节约保护和开发利用总体规划》编制工作。编制完成《绍兴市水安全保障"十四五"规划》，并印发实施，明确"十四五"期间全市水安全保障的总体布局、发展目标、主要任务以及有关保障措施等。镜岭水库、杭州湾南翼平原排涝及配套工程等项目列入《长江三角洲区域一体化水安全保障规划》。

【水利基本建设】 2021年，绍兴市完成各类水利投资47.5亿元。深化推进农业水价综合改革，全市共提升泵站机埠、堰坝水闸100座，其中32座机埠堰坝、基层站所等提升项目成功入选省级“五个一百”优秀典型案例。在实现农业水价综合改革面积全覆盖后，全市完善规范补贴奖励机制，2021年累计下达精准补贴244.95万元，发放节水奖励14.14万元。巩固“八个一”（一个用水组织、一本产权证书、一笔管护经费、一套规章制度、一册管护台账、一条节水杠子、一种计量方法、一把锄头放水）村级改革成效，打造一批全省农业水价改革“五个一百”（100座农业灌溉更新升级泵站机埠、100座农业灌溉更新升级堰坝水闸、100个改革灌区灌片、100个农民用水管理主体、100个改革基层水利站所）优秀典型案例，打造乡村振兴与共同富裕“美丽新阵地”。农田灌溉水有效利用系数从0.599提高到0.605。诸暨市、上虞区、柯桥区被评为年度绩效优秀县。

全面推进农村饮用水达标提标建设。全市建成省级规范水厂4座，通过典型引路、示范推动，全市饮水工程管理水平大幅提升。全市农村饮用水达标人口覆盖率达99.9%，农村饮用水水质合格率达97.4%，城乡同质化供水覆盖率达96%。2021年新增改善受益人口达65434人，成功抵御2021年冬春连旱，守住饮水安全底线。

扎实推进水土流失治理，完成2021年度水土保持目标责任制考核，督促推进遥感监管问题项目整改，加强在建工程跟踪检查，治理水土流失面积31.27km^2，完成率104%。

【重点水利工程建设】 2021年，绍兴市推进“海塘安澜”等重大水利建设，不断完善水利基础设施网络。镜岭水库完成前期研究项目建设必要性及规模论证专题报告编制，并收到省水利厅行业意见反馈，项建、可研及相关专题完成设计招标。柯桥区兰亭江流域综合治理、型塘江流域综合治理完成可研、初设批复，新三江闸排涝配套河道拓浚工程（柯桥片）完成项建编制；诸暨市浦阳江治理三期工程完成可研审查。嵊州市三溪水库完成项建受理、可研咨询稿，收到省水利厅规模论证行业意见反馈；曹娥江流域防洪能力提升工程（东桥至丽湖段）完成项建受理、可研审查。曹娥江大闸维修加固工程、曹娥江综合整治工程（柯桥段）、上虞区虞东河湖综合整治工程、嵊州市澄潭江（苍岩段）防洪能力提升应急工程等4个重大水利项目完工。诸暨市陈蔡水库加固改造工程完成输水、供水隧洞施工，具备临时蓄水功能，绍兴市马山闸强排及配套河道工程等其他项目有序推进。

【水资源管理与节约保护】 2021年，绍兴市水利局开展《绍兴市水资源保护条例》贯彻执行情况调研，完成《绍兴市水资源保护条例》修正案，于11月

25日经浙江省第十三届人民代表大会常务委员会第三十二次会议批准，于12月8日经绍兴市第八届人民代表大会常务委员会公布施行。

联合12个市级相关部门印发《绍兴市节水行动2021年度实施计划》。完成45家节水型企业创建、138家省级节水型企业复评、95家企业清洁生产审核和49家省级节水标杆（其中酒店8家、校园8家、社区13家、企业20家）创建，均超额完成省水利厅下达的建设任务。深化水利行业节水机关建设，完成绍兴市柯桥区农业农村局等15家单位水利行业节水型单位创建工作。绍兴市6个县（市、区）全部达到省级县域节水型社会标准，柯桥区、上虞区、诸暨市、新昌县获国家级节水型社会建设达标县（市、区）称号。“打造全国首家城镇供水管网漏损控制实训基地”入选浙江省“节水行动十佳实践案例”。

开展取用水管理专项整治整改提升行动，加强取用水监督管理，对不符合规范的435个项目建立整改台账，按照“退出一批、整改一批”的要求，取缔非法取水项目16个，对419个农村饮用水和农田灌溉项目开展水资源论证并依法办理取水许可。贯彻用水统计调查制度，完成39个农业灌区、14个公共供水户、404个工业、24个服务业用水统计调查对象名录库建设及用水统计调查数据信息填报。全面实施取水许可电子证照，新批取水许可全部实现电子证照办理，存量纸质取水许可完成电子证照转换。对全市818家自备水用水户下达取水计划，计划用水覆盖率100%。对年取水量5万m^3以上的取水户开展实时监控。加强水资源费征收，全年共征收水资源费1.5亿元。落实水资源费阶段性减免政策，全市减免水资源费1623万元。

开展县级以上饮用水水源地安全保障达标建设，完成8个县级以上饮用水水源地安全保障达标评估工作。

【河湖管理与保护】 2021年，绍兴市完成中小河流治理7.64km，完成率127%；完成干堤加固13.6km，完成率110%。夯实河湖管理基础，完成3次水域调查市县级、交界水域及复杂问题复核、拼接工作，继续配合省水利厅开展省级复核、拼接。开展市本级及6个县（市、区）的重要水域划定，完成报告编制、政府报批及公布工作。全市193条河道、9个湖泊、18个饮用水源保护区、7个风景名胜区（自然保护区）、550座水库、2个蓄滞洪区的水域划定为重要水域。

至2021年年底，完成美丽河湖建设18条（个），建设长度195.32km，其中17条（个）被评选为省级“美丽河湖”，入选数量居全省第一。建成水美乡镇15个，水美乡村82个，开展农村池塘整治110个。市水利局联合市治水办在全省率先印发《绍兴市“水美乡镇”建设验收管理办法》，编制《绍兴市幸福河规划》及38条省级美丽河湖电子地图，以健康码形式跟踪发布河湖健康动态。

印发《绍兴市2021年度“五水共治”（河湖长制）工作实施方案》等文件，全域推行河（湖）长制标准化管理，推进“碧水”“找寻查挖”等专项行动。

全市发现整改问题6759个，11个国考断面、25个省控断面、7个交接断面Ⅰ～Ⅲ类水比例均达到100%，128个县控及以上断面Ⅰ～Ⅲ类水比例和功能区达标率均达到100%。

【水利工程运行管理】 2021年，绍兴市全年完成水库安全鉴定170座，小型水库除险加固28座，山塘65座。加强本级工程运行管理，大闸工程全年运行151天，共完成调度191次，累计排水48.34亿m^3；引水工程全年运行274天，累计水量1.65亿m^3，确保防汛安全以及年度公祭大禹等重大活动期间市区水环境质量良好。

对棣山电站、巧英一级电站开展安全生产标准化复评工作，这两座电站再次被评审为农村水电站安全生产标准化二级单位。

以水利安全生产月、“一把手”谈安全生产等活动为抓手，落实安全生产责任制。加强工程质量监管，实现水利行业安全质量监管移动App全覆盖，对全市111个项目开展质量监管活动237次，出具质量监管意见202份，提出意见991条，整改回复率100%。

【水利行业监管】 2021年，绍兴市开展全市河湖“清四乱”常态化、规范化工作，排查发现“四乱”108个。至年底，完成整改销号108个，销号率100%，其中上级督查问题28个，自查上报问题80个；对40条拟创建河道开展排查核实，拆除违建50处，共计531.2m^2。全市县级以上河道全部完成“无违建河道”创建任务。

全市开展涉河违障和行洪不畅风险排查整治工作。借助航拍、遥感等手段加强河湖监管。加强“互联网+监管”，抓好掌上执法、“双随机”抽查、检查事项覆盖、信访投诉转处等工作，实现掌上执法率、主项覆盖率等指标100%，居全省前列。全年水利部门累计组织巡查5800余人次，巡查河道1.9万多km；开展掌上执法检查399户次，其中“双随机”抽查31户次，跨部门联合监管率32.25%，应用信用规则率100%；处理各类投诉举报396起，累计向综合行政执法部门移送案件100起，已作出行政处罚46起。

制定印发《绍兴市水利行业“强监管”工作实施方案》，组建8个工作专班，制定工作任务清单，明确工程建设运行、民生实事等10个大项36个子项的监管内容及检查抽查次数。至年底，全市共开展“强监管”192次，930余人次参与检查，发现问题952个，落实问题整改952个，整改率100%。

深化“最多跑一次”改革，推进区域水影响评价“三合一”改革延伸扩面，政务服务2.0平台94个办事事项完成上线配置。开展水资源管理、取用水审批、涉河审批、水库山塘验收等水利“三服务”共计1000余人次，解决事件800余件，办结率和满意率均达到100%。

全面深化全市水利工程“三化”改革，越城区、柯桥区、诸暨市作为省级试点，完成《水利工程管理“三化”改革实施方案（2021—2022年）》编制和政府批复。2021年，全市规模以上水利工程确权颁证率36.3%，办理出部分不动产权登记证。全市规模以上水利工程物业化管理覆盖率达60%。全市规模以上水利工程纳入水平台工程运管应用比率达到100%。柯桥区和新昌县在2021年全省小型水库系统治理和水利工程“三化改革”成绩突出，获通报表扬。

【水利科技】 2021年，全市开展“天地一体化”监管，开展4次高清遥感影像调查，并结合无人机航测等手段进行现场复核，共解译扰动图斑501个，现场复核（含新发现）图斑520个，其中生产建设项目扰动图斑375个，非生产建设项目扰动图斑145个。复核检查生产建设项目323个，其中285个项目判断为合规，38个项目判断为未批先建并交由属地开展相应的查处、督查工作。

建成城乡供水数字化管理平台，数字化管护水平大幅提升，完成全市6家供水企业“浙水好喝”服务端入驻。柯桥区供水管网调度及漏损检测平台、上虞区农村饮用水数字化运管系统入选省水利厅数字化改革试点。

开展全市水文站网功能评价，全市建成各类水文测站721个，覆盖“两江一网”（曹娥江、浦阳江、绍兴平原河网）、中小流域等重点区域，涵盖流量、水位等7种监测要素，构建水文全要素监测网络。目前全市40余条流域面积$50km^2$以上河流水雨情监测覆盖率达到90%以上。小（2）型以上水库水雨情监测覆盖率85%以上。

【政策法规】 2021年，绍兴市认真总结《绍兴市水资源保护条例》（以下简称《条例》）实施五年情况，起草上报实施情况工作总结，配合市人大开展《条例》贯彻执行情况调研，梳理对照上位法修改情况，起草《条例修正案》及起草说明，广泛征求各部门和社会各界意见，经多次修改完善，经市政府常务会议和市人大常委会二次审议，报省人大常委会批准实施。

根据《曹娥江流域水利治理体系和治理能力现代化试点》总体要求，开展《绍兴市曹娥江流域管理办法》立法调研，基本完成调研报告初稿。配合市人大、市司法局完成《绍兴黄酒保护和发展条例》《绍兴市居家养老服务条例》等地方性法规意见征询及调研座谈26次。行政复议为0件，2件行政诉讼经市中级法院二审裁定驳回上诉和撤回上诉处理。根据市委依法治市办、市司法局部署，开展“法治绍兴建设补短迎考攻坚行动”，做好水利系统行政诉讼败诉风险排查、裁执分离执行案件督查，督促相关市县进行整改和落实。

【行业发展】 2021年6月23—25日，绍兴市首届水利行业（水文勘测工）技能竞赛在嵊州举行。由绍兴市水利局、绍兴市人力资源和社会保障局主办，嵊州市水利水电局承办。竞赛分为理论考核、技能实操两个部分，考核水文相关专业理论及雨量计、采集器安装调试、水文三等水准测量等内容。本次竞赛得到全市水利系统广大干部职工响应，市水利局和5个县（市、区）水利部门共6支队伍，30余名选手组队参赛。经过综合比评，评出绍兴市技术能手1名、绍兴市水利技术能手6名。

【海塘安澜工程推进】 2021年，绍兴市海塘安澜工程提标加固海塘22.31km，防御洪潮标准提升至300年一遇。在打造高标准海塘的基础上，围绕改善海塘沿线生态环境、促进人与自然和谐共生的目标，提出“一区一主题，一段一特色，一带一风景”，着力打造绿色生态海塘。在全省率先完成“一县一方案”批复，越城区、上虞区完成项建受理、可研审查等工作；市本级海塘安澜工程（曹娥江大闸段）完成项建受理；柯桥区海塘安澜工程完成可研审查，应急加固工程先行开工建设。柯桥区海塘安澜工程和上虞区海塘安澜工程获2021年浙江省海塘安澜千亿工程优秀组织工作成果奖。

【浙东运河文化园（浙东运河博物馆）持续推进】 浙东运河文化园（浙东运河博物馆）项目总投资14.9亿元，总建筑面积12.4万m^2，提升改造原运河园面积61360m^2。建成后浙东运河文化园（浙东运河博物馆）将对绍兴水文化和绍兴改善区域水域环境，打造幸福河湖建设历程进行展示。2021年年底，主副博物馆已结项，主体工程完成形象进度约85%。

【嵊州、新昌协同治水】 2021年，按照绍兴市政府多次专题协调明确方案，抓好嵊新协同治水。落实“一月一通报”机制，推进嵊新水资源综合利用和污水协同处理，完成年度目标。至年底，长诏水库至棣山泵站段完成输水管道安装12km，形象进度100%。棣山泵站至嵊州第三水厂段完成输水管道安装7.75km，形象进度47.5%。钦寸水库至嵊州第四水厂段完成输水管道安装10.55km，形象进度87.9%。大明市新区至嵊新污水处理厂段完成污水管道安装15.3km，形象进度100%。

（孟宇婕）

金华市

【金华市水利局简介】 金华市水利局是主管全市水利工作的市政府工作部门。主要职责是：负责保障水资源的合理开发利用；拟订水利发展规划和政策，起草有关涉水地方性规章草案，组织编制并监督实施重大水利规划；统筹和保障生活、生产经营和生态环境用水，组织实施最严格水资源管理制度，负责重大调水工程的水资源调度，指导开展水资源有偿使用工作、水利行业供水、农村供水工作；按规定制定水利工程建设与管理的有关制度并组织实施，审核规划内和年度计划规模内水利固定资产投资项目；指导水资源保护工作，组织编制并实施水资源保护规划；负责节约用水工作，组织实施用水总量控制等管理制度，指导和推动节水型社会建设工作；负责水土保持工作，指导水文工作和水利信息化工作；指导水利设施、水域及其岸线的管理、保护与综合利用。组织实施有关涉河涉堤建设项目审批（含占用水域审批）并监督实施，指导、监督黄土丘陵、低丘红壤治理开发；指导监督水利工程建设与运行管理；负责水利行业生态环境保护工作，指导农村水利工作和农村水利改革创新和社会化服务体系建设、农村水能资源开发、小水电改造和水电农村电气化工作；指导水政监察和水行政执法，负责重大涉水违法事件的查处，负责水利行业安全生产监督管理；组织开展水利行业质量监督工作，拟订水利行业的技术标准、规程规范、定额并监督实施；负责落实综合防灾减灾规划相关要求，承担水情旱情监测预警工作、防御洪水应急抢险的技术支撑工作，承担洪泛区、防洪保护区的洪水影响评价工作，组织制定水旱灾害防御水利相关政策并监督实施；承办省水利厅、市委、市政府交办的其他事项。市水利局内设机构4个，分别是：办公室、法制与水资源水保处（市节约用水办公室、行政审批处）、规划计划与建设处、工程管理与监督处。下属事业单位10家，分别是：金华市河湖长制管理中心、金华市水政监察支队、金华市农村水利和水土保持管理中心、金华市水利规划建设和质量安全管理中心、金华市水文管理中心、金华市水旱灾害防御技术中心、金华市白沙溪流域管理中心、金华市梅溪流域管理中心、金华市金兰水库灌区管理中心、金华市九峰水库管理中心。至2021年年底，金华市水利局在编干部职工275人，其中行政人员15人，事业人员260人（参公编制25人，事业编制235人）。

【概况】 2021年，金华市完成水利建设投资45.2亿元。获水利部“全面推行河长制湖长制工作先进集体”、金华市夺取“五水共治”“大禹鼎”金鼎有功集体行政奖励。建成全省首个数字河湖管理平台和全省首个数字河湖指挥中心。全市11项场景应用入选省水利厅数字化改革项目试点，其中市本级小流域山洪预警及应急联动项目入选省数字政府“一本账 S_1”项目，并获第一批全省水利数字化改革优秀应用，被省水利厅、省大数据局联合发文推广。安全生产获省水利厅、金华市政府考核双优秀。完成9个县市水文化遗产调查工作，市本级梅溪流域综合治理工程获评第一届浙江省水工程与水文化有机整合典型案例。农田灌溉水有效利用系数测算分析工作连续7年获省级考评优秀。金兰灌区、源口水库灌区、通济桥水库灌区、东芝灌区获评2021年度省级节水型灌区。浙江省好溪水利枢纽流岸水库工程（大坝枢纽施工标）、金华市本级金华江治理二期施工Ⅲ标和金华市本级金华江治理二期施工Ⅵ标、义乌市双江水利枢纽工程施工Ⅰ标、武义县车门水库除险加固工程5个项目入选2021年度浙江省水利文明标化工地名单。获全省市级水利综合考核良好，义乌市、永康市、武义县被评为优秀县。

【水文水资源】

1. 雨情。2021年，金华市平均降水量1781.4mm，较2020年降水量偏多4.8%，较多年平均降水量多17.7%。根据金华、兰溪、义乌等15个代表站降水量分析，3月、5月、6月、7月、8月、11月降水量均比多年同期偏多。4月降水量不到多年同期的一半；5月降水量为全年最大，占全年降水量18.8%；1月降水量为全年最小，仅占全年降水量0.7%。金华市6月10日入梅，7月5日出梅，梅期25天，比常年

(21天)多4天，梅雨量232.3mm。比常年平均梅雨量(327.2mm)偏少29.0%，比去年梅雨期(534.8mm)偏少56.6%。

2. 水情。2021年，受梅雨、台风影响，汛期末全市主要江河水位比入汛时水位略有增加，全年仅兰溪站出现超警戒水位，总体形势平稳。受两场降雨叠加影响，6月30日11时，兰江兰溪站自水位24.49m起涨，21时出现超警戒水位，水位连续超警戒长达48小时，7月2日6时30分出现洪峰水位29.54m(2021年以来最高水位)，超警戒水位1.54m，洪峰流量9940m^3/s。3个县(市、区)16个镇(乡、街道)水利设施遭受损坏，其中堤防25.2998km、护岸1处、塘坝5座，直接经济损失3744.84万元。

3. 水资源。2021年，金华市水资源总量118.87亿m^3，产水系数0.61，产水模数为108.6万m^3/km^2，人均水资源量1669.52m^3。全市29座大中型水库，年末蓄水总量6.72亿m^3，较2020年年末增加0.77亿m^3。全市总供水量15.71亿m^3，较2020年增加0.39亿m^3。金兰水库向金华市区供水0.86亿m^3，安地水库向市区供水0.43亿m^3。全市总用水量15.71亿m^3，其中：农业用水量7.32亿m^3，占总用水量46.6%；工业用水量3.08亿m^3，占19.6%；生活用水量4.61亿m^3，占29.3%；其他用水量0.70亿m^3，占4.5%。全市总耗水量9.32亿m^3，平均耗水率为59.4%。年退水量3.63亿t。全市平均水资源利用率13.2%。

【水旱灾害防御】 2021年，金华市修编完善《金华市水旱灾害防御应急工作预案》《金华市水旱灾害防御工作规则》《金华市水旱灾害防御信息报送规定(试行)》《金华江流域特大洪水(含超标准洪水)防御方案》《金华市山洪灾害预警发布管理办法(试行)》《金华市城市供水区水源干旱预警调度预案》。组织开展水旱灾害防御演练24次，3094人次参加。5月14日，浙江省暨金华市水旱灾害防御演练在金华圆满完成。启动水旱灾害防御Ⅱ级应急响应1次、Ⅲ级应急响应1次，Ⅳ级应急响应4次，发布水旱灾害防御简报20期、山洪预警31期，发送各类预警信息46.5万条次。8月16—17日，金华部分地区发生小流域山洪，转移危险区人员519人，其中婺城区安地镇喻斯村和雅干村组织转移危险区群众和游客共78人。9月6—7日，婺城区水务局通过山洪预警平台，向各类防汛责任人发送预警信息12133条次，并点对点电话预警相关乡镇，指导转移危险区人员468人。全市共有各类水利抢险队伍14支，防汛物资仓库38座。梅雨期，全市大中型水库增蓄水0.77亿m^3。第6号“烟花”台风期间，29座大中型水库通过发电、灌溉、供水等预排水量1.31亿m^3，蓄水总量9.49亿m^3，蓄水率95%，较常年同期8.28亿m^{3}多14.6%。“8·17”强降雨期间，全市大中型水库拦蓄洪水量1.026亿m^3；

近年来，通过干堤加固、水库和大中型水闸除险加固(扩容)、山塘综合整治及新建排水泵站，新增水库总库容1500万m^3、提升强排能力118.3m^3/s。按照“城市50年一遇，重点乡镇20年一遇”的防洪标准，已建成防洪标准20

年一遇以上堤防 703km，金华市区江南片、东阳城区、浦江城区、兰溪市区、义乌市区已基本形成 50 年一遇防洪闭合圈。

【水利规划计划】 2021 年，《金华市水资源节约保护与开发利用总体规划》通过省水利厅技术复审。与市发展改革委联合印发《金华市区水网规划（2020—2035 年）》（原《“水润婺州城”——水系连通激活规划》）、《金华市水安全保障“十四五”规划》、《金华市水安全保障“十四五”规划》。都市区供水一体化进程加快，磐永供水工程完成初设批复，进入施工图设计阶段。

【水利基本建设】 2021 年，金华市水利局开展“三服务”，推进重点水利建设，全年完成水利投资 45.2 亿元，计划投资完成率 113%。全市完成干堤加固、水库除险加固、灌区节水配套等 46 个项目竣工验收，年度任务完成率 112%。全市完成干堤加固 15.1km、水库除险加固 36 座、山塘综合整治 191 座，中小河流治理 69km，建设省级“美丽河湖”11 条。完成规范化水厂创建 6 座（包括通过水利部评审的 2 座），实时监测水厂建设 60 座，农饮水管网改（扩）建 273km，58 个项目被评为省农业水价综合改革“五个一百”优秀典型案例。全市完成水利管理业投资 11.8724 亿元，同比上升 22.5%。

【重点水利工程建设】 2021 年，金华市计划完成省级重大水利工程建设投资 16.9 亿元。重大实施类项目 7 项，包括金华市本级金华江治理二期工程、金华市金兰水库加固改造工程、乌引灌区（金华片）“十四五”续建配套与现代化改造工程、兰溪市钱塘江堤防加固工程、兰溪市城区防洪标准提升应急工程（西门城墙段）、义乌市双江水利枢纽工程、磐安县流岸水库工程。重大项目前期工作 5 项，包括金华市金东区金华江治理二期工程、兰溪市“三江”防洪安全综合提升工程、东阳市石马潭水库枢纽工程（原东阳市北片水库联网联调工程）、浦江县双溪水库工程、浦江县外胡水库扩容工程。至 2021 年年底，全市完成省级重大水利工程年度投资 17.6 亿元，年度计划完成率 104%。金华市本级金华江治理二期工程完成年度投资 3.02 亿元；金华市本级金兰水库除险加固工程完成投资 0.26 亿元；婺城区乌溪江引水工程灌区（金华片）节水续建配套项目完成前期并开工建设，完成年度投资 0.5 亿元；兰溪市钱塘江堤防加固工程、兰溪市城区防洪标准提升应急工程（西门城墙段）2 项工程完工，分别完成年度投资 0.13 亿元、0.42 亿元；义乌市双江水利枢纽工程、磐安流岸水库工程 2 座中型水库主体工程推进顺利，分别完成投资 10.3 亿元、3.0 亿元。东阳市石马潭水库枢纽工程启动项目建议书编制，浦江县双溪水库工程继续深化项目建议书编制。

【水资源管理与节约保护】 2021 年，金华市共有有效取水许可证 951 本，其中取水量 5 万 m^3 以上的用水单位安装实时监控点 302 个。完成存量取水许可证电子化转换 916 本。印发《钱塘江及瓯江流域金华段2025年、2030年水量分配指标》。完成金华江、东阳江流域水量分配方案编制与批复，明确水资源利用上限和生态流量底线。编制建设项目水资源论证报告书28个，水资源论证报告表175个，完成节水评价审查项目25个。落实水资源有偿使用制度，全市共征收水资源费12433万元。完成9个县（市、区）“十三五”期间实行最严格水资源管理制度情况考核工作。完成38个江河湖库水质站、12个国家地下水重要水质站、3个水生态监测断面的水质采样和监测，采集水样450多份，开展水质评价12次。开展县级以上饮用水源地安全保障达标建设，2021年度全市9个县级以上饮用水源地安全保障达标评估等级均为优秀。开展国家节水型社会创新试点建设，针对“水源保护－全程节水－排水治理－再生回用”水循环体系，系统研究节水制度体系，研发适合南方丰水地区农村城镇和城市节水成套技术，深度融合数字化管理手段，探索实践适合南方丰水地区的节水型社会创建模式，相关做法成效被人民网、新华社等多家中央媒体专题报道。全面推进县域节水型社会达标建设工作，东阳、磐安顺利通过国家级节水型社会达标建设，兰溪、武义通过国家级节水型社会建设省级验收，全市省级节水型社会建设达标率100%，永康市获评太湖流域片县域节水型社会达标建设十佳案例。印发《金华市节水型载体创建监督与考核办法（试行）》《金华市节水型载体建设标准（试行）》，创建市级节水型企业38家、节水型公共机构191家、节水型小区43个、水利行业节水机关39家。开展节水标杆引领行动，建设节水标杆酒店4个、节水标杆校园11个、节水标杆企业15个、节水标杆小区14个，1个案例入选浙江省2021年“节水行动十佳案例”，2个案例入选“优秀实践案例”。

【河湖管理与保护】 2021年，金华市共有市、县、乡、村四级河长2676名、湖长904名，实现全市河道、水库河（湖）长全覆盖。推动河长履职尽责，实现线上动态考评，四级河长开展巡河20.6万人次，上报问题4.8万个，办结率100%。建立健全河（湖）长制工作制度，印发《金华市河（湖）长制工作实施办法》，发布《河湖长制公示牌的设计与管理规范》。以市政府名义（金政告〔2021〕1号）向全社会公告金华市级重要水域，涉及市级河道8条，长度323.9km，水域面积48km^2；中型水库27座，市本级小型水库6座，水域面积54.41km^2。提升河湖管理数字化水平，迭代升级河（湖）长制管理信息平台。拓宽社会监督渠道，推广社会公众护水“绿水币”制度，全市公众护水注册人数31.4万人。完成省“美丽河湖”创建11条，开展河湖管理范围划定成果复核，发现划界不合理处13处，设置界桩4249个，4834.3km。加强河湖水域岸线管理保护，市本级完成水域占用审批4起，占用面积791.14m^2，已在金华江二期工程新增水域进行等效替代。开展河湖“清四乱”专项整治，发现和整改“四乱”问题211个，完成全市24条、210km县级河道无违建创建工作。开展全市首次水利安全生产行政执法检查，查处案件13起，罚款金额1.45万元。通过开展专项执法检查、集中销毁违规禁用渔具、制作并投放宣传视频等，做好饮用水源地保护工作。做好“大综合一体化”行政执法改革，包括梳理监管事项清单、划转人员和编制、开展指导和培训等。联合金华市总工会举办2021年度全市水行政执法技能竞赛。

【水利工程运行管理】 2021年，金华市在全省率先公布2021年度水利工程名录，查清探明15类水利工程5256处，成功入选省水利厅第一批争先创优优秀案例。汛前，全市公布2784处水利工程安全管理“三个责任人”3410名。主汛期前，组织“三个责任人”及水利工程运管培训41次，2866人次参加。完成全市21座大中型水库及市本级6座小型水库控运计划（度汛方案）的核准。组织市本级水管单位对所管理的水库水闸放水预警方案进行修编，并获得市政府批准。超额完成水利工程安全鉴定198处，其中完成水库安全鉴定186处、水闸泵站等其他工程12处。继续推进水利工程“三化”改革三年行动计划，全市规模以上水库、水闸、泵站、堤防等4类工程管理和保护范围划界率达87%，确权颁证率46.7%，物业化管理覆盖率81%，均完成产权化率和物业化率达35%的年度目标任务。深化水利工程标准化管理，武义县水务局被评为第二批深化小型水库管理体制改革样板县，永康市杨溪水库、兰溪市芝堰水库通过省级水管单位创建。金华市本级沙畈水库通过水利部标准化管理工程省级初验。

【水利行业监督】 2021年，开展汛前水旱灾害防御暨安全生产检查。对全市217个主要水利工程政府责任人、主管部门责任人和管理单位责任人进行公示。全市水利部门共出动10637人次对6163处水利工程进行检查，查出安全隐患和薄弱点370处，全部录入钱塘江流域防洪减灾数字化平台，并已全部整改到位。防汛应急响应期间，各级水库山塘巡查员进岗到位，累计开展水利工程巡查3万余人次，市级抽查水利工程管理责任人4096人次、山洪预警责任人828人次。

开展节日和重要时期安全生产检查。在元旦、春节、中秋、国庆等重大节日期间、在6月安全生产月期间、在庆祝建党100周年活动开展期间、在梅汛和台汛期间，市水利局领导均带队进行水利工程专项检查活动。全市投入8900余人次，开展水库、山塘等水利工程安全度汛检查。投入398万元开展水利工程安全巡查、水资源强监管、水利工程建设运行管理与水域保护技术评价、生产建设项目水土保持天地一体化动态监管、山塘整治质量抽检、在建水利工程质量强行检测等安全生产社会化服务。

开展“遏重大”和“平安护航建党百年”等专项行动。6月份，由市水利局领导带队组织10个工作组，对9个县（市、区）及金华开发区开展督查指导活动。督查出隐患55处，已全部完成整改。开展风险普查培训，对全市水利建设项目进行全面梳理，列出风险普查清单。并于6月30日前，对全市140个水利建设工程180个标段全面普查，普查率达100%。

开展河湖水库水电站安全运行监管。落实全市水库山塘安全管理责任，发文公告并在当地主流媒体上公示全市809座水库“三个责任人”名单；开展河湖工程及建设检查20个（次）；检查堤防水闸工程90个；对涉河涉堤建设项目进行监督检查19人次，检查项目7个（次）。派出专业技术人员和委托中介机构150余人次，现场检查水库176座，水电站115座，检查发现水库安全隐患182项、水电站安全隐患80项。

开展农村水利工程与水土保持监督检查。对全市在建审批项目开展现场监督检查1780人次，检查项目636个。开展在建山塘现场检查指导62座，山塘安全评定市级复核50座，山塘质量抽检15座，山塘综合整治实施方案抽查28座。组织开展山塘巡查人员履职情况电话抽查6000余座次，对巡查员信息更新不及时问题进行跟踪落实整改。对43处农村供水工程开展运行管理情况检查。对13处大中型灌区运行管理情况开展监督检查18轮次。

开展水利建设工程质量与安全检查。全市受监在建水利工程184个，共443个标段，开展在建水利工程质量与安全检查1128次、3065人次，下发质量与安全监督意见431份。单位工程验收147个，完工验收122个，竣工验收41个，出具工程竣工验收质量监督报告41份。违规警告23个单位、29人次，下发停工通知1份，约谈企业19家、34人次。

开展水利工程建设安全整治。11月，市水利局成立两个安全生产行政执法组，对全市在建水利工程开展安全执法，实施处罚13次，带动各县（市、区）水务局强化安全生产执法，以强势执法手段倒逼企业主体责任落实，达到“检查一家、规范一家、处罚一家、警示一片”的效果。

开展水文测验安全检查。从临水作业安全、高空作业安全、防雷安全设施设备防护安全、其他安全等5个方面对市本级3个国家基本水文站的测验安全情况进行全面排查。组织开展全市国家基本水文站自查自纠，针对省水文中心技能大师工作室对部分水文站点抽查中发现的共性问题，要求各县（市、区）水文机构从标准化管理、雨量观测场地环境、水位观测设施、流量测验设施、水文情报预报、危化品贮存使用等方面全面开展自查自纠工作。

【水利科技】 2021年，开发金华江流域洪水预报系统，实现流域上下9个控制站同时在线预报作业。整合水利系统原有22个应用平台，建成“数据整合、监管留痕、预警自动、隐患闭环、指挥可视、示范先行”的金华市数字河湖管理平台。重点研发“小流域山洪灾害预警及应急联动”应用，着力破解山洪防御预警难题。开展水利科技项目申报4项，分别为：金华市水文管理中心的梅溪流域水生态研究项目、金华市梅溪流域管理中心的中型水库多重功能水资源用途管控机制研究及应用、金华市蓝波能源有限公司的水电站智能化管理平台、金华市水利局的金华古代灌溉技术研究。

【政策法规】 2021年，开展考核“一件事”事项个性化开发，通过“机关内部最多跑一次”平台，开展实行最严格水资源管理制度考核和水土保持目标责任制考核，变“线下跑”为“线上跑”，进一步提高工作效能。与市综合行政执法局开展对接，为综合行政执法改革做好准备。顺利完成行政执法专项评议与行政执法证件换证活动。组织“世界水日”“中国水周”等专题宣传活动，深入开展法治宣传教育，营造良好法治氛围。

【行业发展】 2021年，金华市加强水利专业技术人员和技能工人相关业务知识培训。组织开展全市水旱灾害风险普查、水库标准化平台、水库泄洪预警应用、质量和安全管理、安全生产月、河湖管理能力提升、全市水行政执法技能竞赛等专业培训，将相关培训计入水利专业科目和水利行业公需科目继续教育学时，并在金华市专业技术人员继续教育平台进行学时登记服务管理。至2021年年底，该平台申报审核学时登记人员694人。2021年，金华市水利系统新增正高级工程师1人、副高级工程师19人、工程师123人。市本级在职人员275人，2020年在职人员281人，有18人发生人员变动（减少12人，新增6人）。

（毛米罗）

衢州市

【衢州市水利局简介】 衢州市水利局是主管全市水利工作的市政府工作部门。主要职能是：制定水利规划和政策；负责保障水资源的合理开发利用；负责生活、生产经营和生态环境用水的统筹和保障；按规定制定水利工程建设与管理的有关制度并组织实施；指导水资源保护工作；负责节约用水工作；指导水文工作；组织指导水利设施、水域及其岸线的管理、保护与综合利用；指导监督水利工程建设与运行管理；负责水土保持工作；指导农村水利工作；指导水政监察和水行政执法，负责重大涉水违法事件的查处，指导协调水事纠纷的处理；开展水利科技、教育和对外交流工作；负责落实综合防灾减灾规划相关要求，组织编制洪水干旱灾害防治规划和防护标准并指导实施；完成市委、市政府交办的其他任务。市水利局内设4个职能处室，分别是办公室、规划建设处、水政水资源处（挂行政审批服务处牌子）和河湖运管处。有正式在编人员117人。直属事业单位9家，分别是衢州市水政行政执法队、衢州市河湖管理中心、衢州市农村水利管理中心、衢州市水资源与水土保持管理中心、衢州市信安湖管理中心、衢州市水文与水旱灾害防御中心、衢州市水利服务保障中心、衢州市乌溪江引水工程管理中心、衢州市铜山源水库管理中心。局下属企业3家，分别是衢州市水电发展有限公司、衢州市柯山水电开发有限公司、衢州市铜山源水电开发有限公司。衢州市下辖6个县（市、区）均独立设置水利（林业水利）局。

2021年8月，市水利局直属衢州市水电发展有限公司成建制无偿划转至衢州市大花园建设投资发展集团有限公司，为其下属全资子公司，公司合同制员工12人和劳务派遣员工8名一并划转。

根据浙江省“大综合一体化”改革要求，2021年11月25日，衢州市水利局相关水行政执法职责划转至综合执法部门，不再保留市水政行政执法队，编制2人一并划转。

【概况】 2021年，衢州市水利局突出“大干项目、干大项目”，全面做实“记工分”考核，获省、市级以上荣誉共15项，创历史新高。获水利部全面推行河湖长制工作先进集体，在全省水利综合绩效考评中位列第一名，在浙江省政府水土保持目标责任制考核中获得优秀，获省第二十二届水利“大禹杯”铜杯奖。全年共完成水利投资51.3亿元，完成率134%，创衢州水利历史最高水平。信安湖国家水利风景区被水利部授予“全国摄影创作基地”，乌引工程入选浙江省十大“最美水利工程”，信安湖、乌引工程入选首批浙江省“五水共治”实践展示窗口。

【水文与水资源】

1. 雨情。2021年，衢州市平均降水量2155.1mm，比2020年（2207.2mm）减少2.4%，较多年平均（1818.9mm）偏多18.5%。降水量时空分布不均，3月、5月、6月、7月、8月、11月降雨量比多年平均偏多，最大月平均降水量为5月459.4mm，较多年平均值（263.0mm）偏多74.7%；最小月平均降水量为1月23.4mm，较多年平均值（80.1mm）偏少70.8%。衢州6月10日入梅，比常年（6月14日）偏早，7月5日出梅，比常年（7月6日）偏早，梅期25天，比常年（22天）偏长3天。梅雨期间出现3轮强降雨过程（6月18—22日、6月27—28日、6月29日至7月2日），全市平均梅雨量464mm，较常年梅雨量（403.2mm）偏多15%；开化县梅雨量最大，为616mm。

2. 水情。2021年，全市发生3场较大洪水，共发生超警戒水位7站次，超保证水位2站次。衢江流域内最大洪水发生在7月2日，衢州站于7月2日0时30分出现最高洪峰水位63.63m，最大实测流量6960m^3/s；开化站于6月30日16时45分出现最高洪峰水位125.00m，最大实测流量1940m^3/s；常山（三）站于6月30日22时20分出现最高洪峰水位85.01m，最大实测流量4950m^3/s。江山港流域内最大洪水发生在5月23日，江山（二）站于5月23日21时00分出现最高洪峰水位92.67m，最大实测流量822m^3/s。

全年仅受第6号台风“烟花”影响，但总体影响不大，未造成损失。8月9—17日出现倒黄梅天气，全市面雨量147.6mm，8月15日龙游县出现短时强降水，沐尘乡三源岭水山洪暴发，因预警及时、处置有效，双戴、梧村、庆丰等沿河村落71户95人成功避险转移。

3. 水资源。2021年，衢州市水资源总量125.64亿m^3，产水系数0.66，产水模数142.04万m^3/km^2。全市15座大中型水库，2021年年末总蓄水量15.7851亿m^3，比2020年年末减少6.7%。全市总供水量10.3642亿m^3，比2020年减少

0.3520 亿 m^3，其中地表水源供水量 10.3597 亿 m^3，占 99.96%。全市平均水资源利用率 8.2%，其中农田灌溉用水量 5.5732 亿 m^3，占总用水量的 53.8%。万元 GDP 用水量 55.2m^3，万元工业增加值用水量 31.8m^3。

【水旱灾害防御】 自 2021 年 5 月以来，衢州市连续遭遇“非典型梅雨”“倒黄梅”以及局地强降雨等多轮极端性灾害天气。湖南镇水库库区降水量、入库水量均破历史纪录。衢州市县水利“一盘棋”，通过前期加密排摸、汛期精准施策、全过程数字赋能，实现 19 个涉水在建工程安全度汛，805 户、3330 名受灾群众安全转移，保障人民群众生命财产安全。确保重大涉水在建工程安全度汛，位于衢江上游的杭衢铁路常山港特大桥工程当时正值桥墩浇筑重要工期，若继续施工，或将遭遇大流量洪水冲毁风险；若当即拆除支架和围堰，施工企业将面临 2000 多万元直接损失。市水利局组建服务专班，4—6 月，开展组织协调会 7 次，专项检查 13 次，精准实时报送上游水位和流量 80 余次，从 6 种不同工况、3 种不同等级洪水分析该项目汛期施工防洪影响，提出科学应对措施。杭衢铁路常山港特大桥工程在 6 月 9 日入梅前顺利完成桥墩浇筑并拆除所有施工支架，实现工程建设和安全度汛共赢。推进“预报、预警、预演、预案”四个关键环节加密建设，新建改建水文测站 788 个，监测站点数增加 86.8%，将可实现每 10km^2 有雨量站 1 个，每 10km 河道有水位站 1 个，有力支撑水雨情精准掌握。汛前在全市全面排查水利防汛物资 15 次，部署防御演练 8 次，细化完善应急预案工作预案 33 个，实现市、县、乡三级防御全覆盖。精准预报确保群众安全转移，7 月初衢江城区段遭遇 1998 年以来最大流量洪水，衢州水文站精准预报洪水 9 次，并在 7 月 1—2 日分别提前 10 小时和 8 小时，成功预报罕见的 24 小时内衢州站“7·1”“7·2”双洪峰，柯城区航埠镇完成转移 486 户 987 人，为下一步钱塘江流域防汛减灾提供科学决策依据。8 月，衢州市出现罕见“倒黄梅”，强降雨导致龙游县沐尘乡、庙下乡等 6 个村庄突发山洪险情，全市先后发布山洪灾害预警 3.34 万条。根据预警信息，市、县两级水利局第一时间对 1 小时雨量 30mm 以上地区落实“点对点”快速防御，迅速组织转移 71 户 95 名群众，有效避免人员伤亡。

【水利规划计划】 2021 年，衢州市水利局编制下达 2021 年度水利建设计划及加快推进 2021 年度重大水利建设工作方案。全市 2021 年计划投资 38.2 亿元，其中重大水利工程计划投资 21.2 亿元。编制完成 2022 年衢州市本级中央预算内水利投资计划、政府投资计划及预算。争取到重大项目前期研究经费 874 万元，重点保障湖南镇水库防洪能力提升工程、钱塘江干流防洪提升工程（市本级信安湖段）、衢州市直饮水项目专题研究、衢州市“十四五”水安全保障规划方案研究等 15 个项目的前期工作经费。已完成《衢州市解决防洪薄弱环节实施方案》《衢州市直饮水项目专题研究》《衢州有礼·幸福水网系统治理工程专题研究》《钱塘江源头水库连通工程专题研究》《衢州市“十四五”水安全保障规划》等专题研究报告，启动开展《衢州市城市防洪专项规划（2021—2035）》《钱塘江干流防洪提升工程（市本级信安湖段）》等规划及前期研究工作。

【水利工程建设】 2021年，衢州市计划完成水利投资38.2亿元，实际完成水利投资51.3亿元，完成率134%。其中，衢州市重大水利工程计划投资21.2亿元，实际完成投资23.6亿元，完成率111%。全市重点推进重大水利工程16项，其中建设类项目8项，前期类项目8项。加快推进市本级衢江治理二期、衢州市西片区水系综合整治、乌溪江引水工程灌区（衢州片）续建配套与现代化改造项目（2021—2025）、柯城区常山港治理、柯城区寺桥水库、江山市江山港流域综合治理、常山县芳村溪流域综合治理、开化水库等8项重大项目主体工程建设。重点推进衢州市铜山源灌区续建配套与现代化改造项目（2021—2025）、衢州市湖南镇水库防洪能力提升工程、衢江区芝溪流域综合治理工程、龙游县佛乡水库工程、钱塘江干流防洪提升工程（龙游县段）、常山县龙潭水库工程、常山县芙蓉水库引水二期工程、江山市张村水库工程等8项前期工作。

【水资源管理与节约保护】 2021年，衢州市完成节约用水“十四五”规划编制。通过加强水资源消耗总量和强度双控，万元GDP用水量、万元工业增加值用水量，较2020年呈继续下降趋势。完成衢江流域水量分配以及生态流量（水量）保障实施方案，并严格开展生态流量管控。完成县级以上集中式饮用水水源地安全保障达标建设和自评估工作，2021年评估结果全部优秀。柯城区、江山市通过县域节水型社会达标建设水利部复核验收。继2020年在全省率先实现水利行业节水机关建设全市域覆盖后，又有4家水利单位完成水利行业节水型单位建设。全市共4家酒店、5家校园、8家小区、10家企业获评“省级节水标杆”荣誉称号。

由衢州市牵头，安徽省黄山市、福建省南平市、江西省上饶市签署四省边际城市水利政务服务数字化“跨省通办”合作协议，率先在全国水利系统实现取水许可电子证照“跨省通办”，并于2021年9月3日发出首张“跨省通办”取水许可电子证照。

【河湖管理与保护】 2021年，衢州市公布重要水域名录，编制水域保护规划初稿，为2022年6月批复工作做好准备。完成堤防安全鉴定13段，完成双叶线（新元路—叶家大桥）道路改造工程等8项涉河项目审批，开展6个在建项目批后监管，主动服务双叶线（新元路—叶家大桥）道路改造工程、常山港航运、智慧岛景观桥等重点项目，助推省重大工程项目建设。参加资规、环保、交通、住建等项目审查（咨询）会议，反馈涉河管理和防洪影响等意见50余个。整改河湖“四乱”问题74个，其中省部级督查问题25个。完成市本级制定的12条美丽河湖建设验收，其中柯城区石梁溪（荞麦坞村—衢江汇合口）、衢江区芝溪（莲花段）、龙游县衢江（城区段）、常山县常山港（城区段）等11条美丽河湖通过省级专家复核，获评2021年浙江省级“美丽河湖”。至年底，衢州市累计创建省、市级美丽河湖共41条，累计创建长度达393.25km，其中34条获评省级美丽河湖。

【水利工程运行管理】 2021年，衢州市创新打造水库智慧管家数字化平台，对全市436座水库初步实现可纳雨量实时查、问题水库精准查、险情会诊线上查。在全省率先试点推行“渠长制”管理模式，将铜山源水库灌区衢江区渠系列入试点范围。由市铜山源水库管理中心主要负责人和衢江区政府分管领导共同担任总渠长，7个受益乡镇各设1名渠长，衢江区配套安排200万元/年作为渠系运行管理经费（包含渠长考核激励资金50万元）。试点实施以来，重复供水现象明显减少，粮田亩均节约灌溉用水65m^3，累计节约灌溉用水1500万m^3。对全市837个已经完成标准化创建的水利工程依标管理，并对规模以上水利工程推行“三化”改革，进一步提高水利工程管理水平。

【水利行业监督】 2021年以来，衢州市推行“六个一”机制（每日一通告、每季一考评、每季一通报、每年一交叉、每年一抽检、每年一次现场会），做好水利工程建设质量监督工作。以（超）危大工程专项方案为重要抓手，严格督促参建单位按规定编制相关专项方案，共督促衢江治理二期工程压潮堤相关的《模板支撑工程专项施工方案》《吊装施工专项方案》《深基坑专项施工方案》，元立供水保障及供水渠道维修加固工程相关的《顶管施工专项方案》，衢州市高铁新城基础设施配套“四网”建设工程（衢州市西片区水系综合治理工程——引水工程）、《模板支撑工程专项施工方案》和《顶管施工专项方案》等6个专项方案的编制、评审和实施。通过“三色管理”（即每季度对市本级在建项目开展一次集中考评，根据考评结果，分绿、黄、红三色在项目部挂牌公示，并作为今后工程评奖依据之一，以督促企业加强工程质量监管。）对在建工程进行动态监管，入选省水利厅“2021年度水利争先创优第二批优秀案例”。全年共对6个市本级受监项目以及12个县级受监项目的原材料、中间产品和实体质量开展抽检41次。同时委托第三方机构对压潮堤开展质量安全专家巡查、灌区渠道施工质量控制研究及质量管理知识培训。通过整合市、县两级监督资源，对全市29个在建水利工程进行专项检查，落实问题整改289个。省水利厅对全市7个在建项目开展面上质量抽检28组，其中27组合格，合格率96.4%，面上质量抽检得分和排名整体提升，创历年最佳成绩。

【涉水依法行政】 2021年，衢州市在美丽河湖建设、河道违建、“清四乱”、打击河道非法采砂等专项工作中，加强巡查督查，全面完成省、市及县（市、区）涉水违法违规行为的监督执法、处理信访举报和扫黑除恶查证工作任务。全年巡查次数717次，巡查河道23203.8km，整治河道“四乱”87处，拆除河道违建1210m^2。以防汛检查、专项检查、水利系统安全生产执法检查等形式，对全市河道进行巡查监督，累计巡查河道 1396km，出动人员 139 人次，出动车辆 31 次，发现违法隐患点 16 处，并监督相关县（市、区）对违法隐患点完成整改，查处涉水案件 25 起，累计罚没 7.4622 万元。

2021 年，衢州市水利局组织干部职工参加年度学法用法考试，参考人数 119 人，参考率 100%。参加各类业务培训班 100 余人次；组织长江保护法知识大赛，参与人员 180 人次；组织各类学法用法培训会、学习会 12 次，开设宪法、民法典宣讲课 5 次；组织 2021 年衢州市水行政执法业务培训班，参训人数 51 人。宪法周向衢州市民发送水法普法短信 13 万余条。

全市水利系统开展“互联网＋监管”即时检查 29 次。“互联网＋监管”平台认领省监管事项 48 项，其中含关联国家事项数 31 项；制定检查实施清单 48 个，零对象申报达 12 项，执法人员全员入库；行政监管事项覆盖 36 项（覆盖率 100%），其中关联的国家事项覆盖 23 项（覆盖率 100%）。全市水利系统共开展执法检查次数 414 次，掌上执法率 100%，“双随机、一公开”抽查事项数 3 个，设置随机抽查任务数 47 个，抽查事项覆盖率达 100%，抽查任务完成率 100%，抽查计划公示率 100%。

【水土保持】 2021 年，衢州市审批水土保持项目 515 个，其中市本级 100 个。人为水土流失防治责任面积 23.65km^2。开展监督检查 8 次，监督检查项目 432 个。新增治理水土流失面积 53.73km^2。完成水土保持重点工程，包括衢江区依坦、麻蓬等 6 条小流域综合治理项目（2021 年度）；江山市青阳殿溪小流域综合治理项目；开化县丰盈坦等 4 条小流域水土流失综合治理项目、长虹等 6 条小流域水土流失综合治理项目、下湾等 4 条小流域水土流失综合治理项目，总治理任务 36.1km^2。2021 年 12 月 11 日，水利部副部长陆桂华一行赴衢州市调研，对衢州市水土保持工作情况汇报作出批示肯定。

【水利民生实事】 2021 年，衢州市完成新（改）建水文测站 241 座，干堤加固 24.86km，中小河流综合治理 83.11km，建设美丽河湖 11 条、水美乡镇 9 个，完成农村池塘整治 78 个、病险水库除险加固 11 座、山塘整治 51 座，完成环信安湖绿道 6.5km。

（胡文佳）

舟 山 市

【舟山市水利局简介】 舟山市水利局是主管全市水利工作的市政府工作部门。舟山市水利局主要职责是：负责保障水资源的合理开发利用；负责统筹和保障生活、生产经营和生态环境用水；负责制定水利工程建设与管理的有关制度并组织实施；负责指导水资源保护工作；负责节约用水工作；指导水文工作；指导水利设施、水域及其岸线的管理、保护与综合利用；指导监督水利工程建设与运行管理；负责水土保持工作；指导农村水利工作；负责、指导水政监察和水行政执法，负责重大涉水违法事件的查处，指导协调水事纠纷的处理；开展水利科技、教育和对外交流工作；负责落实综合防灾减灾规划相关要求，组织编制洪水干旱灾害防治规划和防护标准并指导实施等。2021 年，舟山市水利局内设机构 5 个，分别为办公室（政策法规处）、水资源管理处（市节约用水办公室）、规划建设处、运行管理处（水旱灾害防御处）、监督处（行政许可服务处）；下属事业单位 4 家，分别为市水政监察支队、市农村水利管理站、市水利工程建设管理中心、市水利防汛技术和信息中心（市水文站）。至 2021 年年底，舟山市水利局有在编干部职工 59 人，其中行政人员 20 人、事业人员 39 人。

【概况】 2021 年，舟山市完成水利投资 24.73 亿元，比上年增长约 22%，水利投资增幅在全省排在前列，年度投资计划完成率 104%。嵊泗大陆引水工程先行段提前开工建设，舟山大陆引水三期工程稳步推进，百项千亿定海强排工程、定海中心片区排涝提升工程全面开工。新开工海塘安澜 31.6km，新城万丈塘提升改造成为舟山最具海上花园城市气质的新名片。明确一体化供水改革任务清单 44 项，新建改建供水管网 90km，完成桃花、白沙供水设施市级统管和虾峙、桃花水厂扩建，葫芦岛供水设施改造和白沙岛海底管网输水工程取得阶段性成果。扎实推进城区防洪排涝能力提升三年行动，117 个防洪排涝项目中已完工 91 个，其中 8 座强排已建成并投入使用，新增排涝能力 72.4m^3/s，在台汛期发挥重要作用，有效缓解城区排涝压力。开展小型水库系统治理，完成病险水库加固 12 座、病险山塘整治 4 座。聚焦乡村生态环境，打造“美丽工程”，完成“美丽河湖”创建 2 处、“水美乡镇”创建 2 个，完成农村池塘整治 20 个，中小河流治理 2km。新建改建水文遥测站点 81 个，稳步提升水文监测预报能力。完成水土流失治理面积 11.5km^2。深入实施舟山节水行动，编制完成《舟山市节约用水“十四五”规划》，完成 17 个省级节水型小区和 22 个高标准节水标杆单位创建，“定海合源新村节水社区”和“鱼山绿色石化基地海水资源化利用”入选全省节水行动案例，农田灌溉水有效利用系数测算分析工作获得省级考核优秀。

【水文水资源】

1. 水雨情。2021 年，舟山市平均降雨量 2005.6mm，折合水量为 29.2021 亿 m^3，较上年增加 39.4%，较多年平均增加 54.6%。全市降水量年内分配不均匀，以 7 个站作为代表进行降水量资料统计，1—3 月降水量 229.4mm，4—6 月降水量 431.9mm，7—9 月降水量 985.4mm，10—12 月降水量 305.4mm，分别占全年降水量的 11.8%、22.1%、50.5%和 15.6%。降水量最大月份为 7 月，平均降水量 604.6mm，最小月份为 1 月，平均降水量 8.0mm，分别占全年降水量的 31.0%和 0.4%。年降水量的地域分布不均，总体来说由西南向东北部递减，舟山定海站为高值区，年降水量为 2287.5mm，嵊泗站为低值区，年降水量为 1655.8mm，地域差值 631.7mm。全市年末总蓄水量 6706.0

万 m^3，占总蓄水能力 55.6%，较上年末多 19.3%。

（1）梅雨期降水。2021 年，舟山市 6 月 10 日入梅，较常年平均（6 月 15 日）偏早 5 天，7 月 5 日出梅（常年平均出梅时间为 7 月 6 日），梅雨期 25 天，较常年偏多 4 天。梅雨期共出现 3 轮较强降水过程，全市平均梅雨量 176.9mm，接近常年（168.1mm），比近 10 年平均（299.6mm）偏少 41%。呈现入梅早、梅期较长、梅雨量少、梅雨不典型等特点。

（2）台风期降水。2021 年台汛期有 2 个台风严重影响舟山市。7 月 25 日，台风"烟花"在舟山市普陀区登陆，为 1949 年以来第 5 个登陆舟山市的台风，也是历年 7 月登陆浙江的最强台风。全市平均面雨量为 326.0mm。9 月 13—16 日，台风"灿都"影响期间，舟山市出现暴雨到大暴雨、局部特大暴雨，全市平均面雨量 155.3mm，单站最大出现在定海盐仓叉河水库站，达 415.5mm。

2. 水资源。2021 年，舟山市水资源总量 18.0491 亿 m^3，其中地表水资源量 18.0491 亿 m^3，地下水资源量 2.7159 亿 m^3，地表水资源量与地下水资源量重复计算量 2.7159 亿 m^3，产水系数 0.62，产水模数 124.0 万 m^3/km^2。全市人均水资源量 1549.3m^3。全市 1 座中型水库（虹桥水库）2021 年年末蓄水总量 640 万 m^3，较 2020 年年末增加 203 万 m^3。按全口径统计，2021 年全市总用水量 26113 万 m^3，其中农田灌溉用水量 1707 万 m^3、林牧渔畜用水量 500 万 m^3、工业用水量 14815 万 m^3、城镇公共用水 3046 万 m^3、居民生活用水量 5207 万 m^3、生态与环境用水量 838 万 m^3；除去浙石化海水淡化量，2021 年全市总用水量 16988 万 m^3，其中农田灌溉用水量 1707 万 m^3、林牧渔畜用水量 500 万 m^3、工业用水量 5690 万 m^3、城镇公共用水 3046 万 m^3、居民生活用水量 5207 万 m^3、生态与环境用水量 838 万 m^3。

【水旱灾害防御】 2021 年，舟山市全面组织开展水旱灾害防御汛前检查工作，重点检查水工程安全度汛责任制和各类责任人落实、应急预案、度汛方案、抢险避险方案的修订情况、抢险救援物资储备和队伍落实情况、水工程运行情况等。全年开展山洪灾害防御能力提升项目建设，完成重要集镇的风险调查、分析评价，预警指标的确定，动态更新山洪灾害危险区防御对象和责任对象清单。全年启动水旱灾害防御应急响应 10 次，各级水利部门出动检查人员 3395 人次，检查工程 1369 余处，发现风险隐患 105 个，全部落实整改或相应的安全措施，确保水利工程安全度汛。强降水期间，全市本级发布山洪预报预警 6 期，各级水利部门共发布预警短信 1600 余条，共转移山洪灾害危险区人员 2131 人；全市水利系统落实 450 万余元的防汛物资，储备大流量水泵、麻（编织）袋、钢管钢绳、发电机、应急照明设备等一批防汛抢险物资。成立 30 余人的水旱灾害防御抢险专家小组，为水利工程抢险做好技术支撑工作。全年改建长春岭水文站流量站 1 个，新建改建水位站 79 个，新建雨量站 1 个。完成钓梁潮位站的护栏、管理房门窗、警示牌水毁修复和新城潮位站、朱家尖雨量站、西岙码头雨量站的迁移改造；及时做好水雨情信息报送，完成定海潮位站、虹桥水库站、岑港水库站3个省级报汛站的每日人工报汛和定海老碶头站（白泉主河）、定海南善桥站（双桥前门畈河）、普陀糯米村站（朱家尖四丈河）、普陀龙山站（六横龙泉河）4个省级报汛站的每日自动报汛，接入省水雨情信息平台的水文测站水雨情信息完成全年自动实时上报；完成1个国家重点水质站（虹桥水库）和7个县级以上集中式饮用水水源地及其他60个监测点的采样和水质检测，委托嘉兴求源检测有限公司完成定海国家地下水监测站的采样和水质检测及评价。

【水利规划计划】 2021年，舟山市水利局和发展改革委联合印发《"十四五"水安全保障规划》；编制完成《舟山市节约用水"十四五"规划》，提出"十四五"期间舟山市节约用水工作的总体要求及规划目标，明确重点区域节水布局、重点领域节水任务及保障措施。按照省海塘安澜行动计划和规划方案要求，完成舟山市本级海塘安澜千亿工程规划方案（2020—2030年），并报市政府批准实施。2021年年底，完成舟山本岛水利综合规划初稿。委托浙江省水利勘测设计院着手开展"舟山水网"规划编制，构建"舟山水网"规划建设思路，拟订"舟山水网"规划编制大纲，完成舟山"水网规划"初稿。委托浙江省水利河口研究院（浙江省海洋规划设计研究院）开展《舟山市水资源节约保护和开发利用总体规划》编制工作，2021年年底完成成果验收，为下一步水资源节约保护和开发利用指明方向。

【水利基本建设】 2021年，舟山市完成重大水利项目投资12.84亿元，年度投资计划完成率119%。舟山群岛新区定海强排工程计划投资2.4亿元，完成年度投资2.58亿元，年度投资计划完成率107%；完成海塘建设投资4.5亿元，新开工舟山海塘提标加固31.6km，年度任务计划完成率105%，其中百项千亿舟山市海塘加固工程完成投资3.9亿元，舟山市普陀区海塘安澜工程（乡镇海塘）完成投资0.6亿元；完成嵊泗大陆引水工程可行性研究报告批复和初步设计报告（报批稿）编制，先行段工程（能源路—薄刀咀输水管道项目）于6月29日开工建设，年内完成投资2000万元；舟山市大陆引水三期工程宁波陆上段泵站工程全面完工，管道工程完成9.5km；定海中心片区排涝提升工程稳步推进，累计完成投资5.783亿元，工程总进度65%；2021年11月29日，小洋山围垦一期AB区海堤提标及场地吹填工程完工，总投资共计103455万元；至2021年年底，舟山绿色石化基地海水淡化工程已完成一期（18万t/d）建设，二期（20万t/d）进入项目扫尾阶段，年度完成投资9亿元，累计完成工程建设投资35.437亿元。全年全市纳入省水利管理业统计的水利项目有81个，主要受绿色石化基地围填海项目完工后投资大幅减少的影响（减少13.68亿元），完成投资11.79亿元，较2020年同期减少48%；完成12座水库的除险加固工作，列入省民生实事项目的12座水库全部完成并通过完工检查验收；开工海塘加固项目16条15km，年度完成10条海塘共计9.41km的加固工作，完成年度目标的118%。沿塘闸站工程按计划推进，完成12座闸站工程，完成年度目标的109%；全市开启渔农村供水工程“十四五”工作，实施岱北水厂新建等2处农水供水工程跨年项目，完成虾峙水厂扩建工程和嵊泗菜园本岛管网改造工程，城乡规模化供水工程覆盖人口比例提高到96.5%，全力推进村级水厂数字化改造，千人以上和千人以下水费收缴率100%，居全省首位；全市共整治山塘4座，完成山塘安全鉴定309座，完成美丽山塘建设14座。开展古井普查工作，新增257座古井，完善古井的坐标工作，出版《井里乾坤》；完成12座田间泵站、4个灌区、4个农民用水主体和5个基层水利站创建，实现农业水价综合改革全覆盖，获得农业水价综合改革省级考核优秀。

【水资源管理与节约保护】 2021年，舟山市落实最严格水资源管理制度，完成省对舟山市2021年度实行最严格水资源管理制度考核，完成自查报告和台账资料上报。全年全市用水总量2.6113亿m^3（含舟山绿色石化海水淡化用水量），其中工业和生活用水量为2.3068亿m^3（含舟山绿色石化海水淡化用水量）。取水许可总量为12561.25万m^3，计划下达总量为10081.71万m^3，其中市本级为6501.85万m^3。全市落实《浙江省人民政府办公厅关于继续实施惠企政策促进经济稳中求进的若干意见》，对取水户全年的水资源费按规定标准的80%征收，全年征收水资源费1318.24万元，其中市本级征收846.94万元。编制完成2020年度水资源公报、2020年度水资源管理年报和节约用水管理年报。至2021年年底，舟山市核查取水工程（设施）273处，其中市本级31处、定海区75处、普陀区73处、嵊泗县28处。在核查登记工作的基础上，梳理出全市需整改的取水项目共48个，已全部整改销号。按照《浙江省水利厅关于做好取用水管理专项整治行动整改提升后续工作的通知》要求，完成存量取水许可电子证照转换。饮用水水源保护工作稳步推进，全市完成虹桥、岑港、洞岙—陈岙、应家湾—芦东—沙田岙、小高亭和长弄堂9座水库的2021年度安全保障达标建设自评估工作；完成11个本岛乡镇（街道）原水水质考核工作；完成2021年度监测工作，全市饮用水水源水库水质达标率100%；完成新建供水管网20km，完成率100%，完成改造供水管网16.63km，完成率111%。6月15日舟山市印发《舟山市节水行动2021年度实施计划》。全市完成3个节水标杆酒店、1个节水标杆校园、11个节水标杆小区、7个节水标杆企业创建；完成改造节水器具3000套，完成16家企业的水平衡测试，创建完成12家节水型企业、8个节水型居民小区、26个市级节水型公共机构，舟山市水利局、岱山县水利局完成水利行业节水机关创建，定海区节水宣传教育基地和岱山县节水宣传教育基地入选第三批浙江省节水宣传教育基地。

【河湖管理与保护】 2021年，舟山市完成河道综合治理2km，创建完成观音文化园片水系和上葡萄河省级“美丽河湖”工程2项；创建完成定海区白泉镇、普陀区六横镇2个“水美乡镇”。整治完成定海区金塘镇东侯村东堠钟家岙池塘等20个“农村池塘”。公布舟山市重要水域名录，公布范围为市本级、定海区、普陀区、岱山县、嵊泗县。组织开展市本级及定海区、普陀区、岱山县、嵊泗县水域保护规划工作。全市开展河道“清四乱”专项检查，加强河道的日常巡查，按照“一事一清单”要求，及时发现解决“四乱”问题。至2021年年底，全市清理河湖“四乱”问题22个，并做到及时动态清零、销号。

【水利行业监管】 2021年，舟山市落实“三个责任人”“三项重要措施”，完成水利部、省水利厅检查发现问题的整改。按照水库、水闸工程管理规范要求，完成1座中型水库、6座小型水库的控制运行方案审查审批，确保重要水利工程管理规范，运行有序。全年舟山市完成66座（条）水利工程的安全鉴定，实现超期鉴定海塘全部销号，超额完成省水利厅下达的目标任务；组织开展水利行业安全生产风险普查、“平安护航建党百年”水利工程建设安全隐患大排查大整治专项行动和汛前汛中安全大检查，全市完成203组次安全检查，针对检查发现的安全隐患及时落实整改或安全度汛措施，在安全系统中已录入危险源1625个；累计完成在建水利工程风险普查57项，其中市本级5项，定海23项，普陀13项，岱山16项。完成利工程质量抽检30项次，对检查发现的问题逐一督促整改。累计完成45项工程的竣工验收，完成年度目标的113%。根据《舟山市水利行业施工企业农民工工资支付保证金管理办法》，完成15家施工企业办理保证金退还手续受理，合计退还金额1600万元；全市开展打击招投标领域违法行为专项行动，对2018年以来全市水利建设工程中涉及转包、违法分包、挂靠、串通投标、涉黑涉恶等违法犯罪行为线索和在招投标活动中设置各类不合理限制和壁垒等问题开展排查，共排查市级项目46项，未发现问题；完成《关于新增舟山市水利项目招投标商务标评标办法（试行）的通知》《关于加强水利行业招标投标活动中农民工工资保证金缴纳情况审核工作的通知》同类招标文件的清理整合；完成5个项目13家水利企业的“同一项目不同投标人提交投标文件IP地址相同情况”的调查工作；完成舟山市级平台招标工作7项，累计交易额3.21亿元。深入“水、电、气、网络”报装一件事改革，将电力工程涉水审批承诺制扩大至500m范围。实施涉水项目综合监管，优化行政资源，减轻企业负担，实现审批、监管一条龙管理、一站式服务，促进“三评合一”区域水评奠定基础。至2021年年底，舟山市完成水利审批333件，其中许可件224件（涉河涉塘44件，水土保持方案151件，取水许可19件），备案件89件（生产建设项目水土保持设施验收备案77件，涉水备案10件，节水设施验收备案1件，城市供水单位供水水质突发事件应急预案备案1件）。海洋产业集聚区水保登记14件，浙江定海工业园区管理委员会水保登记1件，舟山国际水产品产业园区管理中心水保登记2件，舟山国家远洋渔业基地建设领导小组办公室水保登记3件。全年舟山市开展水利行业“安全生产月”“安全生产万里行”等主题宣传教育活动，参与“一把手”谈水利安全生产、水利安全生产知识网络竞赛、“水安将军”趣味答题等具有行业特色的活动，利用网站、微信和宣传栏等开展安全生产宣传教育，悬挂标语（横幅）80余条，张贴宣传海报300余张，发放宣传资料500余份，举行安全知识竞赛8场；深入推进全市水利建设工程安全文明施工标准化工地创建工作，举办安全生产标准化工地及标化企业创建培训班。全年组织开展质量与安全监督检查87次，水利工程建设质量安全总体保持平稳，实现全年零事故。

【水利执法】 2021年，舟山市水利局牵头及时开展饮用水水源地“禁泳、禁钓、禁网”专项联合执法行动，会同市生态环境局、综合行政执法局、市治水办以及县（区）水利部门开展联合执法4次，现场劝阻处理饮用水源地游泳、钓鱼者32人次。加强日常巡查，累计出动260人次84车次，巡查河道69.481km，水库57.211km²。完成浙江省权力事项库水行政处罚事项92项、强制事项17项的认领工作，配置执法人员角色，开展测试案件录入，顺利推进“省办案系统”启用。按照《浙江省人民政府办公厅关于公布浙江省综合行政执法事项统一目录的通知》要求，结合近几年水行政执法实际，完成92项水行政处罚事项划转综合行政执法部门的工作。完成水土流失治理面积15.44km²，征收水土保持补偿费1076.55万元。开展水土保持天地一体化工作，利用卫星遥感对2021年60个图斑进行复核检查，监督检查项目164个，督促整改项目2个，在省政府对设区市人民政府水土保持目标责任制考核中成绩为优秀等级。

（林斌柯）

台 州 市

【台州市水利局简介】 台州市水利局是主管台州市水利工作的市政府工作部门。主要职责是：保障水资源的合理开发利用，统筹和保障生活、生产经营和生态环境用水；组织实施水利工程建设与管理，提出水利固定资产投资规模、方向、具体安排建议并组织指导实施；指导水资源保护工作；负责节约用水工作；指导水文工作；指导水利设施、水域及其岸线的管理、保护与综合利用；指导监督水利工程建设；指导监督水利工程运行管理；负责水土保持工作；指导农村水利工作；开展水利科技、教育和对外交流工作；负责落实综合防灾减灾规划相关要求，组织编制洪水干旱灾害防治规划和防护标准并指导实施。台州市水利局内设机构6个，分别是办公室（人事教育处）、规划计划科技处、行政审批处（水政水资源水保处、台州市节约用水办公室）、建设与监督处、河湖与水利工程管理处、直属机关党委；下属事业单位8家，分别是台州市防汛防旱事务中心（台州市流域水系事业发展中心)、台州市农村水利与水保中心、台州市河湖水政事务中心、台州市水利工程质量与安全事务中心、台州市水情宣传中心(水电中心)、台州市综合水利设施调控中心、台州市水文站、台州市水利发展规划研究中心。至2021年年底,台州市水利局有在编干部职工121人,其中行政人员16人、事业人员105人(参公编制20人、事业编制85人)。

【概况】 2021年,台州市水利系统印发《台州市"十四五"水安全保障规划》,并谋划实施浙江省椒江河口水利枢纽工程,该工程已列入国家"十四五"水安全保障规划和浙江省200项前期集中攻关项目。以椒(灵)江流域系统治理为中心,实施天台始丰溪全流域治理、仙居永安溪综合治理与生态修复二期等,维系复苏河湖生态廊道功能。以重点水利工程建设为主线,台州市朱溪水库、台州市引水等重点水源和引调水工程建设加快推进;三门湾、乐清湾问题海塘实现开工,年度海塘安澜千亿工程开工41km,居全省前列,椒江"一江两岸"海塘先行段被《浙江日报》头版头条报道;台州市七条河拓浚(椒江段)等3项重点工程前期工作取得重要进展。2021年3月,台州市荣获浙江省第二十二届水利"大禹杯"银杯奖,列全省地级市第二;4月,台州市在"十三五"期末全省实行最严格水资源管理制度考核中,连续第6年获优秀等次,且连续3年排名全省第二;6月,台州市天台县入选2021年全国水系连通及水美乡村建设试点县(系全省唯一入选县);8月,台州市在2020年度全省水土保持目标责任制考核中,连续第3年获优秀等次,且连续3年排名全省第二;11月,台州市被省政府评为"十三五"实行最严格水资源管理制度成绩突出集体;12月,台州市水利局被省政府评为全省"五水共治"工作先进集体;台州市水利局连续第6年在台州市市级单位工作目标责任制考核中获得优秀等次。

【水文水资源】

1. 雨情。2021年,台州市平均降水量为2155.20mm,较多年平均多28.9%。降水量时间分布不均,汛前总体偏少,但梅汛期、台汛期、汛后及全年平均降水量均较常年偏多;其中1月平均降水量最少,仅为14.10mm;6月平均降水量最多,为352.50mm。平均降水量较常年偏多,但空间分布不均,平均降水量最大的是黄岩区,为2542.0mm,较常年偏多近4成;最小的为玉环市1616.10mm,较常年偏多1成;高值点位于括苍山区和长潭库区,单站降水量最大的站点为仙居苗寮站3220.0mm。汛期历时短,但暴雨频发、雨量偏大,1小时降水量超30mm的出现1500站次,1小时降水量最大的为临海东洋站116.0mm。

2. 水情。2021年,椒(灵)江流域未出现流域性洪水,平原河网受短时强降雨影响短暂出现过超警戒水位。年初台州市持续干旱少雨,旱情逐渐加重,三门县、温岭市、玉环市先后发布旱情橙色预警,天台县、仙居县、临海市先后发布旱情蓝色预警,天台县、仙居县部分河流上游河段水位较低、河床裸露。1月底,台州市大中型水库正常蓄水率仅为47.8%,其中长潭水库正常蓄水率为55.6%,里石门水库正常蓄水率为

58.3%，其余大中型水库均不到50%；温岭市、玉环市、三门县小型水库正常蓄水率均未达30%，其中玉环市仅6.0%。3—5月持续降雨后，旱情得到缓解；至6月初，台州市全域解除旱情预警，水库蓄水率逐步提升，汛后全市水库正常蓄水率维持在80%左右。

3. 水资源。2021年，台州市水资源总量为142.12亿m^3，较2020年增加135.6%，较多年平均值增加56.20%；产水系数为0.68，产水模数为151.0万m^3/km^2；4座大型水库、11座中型水库（有供水功能）2021年年末蓄水总量为8.21亿m^3，较2020年年末增加2.88亿m^3；总供水量与总用水量均为13.94亿m^3，较2020年减少0.20亿m^3，平均水资源利用率为9.8%；耗水量为7.90亿m^3，平均耗水率为56.7%；退水量为2.80亿m^3；农田灌溉亩均用水量为357m^3；万元国内生产总值（当年价）用水量为24.10m^3。

【水旱灾害防御】 2021年汛前，台州市水利系统开展防汛隐患排查整治，出动3620人次，检查点位1723处，对发现的56处隐患点、高风险点、薄弱点及隐患问题实行销号管理，逐一落实整改措施；涉及1110万元中央资金的14个水毁修复项目均完成修复。加强预警调度，完成椒（灵）江流域（永宁江流域）、台州市区、其余各县（市、区）超标准洪水防御预案，以及台州市区及沿海各县（市）超标准风暴潮防御预案等的编制。完善防御机制，强化水利工程联合调度，发挥水利工程防洪减灾和蓄洪兴利的整体作用，梅雨期和2021年第6号台风“烟花”、第14号台风“灿都”影响期间，全市大中型水库累计泄洪量达5.20亿m^3，平原河网累计排涝量约15亿m^3。重视应急抢险，组建水利工程专业抢险队伍19支、359人，及时足额储备应急抢险物资。

【水利规划计划】 2021年，台州市编制完成并印发《台州市“十四五”水安全保障规划》，完成《浙江省温黄平原防洪排涝规划局部调整》编制并获批复；新开工建设玉环市海塘安澜工程（五门塘、太平塘、鲜迭大坝）、玉环市海塘安澜工程（礁门、长屿、普竹、连屿、苔山北、永福闸）、临海市海塘安澜工程（桃渚、涌泉片海塘）等3个项目；椒江区海塘安澜工程（江南、城西段海塘）、台州市七条河拓浚工程（椒江段）、台州市椒（灵）江治理工程（临海段）等3个项目完成可研批复。全年累计争取中央资金2.89亿元、省级资金7.16亿元，落实专项债券7.13亿元、一般债券2.14亿元；水利全口径投资完成47亿元，其中重点水利项目建设完成投资28.60亿元，水利管理业完成投资33.50亿元，水利管理业投资同比增长18.3%。

【水利基本建设】 2021年，台州市加快推进水利建设，盯牢项目建设“牛鼻子”，推动海塘安澜建设走前列，累计开工长度99km，玉环海塘安澜（五门塘、太平塘、鲜迭大坝）等工程实现开工；提速水资源保障工程，实现方溪水库基本建成和盂溪水库建成生效，朱溪水库大坝主体浇筑至平均142.5m高程，台州市引水工程东部新区水厂主体工程及清水管线铺设基本完工，南部湾区引水工程隧洞全线贯通；开展椒（灵）江流域系统治理，椒江河口水利枢纽工程完成一系列科学论证及决策咨询工作，仙居永安溪综合治理与生态修复一期工程加快扫尾，椒（灵）江治理天台始丰溪段、仙居永安溪综合治理与生态修复二期共2项工程全面建设；加快推进城市内涝治理工程体系建设，大田平原排涝一期、栅岭汪排涝调蓄共2项工程基本完工，永宁江闸强排一期工程开工建设。

【重点水利工程建设】 2021年，台州市在建重点水利工程17项，完成年度投资28.60亿元。其中，续建骨干水利工程16项，台州市循环经济产业集聚区海塘提升工程完成护塘河第二次抽真空，外海侧抛石第一次加载施工5km；台州市朱溪水库工程累计完成大坝浇筑25.10万m^3、隧洞进尺22km，大坝浇筑高程至132.50～153.50m；台州市东官河综合整治工程河道工程基本贯通，外东浦泵站累计完成桩基工程量的56%；台州市引水工程隧洞衬砌及东部水厂厂区主体工程完工，累计完成原水管线安装44km、清水管线安装13.50km；台州市南部湾区引水工程累计完成隧洞开挖支护24.72km、衬砌19.67km，完成原水管线安装13.29km、清水管线安装17.50km；台州市椒江区洪家场浦排涝调蓄工程东山湖完成开挖13.34hm^2，其余工程基本完工；台州市路桥区青龙浦排涝工程十塘节制闸主体工程基本完成，海昌路桥正在施工中；临海市东部平原排涝工程（一期）杜下浦内河节制闸和东风闸工程完工验收，河道清淤基本完成；临海市方溪水库主体工程基本完成，完成大坝蓄水验收；临海市大田平原排涝二期工程（外排工程）上层隧洞贯通，完成主城区河道整治1.70km；温岭市南排工程完成温岭市南排工程（一期）单独批复，张老桥隧洞基本完工；玉环市漩门湾拓浚扩排工程累计完成隔堤石渣回填33t、疏浚清淤19.6万m^3；椒（灵）江治理工程天台始丰溪段完成干堤加固19.50km；仙居县永安溪综合治理及生态修复二期工程完成干堤加固6km，开展朱溪港台金高速段堤防工程、李家兴河道工程等建设；三门县海塘加固工程六敖北塘、蛇蟠塘、托岙塘、铁强塘、虎门孔塘、健跳塘等6条海塘开工建设，浦坝北岸闭合塘施工准备中；三门县东屏水库工程长林大坝开工建设。至2021年年底，台州市新开工项目1项，为台州市永宁江闸强排工程（一期），王林洋东闸水泥搅拌桩正在施工中。

【水资源管理与节约保护】

1. 节水行动。2021年6月15日，台州市发展改革委、台州市水利局等13个市级部门联合印发《台州市节水行动2021年度实施计划》；6月30日，台州市水利局印发实施《台州市节约用水“十四五”规划》；12月16日，天台县通过国家县域节水型社会达标建设省级验收，并由省水利厅报至水利部备案。台州市创建省级节水型企业23家、省级节水型单位（小区）26家、市级公共机构节水型单位7家，开展清洁生产审核企业62家，建成水利行业节水型单位15家，打造节水标杆酒店7家、节水标杆校园10个（含节水型高校1个）、节水标杆小区21个、节水标杆企业18家。台州职业技术学院合同节水试点项目成效显现，项目实施后该学校年用水量从65万t降至39万t，节水率达40%，并获评浙江省2021年度“节水行动十佳实践案例”。完成台州市节水核心业务梳理，节水数字化应用平台通过竣工验收并实现云部署。

2. 水资源“强监管”。2021年，台州市严格落实取用水管理，下达自备取水户计划802家，实现所有自备取水户计划下达全覆盖，至2021年年底，全市保有有效许可证805本，完成存量取水许可证电子证照转换；落实椒（灵）江流域水量分配和椒（灵）江流域生态流量管控工作，椒（灵）江流域柏枝岙、沙段断面达到生态流量泄放管控要求；开展取用水管理专项整治行动，完成取水工程（设施）核查登记整改提升项目194个。

3. 水源地保护。实施县级以上重要饮用水水源地安全保障达标建设，长潭水库等8个县级以上水源地安全保障达标评估等级全部为优；加强农村饮用水水源地规范化管护，对33个“千吨万人”（指实际日供水人口在10000人以上，或实际日供水量在1000t以上，县级及以上城市以外的饮用水水源地保护区）以下、日供水规模200t以上的农村饮用水水源地开展现场复核，随机抽查日供水规模200t以下水源地18个，推动强化日常管理和运行维护；推进单个水源地保护工作，开展2021年度长潭水库水量分配和水量调度计划制定。

【河湖管理与保护】

1. 河湖建设。2021年，台州市“美丽河湖”建设累计完成投资1.06亿元，系统治理河道147km；创建市级“美丽河湖”18条（个）、省级“美丽河湖”12条（个）、水美乡镇15个、农村池塘整治（美丽池塘）110个；完成黄岩小坑溪等河道治理23.74km，完成年度任务的140%。

2. 河湖管理。2021年，台州市加强河湖管理范围划定工作，开展河湖划界成果抽查、复核，划界复核率达100%；公布市、县两级重要水域名录11个。探索推进椒（灵）江水系及温黄平原河网水生态健康评价，完成永安溪、白溪、南官河、金清大港、西江等10条（个）河湖的健康评价。推进河湖“清四乱”常态化、规范化，全年开展多轮河湖“四乱”问题排查，累计发现河湖“四乱”问题138个，已销号138个，销号率100%。

3. 规划编制。2021年10月12日，台州市发展改革委、台州市水利局联合印发《台州市中小河流治理“十四五”规划》；统筹开展《台州市幸福水城规划》《台州市水美乡镇试点规划方案》编制，并通过评审；开展《椒（灵）江岸线保护与利用规划》《台州市水域保护规划》《台州市区河道规划》等编制；编制完成《台州市主城核心区水质提升研究方案（调配水部分）》和《台州幸福水城——官河聚心工程概念策划报告》。各县（市、区）均完成县级水域保护规划编制，其中温岭市完成规划评审。

【水利工程运行管理】 2021年，台州市坚持建管并重、保障长效，启动病险水库山塘除险整治三年行动，年度完成病险水库除险加固44座、病险山塘除险整治100座；完成水库、水闸、海塘等安全鉴定任务104个，完成年度任务的130%。推进水库系统治理工作，完成水库系统治理核查评估，需要整治提升的水库全部编制水库系统治理“一库一策”，并以县为单位编制水库系统治理“一县一方案”，均经属地政府审批发布；加快推进水利工程“三化”改革，水利工程产权化率、物业化率均超额完成年度目标。

【水利行业监督】

1. 标准化工地创建。2021年，台州市循环经济产业集聚区海塘提升、台州市东官河综合整治、椒（灵）江治理工程天台始丰溪段等在建重点工程开展标准化工地建设，其中台州市循环经济产业集聚区海塘提升、椒（灵）江治理工程天台始丰溪段获评浙江省水利文明标化工地示范工程。台州市朱溪水库、台州市循环经济产业集聚区海塘提升等10项在建重点工程开展视频监控系统和考勤抽查系统建设，共有34个标段应用考勤抽查系统，推动关键人员到岗率有效提升。

2. 质量安全监督。至2021年年底，台州市本级累计开展水利工程现场质量监督检查和质量“飞行检查”（指事先不通知被检查部门实施的现场检查）活动共计34次，抽查检测工程实体质量、原材料等72项，发布季度通报4次；委托第三方服务机构开展“台州市重大水利工程质量标准化”和“台州市水利建设项目质量隐患排查”现场监督检查54次，检查项目43个；针对发现的590个质量与安全问题，要求项目法人限时整改并进行反馈，已全部完成整改，推动参建单位质量意识提升。

3. 安全生产监管。2021年，台州市水利系统开展汛前、在建重点工程、农村饮用水工程等专项安全生产监督检查，委托第三方服务机构对台州市重点水利工程开展多轮安全巡查，下发整改通知书，水利工程危险源排查率和整改率达100%。2021年6月，台州市水利局组织开展全市水利安全生产标准化管理和安全生产信息系统专题培训，培训内容涵盖水利安全生产标准化管理和隐患排查治理双重预防机制等，各县（市、区）水利（农水）局分管领导及科室负责人、各重点在建水利工程分管安全生产工作负责人及系统填报人员等150余人参加培训。

【水利科技】 2021年，台州市本级推进水利数字化重点应用项目建设，完成台州市水管理平台建设并通过终验；强化水利数据跨部门共享交换，加大水利数据接入台州市公共数据共享平台力度，共归集数据目录108条、字段数2400个、数据约3500万条。开展水利重大问题研究，完成长潭水库综合治理和防洪固堤工程前期研究、温黄平原低洼地防洪能力提升研究、黄岩区长潭库区小流域防洪规划等3项专题研究，启动《椒（灵）江干流涉水建筑物累积影响效应分析》专题研究。深化浙江省椒江河口水利枢纽工程前期论证工作，完成项目决策咨询专题研究，项目必要性及规模论证、泥沙淤积（数模）、通航影响分析、防洪排涝风险分析、调度运行方案等专题出具初步成果，加快开展泥沙淤积（数模）复核、水下地形测量和水文测验、流域生态环境和渔业资源调查等专题研究。

【水利政策法规】 2021年，台州市水利局制定年度重大行政决策事项目录，组织对《台州市“十四五”水安全保障规划》等4项规划、110件政府合同开展合法性审查，《椒江河口水利枢纽工程防洪排涝风险分析专题及调度运行研究专题》等8件重大合同均按时报备并通过备案审查；深入开展行政法规及规范性文件清理，共清理涉水行政规范性文件14件。台州市水利系统强化水资源监管，对取水户等开展“双随机”抽查、县域交叉检查等；强化水土保持监管，现场检查台州市管187个生产建设项目水土保持方案落实情况共计102次；强化水利建设招投标监管，依法查处水利工程串标案4起，对8家企业作出行政处罚，罚款金额总计85万余元。台州市水利系统落实“谁执法谁普法”责任制，开展“八五”普法，组织开展“启航新征程、共护幸福水”主题宣传、“护水巡河千人签名”、安全生产“普法进工地”、节水宣传进校园等系列活动，走进4所学校及6个文化礼堂，发放节水宣传图册等6800余份、法律法规文本宣传册2000余册；建成节水教育基地9座（省级5座），全年受众达4万人次以上，营造全民遵守水法规、保护水资源的氛围。

【水行政审批】 2021年，台州市重视优化水利营商环境，全年实现线上办理建设项目水土保持审批事项95件，落实占掘路审批涉河容缺受理制和承诺备案制，完成水利非税收入划转征收工作；推进保险保函替代保证金政策，市本级落实替代保证金发生额3.6亿元；继续实施水资源费阶段性减免政策，落实相关企业水资源费减免1067万元，为企业减负降本。

【行业发展】 2021年，台州市水利局结合“十四五”规划编制，谋划打造防洪保安、水务一体、水系生态、城市亲水和水利创新综合立体现代水网，加快推进台州水利由工程补短向系统治理转变、由支撑发展向引领发展转变、由水利大市向水利强市转变；谋划推进浙江省椒江河口水利枢纽等重大标志性、引领性工程，彰显台州水利在“二次城市化”中的辨识度、显示度和贡献度，并推动水利上升为市县党委政府发展战略，椒江确立“拥江向海”发展，黄岩谱写“永宁江时代”新篇章，临海实现“灵江时代”新跨越；编制完成《椒江流域防洪规划》《台州市水资源节约保护和开发利用总体规划》《台州市幸福水城规划》等，统筹流域、市域系统治理和水资源优化配置，为全市域构建“水上台州”奠定坚实基础。

（杜媛）

丽 水 市

【丽水市水利局简介】 丽水市水利局是丽水市主管水利工作的市政府工作部门。主要职责是：保障水资源的合理开发利用；统筹和保障生活、生产经营和生态环境用水；按规定制定水利工程建设与管理的有关制度并组织实施；指导水资源保护工作。组织编制并实施水资源保护规划；负责节约用水工作；指导水文工作；组织指导实施水利设施、水域及其岸线的管理、保护、综合利用；指导监督水利工程建设与运行管理；负责水土保持工作；指导农村水利工作；监督管理水政监察和水行政执法，负责重大涉水违法事件的查处，指导协调水事纠纷的处理；开展水利科技、教育和对外交流工作；负责落实综合防灾减灾规划相关要求，组织编制洪水干旱灾害防治规划和防护标准并指导实施。承担南明湖保护管理工作。丽水市水利局管辖13个处室（单位）和1个国企。分别是行政处室4个：办公室（挂法制处牌子）、直属机关党委、规划建设与监督处、水利资源与运行管理处（挂市节约用水办公室、行政审批处牌子）；参公单位3个：市河湖管理中心、市水旱灾害防御中心（挂市水利防汛技术中心牌子）、市水政事务管理中心；事业单位6家：市水利工程规划建设管理中心、市农村水利水电管理中心、市水资源水土保持管理中心、市水文管理中心、市南明湖管理所（挂丽水经济技术开发区水利服务站牌子）、市莲湖水库建设管理中心；国企1个：市水利工程运行管理有限公司。至2021年年底，丽水市水利局编制数89个，在岗在编公务员29人、事业人员54人；国企定员40人，在岗在编国企职工23人。

【概况】 2021年，丽水市完成水利投资43.1亿元，较上年增长14%，为历史之最。民生实事各项指标均超额完成，连续数月排在全省前列。水生态产品价值实现改革全国领跑，发布全国首个水经济发展规划；数字化改革向纵深推进，建成瓯江防洪数字化平台、智慧水电数字化平台，受到省水利厅肯定；体制机制改革获重大突破，市水利运行管理公司重新划回水利管理，成立莲湖水库建设管理中心。丽水市水利局获得全省综合考核第四的好成绩，松阳县、缙云县、遂昌县、龙泉市等4个县级水利部门单位获得优秀；安全生产获得省水利厅、市政府考核双优秀，排名全省第一；河（湖）长制工作亮点突出，被推荐入选国务院督查激励项目。

【水文水资源】

1. 雨情。2021年，丽水市平均降水量为1976.2mm，较2020年偏多21.3%，较多年平均降水量偏多11.1%，年内分配不均、空间差异不大。全市非汛期（按1—3月，11—12月统计）累计降水量为394.2mm，占全年降水量的19.9%，为同期多年平均89.5%；汛期（按4—10月统计）累计降水量为1582.0mm，占全年降水量的80.1%，为同期多年平均118.3%，其中5月为特丰月，全市平均降水量为493.2mm，为同期多年平均207.5%；1月特枯月，全市平均降水量仅为9.6mm，为同期多年平均0.14%。全市各县（市、区）年降水量在1867.4～2114.0mm。

2. 水情。2021年，丽水市第一个降水集中期出现在梅汛期之前，5月16—24日江河水位出现明显上涨，其中龙泉溪南大洋站、大溪大港头站、小溪大均站均超警；在6月10日至7月5日梅雨期，丽水市梅汛期降水主要呈现梅雨期略短、梅雨量略少、短历时暴雨雨强大等特点，7月2日全市降水集中期结束；该年影响丽水市台风偏少，第6号台风“烟花”和第14号台风“灿都”影响均不明显。

3. 水资源。丽水市水资源总量222.8394亿 m^3，比多年平均偏多16.6%。其中地表水资源总量222.8394亿 m^3，地下水资源总量48.8016亿 m^3，与地表水资源间重复计算量为48.8016亿 m^3。全市产水系数0.65，产水模数128.6万 m^3/km^2。人均年拥有水资源量8864.29 m^3（常住人口）。全市有大中型水库31座，2021年年末总蓄水量37.2154亿 m^3，比年初增多6.6791亿 m^3。全市总用水量6.8986亿 m^3，水资源利用率为3.1%。其中农田灌溉用水占57.1%，工业用水占12.5%，城乡居民生活用水占15.8%。城乡居民人均年生活用水量43.43 m^3，农田灌溉亩均年用水量315.23 m^3，万元工业增加值用水量16.84 m^3，万元GDP用水量40.34 m^3。全市总耗水量4.1894亿 m^3，其中农田灌溉耗水量2.8117亿 m^3，占总耗水量的67.1%。全市城镇居民生活、第二产业、第三产业退水总量为1.2266亿 m^3。

【水旱灾害防御】 2021年，丽水市延续上年旱情，1月20日至3月8日为全市发布水利旱情蓝色预警期，旱情造成损失1500万元，全市投入各类抗旱设施累计解决饮水困难人口14147人。汛期遭遇5月份破纪录强降雨、梅汛期三轮强降雨等自然灾害侵袭，水利设施直接经济损失3158.1万元。汛前，丽水市、县两级水利部门强化水旱灾害防御领导，全面开展防汛检查工作，全市累计派出技术人员4947人，检查防御重点部位1821处，发现隐患167处，完成整改销号147处，落实管控措施20处；落实资金5579万元，完成水毁工程修复97处；储备价值1300万余元的水旱灾害防御物资。汛期严格执行“24小时”值班制度，发送各类预警短信137万余条，下发调度令共计238次，其中丽水市本级调度125次。5月21日23时，紧水滩水库开闸泄洪，泄洪流量为1000 m^3/s，5月25日16时停止泄洪。全市水利工程共出现险情10处，大部分为山塘，险情均在初期得到有效控制。莲都区、缙云县、云和县的3位山塘巡查员因及时发现并上报险情，获省水利厅通报表扬。

【水利规划工作】 2021年，丽水市在编规划（含前期课题研究）14项，其中完成评审并印发7项，分别为《丽水市城市内河控制性规划修编》《丽水市市级重要水域名录划定》《丽水市水经济发展规划》《丽水市水利发展“十四五”规划》《丽水市“十四五”水安全保障规划》《丽水市农村饮用水“十四五”规划》和《丽水市水资源优化配置与水利设施布局专题》；新编规划7项，分别为：①《丽水市水电生态产品价值实现机制和生态信用体系建设研究》，旨在形成一套科学合理的生态产品价值核算评估体系用于量化水电GEP产生的社会贡献；②《丽水市水资源节约保护和开发利用总体规划（2021—2035年）》，旨在在丽水市全境实现减少面源污染、严控点源污染、确保生态水量、构建生态水网；③《丽水优质水外输研究》，旨在在满足丽水市自身水资源利用的基础上通过研究丽水市可供优质水资源量及外部优质水资源需求，进一步完善丽水市优质水外输网络化配置格局、增强优质水外输统筹调配能力、增加优质水资源供给量；④《莲湖水库第三方论证研究》，旨在论证莲湖水库在优化防洪安全格局、重构生态安全格局、拓展城乡空间格局及实现生态产品价值的多方面重要作用；⑤《丽水市水旅融合规划》，旨在实现全面提速“水利＋旅游”的创新发展，打造“国际知名、国内领先、丽水特色”的水旅产业；⑥《丽水市滞洪水库规划》，旨在对全市防洪能力不达标的小流域乡镇、行政村、自然村分析山洪灾害的形成原因，根据保护对象地形特点及上游小流域建库条件规划防洪（滞洪）水库工程，从而最大限度减轻丽水市范围内小流域暴雨洪水灾害；⑦《丽水市莲都区（含市本级）水域保护规划》，旨在到2025年基本建成高质量的水域保障体系，到2035年实现水域保护成效明显的目标，建成与经济社会发展和生态文明建设要求相适应、领先于全域现代化进程的水域治理新格局。

【水利基本建设】 2021年，丽水市完成水利投资43.1亿元，完成省水利厅下达投资计划105.4%，同比增长14%。全年全市争取上级资金支持共计13.5亿元。丽水市共有水库388座，其中大型2座，中型30座，河床式水电站4座（库容相当于中型水库），小型356座。其中，完成病险水库除险加固9座，完成30座中型水库和4座河床式水电站的控制运用计划审批工作，完成48座水库安全鉴定工作，完成水库核查评估工作383座。完成31个堤防、泵闸的安全鉴定。完成山塘整治51座，美丽山塘创建30座，安全评定977座。完成农村饮用水年度投资4.93亿元，受益人口共计10.92万人，农村饮用水水质合格率为97.41%，自来水普及率为99.72%，城乡规模化供水工程人口覆盖率为58.79%。完成农业水价综合改革“五个一百”创建71处，累计入选47个案例进入全省农业水价综合改革“五个一百”（2021年省农业水价综合改革“五个一百”：全省创建100座农业灌溉更新升级泵站机埠、100座农业灌溉更新升级堰坝水闸、100个改革灌区灌片、100个农民用水管理主体、100个改革基层水利站所）优秀典型案例名单。持续推进水利工程存量清零竣工验收活动，全年完成水利项目竣工验收56个，省重点工程青田县三溪口水电站工程通过竣工验收。

【重点水利工程建设】 2021年，丽水市水利重大建设项目16个，其中云和县龙泉溪治理二期、龙泉市竹垟一级水库及供水工程开工建设，滩坑引水工程、龙泉市梅溪、八都溪、岩樟溪流域综合治理工程、龙泉市瑞垟引水一期工程、青田瓯江治理二期工程、青田县小溪水利枢纽工程、云和县浮云溪流域综合治理工程、庆元兰溪桥扩建工程、庆元松源溪流域综合治理工程、缙云县潜明水库引水工程、缙云县好溪流域综合治理工程、遂昌县清水源工程、松阳县松阴溪干流河流综合治理工程、景宁金村水库及供水工程和景宁县小溪流域综合治理工程进行主体工程建设，龙泉市瑞垟引水一期工程、青田瓯江治理二期工程基本完工，大溪治理提升改造工程结转至2022年开工。至2021年年底，全市水利重大建设项目完成年度投资21.1亿元。推进莲湖水库工程报批、建设管理、建后库区水资源开发保护利用等工作，2021年11月25日经市委市政府同意，成立丽水市莲湖水库建设管理中心，该水库处于瓯江大溪支流宣平溪流域，是一座以防洪、改善流域水生态环境为主，结合发电等综合利用的水利工程。主要建设内容包括水库、通济堰生态补水、库区综合整治等工程。水库总库容1.4亿m^3，总投资约78.99亿元。工程实施后，可有效减轻瓯江干流中下游地区城镇防洪压力，结合松阴溪成屏二级水库防洪能力提升等工程，使丽水市城区防洪能力提高至50年一遇；库区开发建设将带动周边乡镇和景区的整体发展，为实现当地少数民族集聚乡镇的共同富裕、市域拓展打下基础。

【水资源管理与节约保护】 2021年，丽水市实施取用水管理“销号清零”专项整治行动，完成取水口整治项目598个；制定印发《丽水市自备取水户取水工程（设施）标准化建设指南》，完成304个自备取水口标准化改造，成果获中国水利报连版报道及邻近市县推广应用；完成1365家自备取水户取水许可电子证照转换，实现取水许可电子证照信息化管理全覆盖。1月，组织编制完成《瓯江流域（丽水段）水量分配方案》《钱塘江流域（丽水段）水量分配方案》和《松阴溪流域水量分配方案》。实施国家节水行动，市、县全部印发节约用水“十四五”规划和年度节水行动工作方案。至2021年年底，全市创成节水标杆酒店9个、节水标杆校园5个、节水标杆小区11个、节水标杆企业9个，创成省级节水型企业18个、省级节水型单位24个、省级节水型小区17个，完成清洁生产审核企业84个、节水型企业复核30个，完成建设水利行业节水型单位7家，完成第一批节水型单位复核工作。丽水市莲都区、青田县、景宁县通过县域节水型社会达标建设省级验收，实现省级达标全市域覆盖，青田县、缙云县、遂昌县达到国家级县域节水型社会标准，被省水利厅推送至水利部。节水抗旱稻入选浙江省2021年度节水行动优秀实践案例。持续推进绿色水电创建工作，全年通过认证电站16座，占全国254座的6%，全省53座的30%。

【河湖管理与保护】 至2021年年底，丽水市“美丽河湖”建设累计完成年度投资6756万元，创建莲都区大顺坑、龙泉市宝溪、青田县瓯江（大溪）、缙云县好溪（潜明水库至长兰堰）、遂昌县金竹溪、庆元县后广溪等11条省级“美丽河湖”，创建里程达138.5km，创建莲都区黄村乡、龙泉市宝溪乡、青田县高湖镇、云和县浮云街道、庆元县龙溪乡、缙云县前路乡、遂昌县金竹镇、松阳县大东坝镇、景宁县雁溪乡等24个水美乡镇；完成河道综合整治60.6km。丽水市编制完成瓯江干流（丽水段）健康评价，瓯江干流（丽水段）河湖健康综合赋分为 80.20，根据指南分级标准，处于非常健康状态；全市各县完成重要水域的划定并公布，重要水域实行特别保护；完成全市 388 座水库、251 段堤防、20 座泵闸数据采集，全面实行数字化管理。全市国有水利工程管理和保护范围划定全部完成。丽水市推动河（湖）长制从“有名有责”到“有能有效”转变，扎实推进河（湖）长制组织体系，丽水市总计河（湖）长 2914 名，其中市级河（湖）长 10 名、县级河（湖）长 122 名、乡级河（湖）长 883 名、村级河（湖）长 1899 名，实现市、县、乡、村四级河（湖）长全覆盖。全年丽水市各级河（湖）长巡河总计 119649 次，巡河率 96.6%，发现问题 5943 个，问题解决率 99%；推广全社会治水护水“绿水币”制度，形成河（湖）长认真履职、公众积极参与治水护水新局面。绿水币注册人数 10 万余人，公众参与巡河 26 万余次，年度发现问题 2000 多个，问题处理率 100%；创新依法治水配合机制，建立“河（湖）长＋检察长”协作配合机制，有效破解占用丽阳溪河道开垦菜地种植问题。国务院办公厅对 2021 年落实有关重大政策措施真抓实干成效明显地方予以督查激励，丽水市获得“河长制湖长制工作推进力度大、成效明显”的激励通报，并获激励资金 2000 万元。

【水利行业监督】 2021 年，丽水市抓住安全生产“一条主线”，突出水利项目建设监督、水利工程运行监督“两个重点”，聚焦河湖、农村饮用水、水资源管理“三个领域”，落实“四项措施”，将系统谋划与专项督查相结合、领导督查与专业督查相结合、检查问题与落实整改相结合、日常监管和数字化相结合，做到精准监管、合力监管、闭环监管、智慧监管。至 2021 年年底，丽水市共开展监督 14495 人次，共检查出问题 4173 个，共发出监督通报 15 期，全部完成销号；投入使用智能监管场景化应用，共接入全市水利、公安等有助于河道砂石监管的视频监控 1115 个；全市排查河道“四乱”问题 258 个，整改完成 255 起。全市各级执法部门累计开展日常巡查、联合执法 3136 次，出动人员 7308 人次，累计巡查暗访 29610km，查处违法采砂案件 139 起，其中行政立案 136 起，刑事立案 3 起，采取刑事强制措施 18 人，检察院向行政机关发送检察建议书 4 份。

【水土流失治理和水土保持监管】 2021 年，丽水市加强水土流失治理，通过 11 条生态清洁小流域完成水土流失综合治理面积 64.27km^2，生态林业改造、高标准农田等治理水土流失面积 12.09km^2，共完成水土流失治理面积 73.36km^2。水土保持率持续提升至 93.19%。水土流失强度下降，现状以轻度水土流失为主，占比为水土流失面积 87.85%。至 2021 年年底，全市完成水土保持方案审批 433 个，其中水土保持报告书 136 个，报告表 99 个，登记表 198 个；全市水土保持设施验收备案 89 个，在建生产建设项目监督检查 534 个，监督检查 817 次；卫星遥感图斑复核 233 个，发现问题 10 个，查处整改项目 10 个；开展违法违规项目约谈 4 个，列入“重点关注名单”信用监管单位 2 家，挂牌督办项目 1 个。

【水利工程建设管理】 2021年，丽水市推进水利安全生产专项整治三年行动实施方案落实，完成在建项目施工企业及勘测设计单位水利工程建设安全及勘测设计安全专项检查20个；完成对水利工程施工企业资质、市场行为、体系管理、人员资格等情况的“双随机”抽查；开展安全生产巡查，共抽查全市40个在建水利工程，对9个县（市、区）和市本级共15个在建水利工程开展质量抽检，全年共组织各类质量检查活动90多次，参加检查人次近300人次。丽水市缙云县潜明水库一期工程获2021年度浙江省建设工程“钱江杯”奖（优质工程），庆元县2018年度松源溪流域综合治理工程主城区段（周墩桥—洋心桥）等8项水利工程被评为丽水市水利建设工程安全文明施工标准化工地示范工程。全市水利工程建设未发生质量事故，在全省面上水利建设项目质量抽检考核结果排名中，青田县排名第11位，庆元县排名第15位。丽水市滩坑引水工程作为水利部对浙江省开展水利建设质量工作考核的项目之一，最终浙江省获水利部建设质量工作考核A级优秀，位列全国第二。

【南明湖景区管理】 2021年，丽水市南明湖管理所推进基础设施维修维护、水面保洁、绿化养护、环境卫生、秩序管理等日常工作。加强景区管理数字化基础建设，完成南明湖堤防监控升级改造项目（二期）。开展联合执法整治、禁渔禁钓巡查、执法艇采购及安全生产等工作。服务景区经常化文明城市创建和国家卫生城市巩固工作，大力营造文明旅游氛围。2021年，丽水市打造滨水景观花园绿道，实施南明湖小水门樱花主题角。配合市文广旅体局做好2021年全国航海模型锦标赛等后勤保障工作。持续推进《丽水市南明湖保护管理条例》宣传和落地实施，丽水市南明湖管理所结合“3·22世界水日·中国水周”“12·4全国法制宣传日”“党员活动一条街”“安全生产月”等活动开展现场宣传和咨询服务，累计印发各类宣传册2万余份；对南明湖景区占道经营、破坏绿化、遛狗不牵狗绳等不文明行为及禁钓区违钓行为的日常巡查、宣传劝导；依托居民小区、商场的400多台“电梯猫”平台，循环播放宣传视频；在万地影城、MT影城等播放“映前广告”共计2850余场次。

【行业发展】 2021年，丽水市抓住全省数字化改革机遇，立足丽水特色，建成丽水市“智慧水利”平台（浙水安澜），建成丽水市水利数据仓，与省数据仓实现互联互通。建成瓯江防洪数字化平台，实现全市1200个水雨情站点数据一体分析和瓯江干流洪水风险智能预警；建成智慧水电数字化平台，实现765座小水电站生态流量监控全覆盖；建成河道（水库）四乱智能监管平台，实现全市1002个重点河段在线监管。其中，智慧水电系统被省水利厅作为2021年水利数字化改革第一批最佳应用入围项目参与全省评选。2021年，丽水市持续推进绿色水电创建工作，全年通过认证电站16座，占全国254座的6%，全省53座的30%。2017—2021年，累计通过绿色小水电示范电站认证总数130

座，通过率占全国认证数量的15%，占全省认证数量的52%。创建省级生态水电示范区17个，示范区创建数量占全省创建总数27%。2021年11月，副市长杨秀清代表丽水参加由联合国南南合作办公室、国际小水电中心主办的国际可再生能源在线交流会议，并做主旨发言。

（刘晓敏）

厅直属单位

Directly Affiliated Institutions

浙江省水库管理中心

【单位简介】 浙江省水库管理中心（以下简称水库中心）隶属于省水利厅，是一家正处级公益一类事业单位。水库中心机构编制数17名，设主任1名，副主任2名。2021年年末，干部职工数19名（含退休人员），其中参公编制14名，退休人员5名。

水库中心主要职责是：起草水库管理、保护的政策、规章制度，组织拟订技术标准；承担水库除险加固提标专项规划和实施方案编制技术管理工作，承担水库除险加固项目前期、建设管理和工程验收的辅助工作；承担水库调度规程、控制运用计划编制技术管理工作，组织大型和跨设区市中型水库控运计划技术审查，并协助监督实施；承担指导水库大坝安全运行管理、监督检查的辅助工作，组织大型和跨设区市中型水库大坝安全鉴定技术审查；承担水库大坝注册登记、水库降等报废的技术工作，承担大型和跨设区市中型水库大坝注册登记的辅助工作；承担水库工程管理范围和保护范围划定的技术工作，组织大型和跨设区市中型水库管理和保护范围划定方案技术审查；承担水库工程标准化、物业化管理的相关工作；承担水利工程管理体制改革和运行管理市场监管的辅助工作；组织开展全省水库管理技术研究与应用；完成省水利厅交办的其他任务。

【概况】 2021年，水库中心共完成32座大型及1座跨设区市中型水库的控制运用计划技术审查；完成29座大型水库、7座中型水库和213座小型水库的运行管理指导服务；完成3座大型水库大坝安全鉴定技术审查和40座小型水库安全鉴定技术服务、31座小型水库除险加固项目绩效评价、35座降等或报废水库现场核查；指导安吉县、武义县申报水利部第二批小型水库管理体制改革样板县，指导上虞区、浦江县创建省级样板县；完成3座大型水库管理和保护范围划定方案技术审查。

【水库安全检查】 2021年，水库中心协助制定并督导开展全省水库安全度汛大排查大整治专项行动。全年检查水库249座，其中大型水库29座、中型水库7座、小型水库213座。采用省水利工程运行管理系统线上反馈问题，填报问题整改情况，并落实专人动态跟踪问题整改，做到问题整改完成1个、销号1个，形成线上闭环管理。组织抓好水利部暗访督查问题整改，及时完成水利部对全省9个设区市49座小型水库运行管理专项督查发现问题整改落实情况的初核、汇总和报送工作。

【水库控制运用】 2021年，水库中心完成32座大型水库及1座跨设区市中型水库控制运用计划技术审查工作。全员参与并抽调骨干在水库山塘安全度汛专班集中办公，梳理清单6张，对病险水库实行安全日报制度，专人逐库督促落实三类坝空库运行、安全度汛“四预”措施，编制专班日报23期。派员赴舟山市、余姚市、嵊州市督导三类坝度汛措施落实，赴常山县和临海市开展防汛应急处置工作。督促全面落实水库安全度汛“三个责任人”并完成线上培训。严格落实24小时值守制度和水库运行管理安全日报制度，电话抽查1118座次水库“三个责任人”履职情况。派员到舟山市、余姚市、临海市等地检查指导水库安全度汛工作。逐库核实，组织完成30座大型水库防洪调度手册编制。

【水库安全鉴定】 2021年，全国各地加快推进水库安全鉴定存量鉴定清零工作。水库中心每月跟踪各地进展，动态更新存量清单，督促提醒滞后市、县加强进度。全年共完成安全鉴定1017座，两年累计完成1915座，实现安全鉴定两年清零目标任务。16个县（市、区）40座水库完成安全鉴定技术服务，“一库一表”反馈鉴定工作问题。完成南江、长潭、铜山源等3座水库技术审查并印发鉴定报告书。配合水利部大坝中心完成台州市黄岩区佛岭水库三类坝鉴定成果复核。配合做好水库工程安全鉴定管理办法和安全评价报告编制导则制（修）订等工作。

【水库除险加固】 2021年，全国各地完成病险水库除险加固182座，超额完成年度目标任务。会同建设处赴杭州市建德市九里坑水库除险加固工程现场开展进度、质量督导服务，配合水利部稽查组对舟山市小型水库除险加固工程进行稽查。加强建设管理服务指导，组织完成31座水库除险加固项目绩效评价。对照安全鉴定和系统治理综合评估发现问题、“三通八有”（道路通、电力通、通信通，有人员、资金、制度、预案、物资、监测设施、放空设施、管理房）配套设施建设要求，加强水库除险加固前期技术指导。起草《关于深入贯彻落实国务院办公厅关于切实加强水库除险加固和运行管护工作的通知精神的通知》《加快推进病险水库山塘加固和海塘安澜千亿工程实施方案》，编制2022年病险水库除险加固建设计划，加快推动病险水库清零工作。

【水库降等报废】 2021年，水库中心全面梳理全省水库降等与报废工作，加强技术服务，及时跟踪各地实施进展，加强事前事中指导，开展水库降等报废管理视频培训；组织开展现场核查指导服务，运用无人机技术参与降等报废现场核查，完成降等报废水库现场核查35座，提出技术复核报告，基本完成列入2020—2022年拟实施降等报废水库的30座水库目标任务，达到“力争2021年度提前完成三年目标任务”工作要求。跟进核查存在问题的落实情况，指导各地基本形成申请、论证、审批、实施、验收的水库降等报废流程工作闭环；组织开展降等报废工作调查研究，召开降等报废工作座谈会，总结核查工作成效，提出适合全省实际小型水库降等与报废评估指标体系，起草《浙江省升等、降等与报废实施工作细则（初稿）》，完成《关于浙江省水库降等与报废的调研报告》。

【水库注册登记】 2021年，杭州市青山水库、宁波市周公宅水库等12座大型水库和35座中、小型水库完成注册登记变更等相关工作，完成泰顺县大际、遂昌县桐川2座小型水库注册登记入库并打印证书。做好水库降等与报废后水库销号工作，跟踪掌握各地水库降等与报废实施情况，督促各地在网络版注册登记申报系统中开展注销工作。校对省运管平台、水利部注册登记系统等平台水库名录数据。

【水库系统治理】 2021年，加强系统治理综合评估指导服务工作，起草编写《浙江省大中型水库综合评估编制大纲》《浙江省水库系统治理“一库一策”方案编制导则》，组织完成4296座水库核查评估及“一库一策”“一县一方案”编写，获“2021年小型水库系统治理和水利工程管理‘三化’改革成绩突出集体”。协助“工程运管”平台水库应用场景开发建设，加强水库管理数字化基础工作，参与起草《水库基础数据规范》，组织完善并复核全国水库管理系统水库安全鉴定信息。推进水管体制改革，蹲点指导安吉县、武义县成功申报水利部第二批小型水库管理体制改革样板县，指导上虞区、浦江县创建省级样板县；配合完成对周公宅、四明湖等2家大型水库管理单位通过水利部验收复核。

【单位制度建立健全】 2021年，贯彻落实省直机关工委《关于加强和改进省直机关直属事业单位党的建设的若干意见（试行）》的通知精神，修订《浙江省水库管理中心“三重一大”议事规则》《浙江省水库管理中心内部会议制度》《浙江省水库管理中心合同管理办法》等3项制度，制订《浙江省水库管理中心电子会计凭证管理办法》《浙江省水库管理中心公务租车管理办法》，不断完善《浙江省水库管理中心内部控制手册》。结合中心人员岗位职责变动，修改完善中心《岗位设置表》和《岗位职责表》。

【党建与党史学习教育】 2021年，水库中心制定“党建＋业务＋数字”学习计划和数字化改革双周推进计划和“双微”（微党课、微行动）行动计划。全年共开展24次学习，每位党员上一节微党课，围绕学习党史、《习近平在浙江》和党的十九届六中全会精神开展研讨交流4次。到省档案馆、杭州市城市规划馆、嘉兴市南湖、淳安县下姜村等地开展主题党日活动；邀请省水利厅党史学习教育宣讲团成员到中心开展党史宣讲，设立青年党员干部论坛，选派青年干部参加省水利厅系统组织的党史知识竞赛和微党课比赛，组织参加党史知识竞赛和“浙水青年讲党史”、网上党史知识答题等活动；落实“三建三联三提升”机制，与运管处开展联学联建4次，组织党员到单位所在社区报到，青年党员到上虞区水利局开展党史宣讲交流，开展“向基层学习，为基层服务”党员志愿服务工作。

【党风廉政建设】 2021年，水库中心制定“省水库管理中心党支部书记履职情况监督清单”和“省水库管理中心党支部纪检委员职责内容及监督评估方式清单”两张清单，贯彻落实“一把手”和领导班子监督。配合省水利厅第四巡察组对水库中心巡察工作。水库中心层层签订党风廉政建设责任书，明确工作任务和责任，履行“一岗双责”。持续开展党风廉政教育和警示教育，专题开展党内法律法规学习3次，通报警示案例2次，家风家教教育1次，日常通过“钉钉工作群”推送廉政教育学习材料。组织召开专题党风廉政分析会，根据中心岗位职责调整情况，进一步梳理廉政风险和失职渎职风险，制定防范措施，共排查出岗位廉政风险16个、失职渎职风险28个，分别制定防控措施59条、101条。

（田浪静）

浙江省农村水利管理中心

【单位简介】　浙江省农村水利管理中心（以下简称农水中心）为省水利厅所属正处级参照公务员法管理的公益一类事业单位，事业编制28名，设主任1名，副主任2名，所需经费由省财政全额补助。主要负责起草农村水利建设和管理的政策、制度，组织拟订技术标准，承担大中型灌区、大中型灌排泵站前期管理、检查指导和验收的辅助工作，承担指导农村供水工程、圩区、山塘等工程建设和运行管理以及农业灌溉水源、灌排工程设施审批和农村集体经济组织修建水库审批的辅助工作，组织开展全省灌溉试验站网建设、农业灌溉试验及农田灌溉水有效利用系数测算分析、农业用水定额拟订，协助指导基层水利服务体系建设和管理、农业节水等工作。

【概况】　2021年，农水中心督导全省完成6个大中型灌区节水配套改造中央投资51234万元，服务指导全省山塘综合整治504座（其中“浙江省政府十项民生实事”的病险山塘整治441座）、创建“美丽山塘”545座、圩区整治1.53万hm^2，推进“浙水好喝”“浙水兴农”应用迭代升级，农水中心被评为省水利厅系统2021年度厅系统综合绩效考评优秀单位，农水中心党支部被评为省水利厅系统先进基层党组织。

（马国梁）

【大中型灌区建设管理】　2021年，农水中心督导乌溪江引水工程灌区、上塘河灌区等6个大中型灌区完成年度投资51234万元（其中大型灌区18414万元、中型灌区32820万元）。组织完成海宁市上塘河灌区、安吉县赋石水库灌区、金华市安地灌区、松阳县江北灌区、路桥区金清灌区共5个中型灌区续建配套与节水改造项目（2021—2022年）实施方案的技术审查，完成乌溪江引水工程灌区“十四五”续建配套与现代化改造项目可研和初步设计报告的技术审查、铜山源水库灌区“十四五”续建配套与现代化改造项目可研报告审查，并协同完成相关批复工作。组织完成乌溪江引水工程灌区等4个灌区5期项目的竣工验收。开展全省大中型灌区信息摸排复核工作，完成《浙江省大中型灌区名录汇编》，实现灌区“一库一图一表”。组织开展全省122个大中型灌区运行管理安全大排查，以“一市一单”方式抓好整改闭环管理。

（贾怡）

【山塘建设管理】 2021年，农水中心服务指导全省山塘综合整治504座（其中列入“浙江省政府十项民生实事”的病险山塘整治441座），总投资4.52亿元。制定《浙江省“美丽山塘”评定管理办法（试行）》和《浙江省“美丽山塘”评定标准（试行）》，推动山塘“建管治”同步达标，全省创建“美丽山塘”545座。研究制定《浙江省山塘安全现场判别实施细则》，完成容积1万m^3以上山塘安全和整治需求排查。将高坝、屋顶山塘防汛预警纳入防洪减灾平台，针对预报24小时降雨量超100mm地区的山塘自动发布预警信息，强化山塘防汛预警能力。

（李梅凤）

【圩区建设运行管理】 2021年，农水中心指导推进杭嘉湖圩区整治工程项目建设和运行管理，指导开展圩区整治工程初步设计前期工作，完成嘉兴市秀洲区镇东圩区、湖州市吴兴区轧村圩区等8个圩区初步设计报告合规性审查，全年完成整治圩区1.53万hm^2，完成投资8.25亿元。指导地方结合实际制定圩区应急方案，督促各地做好汛前圩区安全检查，编制完成100个易出险圩区情况表，确保圩区安全度汛。

（贾怡）

【农村水利数字化建设】 2021年，农水中心支撑城乡清洁供水系统迭代升级，指导完成全省9924处水厂（站）、9731处饮用水水源地数据归集，纳入全省“一库、一图、一网”管理，完成1848个水厂水质水量实时数据接入，覆盖人口5959万人，占浙江省总人数的92.3%。支撑建设浙里九龙联动治水“浙水好喝”、浙里办“浙水好喝”便民服务、企业端运行管理平台（通用版），实现取水、制水、供水全过程全链条在线监测、在线监控、在线预警，实现精准化便民服务，建立从源头到龙头数字化“智治+服务”的数字社会高效治理。推进“浙水兴农”应用建设，完成17955座山塘、122个大型及重点中型灌区基础数据，985个基层水利服务机构和2404名水利员信息汇集；开发完成防汛预警模块、春灌用水统计模块，在防御“烟花“灿都”等台风和持续做好春灌保水工作中发挥重要作用。

（李梅凤）

【灌排水闸泵站管理】 2021年，农水中心组织开展大中型灌排水闸、泵站的调查摸底工作，补充完善114座泵站、水闸工程基本信息，建立大中型灌排泵站、水闸安全风险及防控能力评价指标体系，完成102座大中型灌排泵站、水闸的安全风险及防控能力评价，提升灌区、圩区安全管理水平。完成历年泵站改造项目总结和大中型灌排泵站标准化规范化管理创建工作总结，《浙江省中小型灌排泵站建设导则（试行）》正式施行。

【农业节水灌溉工作】 2021年，农水中心完成2020年度全省农田灌溉水有效利用系数测算分析成果报告审查报送和市级系数测算分析工作考评。组织开展2021年度全省农田灌溉水有效利用系数测算分析工作，全省农田灌溉水有效利用系数达到 0.606，制订了《浙江省农田灌溉水有效利用系数测算分析工作考评实施细则（2021）》和《农田灌溉水有效利用系数 2025 年目标值》，完成省级业务培训 270 余人。组织全省灌溉试验站网完成 5 种灌溉模式的单季水稻节水灌溉定额试验，完成 16 种经济作物的定额观测、5 种经济作物高效节水灌溉制度制定、2 种新型生产条件下的高效经济作物需水规律研究。全程指导全国灌区水效领跑者评选工作，上塘河灌区和赋石水库灌区荣获国家水利部发展改革委第二批灌区水效领跑者荣誉称号。

（贯怡）

【基层水利服务体系建设管理】　2021 年，农水中心赴全省 19 个县（市、区）开展基层水利服务体系调研，重点分析机构改革后全省基层水利服务体系的机构设置、事项职责、人员编制、工作体制，梳理基层水利员的主要来源、工作经历、能力建设、工作机制等基础信息，形成《基层水利服务能力调研报告》，获 2021 年全省水利系统优秀调研报告一等奖，挖掘提炼部分市县的典型经验做法，被《浙江水利参阅件》刊发。组织开展全省第三届首席水利员培训 110 余人。实行基层水利服务机构和基层水员动态管理，至 2021 年 10 月底，全省共有基层水利服务机构 985 个，基层水利员 2403 人。

（杜利霞）

【党建与党风廉政建设】　2021 年，农水中心坚持党建统领，全面开展党史学习教育，组织处级以上干部参加省水利厅党史学习教育专题培训和省委组织部党史网络专题培训；组织党员干部重点学习《中国共产党简史》《社会主义发展简史》《改革开放简史》《中华人民共和国简史》《习近平在浙江》《习近平科学的思维方法在浙江的探索与实践》和党的十九届六中全会精神，聆听各级领导党史专题宣讲和党课辅导，参观毛主席视察小营巷纪念馆、中共杭州小组纪念馆、义乌市陈望道故居、中国水利博物馆、舟山蚂蚁岛第一人民公社、浙江革命烈士纪念馆、余杭区新四军棉服厂旧址共 7 个红色基地，观看《血战湘江》《长津湖》《我和我的父辈》等电影，参加省水利厅党史学习教育竞赛活动，组织开展学习研讨交流，推进“建设清廉机关、创建模范机关”，严格履行支部书记第一责任、班子成员“一岗双责”党风廉政建设责任，认真开展违纪违法典型案例警示教育，开展违规吃喝违规收送礼品礼金、酒驾醉驾及其背后“四风”问题专项治理，全年发展预备党员 1 名，年度支部标准化考核优秀。

（马国梁）

浙江省水文管理中心

【单位简介】　浙江省水文管理中心（以下简称水文中心）为省水利厅所属公益一类事业单位，机构规格为副厅级，内设机构为办公室、水情预报部、站网部、通信管理部、资料应用部、水质部（省水资源监测中心）等 6 个部室及之江水文站（同时挂浙江省水文机动测验队牌子）、分水江水文站和兰溪水文站等3个分支站，经费由财政全额保障。核定编制数90人，至2021年年底，实有在编人员88人。

水文中心的主要职责是：承担全省水文事业发展规划的编制并组织实施；承担指导水文水资源监测、水文情报预报、水利行业水质监测业务、水文通信、自动测报、全省水文设施的安全保护等具体工作；组织全省水文水资源监测资料的复审、验收和汇编；拟定全省水文行业的技术规范和标准；承担省级水文信息化系统、分支水文站的建设管理和运行维护。

【概况】 2021年，水文中心全力服务水旱灾害防御工作。年初面对严重旱情，精准研判，全省发布旱情预警92期；汛期严格落实24小时值班值守，滚动洪水预报，提前预警提醒，动态研判风险，在防御梅雨洪水、台风“烟花”和“灿都”中有力发挥技术保障。完成《浙江省水文事业发展“十四五”规划》编制，并由省水利厅正式印发。大力实施水文测报能力提升项目，完成2255个测站建设，超过年度目标10%以上。水资源水生态服务保障深化拓展，组织编制《浙江省地表水资源质量年报（2020年度）》等报告，完成浙江省地下水管控指标确定工作，全程参与最严格水资源管理制度考核工作，助力浙江省连续六年评为全国最严格水资源管理“优秀”省份和“十三五”末考核位居全国第一。浙江水文标志性成果加快打造，开展视频测流、测水位等新技术新产品推广应用，全省推广安装图像识别水位系统200余套，点流速雷达、水平式ADCP等示范应用成果列入部水文司新技术成果应用指南，浙江省水文经验做法在全国水文现代化工作会议上作典型交流。

【水情预报预警】 2021年，全省向水利部信息中心报送实时水情信息数据2850万余条（站点1985个），其中汛期报送1408万余条，实现全省省级以上报汛站、所有已建大中型水库和大部分小（1）型水库以及已建墒情站等实时信息的报送。全年报送各类基础信息1.16万余条。梅雨期和几次台风影响期间则加密报送水情信息和分析材料，全年报送部信息中心各类材料420份。2021年汛期，全省累计完成洪水预报3700多站次，风暴潮预报34期340站次，洪水预报合格率达到100%，预报成果优良率90%以上。2021年，全省累计发布洪水预警近200站次，24小时山洪灾害预报预警68期，水利旱情预警96期。以超强台风影响护航亚运为主线，开展省、市、县三级联动护航亚运“四预”模拟演习；联合衢州、常山、兰溪、金华、丽水等地市水文部门，开展全省水文应急测报演练。以钱塘江流域为试点范围，串联中上游8个重要预报站，构建分区域预报方案，水库与水文站的预报调度联动。选择钱塘江中上游流域5场典型历史洪水假定不同预案，推演当前工况下历史洪水过程以及沿程堤防和重点防洪区域的淹没风险情况，展示洪峰轨迹和干流洪水风险，初步实现通过三维映射展示历史大洪水不同调度方案的洪水风险影响。

【水资源监测与评价】 2021年，水文中心组织开展全省283个江河湖库水质站、156个国家地下水监测工程重要水质站、21个水生态监测站的水质监测和评价工作。全省监测评价水样3万多份，向水利部和流域机构报送数据20余万个。完成2025年、2030年全省地下水取水指标、水位控制指标等四项管控指标确定工作。组织编制《浙江省地表水资源质量年报》（2020年）、《全省重要水库湖泊浮游植物监测报告》4期。技术支撑省水利厅水资源处，研究构建"浙江省水资源综合评价指标体系"（该项工作列入2021年度省水利厅重大行政决策事项）。完成兰江（兰溪站）水生态自动化监测试点建设；在温州市"珊溪"与"泽雅"水库、天台县、飞云江流域分别建立水库型、中小河流、流域型水生态健康评价体系试点，累计开展监测100多站次，取得数据成果45万余条。构建监测指标体系，探索健康评价体系，开展水生态健康评价体系研究，从水健康、水安全、水宜居、水富民、水管护5个维度构建指标体系。

【水文规划】 2021年，水文中心组织完成编制《浙江省水文事业发展"十四五"规划》，列入浙江省"十四五"专项规划，并于2021年5月由省水利厅正式印发。规划推进水文监测能力、预警预报能力、通信保障能力、资料应用能力、数字化建设等五大能力建设，深化5项改革举措，总投资20.98亿元，其中"十四五"期间投资16.26亿元。

【站网建设与管理】 2021年，水文中心全年完成新改建水文站187个、水位站2315个、雨量站646个，合计完成新（改）建水文测站3169个。"新（改）建2000个水文测站"被列入当年浙江省政府十大民生实事。2021年完成杭州市萧山区义桥水位站调整为国家基本水文站、磐安县安文水文站受公路建设影响、秦望码头工程对富阳水文站水文监测影响等事项的技术审核。2021年，水文中心参加温州瑞安市飞云江治理二期、丽水市大溪治理提升改造工程、扩大杭嘉湖南排后续东部通道工程（麻泾港整治工程）、杭州建德市三江治理提升改造工程等45个省级水利工程项目的审查会议，并提出"工程带水文"建议50余项，促进水文与水利建设同步协调发展。在"浙江省江河湖库水雨情监测在线分析服务平台"开展"我的测站"场景应用开发，并在3个分支站和全省15个重要水文测站测试运行。进一步迭代完善江河湖库平台水文测站标准化运行管理模块，通过"数字变革"实现统一采集测站信息、自动编制站码、自动审核基础信息等功能。

【水文应急测验】 2021年，水文中心编制完成《浙江省基本水文站超标洪水测报预案》。6月9日，按照国家防总副总指挥、水利部部长李国英关于"四预"工作的有关要求，以2017年6月梅汛期钱塘江大洪水为场景开展，组织开展全省水文应急测报演练。在第6号台风"烟花"、第14号台风"灿都"期间，水文中心派出应急机动测验队，与市县一起协同应对台风，确保防台一线水文数据第一时间测得到、传得出。应急监测小组携带走航式ADCP、测流无人机等应急监测设备，对重要监测断面开展水情查勘及流量应急监测，共开展17次水文应急监测，监测数据及时提供给水利等相关部门，为各地防汛决策提供基础支撑。

【水文数字化转型】 2021年，水文中心加快水文数字化变革，按照“三张”清单要求，系统整合“测、传、报、算、用”核心业务链，构建水文“115N”工作体系。江河湖库水雨情监测在线分析服务平台建设完成在线数据清洗、在线资料整汇编、历史水文特征分析、水库蓄水分析、水资源丰枯分析、测站基础信息填报、通信平台运行监管、实时水雨情信息监控等水文应用模块建设，基本实现业务“一平台”在线共享共用。开发“我的测站”，实时掌握基层测站基础信息和工作实况，实现水文测站现场办公和监管指导扁平化。分级有序开放水文数据，加大应用创新力度，研发丰富易用的水文数据服务，提升水利事业和公众服务数字化改革应用的数据支撑能力。全年累计集成数据28亿多条，开发接口135个，接口总访问5300余万次，对外提供数据100亿多条。优化与邻省、气象海洋、地市等多源数据汇集机制，动态汇集1.2万条实时信息。

【预报预警演练】 2021年6月9日，水文中心按照国家防总副总指挥、水利部部长李国英关于“四预”工作的有关要求，以2017年6月梅汛期钱塘江大洪水为场景，组织开展全省水文应急测报演练。通过演练，省中心与地方水文机构进一步梳理流域大洪水情况下的“测、传、报、算、用”，开展实时掌握站点测验状态、应急监测工作组组建和物资准备、应急小组派遣支援（包括相邻地区支援小组）、现场应急监测（雷达枪测流、走航ADCP测流、无人机测流、卫星电话报汛等）、灾后统计及洪水调查等场景演练，调度合理、过程有序。

【水文资料整编】 2021年，全省水文系统完成2020年度全省大区1000多站年、大中型水库180多座、杭嘉湖水文巡测5条水量控制线100多个巡测站点及地下水共11册水文资料的汇编、审查、刊印工作，完成2021年度大区水文资料即时整编和阶段审查。水文中心主编2020年《中华人民共和国水文年鉴》（7卷1、2、3册），质量优良。

【管理制度建设】 2021年，印发《浙江省专用水文测站代码编制规则》《浙江省水文数字平台数据资源管理办法（试行）》，建立数据标准体系，形成从采集、传输、存储、应用、反馈全流程闭环管理。编制《浙江省水文测站建设及运行管理工作手册（试行）》，为规范水文测站业务工作提供依据。

【“最多跑一次”改革】 2021年，水文中心全年受理水文资料查阅、使用服务90次，提供4945个站年、310万条水文数据，群众满意率100%。

【精神文明建设】 2021年，水文中心将精神文明创建与推动水文高质量发展结合起来，与开展党史学习教育结合起来，成立专项工作组，制定创建方案和工作清单，开展水文大讲堂、毅行唱红歌、清明祭英烈、志愿服务进社区、职工趣味运动会、扶贫助贫、义务献血、节水型机关创建、技能竞赛等主题文明创建活动，营造“赓续红色血脉 争创文明先锋”的浓厚氛围。2021 年 11 月，水文中心被授予第九届“全国水利文明单位”荣誉称号。坚持“服务改革、服务发展、服务民生、服务群众”的理念，依托“最多跑一次”水文服务窗口，开展“巾帼文明岗”创建活动。

【人才队伍建设】 2021 年，水文中心出台《专业技术岗位聘任管理办法》《浙江省水文管理中心高层次人才队伍管理办法（试行）》。胡永成劳模创新工作室入选第十一批浙江省高技能人才（劳模）创新工作室。5 名职工分别荣获“浙江工匠”“浙江青年工匠”“省农业科技先进个人”“水旱灾害防御工作成绩突出个人”和“最严格水资源管理成绩突出个人”等省级荣誉。全年举办水文大讲堂 6 期，举办水文情报预报、水质监测、资料整编、水文勘测技能、自动测报技术、应急机动测验等业务培训班 6 个，培训全省水文技术和技能人员 583 人次，进一步提升水文人才队伍业务水平。

【新仪器设备应用与推广】 2021 年，水文中心常态化与海康威视、中国铁塔等科技企业共同探讨水文现代化示范改造试验站建设、水文 5G 创新应用联合实验室合作等。完成之江、兰溪、衢州、嵊州等 18 个水文现代化示范改造站点建设。开辟水文新仪器新设备试验场，开展国产水平式 ADCP、视频流量计、压电式雨量计、国产无线超声波时差法等新技术新设备的比测试验。2021 年，点流速雷达、水平式 ADCP、雷达水位计等新装备在 2000 多个站点中得到推广应用。

【援藏援疆】 受新冠肺炎疫情影响，2021 年年未开展线下援疆活动。中心组织技术骨干录制走航式 ADCP 测流、地表水水质采样及现场测定脚本、水尺零点高程测量与计算实操脚本等 6 个水文测验野外实地教学视频，分享给新疆水文同行。

【党建工作】 2021 年，水文中心党委始终把政治建设摆在首位，严格落实“第一议题”制度，印发年度党建工作要点、党风廉政工作要点、意识形态责任分工、党委理论学习中心组学习计划等文件，清单式抓好任务落实落地。扎实开展党史学习教育，结合实际研究制定党史学习教育工作实施计划和各项专题学习方案，细化制定党委、党支部、处级及以上党员干部和其他党员的“四张学习清单”和“三为”服务、“我为人民站好岗”水文专题实践的任务清单，抽调精干力量成立工作专班，坚持清单化推进、多元化学研、多角度宣教、多层面实践“四维”工作法，扎实开展专题学习活动、专题培训活动、专题宣讲活动共 64 次 4145 人次，开展“三为”专题实践活动和“我为人民站好岗”水文专题实践活动 89 场 4067 人次，组织开展专题组织生活会和民主生活会，抓好自检剖析和整改闭环，做到“规定动作到位、自选动作出彩”。

（曹樱樱）

浙江水利水电学院

【单位简介】 浙江水利水电学院（以下简称浙江水院）是一所特色鲜明的工科类应用型本科高校。浙江水院前身为1953年的杭州水力发电学校，历经杭州水力发电学校、浙江电力专科学校、浙江水利水电学校、浙江水利水电专科学校等阶段，2013年经教育部批准升格为浙江水利水电学院，2014年成为浙江省人民政府与水利部共建高校，2019年入选浙江省应用型建设试点示范院校，2020年列为水利部强监管人才培养基地组成单位（全国高校仅3家），2021年高质量通过普通高校本科教学合格评估，获批国家级一流本科专业建设点，并入选水利部干部培训机构，为水利科学家学风传承示范基地。浙江水院下设水利与环境工程学院、建筑工程学院、测绘与市政工程学院、机械与汽车工程学院、电气工程学院、经济与管理学院、信息工程学院、国际教育交流学院、马克思主义学院、继续教育学院、创业学院、基础教学部、体育与军事教育部等13个教学单位，浙江水利与海洋工程研究所、浙江水文化研究所2个研究机构。设有本专科专业35个，其中本科专业29个，覆盖工学、理学、管理学、经济学和文学等5大学科门类。

【概况】 2021年，浙江水院全日制在校生12263人，其中本科生10773人，联合培养研究生76人。教职工770人，专任教师528人，其中高级职称专任教师占39.96%，硕士以上专任教师占73.67%，拥有省一流学科带头人、省中青年学科带头人、省宣传文化系统“五个一批”、省“151人才”、省高校领军人才、省部级人才（含省万人计划青年拔尖人才）等高层次人才和浙江省高校高水平创新团队，并有国务院特殊津贴获得者、省“五一劳动奖章”、省级教学名师、省优秀教师、省师德先进个人、省教育系统“三育人”先进个人等近20人。拥有浙江省B类一流学科6个，浙江省工程研究中心1个，浙江省重点实验室1个，省“一带一路”联合实验室1个，浙江省新型高校智库1个，国家水情教育基地1个，省级软科学基地2个，省级国际科研合作基地1个，浙江省水文化研究教育中心1个，浙江省高校高水平创新团队1个。拥有国家级一流专业1个，浙江省优势专业1个，浙江省特色专业7个，浙江省一流专业9个，国家精品资源共享课7门、省一流课程73门，省级实验教学示范中心3个，浙江省非物质文化遗产传承教学基地1个，省级大学生校外实践教育基地2个。建有企业学院10个，教育部与浙江省协同育人项目88项，获国家级教学成果二等奖1项，浙江省教学成果一等奖5项、二等奖9项。

【人才培养】 2021年，浙江水院新增遥感科学与技术、人工智能共2个本科专业；水利水电工程专业获批国家级一流本科专业建设点，农业水利工程、工程造价2个专业获批浙江省一流专业；完成教育部工程认证专家组对水利水电工程专业、农业水利工程专业工程教育专业认证线上考查。新认定项目制课程47门，“三位一体”课程226门，校企合作课程27门，校级一流课程60门。共有43门课程入选省一流课程，其中线上一流课程6门、线下一流课程17门、线上线下混合式一流课程10门、省级虚拟仿真实验教学项目8项、社会实践一流课程2门。在课程思政领域，2021年立项省级课程思政教学研究中心1个、省级课程思政教学团队1个、省级课程思政示范课程3门、省级课程思政教学研究项目4个、校级课程思政示范课程10门、校级教学研究项目30个、校级基层教学组织4个。落实OBE教育（指成果导向教育）理念，工科专业全面实施SWH - CDIO - E［SWH为“水文化”的汉语拼音首字母，CDIO代表构思（Conceive）、设计（Design）、实现（Implement）和运作（Operate），E代表“评价”（Evaluation）］工程教育模式；推进全程能力测评认证工作，试点专业获证率均在50％以上；开展“1＋X”证书制度试点，累计开展建筑信息模型（BIM）等9个“1＋X”证书试点，居浙江省应用型本科院校前列。与西安石油大学、安徽建筑大学等高校新签订联合培养协议；探索与国外高校联合培养研究生，与美国威斯康星大学斯托特分校初步商谈合作意向，起草合作谅解备忘录。32位教师具有硕士生指导资格，新增联合培养研究生46名。开展“书记星课堂”“校长下午茶”“弄潮青年说”等特色品牌活动，“河小二——乡土实践育人工程”获评教育部高校思想政治工作精品项目。学生在国内外学科竞赛中取得重大突破，获得中国大学生工程实践与创新能力大赛工程基础赛道银奖1项，全国大学生数学建模竞赛本科组二等奖1项，美国大学生数学建模竞赛一等奖1项，国家级大学生创新创业训练计划项目60项。2021年，浙江水院面向20个省招生4134人，其中本科招生3778人；毕业生初次就业率达95.0％，本科升学率15.59％，对学校总体满意度、就业求职服务满意度位居全省高校前列。

【学科科研】 2021年，浙江水院优化学科体系，构建“一体两翼”现代水利学科群，基本形成以工学为主体，理学、经济学、管理学、文学等学科门类协调发展的学科体系。推进6个省级一流学科建设，对标学科建设开展自评。建设省级科研平台，学校获批浙江省水利数字经济与可持续发展研究基地、河（湖）长制研究基地2个省软科学基地。探索建设产学研合作科研平台、新型研发机构，根据南浔区人民政府和浙江水院签订的《南浔数字经济发展研究院合作共建协议书》，协助南浔区科技局注册成立湖州市南浔数字经济发展研究院（事业单位）。新增国家级课题3项、省部级课题37项，其中省自然科学基金水利联合基金项目15项（占联合基金立项数51.7％），纵向科研经费达1346.21万元。全年科技成果共转化23项，成果转化累计到款经费104.1万元。

【师资队伍建设】 2021年，浙江水院持续实施“人才强校”战略，共引进优秀青年博士及以上人才34人。拥有省部级人才3人（其中学校自行培育获批省万人计划青年拔尖人才1人）、省高校领军人才培养计划人选7人，2021年成功申报国家留学基金委面上项目2人、地方合作项目1人，获批国内高校访学项目1人，推荐浙江省共同富裕专家库人选9人，博士后引才补贴1人。

【社会服务】 2021年，浙江水院开展水旱灾害防御暨安全汛前综合督察、水利安全隐患大排查大整治、水利三服务数字化改革暨改革创新综合指导、水利工程暨美丽河湖建设督导等省水利厅重点工作服务近50人次。服务乡村振兴战略、大花园建设和美丽河湖建设，签订横向项目数142项，合同金额达到2969.95万元。推进产教融合，与岱山县人民政府签署战略合作协议，在海塘安澜、海岛水资源联调、河道型水质保护、海水淡化及截洪沟改造等多方面开展科技攻关；融入钱塘区发展快车道，参与钱塘区“14＋2＋N”区校战略布局各项活动。

【开放办学】 2021年，浙江水院与西班牙萨拉戈萨大学、马来西亚拉曼大学学院、马来西亚国家能源大学、英国伯明翰城市大学、荷兰泽兰德应用科技大学、澳大利亚斯威本科技大学、美国威斯康星大学斯托特分校等7所高校达成合作。获批教育部2021年“汉语桥”对外汉语项目，实现省部级对外汉语项目新突破。与“一带一路”沿线国家合作，共建科研平台，开展科研合作，获批省级国际科技合作基地1个（水资源利用与可持续发展国际科技合作基地）。取得教育部留学生招录资格，实现留学生培养零突破。

【水文化建设】 2021年，浙江水院深入开展水文化教育、水文化传播和水文化研究三大工程，构建以水育人、以文化人的特色育人体系。参与编写正式出版的浙江省重大文化工程《浙江通志》中的《水利志》《运河专志》《海塘专志》。学校科研团队组织申报的“江苏省里运河——高邮灌区”“西藏自治区萨迦古代蓄水灌溉系统”入选世界灌溉工程遗产名录。承担《浙江水利年鉴》《浙江水利工程遗产集萃》编写工作，编辑出版省水利厅主办的《浙江水文化》期刊，出版《河（湖）长能力提升系列丛书》培训教材。

【获批国家级一流本科专业建设点】 2021年2月，在教育部公布的2020年度国家级和省级一流本科专业建设点名单中，浙江水院水利水电工程专业获批国家级一流本科专业建设点，2个专业获批省级一流本科专业建设点。浙江水院拥有国家级一流本科专业建设点1个，省级一流本科专业建设点9个。

【获评教育部全国高校思想政治工作精品项目】 2021年3月19日，教育部思想政治工作司公布2021年高校思想政治工作有关培育建设项目的入选名单，浙江水院的“绿水青山间的追梦人——‘河小二’大学生乡土实践育人工程”项目入选。

【出台“十四五”发展规划】 2021年6月1日，浙江水院印发《浙江水利水电学院“十四五”发展规划》。总体目标为：到2025年，学校办学条件明显改善，治理体系治理能力现代化初步实现，整体办学实力进一步提升，确保硕士学位授予单位立项建设，完全达到申报硕士学位授予单位的条件，力争正式获批，在全国普通本科院校的综合排名进入前400位，建成在区域和行业有优势、省内有较大影响力的高质量、有特色的应用型高校。随后陆续发布10个专项规划和8个二级学院规划。

【获批水利部水利干部培训机构】 2021年6月，水利部办公厅印发《关于水利干部培训机构名单的通知》（办人事函〔2021〕486号），浙江水院成功入选“水利部水利干部培训机构”名单。

【获批水利科学家学风传承示范基地】 2021年6月，由中国科学技术协会主办的2021年度学风建设资助计划项目申报结果公布。经专家评议，“‘厚植家国情怀　传承水利精神’水利科学家学风传承示范基地”和“爱国敬业、求实奉献、严谨创新、甘为人梯的水利类科学家精神传播项目”共2个项目获得立项资助。

【成立浙江省首个“民族团结”党建联盟】 2021年6月23日，浙江省首个“民族团结”党建联盟在浙江水院正式成立。“民族团结”党建联盟以铸牢中华民族共同体意识为核心，以促进各民族学生成长成才为主线，凝聚各行业、各部门各领域的党建合力，促进高校民族团结进步、教育创新发展，提升教育管理现代化能力和水平。

【获批省级国际科研合作基地】 2021年12月2日，“水资源利用与可持续发展国际科技合作基地”被认定为国际科技合作基地，基地以“水-安全-能源-气候”为主要方向，研究流域综合治理和可持续发展。

【学校服务项目成功入选世界灌溉工程遗产】 2021年11月26日，在摩洛哥马拉喀什召开的国际灌排委员会第72届执行理事会上，2021年（第八批）世界灌溉工程遗产名录公布。由浙江水院刘学应教授团队作为技术支撑的中国“江苏省里运河——高邮灌区”“西藏自治区萨迦古代蓄水灌溉系统”入选，被央视新闻联播、新华社、光明日报等各大媒体报道。

（刘艳晶）

浙江同济科技职业学院

【单位简介】 浙江同济科技职业学院由省水利厅举办，是一所从事高等职业教育的公办全日制普通高等院校。前身是1959年成立的浙江水电技工学校和1984年成立的浙江水利职工中等专业学校。2007年经省人民政府批准正式建立浙江同济科技职业学院（以下简称同济学院）。同济学院由校本部（22.63hm^2）、大江东校区（42.39hm²）组成，总占地面积65.02hm²。同济学院立足浙江，依托行业，以大土木类专业为主体，以水利水电、建筑艺术类专业为特色，相关专业协调发展，致力于培养生产、建设、管理一线需要的高素质技术技能人才。同济学院具备招收外国留学生资格，设有水利工程学院、建筑工程学院、机电工程学院、经济与信息学院、艺术设计学院、基础教学部、马克思主义学院、继续教育学院（浙江省水利水电干部学校）等8个教学单位，开设水利工程、建筑设计、工程造价等24个专业，并设有国家职业技能鉴定所、水利行业特有工种技能鉴定站，为行业培训考证服务。

同济学院于2008年获“国家技能人才培育突出贡献奖”，2011年被评为全国水利职业教育先进集体，2014年高质量通过全国水利职业教育示范院校建设验收，2015年被评为全国文明单位，2016年被水利部确定为全国水利行业高技能人才培养基地，2018年被认定为全国优质水利高等职业院校建设单位、教育部现代学徒制试点单位，2020年被确定为浙江省“双高计划”［高水平职业院校和专业（群）建设计划］建设单位，2021年高质量通过全国优质水利高等职业院校及教育部现代学徒制试点单位验收，获评浙江省文明校园，并成功入选水利部水利技术技能人才培训基地。

【概况】 至2021年年末，同济学院共有全日制在校生10302人，教职工539人，专任教师中硕士及以上学位比例为84.35%，“双师素质”教师（同时具备理论教学和实践教学能力的教师）比例为85.28%。同济学院有享受国务院特殊津贴专家2人，浙江省（水利部）优秀教师、职教名师、专业带头人18人，入选浙江省“151人才工程”、水利“325拔尖人才工程”等省市级人才50多名；拥有教学科研仪器设备值1.1239亿元，馆藏纸质图书和电子图书共计120万册；建有21个校内实训基地、358个联系紧密的校外实习基地。

2021年，同济学院聚焦“学习力”，深入开展党史学习教育。通过“专班式”运作，落实三级“一把手”主体责任；通过“组团式”宣讲，打造具有校本特色的宣传“喉舌”；通过“融入式”教育，实现“线上＋线下”全方位联动；通过“清单式”督查，确保学习教育取得实效。学校党史学习教育创新模式多次被中国新闻网、学习强国等主流媒体报道。“党旗飘扬 共护浙水安澜”案例入选全省高校党史学习教育“三为”实践活动“最佳案例”。

【教学建设】 2021年，同济学院推进省“双高”建设，“提质培优”成果丰硕，获首届全国教材建设奖一等奖1项、二等奖1项，立项第二批国家级职业教育教师教学创新团队1个，获全国职业院校技能大赛高职组大气环境监测与治理技术比赛二等奖1项。开展长学制专业人才培养探索，推广深化现代学徒制人才培养模式改革，完成1＋X证书第四批试点申报，新增8个证书试点。承办2021年浙江省中等职业学校职业能力大赛建筑类专业5个赛项比赛，获得高度认可。遴选3个教师团队参加2021年水利职业院校教师教学能力大赛，获一等奖2个、二等奖1个，总成绩名列第一；获水利部2019—2021年水利职业教育研究课题特等奖1项、一等奖1项、二等奖2项。

【招生就业】 2021年，同济学院录取新生3589人，报到率97.13%，在校生规模首次破万。成人教育招生563人。共有毕业生2487人，毕业生就业率98.85%。在浙江省高职高专院校2020届毕业生职业发展与人才培养质量排名中位居全省第九名。

【育人工作】 2021年，同济学院深入开展“四史”学习教育和理想信念教育，举办同科大讲堂8期。科学规范学风建设和评奖评优，推进“智慧学工”建设，持续提升管理与服务水平。深化“三全育人”综合改革，完善“1+5”资助育人品牌体系构建，5个案例入选浙江省“三全育人”综合改革理论与实践特色成果。推进学生工作治理体系和治理能力现代化建设，成立学生工作委员会。深入实施基层团支部“活力提升”工程，校团委获评省水利厅优秀基层团组织。承接杭州亚运会、亚残运会志愿服务工作。

【数字化改革】 2021年，同济学院推进数字化改革，组建改革领导小组和工作专班，完成数字化改革方案顶层设计，明确构建学校“152”数字化改革工作体系，出台考核管理办法。以服务师生进校、岗聘、竞赛、办公等“一件事”为核心，从“小切口”打造数字化服务“大场景”，推进疫情防控、教职工业绩评价、智慧教学、智慧办公、数据共享等领域数字化改革，落实网络安全工程，提升数字治理能力。《智慧校园综合管理服务体系——推进大数据中心建设案例》入选浙江省高校“三全育人”综合改革理论与实践丛书，3个案例入选浙江省职业教育信息化建设与应用案例。

【科研与服务】 2021年，同济学院出台系列激励政策，立项省水利联合基金项目、省高校重大人文社科攻关项目等省部级项目7项，获民政部政策理论研究成果二等奖1项。启动青年博士科研能力提升助推行动和团队学术带头人柔性引进行动，成立博士工作室，培育高水平科研团队。投身水旱灾害防御等水利重点工作，选派5名处级干部联系5县开展三服务“百千万”行动。完成各类培训、考试（鉴定）21720人次。成功入选全国水利人才培养基地，在省级专业技术人员继续教育基地周期评估中位列第一。由省水利厅组织，学校参与培养、选拔的高技能人才有3人获第三批水利部首席技师、1人获全国水利技术能手、5人获“浙江工匠”、3人获“浙江青年工匠”等荣誉称号。

【人才队伍建设】 2021年，同济学院完成中层干部首轮聘期集中调整，实现干部队伍素质提升、结构优化，调整以后40周岁以下年轻干部数量占比提升至44%。出台《高层次人才引进管理办法》《高层次人才收入分配管理办法（试行）》等，进一步加大引育力度，完成人员招聘61人，首批遴选年薪制高层次人才6名，引进培养专业领军人才3名，入选第六届全国水利职教名师、职教新星各1

名。完成第四轮岗聘工作，“能上能下，岗变薪变”的动态调整机制有效运行。

【校企合作】 2021 年，同济学院持续深化产教融合，全面优化校企协同育人和协同创新机制，经省教育厅认定，新增省级产教融合实习实训基地项目 1 个、产学合作协同育人项目 4 个。推进平台建设，在省水利厅的大力支持下，集合省水利厅系统八家单位优质资源，参与组建浙江水利行业公共实训基地，打造开放共享的实训资源。

【校园文化建设】 2021 年，同济学院成功入选第一届浙江省文明校园，获评创建全国文明校园先进学校。“五大思政”育人模块（学生思政、教师思政、思政课程、课程思政、校园文化）协同发力，实施“课堂创优行动”“守渠种田行动”，5 门课程列为省级课程思政示范课，5 个案例入选省“三全育人”综合改革理论与实践特色成果。充分发挥中国水利教育协会德育工作牵头单位的示范引领作用，“‘3234’德育教育模式研究与实践”获第二届水利院校德育教育教学成果一等奖，“431 伟人精神育人模式的创新与实践项目”入选省高校思想政治工作精品项目。

【综合治理】 2021 年，同济学院完成学生公寓 H 楼及食堂提升改造工程并投入使用，学生住宿条件、餐饮条件全面提升。图书实训综合楼项目完成项建审批并纳入“十四五”教育强国中央预算内补助项目库。持续做好校园疫情常态化防控工作，升级校门数字化精准管控，完善疫情防控应急处置预案和指挥协调系统。深化平安校园建设，做好平安护航建党百年等特殊时段和突发事件的安全稳定工作。全面完成学生事务中心改造提升、每年一轮职工疗休养、老职工住房补贴发放、建设分工会职工小家并争创省级“先进职工小家”、升级改造室外篮球场设施、分批建立二级学院党群服务中心、设立微生活便民服务点、投放自助打印机等服务师生 8 件实事。

【高质量建成全国优质水利高职院校】 2021 年 1 月 13 日，水利部办公厅印发《关于公布全国优质水利高等职业院校建设单位和全国优质水利专业建设点验收结果的通知》（办人事函〔2021〕23 号），同济学院通过全国优质水利高等职业院校建设单位和全国优质水利专业建设点验收，其中水利工程专业评价等次优秀。

【获评浙江省文明校园】 2021 年 1 月 15 日，浙江省委、省政府印发《关于表彰新一轮浙江省示范文明城市（县城、城区）、文明村镇、文明单位、文明家庭、文明校园的通报》，同济学院获得浙江省文明校园称号。

【调整内设机构，撤系建院】 2021 年 2 月 18 日，中共浙江省委机构编制委员会印发《浙江同济科技职业学院机构编制规定》，同济学院编制数由原来 526 个增加至 750 个，设党政管理机构 14 个、教学机构 8 个［水利工程学院、建筑工程学院、机电工程学院、经济与信息学院、艺术设计学院、基础教学部、马克思主义学院、继续教育学院（浙江省水利水电干部学校）〕、科研机构2个、教辅机构4个。

【马克思主义学院揭牌】 2021年5月19日，同济学院在瓯江楼水韵剧场举行马克思主义学院揭牌与共建仪式，与浙江师范大学、浙江理工大学共建马克思主义学院。

【发布实施“十四五”发展规划】 2021年6月，《浙江同济科技职业学院“十四五”发展规划》经学校党委会审定，正式印发实施。该规划包括学校总规划1个、部门子规划8个和二级学院子规划5个。“十四五”期间，学校的发展目标是着力抓好“一个核心、三个着力、五个突破”，通过艰苦努力，使学校成为国内一流、行业领先、水利特色鲜明的全国水利职业教育高水平办学展示的重要窗口。

【获国家级职业教育教师教学创新团队立项】 2021年8月9日，教育部印发《关于公布第二批国家级职业教育教师教学创新团队立项建设单位和培育建设单位名称的通知》（教师函〔2021〕7号），同济学院水生态修复技术专业获得第二批国家级职业教育教师教学创新团队立项。

【获首届全国教材建设奖】 2021年9月26日，国家教材委员会印发《关于首届全国教材建设奖奖励的决定》（国教材〔2021〕6号），同济学院获首届全国教材建设奖二等奖1项（张燕主编）、一等奖1项（顾红伟副主编）。

【通过教育部现代学徒制试点验收】 2021年9月30日，教育部职业教育与成人教育司发布《关于公布现代学徒制第三批试点验收结果的通知》（教职成司函〔2021〕40号），同济学院通过第三批现代学徒制试点单位验收。

【入选水利部水利技术技能人才培养基地】 2021年12月12日，水利部印发《关于公布水利领军人才、青年拔尖人才、人才创新团队、人才培养基地评选结果的通知》（水人事〔2021〕373号），同济学院水利技术技能人才培养基地入选水利部水利技术技能人才培养基地。

【入选第二批全省高校党建“双创”培育创建单位】 2021年12月21日，中共浙江省教育厅委员会办公室印发《关于公布第二批全省高校党建工作示范高校、标杆院系、样板支部培育创建单位名单的通知》（浙教党办函〔2021〕42号），同济学院水利工程学院党总支入选第二批全省高校党建工作标杆院系培育创建单位，建筑工程学院建筑工程技术党支部与机电工程学院机电一体化技术党支部入选第二批全省高校党建工作样板支部培育创建单位。

【获得多项竞赛荣誉】 2021年5月12日，获全国第六届大学生艺术展演活动大学生艺术实践工作坊一等奖1项、全国高校美育改革创新优秀案例二等奖1项，实现学校此赛事一等奖零的突破。5月16日，获省大学生科技创新“挑战杯”竞赛二等奖1项、三等奖6项，获“互联网+”大学生创新创业大赛银奖2

项、铜奖4项。5月30日，获浙江省大学生乒乓球锦标赛男子双打金牌。6月27日，获全国职业院校技能大赛高职组“大气环境监测与治理技术”二等奖1项。7月，获2021年“振兴杯”浙江省青年职业技能竞赛银奖1项、铜奖1项。7月11日，获“同浙杯”浙江省第五届机器人大赛超市购物挑战项目二等奖2项、团体对抗赛项目三等奖1项。9月，获浙江省高校思政微课大赛二等奖1项、三等奖4项。10月22日，获第四届全国装配式建筑职业技能竞赛一等奖1项、二等奖3项。12月11日，获2021年水利职业院校教师教学能力大赛一等奖2项、二等奖1项。

【党建工作】 2021年，同济学院开展庆祝建党百年系列活动28项。实施“头雁领航”计划，构建5个“双带头人”工作室、5个党建品牌、十佳微党课、十佳主题党日等示范项目。建成集展示、教育、服务等5大功能为一体的示范性党群活动中心，为提升党建工作阵地建设水平提供样板。实施“示范争强”计划，1个总支、2个支部分别入选全省高校党建标杆院系培育单位和样板党支部培育单位。

（朱彩云）

中国水利博物馆

【单位简介】 中国水利博物馆（以下简称中国水博）是2004年7月经国务院批准，由中央机构编制委员会办公室批复设立的公益性事业单位，隶属水利部，由水利部和浙江省人民政府双重领导。至2021年年底，核定事业编制33名，实有在编人员27人。内设办公室、财务处、展览陈列处、研究处、宣传教育处5个职能部门。

中国水博的主要职责是：贯彻执行国家水利、文物和博物馆事业的方针、政策和法规，制定并实施中国水博管理制度和办法；负责文物征集、修复及各类藏品的保护和管理，负责展示策划、设计、布展和日常管理工作；负责观众的组织接待工作，开展科普宣传教育、对外交流合作，做好博物馆信息化建设；承担水文化遗产普查的有关具体工作，开展水文化遗产发掘、研究、鉴定和保护工作，建立名录体系和数据库；承担水文化遗产标准制订和分级评价有关具体工作；开展水利文物、水文化遗产和水利文献等相关咨询服务，承担相关科研项目，开展国内外学术活动；组织实施中国水博工程及配套设施建设工作；承办水利部、省政府和省水利厅交办的其他事项。

【概况】 2021年，中国水博高质量开展国情水情教育，《建党100周年治水成就专题展》入选国家文物局年度百项展览集中推介项目；主办潘季驯诞辰500周年学术活动，推进新中国水利群英文献访谈典藏工程。开展钱塘江古海塘工程研究，启动水利工程遗产实验室建设，汇总西南片区遗产点1900多项。正式印发《中国水利博物馆事业发展“十四五”规划》；编制完成《浙江省“十四五”水文化建设规划》；校点整理60万字水利典籍，出版《水道提纲》等3种古籍。打造“水博学堂”“水博讲堂”两大社教品牌，全年开展主题宣教活动60多次。通过全球水博物馆联盟平台，加强国际水文化交流与合作；巩固发展全国水利博物馆联盟，成员发展至66家，召开全国联盟年会暨讲好大运河故事学术研讨会，首次推出联盟巡展“大运河文化故事展”。深入开展党史学习教育和“三对标、一规划”专项行动，配合水利部党组第十轮巡视，主动接受监督、全面抓实整改。

【荣誉成果】 2021年，中国水博获2021年度厅系统综合绩效考评“优秀单位”称号等13项荣誉嘉奖。“建党100周年治水成就专题展”入选国家文物局2021年度“弘扬中华优秀传统文化、培育社会主义核心价值观”百个展览集中推介项目；获全国保护母亲河行动领导小组（由共青团中央、全国绿化委员会、水利部等8部委共同发起成立）颁发的第十届“母亲河奖”优秀组织奖；尹路获水利部“水利青年拔尖人才”称号；获全国节水办“节水中国 你我同行”主题宣传优秀活动和优秀组织奖；“遴选百项治水印记，展示百年治水成就”获水利部建党100周年暨2021年度党建课题研究成果三等奖；中国水博选送作品“保护海洋，拒绝垃圾”获全球水博物馆联盟第二届“我们渴望的水”青少年艺术创作大赛短视频和动画（小学组）一等奖；获全国科技活动周荣誉证书；入选省治水办第一批浙江省“五水共治”实践窗口（省本级）；“水花朵朵开”志愿服务项目被评为“浙江省博物馆十佳志愿项目”；水博志愿者邵凯获“浙江省博物馆优秀志愿者”称号；被评为杭州市中小学生研学旅行优秀基地及优秀研学课程；被评为杭州市第三批“红领巾e站1013”阵地；被评为萧山区爱国主义教育基地暨萧山区青少年第二课堂活动基地等。

【展览陈列】 2021年，中国水博推出“百年百项水利印记——建党100周年治水成就专题展”，该展入列水利部办公厅“2021—2022年水文化重点工作任务”，并入选国家文物局2021年度“弘扬中华优秀传统文化、培育社会主义核心价值观”百个展览集中推介项目。与中国水利文协合作推出“百年水事——水利工作者摄影作品展”，推出“‘我河·我的家乡’建党百年浙江治水成就摄影展”等。利用浙江水利建设功勋退役设备，构建水利勘探施工设备互动体验展区，成为水博首个当代水工室外互动展区。推出VR全景展厅，打造24小时“不闭馆”的博物场馆。培育“水博大禹”IP，推出文创产品16款，开设文创专区。

【藏品管理】 2021年，中国水博推进新中国水利群英文献访谈典藏工程成果研究利用，对水利部老领导、老专家等捐赠的4382件/组文献、手稿、纪念物开展整理，精选入藏995件/组并完成登账、排架，其中杨振怀664件/组，魏廷琤111件/组，金诚和220件/组。全国水利博物馆联盟主席会议期间，受赠一批红旗渠建设期间除险钩、勾缝匙、洋镐、石錾、大锤、镢头、马灯、柳帽等劳动工具。“浙江治水最高奖大禹鼎”

“手绘松阴溪水情图”“河道病历卡”等藏品作为浙江治水成果参加浙江省博物馆《浙里不止小康——八个“窗口”看精彩浙江》特展。

【发展规划】 2021年，《中国水利博物馆事业发展“十四五”规划》正式印发。进入“十四五”时期，中国水博秉持“研究立馆、生态建馆、科技强馆、开放办馆”发展理念，实施水文化领军工程、场馆提升工程、绿色海绵工程、数智化工程、休闲惠民工程等，建设公共服务功能更强、覆盖更广、特色更鲜明、融合更深入的国家级行业博物馆。受省水利厅委托，先后赴温州市、丽水市、台州市、湖州市、金华市等多地调研，起草《浙江省水文化建设若干问题的调研》报告，编制完成《浙江省“十四五”水文化建设规划》，为全省水文化发展提供技术支撑。中国水博服务行业、服务浙江水文化发展取得扎实成绩，作为《浙江水利》领导参阅件刊发全省。

【遗产保护】 2021年，中国水博推进水利遗产保护与传承项目，完成西南片区水利遗产调查收尾，汇总遗产点信息1900多项，编制完成西南地区非物质水文化遗产文本《山高水流长》。开展大运河沿线水文化遗产调查并完成《大运河沿线水文化遗产调查报告》，编印《大运河沿线水文化遗产集萃》。主办潘季驯治水成就与新时代水文化学术论坛暨诞辰500周年活动。依托省水利厅重点科技项目“钱塘江海塘历史信息挖掘与记录保护关键技术研究”，联合浙江大学、钱塘江流域中心、杭州市文物考古研究所等开展古海塘工程研究，启动水利工程遗产勘测研究实验室建设。

【古籍整理】 2021年，中国水博持续开展水利典籍校点整理，就清代翟均廉《海塘录》、元代任仁发《水利集》2种古籍，完成版面字数60多万字成果，正式出版以清代文渊阁《四库全书》为底本的《水道提纲》，以《续修四库全书》所收初刻本为底本的《治河通考》和以清代广雅书局刻本为底本的《汉志水道疏证》3种水利古籍。

【交流合作】 2021年，中国水博参与全球水博物馆联盟发展治理，馆长陈永明当选全球联盟新一届理事会副主席，并受水利部和《中国水利报》邀请参与高端访谈，分享“中国声音在全球水治理中越唱越响”经验。举办全球水博物馆联盟网络视频会议，联合全球40多家水博物馆发布《应对新冠疫情杭州宣言》。组织第二届“我们渴望的水”青少年艺术创作大赛，中国赛区收到48所中小学456件作品，水博选送作品获全球大赛一等奖。全国水利博物馆联盟成员单位增至66家，通过视频方式召开2021年联盟年会暨讲好大运河故事学术研讨会，首次推出联盟巡展“探秘与解读——大运河文化故事展”。持续推进合作共享，与浙江大学等4所高校和水利防汛技术中心等单位共建合作基地。

【宣传科普】 2021年，中国水博开展多形式互动体验、多方阵联合举办宣教活动60多次。“世界水日”开展“志愿宣传大比拼”“节水普法”线上竞答等丰富活动，向市民进行节水普法宣传。在“国际博物馆日”推出“我河·我的家乡”建党百年浙江治水成就优秀摄影作品展馆长讲解活动，带领观众探寻红色治水记忆。全国科技活动周系列水科普活动获科技部表彰，在“全国科普日”，制作视频参展首届全国科普日水利主场活动。打造两大社教品牌，“水博学堂”陆续推出水文化、水科学、水生态系列研学课程，“水博讲堂”持续走进校园、社区、乡镇宣讲水文化、普及水知识，为青少年及广大群众提供菜单化社教服务。挂牌“红领巾e站”阵地，成为浙江省少工委在萧山区首个红领巾“争章”实践点。

【“三对标、一规划”专项行动】 2021年，中国水博按照水利部党组巡视整改“三对标、一规划”专项行动要求，高标准深入开展政治对标、思路对标、任务对标，做到全员覆盖、全程参与。组织收看专题辅导讲座5场，党委和各党支部专题学习研讨会12场，参与交流学习心得186人次。强化顶层设计，高站位做好谋篇布局，编制完成中国水博“十四五”规划，通过水利部审核。

【巡视整改】 2021年，中国水博党委把落实中央巡视整改工作作为重要政治任务，主动认领14项整改任务，落实整改措施，每月跟进整改情况，及时销号已完成的整改任务。11月，水利部第十轮巡视进驻水博，进行了为期1个月的常规巡视。中国水博党委把接受巡视作为自觉查找差距、切实解决问题的过程，作为加强党性锤炼、弘扬优良作风的过程，高站位迎接全面体检。诚恳接受、主动认领部党组第三巡视组发现的问题，深刻剖析，将巡视组初步交换意见细化为五个方面的18个具体问题，从严部署、立行立改、全面发力、抓实整改。

【工会群团】 2021年，中国水博加强职工职业道德建设和思想文化建设，组织红歌大合唱、青年共绘“红船”、参观古海塘遗址、主题征文等活动。工会组织开展礼祭大禹、义务植树、快乐采摘、趣味运动会、慈善一日捐、防疫用品分发等活动。开展馆内全覆盖和馆外走访相结合的人才工作大调研，广泛听取干部职工意见建议，加强干部岗位交流和创新型人才培养，推荐年轻干部赴地方水利局交流锻炼。

（王玲玲）

【党史学习教育】 2021年，中国水博围绕“学党史、悟思想、办实事、开新局”主题，系统谋划、丰富载体、一体推进党史学习教育。组织收看收听辅导讲座6场，党委和各党支部学习研讨25场、300多人次参加，分发各类学习书籍418册，全员参加党史网络知识竞赛。开展“文化润民 为民服务”活动，各党支部书记带头宣讲党史，组织党员干部赴钱塘江海塘现场、中共杭州小组纪念馆、四明山革命根据地、浙西南革命根据地纪念馆等红色基地开展主题实践活动。开展红色水利文物征文活动，引导干部职工深入挖掘馆藏文物红色基因。

浙江省钱塘江流域中心

【单位简介】 浙江省钱塘江流域中心是隶属于省水利厅的公益一类事业单位。自清光绪三十四年（1908年）成立浙江海塘工程总局以来，历经百余年，是钱塘江海塘工程的专管机构，机构名称虽有所更迭，但钱塘江管理机构一直未中断。2007年，省钱塘江管理局参照公务员法管理。2010年，省钱塘江管理局由监督管理类事业单位对应为承担行政职能的事业单位，下属杭州管理处、嘉兴管理处、宁绍管理处、钱塘江安全应急中心4家事业单位由社会公益类事业单位对应为从事公益服务的事业单位，并定为公益一类。2019年12月，根据《中央编办关于浙江省部分厅局级事业单位调整的批复》，设立浙江省钱塘江流域中心（对外可使用浙江省钱塘江管理局牌子），作为省水利厅管理的副厅级事业单位。2020年4月，根据省委机构编制委员会《关于印发〈浙江省钱塘江流域中心主要职责、内设机构和人员编制规定〉的通知》，浙江省钱塘江管理中心、浙江省浙东引水管理中心、浙江省钱塘江河务技术中心，以及浙江省钱塘江管理局杭州管理处、嘉兴管理处、宁绍管理处整合组建浙江省钱塘江流域中心（以下简称钱塘江流域中心），机构规格为副厅级，对外可使用“浙江省钱塘江管理局”牌子。内设综合部、规划发展部、水域保护部、河湖工程与治理部、海塘工程部、防灾减灾部、河口治理部、浙东引水部、人事部9个机构，编制235名。

钱塘江流域中心主要职责是：协助拟订全省河湖和堤防、海塘、水闸、泵站、引调水等水利工程管理与保护的政策法规、技术标准，并督促实施；承担全省水域保护、岸线、采砂等规划和钱塘江相关规划编制的技术管理工作，以及规划实施监管的具体工作；承担全省水域及其岸线管理与保护、重要河湖及河口治理的技术管理工作，组织省本级涉水建设项目审批的技术审查；承担全省河（湖）长制水利工作，指导水利风景区建设管理的具体工作；承担全省河道和堤防、海塘、水闸、泵站、引调水等水利工程建设与运行的技术管理工作，协助指导全省河湖治理工作；组织实施钱塘江省直管江堤、海塘、省直管浙东引水工程及其后续工程的建设、维护和运行管理；组织开展钱塘江流域防洪调度基础工作，指导钱塘江海塘防汛抢险具体工作；组织开展钱塘江河口江道地形测量、河床演变分析等河口治理基础工作，以及涌潮保护与研究、预测预报工作；承担钱塘江流域河道水行政执法监督指导的基础工作；承担钱塘江河口水资源配置监督管理的辅助工作，承担浙东引水工程统一引水调度工作；完成省水利厅交办的其他任务。

【概况】 2021年，钱塘江流域中心实地服务指导美丽河湖项目573人次，助推239km海塘开工建设，深入检查河湖672条，督促整改四乱问题268个，深化水利三服务123人次，解决问题77项。浙东引水全线贯通，西排工程建设基本完成，萧山枢纽全年引水6.08亿m^3，

"烟花"台风期间，上虞枢纽排涝 4000 万 m^3，通明闸连续 8 天关闸无下泄，余姚市受灾损失为"菲特"台风时的 1/10，西排建管处荣获"全国工人先锋号"，工程名列首批"五水共治"实践窗口名单。推进水文化建设，出版《浙江通志·钱塘江专志》《浙江通志·运河专志》《钱塘江诗词集》，拍摄钱塘安澜、泽梦浙东宣传片，联合举办全省"江河绽碧·廊榭寻梦"水文化论坛，钱塘江海塘获"最美水利工程"，明清古海塘申报国家水利遗产。

【规划工作】 2021 年，钱塘江流域中心完成《浙江省水域保护规划编制技术导则》编制，组织开展《全省水域保护规划》编制，指导开展全省县域水域保护规划编制，推进钱塘江干流、大运河（浙江段）、苕溪干流、瓯江干流等重要河湖岸线保护利用规划编制，指导开展飞云江、金华江、曹娥江岸线保护与利用规划编制，指导完成 3 个水利部、财政部水系连通及水美乡村建设试点县及 22 个浙江省幸福河湖试点县实施方案编制，修改完善《浙江省幸福河湖建设行动计划》《浙江省河湖幸福指数评估办法》，完成《浙江省幸福河湖建设规划》项目验收，开展全省水域调查数据校对完善，基本查清全省水域现状，划定水面线、临水线、水域管理范围线"三线"空间，助力全省水利"一张图"建设，完成《浙江省水利厅关于加强河湖库疏浚砂石综合利用管理工作的指导意见》的编制工作，推进河湖库疏浚砂石综合利用。

【全省河湖治理】 2021 年，钱塘江流域中心制定服务指导手册，落实专家团队，开展美丽河湖建设服务指导 573 人次，帮助解决问题 160 个，组织完成美丽河湖省级复核 127 条（个）。全省建成省级美丽河湖 127 条（个），总长 1334km，完成年度任务的 127%。贯通滨水绿道 1300km，打造滨水公园、水文化节点 342 个，新增绿化面积 89 万 m^2，新增水域面积近 200km^2，河湖沿线新开设农家乐、民宿 392 处，完成投资约 19 亿元。86 个县（市、区）、184 个乡镇（街道）、1204 个村庄（社区）、472 万人口直接受益。完成中小河流治理 571km，完成率 114%。完成第一批（2020—2021 年德清县、嘉善县、景宁县）三个水系连通水美乡村建设试点县建设；第二批（2021—2022 年天台县）任务完成过半，达到中期目标；启动第三批试点县（2022—2023 年诸暨市、柯城区）前期工作。做好水利风景区管理及申报工作，组织并推荐湖州市吴兴区西山漾水利风景区、杭州市建德市新安江-富春江水利风景区、丽水市缙云县好溪水利风景区等 3 个景区成功申报第十九批国家水利风景区，吴兴太湖溇港水利风景区成功入选第一批国家水利风景区高质量发展十大典型案例之一。

【数字化转型】 2021 年 4 月 15 日，钱塘江流域防洪减灾数字化平台（以下简称平台）迭代升级至 V3.0 版本，汛期平台累计登录超 17 万人次，服务 4.9 万一线工作人员，发布洪水预警 133 期，山洪灾害预报预警 68 期 1129 县次，上报隐患点、高风险点、薄弱点等 1620

处，上报水毁项目107处。以平台为基础承担水利部智慧水利先行先试数字流域试点任务，整合卫星遥感、水文站网、全地形监测、视频监控等监测感知手段，运用新技术打造全流域三维模型基座，实现“四预”场景虚拟仿真模拟和水旱灾害防御相关信息要素与业务实时互动和协同创新，年底通过水利部验收并获评优秀。启动省管海塘建管数字化、省管海塘运管数字化、上虞枢纽数字化等应用建设并投入应用，萧山枢纽数字化应用在原标化平台基础上迭代升级。牵头制定的浙江省地方标准《河湖基础数据规范》通过评审。浙江省水利视频监控云平台迭代升级，实现纵向5级应用，接入全省视频监控1675路。内部办公数字化加快推进，完成塘仔机器人、“塘仔带您学党史”“潮起先锋”“廉政明白卡”等20个应用30个模块的开发。

【工程建设】

1. 海塘安澜千亿工程建设。2021年，钱塘江流域中心做好对省水利厅海塘专班的技术支撑保障，协助编制完成《浙江省海塘安澜千亿工程行动计划》和《浙江省海塘安澜千亿工程建设规划》并印发实施；协助组织编制《浙江省海塘安澜千亿工程建设技术指南（2021版）》；组织召开全省海塘安澜千亿工程技术研讨会；协助开发海塘一张榜应用模块、汇编项目图册；协助召开全省加快进度专题会议、出台一系列确保完成年度任务的文件，并赴各地进行现场指导，督促加快工程新开工建设。全年全省新开工建设海塘239.4km，完成率119.7%。钱塘江北岸秧田庙至塔山坝段海塘工程（堤脚部分）开工建设；西江塘闻堰段提标加固工程完成可研和初设批复；钱塘江北岸海宁老盐仓至尖山段海塘安澜工程启动项目建议书、可研报告编制等前期工作。省管海宁段海塘办出浙江省首本海塘类不动产权证，海塘工程部获全省“三化改革”先进集体。

2. 浙东引水工程全线贯通。2020年10月以来，浙东宁舟地区遭遇严重秋冬连旱，引曹南线2次向姚江应急引水。至2021年2月23日，总共向浙东地区引水2.4亿m^3，其中向姚江应急引水1.0亿m^3，保障绍甬舟地区工农业用水和人民群众生活用水。6月29日，浙东引水工程全线贯通，发挥抗旱保供排涝作用。“烟花”台风防御期间，浙东引水萧山枢纽排涝1510万m^3，及时降低萧绍平原南控线以南区块的最高洪水位，减少积涝时间；浙东引水上虞枢纽排涝3984万m^3，及时降低姚江、丰惠平原河网水位。2021年采用引水总量和流量双控原则，统筹协调实施梯度调水，萧山枢纽全年引水6.08亿m^3。

【流域管理】 2021年，组织召开钱塘江河口地区防汛工作会议、钱塘江中上游水旱灾害防御技术交流会，成功组建“钱塘江干流枢纽管理联盟”，完成水行政执法协同应用和专家库建设，开展钱塘江重点建设项目规划符合性复核。建成具备全断面监测能力的“钱塘江1号”多功能船，成功亮相全省水旱灾害防御演练。组织开展衢江双港口以下干流及主要支流工情调查、堤顶测量等，首次在富春江76km河段开展多波束全地形江道测量，编制钱塘江河道堤防工程地图册、河口堤塘工程防洪防台技术指南、中上游水旱灾害防御技术指南等，夯实流域防洪调度基础工作。强化河口治理基础研究，开展江道测量、塘前滩地监测和涌潮观测等，组织河口水文江道情势评估、涌潮形势预测和钱塘江河口洪潮灾害风险评估等，省管海塘累计巡查5656人次。全力应对1号、2号洪水和“烟花”“灿都”台风，确保钱塘江流域度汛安全。

【河湖管护】 2021年，钱塘江流域中心抓好河（湖）长制、水域管理、技术审查等各项基础工作，强化与涉水管理单位、各级水利部门的联系服务，为提供河湖水域岸线管控支撑打下扎实基础。加强全省水域动态监测，建设钱塘江流域防洪平台水域遥感模块，实现在线核对填报遥感图斑功能，探索尝试卫星遥感AI自动解译，累计监测水域变化图斑9305处。强化水生态保护，推进钱塘江杭州城区段水面保洁事项由省级下放至杭州市的承接事宜，开展“同一条钱塘江”岸滩志愿保洁活动，累计参与200多人次，清运垃圾近50t。

【运行管理】 2021年，钱塘江流域中心赴全省60个县（市、区）服务指导地方各级水行政主管部门规范水利工程数据采集，完成全省堤防、水闸、泵站、闸站等10000多座水利工程数据复核工作；推动水利行业数字化发展，联合浙江省水利学会、杭州市南排工程建设管理服务中心组织开展首届“数字赋能、智慧管理”泵闸站技术与管理高峰论坛，探讨泵闸站数字赋能、现代化系统管理体系建设等；以点代面推进水利精品工程建设，完成钱塘江干流精品工程梳理，整理汇总具有一定代表性的水利精品工程名录25个；协助省水利厅运管处推进水利工程“三化改革”，试点县均已完成实施方案的编制并经县级人民政府批准，跟踪指导大型水利工程管保范围划界批复工作，完成15座大型水闸划界方案报批工作；做好省水利厅运管处技术服务支撑工作，完成曹娥江大闸、上虞上浦闸枢纽、萧山枢纽和杭嘉湖南排工程共4座大型水闸2021年控运计划技术审核并提出控运计划技术审查，组织完成湖州大钱港堤防（城防段）、曹娥江左岸堤防（越城区段）、曹娥江道墟保江塘、曹娥江五甲新塘、绍兴市滨海新区沥海保江塘堤防等5段堤防安全鉴定技术审查工作。

【党建工作】 2021年，钱塘江流域中心组织学习23次，召开党委会28次，统筹推进党的建设、流域管理、疫情防控、浙东引水等各项工作。高质量推进党史学习教育，确定4方面25项活动，建立“四双”（双带、双亮、双查、双评）机制，推动党史学习教育与流域治理史、局史局情教育相结合，中心党史学习教育得到省委第十三巡回指导组充分肯定；深化全面从严治党，推进“四责协同”和“五张清单”落实落地，推动“清廉钱塘”建设，开展“十个一”廉洁警示教育活动，编制风险防控“明白卡”，在省委对省水利厅全面从严治党延伸检查中得到肯定；从严落实巡察整改，针对厅党组巡察、驻点监督反馈8

个方面30个问题，提出101条整改措施，完成96条（完成率95%）；全面开展“潮起先锋”行动，明确八大任务，清单式推进、数字化管理、全过程督导、赛马制考评，行动获《中国水利报》报道；大力推进精神文明建设，组织红色钱塘行、护水植树、为地球朗读、清洁钱塘江等系列活动15场次，参与人数1.2万人；海塘彩绘活动获中央电视台报道。

（黄赛男、何学成）

浙江省水利水电勘测设计院有限责任公司

【单位简介】 浙江省水利水电勘测设计院有限责任公司（以下简称设计院）成立于1956年，是一家大型的专业勘测设计单位。设计院历经浙江省水利厅勘测设计院、浙江省水利电力厅勘测设计院、浙江省水利电力勘测设计院、浙江省水利水电勘测设计院等阶段。于2021年12月27日正式更名为浙江省水利水电勘测设计院有限责任公司，注册资本6亿元。设计院下设二级部门23个，其中职能部门9个，生产部门14个；另有全资或控股子公司4家，分支机构3家。至年底，共有各类专业技术人员1096人，其中高级职称330人（含教授级高工45人），中级职称401人，中级及以上职称人员占专业技术人员总数的67%。具有本科及以上学历人数占比83%。拥有水利部“5151”人才1人，省有突出贡献中青年专家1人，省勘察设计大师1人，省“151”人才8人，水利部青年拔尖人才1人。设计院具有各类资质22项，主要从事水利水电、城乡供水、水环境整治、围垦造地、工业民用建筑、道路交通等工程的技术咨询、勘察设计和工程总承包工作，以及水资源开发利用规划、工程造价咨询、工程预决算审计验证、土地规划咨询、开发建设项目水土保持方案编制、计算机软件开发、岩土工程及基础处理施工等技术服务。开展工程招标代理、建筑智能化系统集成服务、实业投资、机电金属结构设备成套等工作。承担水利水电工程安全鉴定、施工图设计文件审查、水利工程质量检测等工作。

【概况】 2021年，设计院为重点规划编制、推进重大工程前期、海塘安澜建设、数字化建设、水利三服务“百千万”活动及防汛、防台、抗旱抢险等任务提供强有力的技术支撑。共获得省部级及以上优秀勘测设计奖、优秀QC小组奖等各类奖项14项（其中国家级2项），厅级及以上科技进步奖4项；共获权专利、软件著作权57项，其中实用新型专利33项，软件著作权登记24项。发表核心期刊发表论文23篇（其中EI9篇）。

【转企改制】 2021年，设计院认真贯彻省委、省政府和厅党组的决策部署，按照“确保设计院发展壮大、确保干部职工队伍稳定、确保国有资产不流失”的要求，采取“清单式”管理，实行周报制度，多次召开专题推进会，扎实推进转企改制后续工作。完成历史遗留问题土地确权工作、公司章程制订等一系列工作。12 月 27 日完成工商注册登记，正式更名为浙江省水利水电勘测设计院有限责任公司，12 月 31 日举行挂牌仪式。

【重点规划和设计任务】 2021 年，设计院聚焦水利高质量发展和水利重大战略决策实施，围绕构建安全美丽“浙江水网”、打造“重要窗口”水利标志性成果，推进《浙江省水安全保障“十四五”规划》《浙江省海塘安澜千亿工程建设规划》及中小河流、节约用水、农村供水、圩区治理等 10 多项重点规划的编制；推进开化水库、温州市瓯江引水工程、西险大塘等 20 多项重大工程前期建设。

【海塘安澜建设】 2021 年，设计院选派技术骨干参加省水利厅“海塘安澜千亿工程”专班，选派专家参与海塘安澜风浪潮沙技术审查工作，开展 7 项海塘的前期项目审查工作并出具技术意见。牵头编制《浙江省海塘安澜千亿工程建设技术指南（2021 年版）》，承担海塘安澜亟待解决的关键技术问题之一——沉降控制专题。

【三服务活动及防汛、防台、抗旱抢险等任务】 2021 年，设计院 4 位院领导参与 2021 年度水利三服务“百千万”百名处长联百县行动，对应联系临海市、海盐县、兰溪市、瑞安市等县市；7 名专家入选省级专家服务组；同时抽调专业骨干参与水利三服务“百千万”活动，在水利相关政策解读、项目审批协调、重大水利项目设计指导及进度推进等方面进行针对性服务，处理解决实际难题和问题，累计服务达 2000 多人次，帮助解决技术问题 280 多个，助力水利投资落实落地。派出 260 多位专家参与防御第 6 号台风“烟花”和第 14 号台风“灿都”。

【数字化改革】 2021 年，设计院做好“浙水畅通”应用场景技术支撑，推进浙江水网、水旱灾害防御、水资源节约保护等业务数字化改革技术服务工作。推进省政府数字化重点项目“江河湖库水雨情监测在线分析服务平台”和水利部智慧水利试点项目“浙江省水利工程建设管理数字化应用”工作。先行先试推动应用示范建设，重点支撑的浙江省水利工程建设管理数字化应用获水利部“智慧水利先行先试优秀案例”，作为典型案例在《中国水利报》向全国宣传推广。开展 BIM＋GIS、大数据、人工智能等创新研究，推进水利工程 BIM 技术全生命期应用，围绕工程全生命周期管理，开展省管海塘智慧建管应用建设；响应水利部数字孪生流域建设，研发东苕溪数字流域综合应用；聚焦“一库清水润民心”重大需求，推进高坪桥水库智慧运维应用建设；以“数”为先，建设余杭数智防汛管理应用，4 项应用获第一批全省水利数字化改革“优秀应用”。

【市场经营】 2021 年，设计院协同推进省内、省外、国际业务经营工作。巩固传统主营业务的同时，开拓全过程咨询、幸福河湖建设、水利信息化等市场热点项目。全院经营业绩取得新突破，全院勘测设计合同金额首次突破 11 亿元。全年营业收入突破 18 亿元，创历史新高。

【质量管理】 2021年，设计院开展质量月系列活动。推进质量、环境和职业健康安全三体系管理。9月，通过北京中水源禹国环认证中心质量、环境和职业健康安全管理体系认证。加大院内质量监督检查力度，以勘测设计产品的实体质量为重点，对38个在建项目开展质量检查；加强专业必备计算书编制与归档、水利水电工程勘测设计强制性条文学习交流及执行情况等管理，全年未发生三类及以上质量问题及重大质量责任事故。

【科技创新】 2021年，设计院共获得省部级及以上优秀勘测设计奖、优秀QC小组奖等各类奖项14项（其中国家级2项），厅级及以上科技进步奖4项；共获权专利、软件著作权57项，其中实用新型专利33项，软件著作权登记24项。在核心期刊发表论文23篇（其中EI9篇）。“钱塘江流域防洪规划”获全国优秀工程咨询成果奖一等奖；一种“软土地区海堤隐伏抛石高效探测技术”获水利勘测设计行业质量管理小组一等奖；“减小面板堆石坝连接板长度设计值误差”获水利行业优秀质量管理小组一等奖；“杭州市第二水源千岛湖配水工程”获浙江省勘察设计行业优秀勘察设计成果一等奖。

【人才培育】 2021年，设计院完成7名中层副职、13名中层正职提任，9人次中层干部调整使用。加强拔尖人才和优秀青年人才建设，完成各类外部专家申报80多人次，其中1人被评为水利部青年拔尖人才；12人次通过2021年度正高级工程师职称评审。继续深入有效开展职工教育培训工作，组织开展职能管理人员、生产部门技术骨干、总承包项目管理人员、经营人员等外派培训110多项。加强高校基地人才建设工作，新增河海大学基地研究生15名。

【新冠肺炎疫情防控与安全生产】 2021年，设计院认真贯彻新冠肺炎疫情防控相关规定，开展常态化管控，全院疫苗接种率95.5%，疫情防控App每日填报率100%，全年实现新冠肺炎“零感染”。召开安全生产工作会议4次，开展安全宣教和应急演练活动33次，组织对重点领域、重点部位开展安全生产专项检查31次。参加水利部《水安将军》网络竞赛，并获得“优秀集体奖”。未发生一般及以上安全事故、维稳综治事件。

【浙江省水利水电勘测设计协会】 2021年11月15日，协会以通讯形式召开二届五次理事会议，征求协会章程修改意见，审议并通过《关于变更协会理事长的建议》等5项内容，完成协会理事长、法定代表人变更。制定《差旅费管理制度》和《会议费管理制度》，加强和规范协会日常管理工作。推进上级协会各类奖项初审（评）工作，组织开展2021年度省内水文、水资源调查评价和水资源论证单位水平评价工作初评工作，核实审查申报材料41份；开展省内水利水电项目申报全国优秀水利水电工程勘测设计奖初审工作，共10个申报项目通过资格初审。

（陈赛君）

【党建及党风廉政建设】 2021年，设计院召开院党委会25次，党委理论中心组学习会和扩大学习会共25次。承办“重走八大水系治水路”主题活动，与省水利厅机关处室、地方水利部门“联学联建联服务”，450名党员历时8个月，服务市、县（区）14个，举办“百年潮起、浙水共筑”文艺汇演。持续深化党风廉政建设，制定“三张清单”共107条，进一步明确党风廉政建设责任分工；召开涉及党风廉政议题的党委会7次、“走访促勤廉”活动17次，开展第十一届“清风廉韵宣教月”活动。推进“党建进工地”，成立5个总承包项目临时党支部。

浙江省水利河口研究院（浙江省海洋规划设计研究院）

【单位简介】 浙江省水利河口研究院（浙江省海洋规划设计研究院）（以下简称研究院）成立于1957年，是一家省级公益二类科研院所，隶属于省水利厅。研究院下设6个职能管理部门：综合办公室、党群工作部（监察室）、人力资源部、科研技术部、市场经营部、财务审计部，12个科研生产部门：战略发展规划研究所、河口研究所（水工所）、海洋研究所、河湖研究所、防灾减灾和工程安全研究所、水资源研究所、农村水利研究所（水土保持研究所）、智慧水利研究所、河海测验中心、测绘地信中心、水环境监测中心、浙江省水利水电工程质量检验站（岩土工程研究所），以及2家下属企业：浙江广川工程咨询有限公司（以下简称广川咨询公司）、杭州定川信息技术有限公司（以下简称定川信息公司）。至2021年年底，在册正式职工总数797人，其中高级职称318人（含正高级职称61人），中级职称312人；具有大专及以上学历785人，其中博士研究生37人，硕士研究生355人。拥有水利部“5151”人才3人，浙江省突出贡献中青年专家2人，浙江省“151”人才22人，享受政府特殊津贴3人。具有各类资质40项，主要职责是开展全省水利、海洋相关科学、政策法规、技术标准、规程规范、水文化、科普教育等研究。推进研究成果转化应用，开展技术咨询服务。承担水旱灾害防御、防汛抢险等技术支撑工作。承担河口水情与江道防汛形势分析，开展河口水下地形常规测量及应急防汛测量。开展水利工程质量仲裁检测、科技查新等工作。开展智慧水利、测绘与地理信息、水文测验、环境检测、安全鉴定与评估、质量检测与水电测试等研究及咨询服务。完成省水利厅交办的其他任务。

【概况】 2021年，研究院围绕“全领域全方位全链条”一体化支撑总要求，开展党史学习教育，组织“七个一百践初心，千人聚力开新局”党建系列活动。履行公益服务职责，开展科研服务支撑，攻坚水利数字化改革，省级以上科研项目立项取得突破，生态海堤研究创新团队入选全国水利人才创新团队，完成年度工作目标。2021年度省水利厅系统党建考评获得优秀。

【防汛防台工作】 2021年，研究院先后开展专题讨论近20次、联合数字推演10多次、全要素彩排4次，10多名开发人员驻点工作，累计投入近700人日，支撑全省水旱灾害防御演练。成功防御第6号台风“烟花”和第14号台风“灿都”，组建防台技术服务组8个，抽调技术骨干100多名，参与防汛防台、应急抢险等技术服务。技术支撑全省水旱灾害风险普查工作，赴各地开展水旱灾害防御培训、山洪灾害综合治理调研、中央财政水利救灾资金绩效评价、全省水利工程度汛排查、全省山塘整治技术指导等。开展河口水情与江道防汛形势分析研究，完成钱塘江河口水下地形常规测量3次、指令性预报7项，开展钱塘江汛期测量和宁波三江抗台应急测验，组建各大河口跟踪研究团队8个，开展河口基础研究和形势跟踪，编写河口年报，自主研发的飞云江流域洪潮灾害预报模型于第6号台风“烟花”期间开展预报工作。开展温州三大江河口防汛形势分析、鳌江河口淤积成因分析、瓯江江道形势跟踪研究等。

【水利数字化改革】 2021年，制定《研究院推进水利数字化改革十项举措》，牵头编制《浙江省水利数字化发展“十四五”规划》《浙江省水利数据治理实施方案》及浙江省地方标准《水库基础数据规范》《河湖基础数据规范》。迭代水管理平台升级为“浙水安澜”，水利数字化改革六大核心业务参与覆盖率100%。研发完成水利数据治理工具集，协助完成浙江省大数据局数据编目试点任务，支撑完成水利部智慧水利4项试点任务，通过水利部评定验收。2021年支撑省级任务25项，投入专业技术人员360多人，投入支撑工时近100人·年。支撑的多项数字化工作得到领导肯定。其中，研究院支撑的“浙水节约”纳入数字政府一本账，衢州水库数字化监管产品得到省委常委、常务副省长陈金彪和省水利厅党组书记、厅长马林云批示肯定；“浙水减碳”入选全省数字经济系统第一批优秀省级重大应用；数字“浙水好喝·城乡一体化供水服务”多跨场景纳入省发展改革委数字社会第二批优秀案例。

【“数智水研”建设】 2021年，研究院启动编制“数智水研”建设方案，系统谋划“十四五”期间全院数字化改革重点工作，逐步探索“业务+数字”发展模式，组建数字化技术团队，开展水利模型产品研发，推动数字业务融合，将数字化作为战略转型的主攻方向高位推进。持续升级改造院数字化管理系统。

【服务水利中心工作】 2021年，研究院继续技术支撑浙江省“十三五”实行最严格水资源管理制度考核工作，助力浙江省取得全国考核第一名。技术支撑浙江省农业水价综合改革，参与“五个一百”创建工作，代表省水利厅与海南省进行农业水价综合改革经验交流。技术支撑安吉赋石、海宁上塘河灌区获得“国家水效领跑者”荣誉，实现浙江“零”的突破。支撑全省河湖水域空间保护、河（湖）长制工作，建立水域调查、河（湖）长制绩效评估、河湖健康评价技术体系。技术支撑海塘安澜千亿工程，抽调技术骨干入驻专班，参与编制《浙江省海塘安澜千亿工程建设技术指南》，提供海塘安澜工程风浪潮沙关键设计参数。参与水利三服务“百千万”行动，5位院领导、40多名技术专家开展7个批次行动，聚焦重点水利工程、重要涉水企业、重点防洪抗灾领域提供技术服务，解决重点难点问题20多个。

【科研创新】 2021年，研究院制订《院“十四五”科技发展规划（2021—2025）》，明确2021—2025年间科技发展目标和重点攻关方向。制订科研项目管理、项目立项奖励、“揭榜挂帅”推行、专业总工程师考核等一系列科研制度。制订《高层次人才收入分配管理办法》等人事制度，首批享受协议年薪制待遇高层次人才3名。组建培育院级创新团队5个，其中，生态海堤研究创新团队成功入选全国水利人才创新团队。

【科研创新成果】 2021年，研究院共下达科研任务61项，省级以上科研项目立项11项，获得财政经费超过1290万元，省级以上自然科学基金项目立项取得重大突破。其中首次申报“水利联合基金”，2项重大项目资助研究院获得1项，5项重点项目研究院获得3项。荣获2021年地理信息产业优秀工程奖银奖1项、铜奖1项，2021年全国优秀测绘工程奖银奖1项，上海海洋科学技术奖一等奖1项，全国优秀工程咨询成果奖3项，水利科技创新奖5项。发表论文88篇，其中核心期刊25篇，外刊及国际会议发表论文46篇，SCI收录7篇、EI收录15篇，专著2本，标准4项；申请知识产权126项，授权118项，其中发明专利5项，实用新型专利47项，软件著作权66项。申请专利补贴6项。列入省水利新技术推广指导目录1项。10月，广川咨询公司“水库堤防渗漏并行电法探测及定向处理技术”入选水利部2021年度成熟适用科技成果推广名录。8月，定川信息公司成功申报杭州市企业高新技术研发中心。12月，成功申报省级高新技术企业研究开发中心。

【科研载体建设】 2021年，研究院与西溪湿地生态文化研究中心签订战略合作协议，联合成立西溪湿地野外科学观测站，为研究院水环境、水生态研究领域提供新平台。做好浙江省水利标准化技术委员会、浙江省水利水电工程管理协会和浙江省水利工程检测协会的日常工作，召开浙江省水利标准化技术委员会一届二次会议。承担中国水利学会滩涂湿地保护与利用专业委员会秘书处工作，完成专委会换届选举。

【人才队伍建设】 2021年，研究院印发《中层干部选拔任用工作实施办法》《关于进一步加强中层干部管理和监督的十项规定》，建立干部“8小时外”监督机制。印发《岗位设置与聘用管理办法》《第四轮岗位设置实施方案》，开展第三轮岗位聘用聘期考核和第四轮岗位竞聘工作，探索“能上能下”的岗位竞聘路径。根据省水利厅统一部署，完成事业编制招考，引进事业编制人员4名。印发《劳务派遣人员转聘管理办法》，完成首轮15名派遣人员转聘工作。

【业务经营】 2021年，研究院（包括院属公司）推进“大经营”战略，承担各类技术服务项目（含科技成果转化项目）1400项，签订合同额7.7亿元，收款6.7亿元，年增幅均突破10%。其中，广川咨询公司开拓全过程工程咨询和EPC等集成性业务，定川信息公司构建“智、感、慧、控、策、享、芯”“川立方”产品体系。

【综合管理】 2021年8月，研究院正式印发《院综合发展规划（2021—2025）》。全面梳理院内控制度制（修）订清单，完成《绩效考评办法》《薪酬分配管理办法》等20多项制度制定或修订工作。

【资质提升】 2021年，研究院通过浙江省AAA信用评估、职业健康安全管理体系再认证、环境管理体系再认证，延续水资源论证乙级资质，完成测绘甲级、乙级资质复审。工程咨询资信评价新增海洋工程专业工程咨询单位资信评价甲级资质。取得CMA体系扩项认证证书，133个环境、测绘类参数获得许可授权。

【安全生产工作】 2021年，研究院开展安全生产风险排查和隐患治理15次。组织全院职工参加全国水利职工安全生产知识竞赛《水安将军》活动，研究院共1028位职工完成有效答题，总成绩全国排名第14，获得省水利厅系统优秀集体奖、优秀组织奖，水利部优秀集体奖。

【省水利水电工程管理协会】 2021年，省水利水电工程管理协会召开一届常务理事会第九次会议、一届理事会通讯会议。审议通过协会2020年度财务报告、2021年度财务预算、《浙江省水利水电工程管理协会服务承诺制度》《浙江省水利水电工程管理协会信用承诺制度》《浙江省水利水电工程管理协会第二届换届小组领导工作名单》《关于调整协会会费标准的提案》《浙江省水利水电工程管理协会章程（修订草案）》等，新接收会员单位27家。组织首届“泵闸站运行管理交流会”，共有40多家单位100多人参会交流。举办6个工种的技能培训班，共培训1446人。完成2021年度“物管企业服务能力评价”评审，107家会员单位获得证书。

【省水利工程检测协会】 2021年，浙江省水利工程检测协会在杭州、宁波、金华三地分别组织召开杭嘉湖、宁绍台舟、金丽温衢片区会员单位工作座谈会，共有50家会员单位参加座谈交流。2021年5月，浙江省水利工程检测协会在杭州举办省水利工程检测人员专业技术（混凝土工程类）提升培训班，40多家会员单位近200人参加培训。

【职代会召开】 2021年4月，研究院召开四届十六次职工代表大会，66名正式代表、18名列席代表出席会议。会议审议通过《2020年度院工作报告》《职工代表大会条例》《关于废止〈院长工作条例〉的报告》，并听取《2020年度财务决算报告》。7月，研究院召开第一届职工代表大会第一次会议。大会讨论并审议通过《浙江省水利河口研究院（浙江省海洋规划设计研究院）章程》《院综合发展规划（2021—2025年）》《高层次人才收入分配管理办法（试行）》。10月，研究院召开第一届职工代表大会第二次会议，大会审议通过研究院《岗位设置与聘用管理办法》《第四轮岗位设置实施方案》《薪酬分配管理办法》。

【工会换届】 2021年4月，研究院工会召开第一次代表大会。87名会员代表、9名列席代表出席会议。大会审议研究院工会第四届委员会工作报告，听取经费收支审查报告，总结回顾7年来主要工作，提出工作建议。大会选举产生第一届工会委员会和经费审查委员会。第一届工会委员会、经审委委员会分别召开第一次全体会议，选举产生主席、副主席和经审委主任，并推选第一届女工委委员。

【团委换届】 2021年5月，共青团浙江省水利河口研究院（浙江省海洋规划设计研究院）召开第一次代表大会。会议听取研究院第四届团委工作报告，总结回顾过去7年工作成效，提出共青团工作的总体思路和工作目标。大会选举产生共青团浙江省水利河口研究院（浙江省海洋规划设计研究院）第一届委员会。会后，第一届委员会召开第一次全体会议，选举产生团委书记和副书记。

【巡察整改】 根据省水利厅党组巡察反馈意见，印发《关于落实巡察反馈意见整改方案》，制定《关于加强“对一把手”和领导班子监督的工作清单》，开展班子成员履行“一岗双责”情况专题汇报，按期完成巡察整改工作。

【党建及党风廉政建设】 2021年，研究院谋划开展“七个一百践初心，千人聚力开新局”主题党建活动，开展“百堂党课忆党史、百名党员话初心、百个项目联党建、百项成果说治水、百年薪火齐接力、百声祝福给党听、百人服务进基层”7项主题活动庆祝中国共产党成立100周年。2021年党委会“第一议题”学习14次，党委理论学习中心组学习（扩大）会议11次，处级领导干部撰写心得体会14篇。研究院共开展300多节党课、党建联建100多批次、展览治水成果100多项，隆重召开庆祝建党100周年文艺竞演活动，省水利厅党史学习教育简报刊登介绍研究院开展党史学习教典型经验做法。2021年，协助组织4次省水利厅系统分片党风廉政建设分析会。

（孙杭明）

浙江省水利水电技术咨询中心

【单位简介】 浙江省水利水电技术咨询中心（以下简称咨询中心）是隶属于省水利厅的公益二类事业单位，具有工程咨询单位甲级资信、水利工程施工监理甲级资质、工程造价咨询甲级资质等。通过ISO9001：2015质量管理体系认证和AAA级信用等级认证。咨询中心的主要职责是：开展水利规划、项目建议书、可行性研究报告、初步设计及有关专题报告等编制、评估咨询及施工图审查等工作；提供水利行业技术标准、定额制订以及项目稽查、安全生产监督的技术支撑；开展水利项目行业审查和涉水项目审批技术审查，承担工程建设管理、安全鉴定和验收的技术支撑工作，以及水利统计分析、绩效评价；开展区域、流域重大水利问题研究。承担水旱灾害防御技术支持；开展水利工程建设全过程工程咨询、投资动态控制、项目管理、风险评估等技术服务工作。咨询中心共有内设机构 9 个，其中职能部门 4 个：综合办公室、事业发展部、技术质量管理部、财务审计部；生产部门 5 个：咨询一部、咨询二部、咨询三部（杭嘉湖水利研究中心）、咨询四部、项目管理部。另外，有下属单位 4 家：浙江省水利水电建筑监理有限公司（浙江省财务开发有限责任公司占 10%股权）、浙江水利水电工程建设管理中心、浙江水利水电工程审价中心有限公司、浙江金川宾馆。2021 年 12 月，原浙江水电职业技能培训中心完成注销。

至 2021 年年底，咨询中心共有在职职工 266 人，其中在编人员 42 人。咨询中心本级共有工作人员 87 人，其中大学本科及以上学历 83 人占 95%，硕士及以上学历 44 人占 51%，中级及以上专业技术职务任职资格 75 人占 86%，副高及以上专业技术职务任职资格 39 人占 45%，正高级专业技术职务任职资格 9 人占 10%。咨询中心共有退休人员 37 人。

【概况】 2021 年，咨询中心开展区域或流域规划编制、全省重大水利项目咨询评估、全过程工程咨询、施工图审查、建设管理技术服务等 130 多项，强力支撑全省水利中心工作。咨询中心获 2020 年度安全生产目标责任制考核优秀；获 2020 年度全国优秀工程咨询成果三等奖、2019—2020 年度中国水利工程优质（大禹）奖等奖项。

【水网规划工作】 2021 年，咨询中心支撑省、市、县三级重大规划编制，完成《嘉兴市全域水系重构规划》《舟山市定海区水网规划》《东阳市“水安全”保障综合规划》《嘉善县水安全保障“十四五”规划》等地水网规划。支撑全省水利项目前期工作，完成重大水利项目技术审核、“最多跑一次”专题技术审查、施工图审查等项目。

【监管工作】 2021 年，咨询中心承担水利工程设计质量专项监督检查，对 15 家设计单位进行设计质量检查，编制完成《浙江省水利设计市场调研报告》。开展建设质量安全隐患排查与技术服务，完成重大水利在建工程项目稽查、安全巡查和安全运行技术指导服务等，编制完成《浙江省水利行业“强监管”实施情况调研报告》。

【风险防御工作】 2021 年，防御“烟花”等台风期间，咨询中心抽调 10 余名专家骨干进驻省水利厅，连续 6 天昼夜驻守；派出 8 批次技术人员赴宁波、嘉兴、湖州、丽水等 4 个地市防台一线提供技术支撑。全力支撑水利工程系统治理，对多个地市进行面上指导服务，完成近百座小型水库现场指导；参与编制《浙江省水库系统治理“一库一策”方案编制导则》。

【内部管理】 2021年，咨询中心不断健全和完善制度体系，制定或修订《党委会会议制度》《主任办公会议制度》《预算管理办法》《下属单位工资总额管理办法（试行）》《科技档案归档范围和档案保管期限规定》等行政管理、技术质量管理制度20余项。

【计划管理和技术质量管理】 2021年，咨询中心建立项目开工会管理办法并实施，加强多部门参与项目的协同配合；开展工作计划编制质量的月度检查，加强工作计划的工程控制。开展成果质量后评价，对完成项目的成果质量、应用效果和服务满意度等进行测评，提升技术质量管理水平。2021年省水利科技项目立项4项，其中海塘塘顶高程计算关键技术参数研究为重大项目。全年成果质量合格率100%，优良品率100%。

【业务拓展】 2021年，咨询中心不断推进与地方政府合作，4月，与海盐县人民政府签署战略合作协议，支撑地方水利事业发展。全过程工程咨询服务业务进一步拓展，承接环湖大堤（浙江段）后续工程（长兴县段）全过程工程咨询服务、文成西北部城乡供水一体化提升工程全过程技术咨询等项目。

【安全生产管理】 2021年，咨询中心严格落实安全生产各项举措，做好常态化疫情防控工作。逐级签订年度安全生产责任书，落实各级安全生产责任；坚持安全生产例会制度，全年召开安全生产专题会议、月例会13次，加强风险隐患排查和整改。6月，开展“安全生产月”等活动，组织开展消防培训、应急演练、“一把手”谈安全生产等，强化安全生产意识。2021年未发生各类安全生产事故。

【人才队伍建设】 2021年，组建杭嘉湖防洪排涝管理决策支持系统、海塘工程关键设计参数技术分析研究、浙江省水利行业“强监管”清单式管理体系等9个创新团队，其中咨询中心级创新团队4个，部门级创新团队5个；4月，开展创新团队建设成果“回头看”，对历年创新团队建设成果进行质量评估；11月底，所有创新团队均完成结题，并通过验收。防洪排涝管理决策支持系统等成果在省防汛防台中心工作中发挥重要作用。通过创新团队建设，不断提升防汛防台、重大项目建设前期、工程管理等领域的技术支撑能力和水平。加强技术交流研讨，围绕水利中心工作和创新团队研究成果，全年举办技术交流14次，累计培训260余人次。加强专业领军人员、专业新星等的推荐、评选和奖励，全年共开展评选工作3批次，评选专业领军、专业新星和星级职工28名，发挥先进典型示范引领作用。

【文明建设】 2021年，6月7—10日高考期间，咨询中心组织党员干部分批赴金兰池社区，开展“志愿服务周”活动，为辖区内的杭州第九中学开展暖心助考志愿服务，加强与社区的结对共建。开展品牌文化活动，11月，举办以“颂建党百年伟业，展浙水咨询形象”为主题的第五届“创一流”活动周，活动包括最美跑道毅行、乒乓球比赛、拔河比赛、趣味闯关接力赛、诗歌朗诵比赛等 5 个项目，共 130 多名干部职工参加。

【党建工作】 2021 年，咨询中心召开支部学习会等 70 多场次，组织党员赴浙江革命烈士纪念馆祭奠英烈；开展“红色电影周”活动；开展“赓续红色血脉”教育，赴新四军苏浙军区纪念馆，重温入党誓词，聆听战斗故事，诵读文献史料，开展编草鞋、运军粮等场景体验；围绕庆祝中国共产党成立 100 周年，举办“光荣在党 50 年”纪念章颁发、省水利厅系统“两优一先”表彰、“让党徽在岗位上闪光”先进事迹报告等；深入学习《习近平在浙江》《习近平科学的思维方法在浙江的探索与实践》等，组织党员赴“五四宪法”历史资料陈列馆、中共浙江省一大旧址、浙东（四明山）抗日根据地旧址等红色教育基地。结合咨询中心“作风建设提质年”，聚焦“五个特别”浙水咨询铁军标准和岗位职责，开展各类交流讨论 38 场次，近 300 人次参与，不断增强职工忧患意识、责任意识和创新意识。6 月，接受省水利厅党组第二巡察组巡察，按照“质量优先、能快则快”全面做好问题整改落实。咨询中心层层签订党风廉政建设责任书，开展全覆盖廉政提醒谈话 2 次，分别在咨询中心和下属单位两个层级召开廉情分析会，开展党风廉政和失职渎职风险再排查，并制定防控措施 580 多条，修订完善党风廉政建设等制度 6 项，制定加强对“一把手”和领导班子监督的实施方案，落实全面从严治党主体责任。获省水利厅系统先进基层党组织 1 个、多人次获优秀共产党员、优秀党务工作者称号。

（邢俊）

浙江省水利科技推广服务中心

【单位简介】 浙江省水利科技推广服务中心（以下简称推广服务中心），为正处级公益二类事业单位，内设综合办公室、财务审计科、推广交流科、技术发展科、资产服务科、安全生产科等 6 个科室，下辖浙江钱江科技发展有限公司、浙江钱江物业管理有限公司、浙江省围垦造地开发公司、浙江省灌排开发公司等 4 家企业。有事业编制员工 33 名，事业退休人员 14 名，直属企业员工 190 多名，党员 53 名。主要职责为：承担全省水利科技成果转化和先进适用技术（产品）引进、试验、示范、推广等工作。组织开展基层水利科技推广活动，开展水利科技推广、宣传、培训交流、成果评价以及相关技术咨询服务。提供省水利厅机关日常后勤服务和水旱灾害防御应急期间后勤保障。组织开展水利科普宣传、对外水利学术交流与合作。

资产情况：①房产。中心名下房产面积共 38904.89m^2，包括钱江科技大厦 34038.40m^2，其中 3345.95m^2 归联建单位中国银行杭州市高新区支行及个人永久使用，围垦技术培训大楼 4866.49m^2，其中 1208.18m^2 归联建单位闸弄口村永久使用，剔除联建单位使用的房产，实际归中心使用的面积为 34350.76m^2。因江干区街头绿地工程建设需要，原围垦技术培训大楼已被杭州市列入征收范围。②土地。总计 1193.38hm²，其中推广服务中心名下 874.32hm²，浙江省围垦造地开发公司名下 319.06hm²，分布在杭州市萧山区、绍兴市柯桥区、绍兴市上虞区、宁波市慈溪市、舟山市岱山县、台州市玉环市等地。

【概况】 2021 年，推广服务中心开展重大水利科技和基层水利技术需求征集，形成 26 项关键水利技术需求清单和 20 项需求、71 项供给清单。围绕工程建设、数字化改革等重点领域，征集新技术 147 项，46 项纳入推广指导目录，数字变革和工程建管领域技术占比达到 78%。承办长三角一体化县域水治理暨幸福河湖创新发展论坛等 8 场专题技术交流活动和 5 场“水利科技云讲堂”。技术支撑水资源管理、农村水利等领域，服务水利“民生实事”。做精做优省水利厅机关及部分省水利厅属单位后勤保障工作，做好水旱灾害防御应急后勤保障，累计保障用餐 7.31 万人次，提供会议服务 2600 场 5.3 万人次。组建楼宇出租营销团队，实现房租出租率超 85%。实施“党建+”红色领航行动，开展“水利科技推广专项服务基层”，“五点课堂”、党史故事青年说等党史学习教育特色活动；印发实施推广服务中心《水利科技推广服务改革发展三年行动计划（2021—2023 年）》，专班化、清单式推进大科技支撑专项行动；形成五大类 65 项制度的制度体系；实施重点工作任务“揭榜挂帅”行动。

【水利科技推广交流】 紧扣《浙江省水安全保障“十四五”规划》实施，搭建技术供需对接平台，提高技术成果含金量。通过现场走访、座谈交流等方式，开展 2021 年度全省重大水利科技和基层水利技术需求征集，形成 26 项关键水利技术需求清单，编制形成 20 项需求、71 项供给的基层技术供需两张清单。围绕工程建设、数字赋能等重点领域，面向国内大型水利科研单位、企业、高校等，征集新技术 147 项，46 项入选 2021 年度推广指导目录。举办现代水利技术与水文化交流会、长三角一体化县域水治理暨幸福河湖创新发展论坛，为水利数字化改革、幸福河湖建设建言献策；依托“水利科技云讲堂”，举办线上技术交流会 5 场，累计吸引约 4000 人次参加；赴永嘉县、文成县开展送科技下乡，实现节水科普进校园、技术培训进乡镇，活动受到省政协办公厅致信感谢。提炼技术交流服务的主要做法和成效被作为浙江水利参阅件刊发。

【技术支撑与服务】 2021 年，推广服务中心建立水利科技推广专项服务基层工作机制，分赴 10 个市 46 个县（市、区），帮助基层梳理科技需求，对接技术推广路径，引导科技资源向一线集聚，为基层解决技术问题 40 个。参加省政协“送科技下乡”活动。围绕最严格水资源管理、农村水利等领域开展技术支撑工作，在参与取用水专项整治行动中，累计核查登记 91 个县（市、区）取水项目 9699 个、取水口 36697 个，依法整治存在问题的取水项目 4008 个。在参与“民生实事”技术服务中，累计完成 6 个市 12 个县 20 座“美丽山塘”评定省级抽查复核；10个市40个县70余座山塘督导服务，26个县44个山塘、农饮水等水利工程标准化管理评估等工作。4名干部因在科技服务、水资源管理、水旱灾害防御等工作中成绩突出，受到有关方面通报表扬。

【后勤保障与资产管理】 2021年，推广服务中心累计保障用餐7.31万人次，提供会议服务2600场5.3万人次、理发服务1896人次、洗车服务793辆次。做好台风“烟花”“灿都”等水旱灾害防御应急后勤保障工作，党员骨干突击，全员协同联动，连续作战“守后方”，展现“浙水红管家”硬核力量。全年后勤服务满意率达95%。制定《重大国有资产经营管理办法》，完成钱江科技大厦中央空调主机、地下室高低配、变压器等基础条件更新改造。组建楼宇出租营销团队，实现房租出租率超85%。开展土地承租单位投入情况调研，完成名下4宗土地新一轮承包合同签订，2021年合同收入438万元，比2020年增长43%。

【安全生产】 2021年，推广服务中心深入开展“遏重大”及安全生产专项整治三年行动，完善安全生产制度体系，构建双重预防机制，实施大厦安全管理“楼层长制”，制定《领导班子成员2021年安全生产工作责任清单》，与全部租户签订消防安全责任书，压紧压实安全责任。实施大厦消防安全管理“楼层长制”和安全生产状况综合评估，开展大厦租户信息、设施设备、元器件、用电负荷等情况大摸底，编制危险源管控、设备设施使用寿命和更新改造计划“三张清单”。集中开展为期一个月的“平安护航建党百年”专项检查。全年累计专项检查近38次，发现72项隐患，整改72项，全部实现闭环管理。加强安全监管队伍、义务消防队、一线操作人员“三支队伍”建设，组织消防设施设备联动测试、消防应急疏散演练，提升队伍应急处突能力。抓好常态化疫情防控工作，守牢钱江科技大厦“零感染”底线。

【团队建设和内部改革】 2021年，推广服务中心抓好省水利厅党组巡察反馈问题整改落实，制定整改方案，细化整改举措，形成14项制度、20项方案计划的整改成果。聚焦单位主责主业，谋划出台《水利科技推广服务改革发展三年行动计划（2021—2023年）》。优化干部队伍建设，坚持激励与约束并重，修订《岗位聘任管理办法》《干部选拔任用工作实施办法》，制定《干部岗位交流兼职管理办法》《中层干部、企业班子成员退出现职岗位管理办法》。强化制度重塑，全面完成制度“废改立”，形成五大类65项制度的制度体系。围绕水利科技推广、技术咨询服务和房屋土地出租等10项重难点任务，实施“揭榜挂帅”行动。

【党建和党风廉政建设】 2021年，推广服务中心开展党史学习教育专题学习8次；完成中心党委委员、支部书记主题发言、专题党课、全会精神宣讲三个“全覆盖”。开展“道德讲堂”“五点课堂”“党史故事青年说”“水利科技推广专项服务基层”共4项特色活动。制定党委“四责协同”清单、加强“一把手”

监督等四张清单，强化领导班子成员沟通协调机制，提升党委“把方向、管大局、保落实”能力。开展党建共建，分别与省水利厅财务处党支部、中国银行高新支行党总支、颐高集团党委等单位党组织联合开展主题党日活动，围绕楼宇招租及运营服务、财务审计、企业发展等交流分享，探索党建与业务深度融合、同频共振的新方向、新路径，推进党史学习教育成果深化转化。

（吴静）

浙江省水利信息宣传中心

【单位简介】 浙江省水利信息宣传中心（以下简称信息宣传中心）是厅直属公益一类事业单位，是在原浙江省水利信息管理中心和浙江省水情宣传中心基础上组建，于2019年11月举行新单位成立揭牌仪式。核定编制数24人，领导职数1正2副。主要工作职责是：协助指导全省水利行业信息化和宣传业务工作；协助制定全省水利信息化中长期规划、省级水利信息化相关技术规范和技术标准；承担省级水利信息化重大项目的技术工作以及厅本级水利信息化项目建设和管理工作；承担政府数字化转型相关信息化工作。组织开展省级水利数据中心建设及数据管理工作；组织实施重大水利新闻报道。承担《中国水利报》浙江记者站相关工作。组织开展水利舆情监测、收集、分析工作；承办厅政务信息主动公开工作，组织政务新媒体的运行管理工作。开展厅网络中心、信息系统的安全运行维护工作；组织开展水情宣传教育，负责全省水利重要影像资料收集、整理和利用工作；组织开展水利志、水利年鉴编纂及水文化传播工作；完成省水利厅交办的其他任务。

【概况】 2021年，信息宣传中心认真贯彻落实省水利厅党组决策部署，扎实推进水利信息宣传工作，申报一体化智能化公共数据平台试点建设，完成3项数据管理地方标准，印发6项数据治理相关技术规范，协同编制水利数字化改革规划和方案，部署开展网络安全检查、数据安全检查、计算机信息保密检查等专项行动。印发2021年浙江水利“强宣传”工作要点，开展以“启航新征程 共护幸福水”为主题的第三届浙江省亲水节暨“3·22世界水日”活动，拍摄制作10集微纪录片《丰碑》，协助厅相关处室组织开展寻找“最美水利工程”活动，以及“水润浙东· 逐梦浙江共富路”等媒体采风活动。

【夯实数字化公共基础支撑能力】 2021年，信息宣传中心按照省水利厅党组决策部署，推进数字化改革和水利部“智慧水利”试点任务，完成“浙水安澜”综合应用迭代完善，夯实水利业务应用的总底座。创新提出“1台1舱1脑”（1个工作平台+1个驾驶舱+1个水利大脑）的综合应用框架体系，基本建成省、市、县三级贯通的全行业统一工作门户。强化应用支撑体系，完善统一用户中心，丰富水利组件库，迭代完善水利一张图，上架9个水利公共组件，开发6个公共支撑模块，初步构建具备模型计算、数据分析、组件支撑等能力的“水利大脑”，初步实现省、市、县三级水利部门业务协同、融通共享。

【一体化智能化公共数据平台试点建设】 2021年，一体化智能化公共数据平台试点建设成功入选“浙政钉”工作台建设和IRS应用编目首批试点名单，完成工作台试点建设和IRS应用编目试点建设任务。支撑数字流域、一体化水利政务服务、工程建设系统化管理、水利工程数字化管理、水电站生态流量监管等5个“智慧水利”试点建设任务。其中，工作台试点建设成果获省大数据局充分肯定，并被作为典型案例在全省数字化改革大会上做介绍；IRS应用编目试点任务全面完成，实现应用“应编目尽编目”，应用和数据、组件、云资源、项目4项关联率指标均达到100%。智慧水利试点工作获考核优秀等次。

【水利公共数据治理】 2021年，信息宣传中心系统谋划推进数据治理工作，制定《水利数据治理实施方案》，组织完成《水利对象分类规范》《水库基础数据规范》《河湖基础数据规范》等3项数据管理地方标准，印发《浙水安澜统一数据建设指南（V1.0版）》《浙水安澜统一门户建设指南（V1.0版）》《浙水安澜统一用户建设指南（V1.0版）》《浙水安澜统一地图建设指南（V1.0版）》《浙水安澜统一安全建设指南（V1.0版）》《水利工程基础数据字典（第一批）》等6项数据治理相关技术规范。基本完成省级工程类、水雨情类数据治理入仓，建立水库等18类水利对象名录库和主题库，水利数据仓数据量达3.1亿条，较去年增加44%。依托水利数据仓建立数据共享回流机制，向22个地区回流了550万条数据，为全省行业内176个应用提供了2.94亿次数据共享调用服务，向省公共数据平台归集水利公共数据2336万条，“一数多源”问题得到基本解决。

【支撑水利数字化改革】 2021年，信息宣传中心协同省水利厅数改办编制水利数字化改革“一规划、两方案”（浙江省水利数字化发展“十四五”规划、浙江省水利数字化改革实施方案、水利数字化改革行动方案），牵头组织实施2021年省水利厅本级电子政务项目，统筹2022年电子政务项目部门预算工作。做好“互联网＋政务”技术支撑，完成57个依申请事项全省通办改造、3个依申请事项“秒办”改造和7个行政许可事项“证照分离”改造，完成88个政务服务办事页面的适老化改造以及政务服务事项与数据目录关联、微应用迁移改造等任务，按时处理政务工单和信访件37次、事项访问错误27次，做好办事页面优化升级、权力事项库维护、异常数据处理等技术保障。

【网络安全】 2021年，省水利厅印发《关于进一步加强全省水利行业网络安全工作的通知》《2021年网络安全工作要点》，制定出台《浙江省水利厅网络安全管理办法》《浙江省水利网络安全事件应急预案》，建立首席网络安全官制度，提升行业网络安全事件预防处置能力。部署开展建党100周年网络安全检查、数据安全检查、计算机信息保密检查等专项行动。全年组织完成18个省本级重要信息系统定级备案和等级测评。常态化做好监测预警和信息通报，全年开展安全检测12次，中高危安全漏洞整改完成率100%。围绕“办文、办会、办事”业务主线，完成厅协同办公系统迭代升级。

【水利“强宣传”】 2021年，信息宣传中心认真贯彻落实省水利厅党组“强宣传”部署，组织印发2021年浙江水利“强宣传”工作要点，发布4期全省水利“强宣传”工作进行情况通报，在各级水利部门中推动形成互学互比的浓厚氛围。省水利厅党组高度重视新闻宣传工作，厅领导参加省政府新闻发布平台举办的浙江省农饮水达标提标行动收官新闻发布会，以及浙江卫视《今日评说》、浙江经视《有请发言人》等电视节目录制。全省各级水利部门协同联动各类媒体，运用多种形式和载体，围绕党史学习教育、数字化改革、防汛防台、节水行动、河（湖）长制等重点工作，在省级以上主流媒体发布稿件780篇，同比增长3.3%；在水利部网站发布稿件170篇，同比增长27.8%；省部级专报录用16篇、省政务信息录用46篇；浙江水利网站采编信息3354篇、微信微博采编稿件1191篇；拍摄制作10集微纪录片《丰碑》，播出后引发社会广泛关注。

【水情教育活动】 2021年，省水利厅和嘉兴市委、市政府在嘉兴南湖联合开展第三届浙江省亲水节暨“3·22世界水日”活动，本次活动以“启航新征程 共护幸福水”为主题，全面展现水利工作取得的辉煌成就。组织开展寻找“最美水利工程”活动，从省内已建成的大中型水库、水闸、泵站、闸站和Ⅱ级以上堤塘及其他相当规模水利工程中，推选出十大“最美水利工程”。信息宣传中心联合省钱塘江流域中心等单位组织“水润浙东·逐梦浙江共富路”媒体采风，带领记者全线探访浙东引水工程。走进东阳市江北中心小学，开展“水情教育读本进校园”活动。完成《浙江水利年鉴（2021）》编纂和《中国水利年鉴（2021）》浙江部分、《浙江年鉴（2021）》水利部分组稿工作。

【水利舆情监测和处置】 2021年，信息宣传中心通过优化水利监测关键词、利用“浙政钉”动态报告、改进汛期舆情专报等方式，进一步提升水利舆情监测报告时效。全年监测水利舆情数据37万余条，编发涉水舆情报告95期，跟踪督促有关单位处置敏感和负面舆情事件41个，全年水利舆情保持平稳。

【党建工作】 2021年，信息宣传中心坚持把党史学习教育作为贯穿全年的重大政治任务，两位党员加入厅党史专班，主动靠前，承担做好宣传保障任务。中心充分利用“一网两微五号”等平台，开设“赓续红色根脉”和“浙水润民 为民服务”等党史教育专栏专题，全年推送740多篇党史学习教育相关文章，组织策划“治水路上话初心”宣讲等各类大型宣传宣讲活动4场；紧扣党史学习教育，对标标准化建设2.0，严格落实“三会一课”制度，全年召开5次党员大会、13次支委会议，以及19次支部学习会、组织生活会等，中心党支部在厅系统党史学习教育工作推进会上做典型发言。支部书记作为第一责任人，切实履行“一岗双责”，落实“两个责任”，积极推进“清廉支部”建设，坚持每月召开支委会会议，第一时间传达党风廉政等上级党组织有关会议精神。围绕习近平总书记“七一”重要讲话精神、十九届六中全会精神等专题，中心支部赴奉化滕头村等红色资源地现场学，与厅办公室赴缙云双溪口乡向基层学，与杭州市水库管理服务中心和浙江日报联动学，积极争创省级“巾帼文明岗”。在建党百年等重要节点，在“烟花”台风防御、最严格水资源考核、厅系统疫情防控等大战大考中，中心相关工作得到上级部门和厅机关处室肯定和表彰，全年获上级通报表扬5人（次），在厅系统各项活动中获得荣誉4次。

（郭友平）

浙江省水利发展规划研究中心

【单位简介】 浙江省水利发展规划研究中心（以下简称规划中心），是省水利厅下属公益一类事业单位，前身为浙江省围垦技术中心。2011年，根据省编委办文件《关于省围垦技术中心更名的函》（浙编办函〔2011〕98号），重组更名为浙江省水利发展规划研究中心。规划中心下设综合科、科技研究科、发展研究科、规划研究科和基础研究科五个科。2021年，规划中心编制数22人，在编在职18人，其中副高以上职称8人。规划中心的主要职责：组织研究国内外水利政策、法规。承担全省水利改革发展、政策法规重大问题的研究，提出水利改革发展建议；开展全省水利发展战略规划研究，开展全省流域综合规划、水资源综合规划和其他重要专项规划研究，负责水利规划管理的相关技术工作；协助开展省级水利规划的实施评估工作，参与研究提出省级其他涉水规划的技术意见；开展全省水利改革和创新发展技术指导；承担省水利厅交办的其他工作。规划中心承担省水利厅科学技术委员会的日常工作。

【概况】 2021年，规划中心完善浙江省水安全保障“十四五”规划，做好浙江省水资源节约保护和开发利用规划和杭嘉湖地区防洪规划等技术支撑，参与“浙江水网”“海塘安澜”谋篇布局。配合起草《法治浙江建设水利工作方案（2021—2025年）》《浙江省水法规建设“十四五”规划》和《浙江省海塘建设管理条例》等地方行业法规，完善水利法治体系。开展涉及流域防洪、区域引配水、工程建设融资模式等主题的10余项自主研究课题。编写《温台沿海地区旱情及供水情况》《浙江省水利部门机构改革后管理现状》《供水工程原水水价政策和水价形成机制》等调研报告，完成《永嘉县南岸水库工程前期工作回顾与评价》《破解水利工程建设用地难的思路与建议》《城市洪涝治理的“余姚模式”》等参阅报告，获得省政府、省水利厅主要领导批示肯定。

【水利重大规划研究】 2021年，规划中心作为主要参与单位，编写《“浙江水网”骨干工程建设规划》，开展国内外城市防洪标准对比研究，为促进全省防洪标准复核与防洪薄弱环节梳理补齐工作提出有关对策建议。参与编制《浙江省水安全保障“十四五”规划》，组织审查《浙江省节约用水“十四五”规划》等6个备案专项规划，研究起草有关审查意见；协助修编《杭嘉湖区域防洪规划》《浦阳江流域防洪规划》等重大规划，参与审查安华水库扩容提升技术成果等。

【重点发展专题研究】 2021年，规划中心完成钱塘江流域“20200707”洪水反演与防洪风险研究和环杭州湾南翼地区供水一体化专题研究，该两项成果均荣获浙江省水利科技创新奖三等奖；主持开展浙江省水利部门机构改革后管理现状调研、去冬今春旱情调研、区域水影响评价改革调研等重点调研课题；完成省政协年度重点调研课题推进城市若干重点领域公共安全风险管控建设韧性城市专题调研的相关工作。

【做好支撑服务保障工作】 2021年，规划中心在规划前期、项目前期、投资计划、往来文函办理、水利政策法规和水利改革等方面开展全方位深度支撑服务。协助省水利厅规划计划处开展省级水资源规划报批及地方技术指导、防洪薄弱环节梳理与防洪标准复核、省级水利规划有关导则规程技术服务等，配合实施共同富裕示范区建设水利行动、山区26县跨越式高质量发展、海洋强省建设、水利扶贫成果同乡村振兴水利保障有效衔接等，支撑开展部门预算编报、投融资改革、部门绩效管理和计划管理等工作。协同省水利厅政策法规处完成水利地方性法规规章起草、年度水利改革和法治政府建设、水利普法等工作。

【涉水行业指导】 2021年，规划中心全面收资、细致研判，组织力量一事一议，对《浙江省水文事业发展“十四五”规划》《钱塘江干流岸线保护与利用规划》《浙江省住房与城乡建设事业发展“十四五”规划》《浙江省河湖健康评价指南》和省委办公厅《关于打好新发展格局组合拳的意见》等50余份省级涉水规划或政策提出水利技术意见；按照建立统一空间规划体系以及多规融合、多规合一的要求，对《杭州市历史文化名城保护专项规划》《宁波梅山湾省级旅游度假区总体规划（2018—2030年）》《嘉兴运河文化省级旅游度假区总体规划（2021—2035年）》等近20份地方产业发展规划研究提出省级水利技术意见。

【编纂参阅报告】 2021年，规划中心全年编制《永嘉县南岸水库下程前期工作回顾与评价》《探索运用基础设施领域不动产投资信托基金推动“浙江水网”建设的建议》《破解水利工程用地难的思路与建议》《城市洪涝治理的“余姚模式”》《关于农水项目谋划和杭嘉湖平原防洪除涝能力提升等工作的思考与建议》和《积极推进角舟供水一体化，实现大陆清水至舟山》等6篇参阅报告。

【省水利厅科技委日常工作】 2021年，规划中心根据省水利厅科技委重点工作安排，聚焦洪涝突出问题、围绕体制机制优化、回应社会重大关切，共组织开展《杭州市城西洪涝水出路研究》《破解水利工程用地难思路研究》《舟山域外优质水引水方案调研》等10余项研究，编写技术报告4篇，上报6篇参阅报告。先后组织省水利厅科技委专家赴杭州市海康威视数字技术股份有限公司和滩坑水库、世界灌溉工程遗产丽水通济堰等工程现场开展专题科技活动，为下阶段服务浙江水利中心工作夯实技术储备。

【队伍建设】 2021年，规划中心组织党员防汛突击队，参与防汛抗台与洪水调度，负责省水利厅防御“烟花”“灿都”台风赴金华市和台州市防汛防台服务指导组的具体工作；梳理汇编防御“烟花”台风资料，参与浦阳江流域洪水调查以及报告编写，为后续防汛防台积累经验；派出7名领导和党员骨干参与日常防汛值班。

【制度建设】 2021年，规划中心制定单位《预算管理办法》《政府采购管理办法》《部分经费支出规定》和《专业技术岗位竞聘办法》等4项新制度，修订《财务管理办法》《考勤和假期管理办法》《中层干部选拔任用和管理办法》《关于规范收受各类评审、验收等劳务费的规定》和《专业技术岗位越级竞聘资格的有关规定》等5项制度，树立科学的制度理念，用制度管权管事管人，用制度推动工作落实。

【党建工作】 2021年，规划中心全年共组织集中学习12次，支部书记及中心领导开展党史宣讲4次。组织全体党员赴浙江革命烈士纪念馆、淳安县下姜村开展主题党日活动。组织在职党员赴小营街道梅花碑社区开展“携手共建文明河，点靓河道风景线”志愿服务。选派青年党员干部为浙江水利水电学院学生开展党史宣讲及职业生涯指导。推动党风廉政建设常态化、规范化，对照分类评价指标体系开展党支部标准化2.0建设。2021年6月，规划中心党支部获评省水利厅系统先进基层党组织。

（杨溢）

浙江省水利水电工程质量与安全管理中心

【单位简介】 浙江省水利水电工程质量与安全管理中心是隶属于省水利厅的纯公益性一类事业单位。机构成立于1986年，初始名称为浙江省水利工程质量监督中心站；1996年，经省编办批准（浙编〔1996〕88号文），浙江省水利工程质量监督中心站与浙江省水利厅招投标办公室、浙江省水利厅经济定额站合并，组建成立浙江省水利水电工程质量监督管理中心；2007年，经省编办批准（浙编〔2007〕39号），将水利工程建设安全监督职能划入，机构全称更名为浙江省水利水电工程质量与安全监督管理中心；2020年1月，经省编办批准（浙编办出〔2020〕57号）机构全称更名为浙江省水利水电工程质量与安全管理中心（以下简称质管中心）。质管中心主要职责包括：贯彻执行国家、水利部和省有关水利工程建设质量与安全监督管理的法律法规和技术标准，承担监督实施的技术支撑工作；协助拟订全省水利工程建设质量与安全监督、检测的有关制度、技术标准和规程规范；协助开展全省水利工程质量与安全监督管理，承担省级实施监督的水利工程项目质量与安全监督的辅助工作，参与重大水利工程质量与安全事故的调查处理；承担水利工程质量检测行业技术管理和全省水利工程质量检测单位乙级资质审查的辅助工作，开展全省水利工程质量与安全监督人员培训；组织开展全省面上小型水利工程质量抽检工作，参与水利工程建设质量考核；完成省水利厅交办的其他任务。

质管中心核定事业编制 27 人（设主任 1 人，副主任 2 人），2021 年在编人员 26 人，设置 5 个科室。至 2021 年年底，在编的专业技术人员 25 人（其中教高 6 人、高工 9 人、中级及以下 10 人），财政全额拨款。

【概况】 2021 年，质管中心共开展在建重大水利工程质量检查 151 次（计划 145 次），发现问题 1168 条、整改完成率 100%，其中“四不两直”检查占比 56.3%，所监督项目未发生质量安全事故。开展全省面上水利工程质量抽检共 80 项，整改完成率 100%。持续优化水利工程质量监督应用，坚持从严监管，确保省级监督项目质量安全。开展检测单位“双随机”抽查共 20 家，进一步规范水利工程质量检测行业管理，深化水利检测服务平台开发应用，全面做好在建水利工程质量与安全监督服务指导工作。经水利部对浙江省水利工程质量考核，再次获评 A 级。

【质量安全监督】 2021 年，质管中心共开展检查 151 次（计划 145 次），发现问题 1168 条、整改完成率 100%，其中“四不两直”检查占比 56.3%；开展监督检测 42 次，参加验收 35 次，出具质量评价意见及监督报告 9 份。专题部署“遏重大生产安全事故整治攻坚战”专项督查，及时制定督查方案，推进在建工程安全风险排查、问题督查，全力打赢“遏重大”攻坚战，全年检查工程 24 项、排查 39 次、发现问题 132 个、整改完成率 100%。及时总结工作经验，撰写署名文章“树牢安全发展理念、擦亮安全生产底色”，在浙江水利网站“一把手谈安全”专栏中发布。全年编发简报 12 期，通报工程 37 项、问题 46 个，整改完成率 100%。持续创新质量安全监督模式，在建水利工程交叉大检查全面提档升级，由省水利厅发文实施，被水利部作为水利建设质量工作考核的创新亮点，采取“随机抽取检查对象＋循环检查”方式进行，省、市、县三级全面参与，搭建互比互学、赶学比超的交流平台，全面形成同向发力的监管合力，奋力争创浙江水利“重要窗口”建设标志性成果。全省 97 家质监机构全部参与、检查工程 168 项、联动 636 人次、发现问题 1051 条、整改完成率 100%。

【技术支撑与服务】 2021 年，质管中心人员组织开展三服务“百千万”行动，做好“百名处长联百县、百项”服务工作和“分类联千企”帮扶活动，发挥技术支撑作用、务求实效；服务地市 2 个、联系企业 29 家、工程 4 项、服务 138 次、联动 151 人次、解决问题 32 个。配合省水利厅做好水利建设质量工作考核、基层质量监督体系调研、防汛防台检查、质量提升专项行动、新疆东西协作帮扶等重点工作，参加57人次，共计123天，1人荣获厅水旱灾害防御工作成绩突出个人；参加水利部质量监督履职巡查、质量考核、监督管理规定修订等各类活动13人次，共计58天。

【面上水利建设项目质量抽检】 2021年度面上抽检工作覆盖全省有面上任务的70个县（市、区），抽检工作划分为绍金衢片、杭温台丽片、嘉湖舟片等三个片区。从体系、行为和实体三个方面，综合评价面上工程建设质量，并纳入厅水利工作综合绩效考评，促进全省面上水利工程建设实体质量和管理水平。全年抽查工程80项、参与专家570人次；发现问题1189个、整改完成率100%；抽检341组、合格率91.2%；形成总报告1份。

【检测行业管理】 2021年，质管中心加强对在浙执业76家检测单位的全过程监管，强化检测单位“双随机、一公开”检查，全面营造规范有序行业环境，切实规范检测单位从业行为。全年开展“双随机”抽查5次，抽检20家检测单位，发现问题94个、整改完成率100%。服务检测市场发展需求，按照“随时申请、随时受理”的要求，开展检测单位乙级资质初审。完成10家检测单位16个类别的申报材料初审；实行检测资质认定告知承诺制度，完成24家检测单位49个类别的告知承诺审查，完成5家检测单位9个类别现场核查。

【数字监管能力建设】 2021年，质管中心研发水利工程质量监督应用（浙政钉版），实现监督意见电子签名、监督检测在线委托、监督简报线上查询和检测结果汇总推送等功能；优化完善检测服务平台，研发质量动态监测系统、检测行为分析等新模块，与厅建设管理平台实现基础数据库全面对接，“基于‘物联网+’技术的水利工程质量检测管理的研究和应用”课题获2021年度省水利科技创新奖二等奖。自运行来，水利工程移动监督质量应用开展监督检查2.3万次、检测服务平台出具检测报告70.8万份。“浙江省水利工程质量监督数据管理应用”获评第一批全省水利数字化改革“优秀应用”。

【人员队伍建设】 2021年，质管中心不断优化人才培养模式，通过交流汇报、专家授课、技术培训、专项调研等方式，切实提升监督能力。组织专题讲座，创新推出水利规程规范领学举措，建立“导师带徒”工作机制，参加各类业务培训，全年组织专题讲座12次，特邀3名专家授课，共培训285人次，有效提升专业技术水平；组队参加上海市“啄木鸟”杯质量安全监督技能竞赛，荣获团体冠军。

加强对省、市、县监督人员技术培训与指导。召开市级质监工作会议，交流各地质监现状和经验做法；深入基层开展业务培训和指导服务，派员赴温州、浦江等地开展业务授课17次、培训2180人次；组织全省业务培训3期、培训430人次；开展省、市、县联合监督检查116次、共计536人次。出版发行

《浙江省水利工程质量监督工作实务》，完成《小型水利水电建设工程验收调研报告》编撰。

【党建与党风廉政建设】 2021年，质管中心全年召开组织党员大会、支委会和支部学习会45次，上党课3次，党史全会宣讲4次，党建活动4次，学法普法用法学习2次，点亮微心愿36人次，慈善捐款23人次，制订修订制度19项，发放学习材料11册。加强党风廉政建设，深入开展“清廉水利”建设，定期研判、专题研讨意识形态工作，加强廉情分析、廉政谈话，深入剖析廉政与失职渎职风险，落实加强对“一把手”和领导班子监督的工作细则，扎实开展“四风”问题专项治理，抓好日常警示教育，引导全体干部职工真正做到“知敬畏、存戒惧、守底线”。全年召开或参加廉情分析会5次、意识形态研讨会2次，开展2次、58人次全员三级廉政提醒谈话。坚持“每周一警”，精选违法违规典型案例示警。全年中心无违法违纪等情况发生。

（李欣燕）

浙江省水资源水电管理中心（浙江省水土保持监测中心）

【单位简介】 2020年1月，省编委办（浙编办函〔2020〕57号）批复成立浙江省水资源水电管理中心（浙江省水土保持监测中心）（以下简称水资源水电中心），为省水利厅直属公益一类县处级事业单位，编制数36人，2021年年底实有在编36人，领导职数为1正3副，经费来源为100％财政全额补助。

单位主要职能：承担实施国家节水行动和节水型社会建设的技术指导；协助拟订实施最严格水资源管理制度考核工作方案，组织开展考核技术评估工作。协助指导水量分配、河湖生态流量水量管理等工作；承担全省取用水管理的技术工作。承担省本级水资源论证、取水许可、计划用水、节水评价的技术管理工作。组织开展取用水监测、调查、统计和区域水资源承载能力评价的具体工作；协助拟订水资源管理、节约用水、农村水电、水土保持相关政策和技术标准；组织开展水能资源调查评价、农村水能资源开发规划编制，提出农村水电发展建议。协助开展水土保持相关规划组织编制和实施工作；承担全省农村水电建设与管理的技术工作。协助开展农村水电站安全管理工作。指导农村水电行业安全与技术培训；组织实施全省水土流失及其防治动态的监测和预报。组织开展全省水土保持监测网络的建设和管理。承担全省水土保持监测成果的技术管理工作；承担有关建设项目水土保持方案技术审核。承担全省水土流失综合防治管理的具体工作；承担省本级水资源费和水土保持补偿费征收辅助工作；承担省水利厅交办的其他任务。

【概况】 2021年，水资源水电中心助力“十三五”最严格水资源管理考核领跑全国，农村水电增效扩容绩效评价获得优秀，国家水土保持目标责任制考核位列优秀，有力支撑水资源、水电资源、水土资源管理走在全国前列。抓好水电安全生产标准化管理，完成201座水电站现场安全检测和229座水电站标准化复评。引导开展绿色小水电示范电站创建活动，全年共有53座水电站通过水利部评审，创建为绿色小水电示范电站。

【最严格水资源管理考核】 2021年，水资源水电中心根据《水利部开展2020年度最严格水资源管理制度考核通知》（水资管函〔2020〕108号）要求，向省政府报送自查报告，水利部公布“十三五”期末实行最严格水资源管理制度考核结果，浙江省考核结果为优秀。按照中央关于统筹规范监督检查考核工作有关要求以及《水利部关于开展2021年度实行最严格水资源管理制度考核工作的通知》（水资管函〔2021〕140号）相关要求，省水利厅印发《关于开展2021年度实行最严格水资源管理制度考核工作的函》（浙水函〔2021〕913号），水资源水电中心协助指导各设区市针对存在问题逐条研究，制定整改方案抓好落实。2021年，全省征收水资源费15.26亿元，其中省本级1.23亿元，按规定协助做好水资源费减征政策，并加强对重点取水户的日常管理。

【取用水管理专项整治行动】 2021年，水资源水电中心按照省水利厅印发的《浙江省取用水管理专项整治行动整改提升实施方案》（浙水函〔2021〕527号）的相关要求，协助落实整改提升任务，全省保留类项目3882个，占57%，共包含取水口4987个；退出类项目313个，占57%，共包含取水口330个；整改类项目2559个，占38%，共包含取水口14204个。将整改成果录入全国取用水管理专项整治信息系统平台，推动后续工作落实，全面完成整改项目的取水许可审批，整改完成率达到100%。

【取用水管理】 2021年，水资源水电中心对国家级重点监控用水单位2021年下达计划量和实际用水量进行统计上报。全省各级水利部门共新增取水许可审批1130件，全省发放取水许可证2111本（电子证照1828本，纸质证283本），其中新发1914本（电子证照1828本，纸质证86本），注销与吊销取水许可证1467本。全省年终有效取水许可证保有量7619本（电子证照1390本，纸质证6229本），其中河道外5263本，许可取水量159.67亿m^3。

【用水统计调查】 2021年，水资源水电中心按照《水利部办公厅关于做好用水统计调查制度实施工作的通知》（办资管〔2020〕76号）要求，完成年度4752家用水统计调查对象年度水量数据上报及全省用水量核算数据上报，编制完成《浙江省水资源管理年报（2020年）》和《浙江省节约用水管理年报（2020年）》，完成740家国家、省、市三级重点监控用水单位名录库更新维护及水量上报。

【节水载体建设】 2021年，水资源水电中心完成县域节水型社会达标建设7个县（市、区）的省标技术评估和13个县（市、区）的国标技术评估。通过“浙水安澜”平台研发“节水行动”应用模块实现节水标杆遴选首次线上申报评审，组织完成518个入围单位的分类评审，共遴选出469个“浙江省节水标杆单位”，超额完成2021年度工作任务。

【水资源改革创新】 2021年，水资源水电中心按照省水利厅印发《浙江省水利厅办公室关于开展“十四五”水资源集约安全利用综合试验区和专项试点建设工作的通知》（浙水办资〔2021〕10号），支持确定淳安等10个县（市、区）和20个专项试点作为全省第一批试点地区。扎实做好水资源监控平台运行维护工作，截至11月底，2021年度非农取水监测量75.62亿m^3，平台2021年度累计访问量约27万次，发放电子证照8837份，发送预警短信9109条，系统数据持续为节水在线等应用提供动态支撑。与农水中心、水文中心等对接，建立设区市全口径用水量逐月动态测算方法，并完成功能开发和应用测试。全面支撑“浙水节约”应用开发，明确“节水聚光灯”等6个子场景。

【水电安全生产】 2021年，水资源水电中心按照《浙江省水利厅关于开展2021年度水旱灾害防御汛前大检查的通知》（浙水灾防〔2021〕3号）要求，开展水电站防汛安全隐患排查，形成总结上报水利部农村水利水电司。督促指导全省水电站完成防汛“三个责任人”和水电站“双主体责任人”落实和公布工作，要求各地全面贯彻“安全第一，预防为主，综合治理”的方针，加强领导，明确责任。抓好标准化管理，完成201座水电站现场安全检测和229座水电站标准化复评。

【水电生态改造与修复】 2021年，全省建成关川源王村口段生态水电示范区、白沙溪门阵段生态水电示范区、厚大溪塔石乡东店段生态水电示范区、上山溪生态水电示范区、东方红电站生态水电示范区，共5个生态水电示范区。9月，农村水电增效扩容绩效评价被评为优秀等次，获得中央额外奖励资金702万元。引导开展绿色小水电示范电站创建活动，全年共有53座水电站通过水利部评审，创建为绿色小水电示范电站。

【农村水电数字化管理运用】 2021年，水资源水电中心抓住水利部“智慧水利”先行先试契机，以“数据全汇聚、监管全方位、业务全贯通”为目标，协同开发浙江省农村水电站管理数字化应用系统，协同制定《浙江省小水电站生态流量监督管理办法》，建立全省2857座农村水电站的业务数据库，围绕安全、生态两个关键环节，开发安全监管、生态流量监管、专项工作、水电站服务四大模块，实现“监测信息化、预警自动化、管控智能化、服务个性化”的“监管＋服务”布局，为各级水行政主管部门提供行业管理、服务产品，为水电站提供专业信息服务。

【小水电清理整改】 2021年，根据《水利部办公厅关于开展长江经济带小水电清理整改“回头看”的通知》（办水电函〔2021〕556号），会同省发展改革委、省生态环境厅、省能源局印发《浙江省小水电清理整改“回头看”工作实施方案》，组织召开视频会部署“回头看”工作，加强部门协作，开展县级全面核查、省市联合抽查。县级“回头看”自查问题188个，省市抽查问题144个，已全部完成整改，整改率100%。

【水土流失动态监测】 2021年，水资源水电中心组织开展年度水土流失动态监测工作。监测工作按照“统一标准、协同开展”原则，采用卫星遥感解译、野外调查、模型计算和统计分析相结合的技术路线，全面掌握全省各县（市、区）水土流失情况，分析水土流失动态变化原因。监测成果通过太湖流域管理局复核，水土流失率比2020年下降0.91%。开展全省水土保持率测算，确定到2050年，全省水土保持率目标值为94.64%。持续推进监测站提升工作，完成兰溪市、常山县和余姚市水土保持监测站自动化改造。

【水土保持监测管理】 按照季度整理发布全省生产建设项目水土保持监测季度报告，编制季报4期，涉及各类建设项目539个，整理季报2236份，指出各类问题654个，发出“红色”预警2次，对55个项目发出“黄色”预警。选择国家和省级重点防治区50个生产建设项目开展监督性监测，核查监测单位的监测工作质量。

【水土保持图斑核查】 2021年开展全域遥感监管4次（含部发和省级加密3次），共发图斑6690个，已核图斑7194个，发现违法违规项目637个，已查处图斑584个。核查水利部下发疑似违法违规扰动图斑4189个（含江西省调整图斑1个），实际分解复核4707个，违法违规项目388个（含风险图斑3个），违法违规项目均进行查处，下发整改通知388个。

【水土保持监督检查】 2021年，水资源水电中心根据《浙江省水利厅办公室关于开展水土保持监督管理专项行动的通知》安排，先后赴宁波、湖州、嘉兴、台州、丽水等5个市25个县，开展监督检查专项行动，共检查和服务指导项目25个，涉及水利工程、能源工程、公路工程、铁路工程、航道工程、民航工程等6个类型，提出整改意见91条，并指导和督促逐条落实，确保监管成效。

【目标责任制考核】 做好省对市水土保持目标责任制考核评估工作，形成一市一清单。配合农水水电水保处制定《2021年度浙江省水土保持目标责任制考核赋分细则》，对各市2016—2020年水土保持工作进行评估。做好国家对全省水土保持目标责任考核的配合工作。做好全省水土保持率核算、水土保持数据整理、水土流失动态监测等工作，提供基础资料，整理并配合完成考核报告。“十四五”期间全省水土保持目标责任制考核中获得优秀。

【浙江省水土保持学会建设】 按照省科学技术协会的要求，参加科协学会联合体创建。2021年9月召开第二届理事会第四次常务理事（通讯）会议，经民主协商、讨论酝酿，并报请理事长同意，推荐代表参加省科学技术协会第十一次代表大会。2021年学会新增单位会员10家，个人会员81人，年内新增会员达6%。举办全省生产建设项目水土保持技术培训、全省生产建设项目水土保持遥感监管核查与认定查处技术视频培训和全省水土保持遥感监管系统视频培训。

【党建工作】 2021年，水资源水电中心全面落实从严治党主体责任，落实“第一议题”制度，开展党史学习教育，全年组织开展学习16次，学习习近平总书记重要讲话和指定学习材料100余份，形成以支部集中学习为基本形式、“三会一课”、主题党日为重要载体的全员学习教育机制；抓好党员干部常态化教育，增强党员意识、先锋意识，累计组织开展“三服务”50余次，为基层单位解决技术难题20余个，与龙游县水利工程建设管理中心开展共建；以巡察整改为契机，修订完善内控制度60余项，进一步健全财务、考勤、公务接待、车辆使用等方面制度；严格执行民主集中制、领导干部重大事项报告制度和“三重一大”事项集体讨论决策制度等，落实反腐倡廉各项规定，确保重大事项均通过集体讨论决定；加强干部队伍建设，搭建年轻干部实践锻炼、能力提升平台，努力形成“竞聘上岗、按岗聘任、能上能下”的用人机制，对青年干部进行“传、帮、带”，努力培养“一专多能”青年人才。

（徐硕）

浙江省水利防汛技术中心

【单位简介】 浙江省水利防汛技术中心前身为浙江省水利厅物资设备仓库。2003年经省编委批复原浙江省水利厅物资设备仓库为社会公益类纯公益性事业单位，2007年更名为浙江省防汛物资管理中心，挂浙江省防汛机动抢险总队牌子，核定编制15名，机构规格相当于县处级。2016年省编委《关于调整省水利厅所属部分事业单位机构编制的函》调整中心编制数为24名。2017年省编委《关于浙江省防汛物资管理中心更名的函》同意更名为浙江省防汛技术中心。2019年6月省委编办《关于收回事业空编的通知》调整中心编制数为23名。2019年11月，更名为浙江省水利防汛技术中心（以下简称防汛中心），为省水利厅所属公益一类事业单位，机构规格为正处级，所需经费由省财政全额补助，挂浙江省水利防汛机动抢险总队牌子。内设综合科、发展计划科、抢险技术科、物资管理科、调度技术科等5个科。至2021年年底，在职人员20名，退休人员8名。

防汛中心的主要职责为：承担防洪抗旱调度及应急水量调度方案编制技术工作，会同提出太湖流域洪水调度建议方案，参与重要水工程调度；承担山洪灾害防御、洪水风险评估、水旱灾害评价的技术管理工作；组织参加重大水利工程抢险，协助开展水旱灾害防御检查和指导工作；组织全省水利系统物资储备管理和抢险队伍建设，承担省级水旱灾害防御物资储备管理和防洪调度、防汛抢险专家管理，组织开展水旱灾害防御业务培训和演练；开展水旱灾害防御抢险处置技术研究和新产品新技术推广应用；承担权限内水库安全管理应急预案技术审查工作。

【概况】 2021年，在第6号台风“烟花”和第14号台风“灿都”防御期间，防汛中心根据省防指、省水利厅调令，第一时间组织应急救援力量奔赴现场抢险，第一时间组织运送应急物资支援，2021年共组织派出应急抢险队伍8支(次)，组织水利防汛物资调运6批次，调运物资总价值210万元。持续推进水利防汛抢险队伍“一体化”建设，抢险队扩充为5支，组织开展全省水旱灾害防御演练1次和抢险队伍常态化训练3次。浙江省防汛物资储备杭州三堡基地迁建一期工程完成建设任务，通过竣工验收，具备使用条件。首次申报厅科技计划项目“明渠与有压隧洞结合型式的防洪排涝工程调度研究”“浙江省水利防汛物资储备定额研究”。组织完成《富春江水库大坝安全管理应急预案》技术审查，编制《山洪灾害防御常识漫画册》，参与全省水旱灾害风险评估。

【水旱灾害防御应急保障】 2021年汛期，防汛中心11名业务骨干百余人次参加省水利厅汛期、应急响应值班工作，占全厅总值班人次的1/3以上。第6号台风“烟花”和第14号台风“灿都”防御期间，防汛中心根据省防指、省水利厅调令，组织抢险队员70余名及强排车13车次、装备车1车次和水陆两栖车1车次驰援舟山、宁波、嘉兴、绍兴等地抢险，抢险队员工作9天9夜，转战23个抢险点，累计排水超43万m^3。依托专业运输公司建立运输队伍，及时组织队伍应急待命，全年待命装卸人员125人·天，待命运输车辆24辆·天，组织调运麻袋25万条、汽油机水泵50台、铁锹500把，驰援舟山、宁波、绍兴、湖州等地，总价值182.995万元。

【水旱灾害防御物资管理】 2021年，全省水利防汛物资完成线上数据填报，至年底，全省水利系统共有储备仓库319个，储备物资价值2.4亿元。省级完成增储水利防汛物资899.69万元，新增应急通信设备、水陆西栖摩托艇、水下机器人等“高、精、尖”装备，截至2021年年底，防汛中心自储物资价值4841万元。在省内10地市布局18个社会物资代储点，储备物资价值约661万元，在海宁、兰溪布局2个分储点，储备物资近450万元，实现地级市层面全覆盖。加强省级储备物资管护，对在库物资进行汛前集中检查、日常维护、应急维护和专项维修，全年共维护省级水利防汛物资4630余台次，投入资金近37万元。

【抢险队伍建设和应急演练】 2021年，防汛中心应急抢险队总数扩充为5支，抢险队员达到100名；开展省、市、县三级水利抢险队伍一体化联培联训联建，全年训练科目达20个、参训人员690余人·天，11月在安吉组织第二届水利抢险队伍技能比武。2021年5月，在金华组织开展“2021年浙江省暨金华市水旱灾害防御演练”，演练依托钱塘江流域防洪减灾数字化平台和金华市数字河湖管理平台，展现水利数字化改革建设成果，实践检验水旱灾害防御“整体智治”水平和应急防控能力。制定《水利防汛抢险装备模块化建设方案》，赴10余个市县开展调研，全年完成4辆大型排涝泵车5大方面28项备品配件、工机具及安全器具的模块化建设，拍摄制作4类装备标准化操作视频，向省水利厅提交《水利防汛抢险装备模块化建设调研报告》。

【浙江省防汛物资储备杭州三堡基地迁建一期工程】 2021年，防汛中心落实“专人专项”和“交叉作业”、坚持“一周一会一汇报”等推进机制，对接主管部门，破解绿化、竣工、消防等验收难点。完成绿化、规划、人防、档案、防雷、环保、排水接管、污水排放许可等8个专项验收，10月19日通过竣工验收，11月17日取得消防验收备案文件，至此杭州三堡基地一期工程建设任务完成，具备使用条件。及时落实委托物业公司与参建各方做好工程移交查验工作，拟定三堡基地整体使用计划方案。

【数字化改革工作】 2021年，防汛中心成立数字化改革领导小组，制订工作方案和事项清单。利用应急通讯设备，实现抢险现场影音传输与省水利厅指挥大厅双向贯通；组织开展全省水利防汛物资数据信息维护、全省水利防汛物资仓库清查等工作；优化一张图、拓展二维码应用、优化调运流程、完善提醒功能、构建可视平台、细化物资信息颗粒度等内容，梳理“物资管理数字化赋能”相关需求，完善物资管理平台数字化功能。

【制度建设】 2021年，防汛中心制定和修订《防汛中心专业技术人员越级竞聘办法》《省级水利防汛物资委托储备管理办法》《防汛中心水旱灾害防御工作规则》《防汛中心财务管理办法》《防汛中心干部出国（境）管理办法》和《省级水利防汛物资采购管理办法》等8项制度；编写完成《防汛中心管理制度汇编》《防汛中心内控制度手册》。组织制定《浙江省水利防汛物资储备与管理规定》，研究起草《浙江省水利防汛物资储备单位安全生产标准化评价标准》。

【疫情防控和安全生产】 2021年，防汛中心第一时间贯彻落实上级部署的各项防控措施要求，落实办公区域、储鑫路基地、三堡基地等场所的常态化疫情防控，严格管理外来人员进出，做好重点区域清洁消杀，干部职工坚持每日疫情信息填报。

制订《2021年安全生产工作计划》《2021年“安全生产月”活动方案》，防汛中心负责人与各科签订《2021年度安全生产目标管理责任书》，2021年组织开展安全生产专项会议6次、安全生产检查68次、网络安全专项排查24次、消防培训及实操训练1次，组织学习新《安全生产法》、观看安全生产纪录片，邀请专家现场检查指导安全生产工作。召开风险研判专题会，摸排出19个风险隐患点，制定整改清单。储鑫路基地实行24小时联网监控管理、盲区加装红外线感应报警器、设立电瓶车临时集中充电点；三堡基地落实专人、专项措施对疫情防控、施工用电、现场消防、临时设施、高处作业、农民工工资支付等6处风险点进行管控。将安全生产过程和结果纳入科与个人的年终考核范围。全年未发生安全生产事故。

【党建和党风廉政建设】 2021年，防汛中心制定《2021年省水利防汛技术中心党的建设工作要点》《支部理论学习工作计划》和《党史学习教育实施计划》，召开党员大会6次、组织生活会2次、专题廉情分析会2次、支部学习会18次、领导班子带头讲党课6次、“微党课”12次，组织党纪法规学习竞赛2次，特色主题党日活动5场，向杭州市社会福利院孤残人员认领13个“微心愿”。逐级签订《党风廉政建设责任书》，开展全覆盖廉政提醒谈话，全年防汛中心未发生违纪违法行为。完成1名预备党员转正、1名发展对象培养及2名党员党组织关系转移。

（陈素明）

附　　录

Appendices

357～377 页

2021年浙江省水资源公报（摘录）

一、综述

2021年，全省平均降水量1992.5mm（折合降水总量2088.17亿m^3），较2020年降水量偏多17.1%，较多年平均降水量偏多22.8%，降水量时空分布不均匀。

全省水资源总量1344.73亿m^3，产水系数0.64，产水模数128.3万m^3/km^2。当年人均水资源量2056.17m^3。

全省193座大中型水库，年末蓄水总量242.84亿m^3，较2020年年末增加18.42亿m^3。

全省总供水量与总用水量均为166.42亿m^3，较2020年增加2.48亿m^3。其中：生产用水量127.76亿m^3，居民生活用水量31.87亿m^3，生态环境用水量6.79亿m^3。全省平均水资源利用率12.4%。

全省人均综合用水量254.5m^3，人均生活用水量48.7m^3（其中城镇和农村居民分别为51.0m^3和42.8m^3）。农田灌溉亩均用水量325.4m^3，农田灌溉水有效利用系数0.606。万元国内生产总值（当年价）用水量22.6m^3。

二、水资源量

（一）降水量

2021年，全省平均降水量1992.5mm，较2020年降水量偏多17.1%，较多年平均降水量偏多22.8%。

从流域分区看，鄱阳湖水系、太湖水系、钱塘江流域降水量较2020年降水量偏少，偏少幅度在0.7%～4.7%之间，其余各流域降水量较2020年均有不同程度的偏多，偏多幅度在6.4%～49.5%之间。闽江流域降水量较多年平均偏少4.5%，其余各流域降水量较多年平均都有不同程度的偏多，偏多幅度在10.7%～46.6%之间，详见表1。

从行政分区看，杭州市、湖州市、嘉兴市、衢州市降水量较2020年降水量偏少，偏少幅度在2.4%～9.3%之间，其余各市降水量较2020年明显偏多，偏多幅度在4.8%～60.6%之间。各市降水量较多年平均降水量均明显偏多，偏多幅度在11.1%～54.6%之间，详见表1。

表1　全省行政分区及流域分区年降水量与2020年及多年平均值比较

分　区	2021年降水量/mm	较2020年/%	较多年平均值/%
杭州	1852.7	−9.3	18.2
宁波	2270.4	50.6	48.8
温州	2228.7	56.0	20.7
嘉兴	1512.9	−7.8	23.8
湖州	1658.6	−3.7	19.4
绍兴	1965.0	16.4	33.7
金华	1781.4	4.8	16.6
衢州	2155.1	−2.4	17.3

续表1

分　区	2021年降水量/mm	较2020年/%	较多年平均值/%
舟山	2005.6	39.4	54.6
台州	2212.7	60.6	33.0
丽水	1976.2	21.3	11.1
鄱阳湖水系	2313.6	−4.7	19.1
太湖水系	1633.3	−3.5	21.6
钱塘江	1934.1	−0.7	20.0
浙东诸河	2212.6	49.5	46.6
浙南诸河	2103.0	42.8	19.8
闽东诸河	2226.4	40.9	10.7
闽江	1825.0	6.4	−4.5
全省	1992.5	17.1	22.8

降水量年内分配不均，根据闸口、姚江大闸、金华、温州西山、圩仁等45个代表站降水量分析，汛前1—3月降水量占全年14.1%，汛期4—10月降水量占全年的79.9%，汛后11—12月降水量占全年6.0%。各月降水量占全年比值为0.8%～16.5%，1月最小为0.8%，6月份最大为16.5%。7月18—30日第6号台风“烟花”是1949年以来首个在浙江省内登陆两次的台风，影响时间和过程总雨量为1951年以来登陆浙江省台风之最，强降雨区域主要集中在舟山、四明山区、会稽山区和天目山区一带。

降水量地区差异显著，全省年降水量为1300～3600mm，总体自南向北递减，山区大于平原，沿海大于内陆盆地。浙江东南部四明山、括苍山、南雁荡区一带为高值区，年降水量在3000mm以上，单站（峰文站）最大降水量为3574.0mm。杭嘉湖平原、金华盆地一带为全省低值区，年降水量在1300～1500mm之间，单站（崇德站）最小降水量为1349.5mm。

（二）地表水资源量

2021年全省地表水资源量1323.33亿m^3，较2020年地表水资源量偏多31.2%，较多年平均地表水资源量偏多37.9%。地表径流的时空分布与降水量基本一致。

全省行政分区及流域分区地表水资源量与2020年及多年平均值比较见表2。

表2　全省行政分区及流域分区地表水资源量与2020年及多年平均值比较

分　区	2021年地表水资源量/亿m^3	较2020年/%	较多年平均值/%
杭州	189.11	−12.7	32.7
宁波	146.96	93.7	86.9
温州	177.99	116.4	31.3
嘉兴	31.89	−15.8	53.2
湖州	52.50	−10.1	33.8
绍兴	99.02	30.4	62.6
金华	118.87	11.3	29.6
衢州	125.64	1.3	23.4
舟山	18.05	85.5	132.2
台州	140.47	136.3	56.5
丽水	222.84	37.7	16.6
鄱阳湖水系	9.00	5.5	27.3
太湖水系	109.39	−8.5	42.2
钱塘江	512.87	1.2	32.9

续表2

分区	2021年地表水资源量/亿 m^3	较2020年/%	较多年平均值/%
浙东诸河	190.87	94.4	83.5
浙南诸河	465.89	83.7	31.0
闽东诸河	20.91	111.5	32.1
闽江	14.40	20.1	0.8
全省	1323.33	31.2	37.9

从行政分区看，杭州市、嘉兴市、湖州市地表水资源量较2020年地表水资源量偏少，偏少幅度为12.7%、15.8%、10.1%，其余各市地表水资源量较2020年明显偏多，偏多幅度在1.3%～136.3%之间。各市地表水资源量较多年平均地表水资源量明显偏多，偏多幅度在16.6%～132.2%之间。

全省入境水量237.56亿 m^3；出境水量264.27亿 m^3；入海水量1184.85亿 m^3。

（三）地下水资源量

全省地下水资源量261.83亿 m^3，地下水与地表水资源不重复计算量21.40亿 m^3。

（四）水资源总量

全省水资源总量1344.73亿 m^3，较2020年水资源总量偏多31.0%，较多年平均水资源总量偏多37.8%，产水系数0.64，产水模数128.3万 m^3/km^2，见表3。

（五）水库蓄水动态

全省193座大中型水库，年末蓄水总量242.84亿 m^3，较2020年年末增加18.42亿 m^3。其中大型水库34座，年末蓄水量219.85亿 m^3，较2020年年末增加13.14亿 m^3；中型水库159座，年末蓄水量22.99亿 m^3，较2020年末增加5.28亿 m^3。

表3　全省行政分区及流域分区水资源总量与2020年及多年平均值比较

分区	2021年水资源总量/亿 m^3	较2020年/%	较多年平均值/%
杭州	191.42	−12.5	32.6
宁波	153.65	90.5	84.6
温州	180.68	115.3	31.1
嘉兴	35.83	−15.0	49.0
湖州	53.92	−9.9	33.5
绍兴	101.70	29.7	61.4
金华	118.87	11.3	29.6
衢州	125.64	1.3	23.4
舟山	18.05	85.5	132.2
台州	142.12	135.6	56.3
丽水	222.84	37.7	16.6
鄱阳湖水系	9.00	5.5	27.3
太湖水系	116.00	−8.3	41.0
钱塘江	515.73	1.2	32.9
浙东诸河	198.44	91.1	81.5
浙南诸河	470.20	83.6	31.0
闽东诸河	20.95	111.5	32.1
闽江	14.40	20.1	−0.8
全省	1344.73	31.0	37.8

三、水资源开发利用

（一）供水量

全省年总供水量166.42亿 m^3，较

2020年增加2.48亿 m^3。其中地表水源供水量161.68亿 m^3，占97.2%；地下水源供水量0.22亿 m^3，占0.1%；其他水源供水量4.52亿 m^3，占2.7%。

在地表水源供水量中，蓄水工程供水量68.52亿 m^3，占42.4%；引水工程供水量26.51亿 m^3，占16.4%，提水工程供水量58.10亿 m^3，占35.9%，调水工程供水量8.55亿 m^3，占5.3%。

（二）用水量

全省年总用水量166.42亿 m^3，其中农田灌溉用水量63.63亿 m^3，占38.2%；林牧渔畜用水量9.63亿 m^3，占5.8%；工业用水量35.81亿 m^3，占21.5%；城镇公共用水量18.69亿 m^3，占11.2%；居民生活用水量31.87亿 m^3，占19.2%；生态环境用水量6.79亿 m^3，占4.1%，见表4和表5。

表4　全省流域分区供水量与用水量　　单位：亿 m^3

水资源分区		供水量				用水量						
一级	二级	地表水	地下水	其他	总供水量	农田灌溉	林牧渔畜	工业	城镇公共	居民生活	生态环境	总用水量
长江	鄱阳湖水系	0.26	—	—	0.26	0.19	0.02	0.01	0.01	0.02	0.01	0.26
	太湖水系	41.80	0.0018	1.38	43.18	16.65	2.70	8.63	6.23	7.73	1.24	43.18
东南诸河	钱塘江	59.13	0.14	1.09	60.36	24.99	4.93	13.02	5.60	9.59	2.22	60.36
	浙东诸河	25.15	0.02	1.60	26.76	7.21	0.90	8.44	3.14	6.28	0.79	26.76
	浙南诸河	34.59	0.05	0.43	35.08	14.04	1.06	5.67	3.68	8.13	2.51	35.08
	闽东诸河	0.44	0.0015	—	0.44	0.29	0.01	0.02	0.02	0.09	0.01	0.44
	闽江	0.32	0.0032	0.01	0.34	0.25	0.01	0.02	0.01	0.03	0.02	0.34
全　省		161.68	0.22	4.52	166.42	63.63	9.63	35.81	18.69	31.87	6.79	166.42

表5　全省行政分区供水量与用水量　　单位：亿 m^3

行政分区	供水量				用水量						
	地表水	地下水	其他	总供水量	农田灌溉	林牧渔畜	工业	城镇公共	居民生活	生态环境	总用水量
杭州	28.60	0.02	1.13	29.75	8.94	2.20	5.18	5.99	6.17	1.27	29.75
宁波	21.38	0.01	0.42	21.81	6.02	0.80	6.42	2.65	5.33	0.59	21.81
温州	16.45	0.02	0.03	16.50	5.33	0.27	2.82	2.19	4.54	1.35	16.50
嘉兴	18.61	—	0.13	18.74	8.78	0.57	4.80	1.59	2.68	0.32	18.74
湖州	12.10	0.0013	0.52	12.61	5.90	1.47	2.18	1.10	1.66	0.30	12.61
绍兴	16.91	0.07	0.50	17.48	6.70	1.51	4.59	1.24	2.73	0.72	17.48
金华	15.42	0.05	0.24	15.71	6.14	1.18	3.08	1.24	3.37	0.70	15.71

续表5

行政分区	供水量				用水量						
	地表水	地下水	其他	总供水量	农田灌溉	林牧渔畜	工业	城镇公共	居民生活	生态环境	总用水量
衢州	10.36	0.0045	—	10.36	5.57	0.75	2.11	0.75	0.95	0.23	10.36
舟山	1.53	0.0026	1.08	2.61	0.17	0.05	1.48	0.30	0.52	0.08	2.61
台州	13.55	0.03	0.36	13.94	6.14	0.65	2.28	1.04	2.83	1.00	13.94
丽水	6.78	0.0037	0.11	6.90	3.94	0.18	0.86	0.62	1.09	0.22	6.90
全省	161.68	0.22	4.52	166.42	63.63	9.63	35.81	18.69	31.87	6.79	166.42

（三）耗、退水量

全省年总耗水量93.66亿m³，平均耗水率56.3%，年退水总量41.71亿t。

（四）用水指标

全省水资源总量1344.73亿m³，人均水资源量2056.17m³。全省平均水资源利用率12.4%。

农田灌溉亩均用水量325.4m³，其中水田灌溉亩均用水量388.2m³，农田灌溉水有效利用系数0.606。万元国内生产总值用水量22.6m³。

全省人均综合用水量254.5m³，人均生活用水量48.7m³（注：城镇公共用水和农村牲畜用水不计入生活用水量中），其中城镇和农村居民人均生活用水量分别为51.0m³和42.8m³。

全省行政分区的主要用水指标见表6。

表6　全省行政分区的主要用水指标

行政分区	人均地区生产总值/万元	人均综合用水量/m³	万元地区生产总值用水量/m³	农田灌溉亩均用水/m³	农田灌溉水有效利用系数	人均生活用水量/(L/d)		
						城镇综合生活		农村
							居民	
杭州	14.8	243.8	16.4	402.4	0.610	301.1	140.4	129.2
宁波	15.3	228.5	14.9	243.0	0.620	253.2	156.3	140.9
温州	7.9	171.1	21.8	327.7	0.599	223.8	138.3	104.4
嘉兴	11.5	339.8	29.5	397.9	0.663	245.4	135.7	126.0
湖州	10.7	370.3	34.6	327.3	0.631	272.2	138.3	123.5
绍兴	12.7	327.7	25.7	293.0	0.605	233.5	144.5	129.5
金华	7.5	220.6	29.3	257.0	0.586	203.2	134.9	117.2
衢州	8.2	453.2	55.3	385.6	0.551	284.1	128.8	91.7
舟山	14.6	224.0	15.3	128.5	0.699	228.2	129.1	104.8

续表6

行政分区	人均地区生产总值/万元	人均综合用水量/m^3	万元地区生产总值用水量/m^3	农田灌溉亩均用水/m^3	农田灌溉水有效利用系数	人均生活用水量/(L/d)		
						城镇综合生活		农村
							居民	
台州	8.7	209.3	24.1	357.5	0.595	192.0	124.0	103.9
丽水	6.8	274.4	40.3	315.2	0.586	239.0	131.5	98.2
全省	11.2	254.5	22.6	325.4	0.606	247.2	139.6	117.2

注 1. 地区生产总值数据取自省统计局快报数据（当年价）。
2. 人口为2021年常住人口。
3. 城镇综合生活用水量包括城镇居民用水量和公共用水量（建筑业及服务业）。

四、水资源综合评价

根据《浙江省水资源条例》要求，从水资源开发、利用、节约、保护、管理和改革等六个方面，选设12个动态指标，对各地区进行水资源综合评价。

（1）水利建设投资：全省年度水利建设完成投资总额为621.8亿元。

（2）水资源开发利用率：全省水资源开发利用率为17.1%。

（3）水库供水比例：全省水库供水比例为69.6%。

（4）万元地区生产总值用水量：全省万元地区生产总值用水量为22.64m^3。

（5）万元工业增加值用水量：全省万元工业增加值用水量为13.25m^3。

（6）农田灌溉水有效利用系数：全省农田灌溉水有效利用系数为0.606。

（7）城镇有效供水率：全省城镇有效供水率为85.2%。

（8）地表水省控断面达到或优于Ⅲ类水质比例：全省地表水省控断面达到或优于Ⅲ类水质比例为95.2%。

（9）重点河湖主要控制断面生态流量达标率：全省重点河湖生态流量（水位）控制断面达标率为100%。

（10）综合管理绩效：采用实行最严格水资源管理制度考核相应结果。

（11）县级以上集中式饮用水水源地安全评估优秀率：全省县级以上集中式饮用水水源地安全保障达标评估等级为优的比例为97.5%。

（12）创新引领示范：采用水资源领域数字化改革、具有显著示范意义的创新性工作成效评价结果。

五、2021年水资源大事记

1月1日，《浙江省水资源条例》正式施行。该条例于2020年9月24日经省十三届人大常委会第二十四次会议审议通过，原《浙江省水资源管理条例》同时废止。

1月7日，省水利厅、省节水办公布第三批节水型社会建设达标县（市、区）名单，杭州市萧山区等25个县（市、区）达到浙江省县域节水型社会评价标准。

2月23日，省水利厅、省生态环境厅公布2020年度县级以上集中式饮用水水源地安全保障达标评估结果。全省80个县级以上饮用水水源地中，72个等级为优，8个等级为良。

3月22日，以“启航新征程　共护幸福水”为主题，浙江省第三届亲水节暨世界水日主题活动在嘉兴南湖举行。第34届中国水周期间，全省上下开展百场水资源普法讲座进基层活动，为社会公众带来一场普法盛宴。

4月20日，省发展改革委、省水利厅联合印发《浙江省水安全保障“十四五”规划》。

5月12日，省水利厅、省发展改革委、省经信厅、省教育厅、省科技厅、省财政厅、省建设厅、省农业农村厅、省文化和旅游厅、省市场监管局、省机关事务局、省节水办联合印发《浙江省节水行动2021年度实施计划》。

6月25日，嘉兴市域外配水工程（杭州方向）通过通水阶段验收，正式通水。

6月29日，引曹南线试运行正式启动，标志着浙东引水工程全线贯通，引曹南线全长92km，头部上虞枢纽兼具引水、排涝功能，引水线路穿上虞、余姚，至宁波市区，90%保证率年引水量3.19亿m^3。

6月30日，省水利厅、省发展改革委、省财政厅联合印发《浙江省节水型企业水资源费减征管理办法》。

7月15日，水利部公布第四批节水型社会建设达标县（市、区）名单，全省桐庐县等13个县（市、区）达到国家节水型社会评价标准。

8月6日，全省水利行业节水型单位建设全面启动，力争通过两年时间，将水利行业单位建设成为“节水意识强、节水制度完备、节水器具普及、节水标准先进、监控管理严格”的节水型单位，示范带动全社会节水。

9月15日，水利部、全国节水办组织人民日报等7家中央新闻媒体单位的记者赴浙开展“节水中国行——节水行动看浙江”主题采访活动，深入报道浙江省水资源节约集约利用的成效和经验。

9月18日，经国务院同意，对“十三五”时期实行最严格水资源管理成绩突出的浙江、江苏、山东、安徽4个省人民政府予以通报表扬。

9月30日，全省取用水管理专项整治行动全面完成，累计整改取水项目2872个，退出313个，均实现整改销号，录入全国取用水管理专项整治系统。

11月22日，省政府办公厅发布《浙江省人民政府办公厅关于表扬“十三五”实行最严格水资源管理制度成绩突出集体和个人的通报》，对杭州市政府等50个集体和何灵敏等180名个人，予以通报表扬。

12月20日，省水利厅、省节水办公布第三批浙江省节水宣传教育基地名单，杭州市节水宣传基地等10个展馆、基地入选。

12月22日，省水利厅、省经信厅、省教育厅、省建设厅、省文化和省旅游厅、省机关事务局、省节水办联合公布469个节水标杆单位名单，其中酒店60个、学校80个、小区150个、企业179个。

12月23日，省水利厅、省节水办公布第四批节水型社会建设达标县（市、区）名单，温州市瓯海区等7个县（市、区）达到浙江省县域节水型社会评价标准。

2021年浙江省水土保持公报（摘录）

一、综述

2021年全省水土保持工作坚定贯彻落实习近平生态文明思想和“十六字”治水思路，坚持“党建统领、业务为本、数字变革”，强化水土流失综合治理，健全完善水土保持监管体系，提升水土保持监测能力，深化数字化改革，为美丽浙江建设提供强有力支撑。

2021年，全省水土保持率达到93.07%。全省共有水土流失面积7306.60km^2，占全省陆域面积10.55万km^2的6.93%。全省共审批生产建设项目水土保持方案4337个，涉及水土流失防治责任范围499.84km^2，征收水土保持补偿费3.91亿元。全省对10260个生产建设项目开展了水土保持监督检查，查处违法违规项目601个，其中立案查处45个。开展了四轮覆盖全省的生产建设项目遥感监管。全省共有2357个生产建设项目完成了水土保持设施验收报备。全省7县（园区、工程）入选水利部2021年度国家水土保持示范名单。2021年，全省新增水土流失治理面积428.96km^2。实施省级及以上水土保持工程30个，新增水土流失治理面积245km^2，总投资1.83亿元。

本《公报》中全省水土流失状况数据来源于2021年全省水土流失动态监测成果。水土保持监测数据来源于2021年全省水土保持监测站网成果和生产建设项目水土保持监测成果。水土保持监督管理数据和水土流失综合治理数据来源于2021年全省水土保持目标责任制考核和年度统计。

二、水土流失状况

（一）全省水土流失

根据2021年全省水土流失动态监测成果，全省水土保持率达到93.07%。全省水土流失面积7306.60km^2，占全省陆域面积10.55万km^2的6.93%。按水土流失强度分，轻度、中度、强烈、极强烈、剧烈水土流失面积分别为6615.37km^2、368.80km^2、225.69km^2、73.49km^2、23.25km^2，分别占水土流失总面积的90.54%、5.05%、3.09%、1.00%、0.32%，见表1。

与2020年相比，全省水土流失面积减少了66.95km^2，减幅0.91%。其中轻度流失面积略有增加，增加73.03km^2，增幅1.12%；中度及以上流失面积明显减少，减少139.90km^2，减幅16.84%，水土流失强度构成变化明显。

（二）国家级重点预防区水土流失

2021年，水利部太湖流域管理局组织开展了新安江国家级重点预防区水土流失动态监测，涉及我省建德市和淳安县水土流失总面积531.4km^2，占区域总面积的7.80%。与2020年相比，新安江国家级重点预防区（浙江省）水土流失面积减少了7.61km^2，减幅1.41%，见表2。

表1　2021年全省各设区市水土流失情况

设区市	2021年水土流失面积/km^2						2021年水土流失面积占土地总面积比例/%	2020年水土流失面积/km^2	流失面积年际变化	
	轻度	中度	强烈	极强烈	剧烈	小计			面积/km^2	幅度/%
杭州市	873.54	48.30	40.26	13.42	10.13	985.65	5.85	995.86	−10.21	−1.03
宁波市	351.29	16.22	15.63	2.40	0.12	385.66	3.97	393.47	−7.81	−1.98
温州市	1537.08	32.33	28.16	11.33	3.04	1611.94	13.36	1626.59	−14.65	−0.90
嘉兴市	3.88	0.10	0.01	0.00	0.00	3.99	0.09	4.00	−0.01	−0.25
湖州市	199.64	30.26	19.03	2.33	0.17	251.43	4.32	254.97	−3.54	−1.39
绍兴市	616.40	58.87	22.62	10.43	1.70	710.02	8.58	715.29	−5.27	−0.74
金华市	767.34	49.39	30.01	4.01	0.67	851.42	7.78	857.83	−6.41	−0.75
衢州市	595.24	50.19	22.17	4.62	0.33	672.55	7.60	677.24	−4.69	−0.69
舟山市	75.55	4.83	5.47	0.35	0.00	86.20	5.93	87.67	−1.47	−1.68
台州市	528.38	23.35	15.13	3.64	0.39	570.89	5.69	574.70	−3.81	−0.66
丽水市	1067.03	54.96	27.20	20.96	6.70	1176.85	6.81	1185.93	−9.08	−0.77
全省 合计	6615.37	368.80	225.69	73.49	23.25	7306.60	6.93	7373.55	−66.95	−0.91
全省 比例/%	90.54	5.05	3.09	1.00	0.32	100.00	—	—	—	—

表2　2021年新安江国家级重点预防区（浙江省）水土流失面积

行政区	各级强度水土流失面积/km^2						2021年水土流失面积占土地总面积比例/%	2020年水土流失面积/km^2	流失面积年际变化	
	轻度	中度	强烈	极强烈	剧烈	小计			面积/km^2	幅度/%
建德市	175.77	10.66	11.25	1.76	1.46	200.9	8.50	203.06	−2.16	−1.06
淳安县	293.52	12.13	9.48	7.08	8.29	330.5	7.42	335.95	−5.45	−1.62
合计	469.29	22.79	20.73	8.84	9.75	531.4	7.80	539.01	−7.61	−1.41

（三）主要江河流域径流量与输沙量

根据《2021年浙江省水资源公报》，2021年全省平均降水量1992.5mm，较上年降水量偏多17.1%，较多年平均降水量偏多22.8%。从流域分区看，鄱阳湖水系、太湖水系、钱塘江流域降水量较上年降水量偏少，偏少幅度在0.7%～4.7%之间，其余各流域降水量较上年均有不同程度的偏多，偏多幅度在6.4%～49.5%之间。从行政分区看，杭州市、湖州市、嘉兴市、衢州市降水量较上年降水量偏少，偏少幅度在2.4%～9.3%之间，其余各市降水量较上年明显偏多，偏多幅度在4.8%～60.6%之间。各市降水量较多年平均降水量均明显增加，偏多幅度在11.1%～54.6%之间。

降水量年内分配不均，汛前1—3月降水量占全年14.1%，汛期4—10月降水量占全年的79.8%，汛后11—12月降水量占全年6.0%。降水量地区差异显著，全省年降水量为1300～3600mm，总体自南向北递减，山区大于平原，沿海大于内陆盆地，见表3。

表3　2021年全省主要江河流域典型监测站径流量及输沙量

流域名称	集雨面积/km²	代表站名	降水量/mm	径流量/亿m³	输沙量/万t	输沙模数/[t/(km²·a)]	备　注
钱塘江	1719	诸暨	1435.0	12.90	9.15	53.2	浦阳江
	2280	嵊州	1450.0	24.33	37.0	162.0	曹娥江
	4459	上虞东山	1512.5	42.58	33.6	76.9	曹娥江
	542	黄泽	1494.5	5.049	3.03	55.9	黄泽江
	18233	兰溪	1131.5	199.30	235.0	129.0	兰江
	2670	屯溪	1230.0	31.69	20.7	77.5	新安江，安徽
	1597	渔梁	1172.0	16.81	20.2	126.0	新安江，安徽
瓯江	1273	永嘉石柱	1819.0	18.49	7.11	55.9	楠溪江
	1286	秋塘	1390.5	18.01	15.8	123.0	好溪
椒江	2475	柏枝岙	1464.5	29.75	19.10	77.2	永安溪
	1482	沙段	1504.0	17.07	9.94	67.1	始丰溪
苕溪	1970	港口	1152.0	18.06	15.9	80.7	西苕溪
飞云江	1930	峃口	1890.5	19.56	3.44	17.8	飞云江
鳌江	346	埭头	2143.5	5.214	2.84	82.1	北港

（四）水土保持监测站网

1. 监测站网概况

浙江省水土保持监测站网共包括水蚀监测站14个，其中综合观测场1个、流域控制站5个（小流域控制站2个，水文观测站3个）、坡面径流场8个，已全部完成标准化建设。监测站网覆盖杭州、宁波、温州、湖州、绍兴、金华、衢州、台州和丽水9个设区市，钱塘江、瓯江、椒江、甬江、苕溪和鳌江6大水系。

2. 监测站点提升改造

2021年，兰溪上华坡面径流场、常山天马坡面径流场等监测站引进了泥沙自动监测设备，自动监测径流小区径流量、泥沙含量的数值及其过程；永嘉石柱小流域控制站引进了小流域泥沙自动监测系统，实现了雨量、水位、流量、泥沙含量及干泥沙流失量的数值及变化过程的自动监测。

3. 典型监测站水土流失观测结果

2021年，全省各水土保持监测站运行正常，按照《浙江省水土保持监测站管理手册（试行）》的要求，开展了降雨、径流、泥沙和植被等数据的监测。各水土保持监测站年度观测数据，经整编后发布，见表4～表6。

表4　小流域控制站观测结果

监测点名称	所在位置	观测环境（条件）			观测结果		
		控制面积/km²	土壤类型	土地利用类型	降雨量/mm	径流深/mm	输沙模数/[t/(km²·a)]
苍南昌禅溪小流域控制站	120°25′23.63″E 27°22′48.62″N	3.33	红壤	耕地、林地、毛竹林	2787.0	715.3	1125.329
永嘉石柱小流域控制站	120°44′36.46″E 28°16′13.95″N	0.41	红壤	耕地、林地、荒草地	1772.4	423.5	23.863

表5　水文观测站观测结果

监测点名称	所在位置	集雨面积/km²	观测结果		
			降雨量/mm	径流深/mm	输沙模数/[t/(km²·a)]
建德更楼水文观测站	119°15′00″E 29°25′12″N	687	1650.1	924.4	66.177
临海白水洋水文观测站	120°56′10″E 28°52′59″N	2475	1814.0	1202.2	77.113
临安桥东村水文观测站	119°37′36″E 30°15′48″N	233	1631.0	1224.5	88.239

（五）生产建设项目水土保持监测

2021年，生产建设项目水土保持监测工作按相关要求，按季度发布全省生产建设项目监测情况报告，共发布监测信息通报4期。2158份水土保持监测季度报告上报监测系统。实施“绿黄红”三色评价，为各级监管部门提供技术支撑，见表7。

表6 典型坡面径流场观测结果

监测点名称	所在位置	径流小区名称	观测环境（条件）				观测结果		
			小区面积/m²	措施名称	坡度/(°)	土壤类型	降雨量/mm	径流深/mm	土壤侵蚀模数/[t/(km²·a)]
永康花街坡面径流场	119°57′22.40″E 28°55′46.53″N	1号小区	100	方山柿＋顺坡	10	红壤	1363.0	254.4	249.410
		2号小区	100	桃形李＋梯地	10	红壤		549.5	2302.880
		3号小区	100	方山柿＋农作物＋顺坡	10	红壤		498.9	1423.130
		4号小区	100	金橘＋梯地	10	红壤		407.9	600.750
		5号小区	100	杂草＋顺坡	10	红壤		612.4	3146.780
常山天马坡面径流场	118°28′14.58″E 28°54′33.98″N	1号小区	100	茶树＋梯地	10	红壤	1886.5	30.5	6.455
		2号小区	100	胡柚＋顺坡	10	红壤		36.7	92.112
		3号小区	100	胡柚＋草＋顺坡	10	红壤		39.3	17.746
		4号小区	100	胡柚＋梯地	10	红壤		48.2	13.182
		5号小区	100	裸露＋顺坡	10	红壤		486.1	383.504
宁海西溪坡面径流场	121°18′13.90″E 29°18′2.13″N	1号小区	100	枇杷＋梯地	15	红壤	2119.5	198.7	20.0
		2号小区	100	枇杷＋草本＋顺坡	15	红壤		107.6	25.3
		3号小区	100	枇杷＋顺坡	15	红壤		129.7	888.4
		4号小区	100	茶＋草本＋顺坡	15	红壤		92.6	9.2
		5号小区	100	裸露＋顺坡	15	红壤		243.2	315.2

表7 2021年全省生产建设项目水土保持监测情况

季　度	上报监测季报数量/份				列入重点监督检查清单项目数量/个	监测项目总扰动面积/hm²
	合计	水利部审批	省水利厅审批	其他		
第一季度	539	15	166	358	22	2988.33
第二季度	536	10	158	368	8	1700.76
第三季度	544	11	152	381	18	2346.85
第四季度	539	11	146	382	22	3218.54
合计	2158	47	622	1489	70	10254.48

三、生产建设项目水土保持监督管理

（一）水土保持方案审批

2021年，全省共审批生产建设项目水土保持方案4337个，涉及水土流失防治责任范围499.84km^2，其中省级审批17个，涉及水土流失防治责任范围21.77km^2；市级审批382个，县级审批3938个，涉及水土流失防治责任范围478.07km^2。征收水土保持补偿费3.91亿元，见表8。

（二）水土保持日常监管

2021年，全省各级水行政主管部门对10260个生产建设项目开展了水土保持监督检查。其中省级监督检查项目242个，实现对部批、省批项目全覆盖，浙江省水利厅对水土保持专项行动和遥感监管过程中发现的14个较大违法违规生产建设项目进行整改督办。市、县级监督检查项目10018个，查处违法违规项目601个，其中立案查处45个，见表9。

（三）水土保持遥感监管

2021年，采用卫星遥感、无人机航拍等技术手段，结合现场监督检查，开展全域遥感监管4次，现场复核扰动图斑7194个，发现并查处“未批先建”“未批先弃”“超防治责任范围扰动”等各类违法违规项目637个。其中，省级开展遥感监管3次，下发扰动图斑2507个，发现并查处违法违规项目258个。

表8　2021年各设区市水土保持方案审批情况

设区市	审批数量/个			水土流失防治责任范围/hm^2
	市级	县级	小计	
杭州市	60	766	826	35.24
宁波市	52	805	857	34.18
温州市	50	443	493	19.33
嘉兴市	69	225	294	30.69
湖州市	7	351	358	26.57
绍兴市	2	253	255	25.34
金华市	28	353	381	28.76
衢州市	29	138	167	13.95
舟山市	29	73	102	15.60
台州市	20	325	345	31.80
丽水市	36	206	242	216.61
合计	382	3938	4320	478.07

表9　2021年各设区市水土保持监督执法情况

设区市	监督检查项目数量/个			违法违规项目数量/个	
	市级	县级	小计	小计	其中：立案查处
杭州市	89	1980	2069	72	0
宁波市	189	1338	1527	188	1
温州市	182	890	1072	78	14
嘉兴市	103	798	901	14	2
湖州市	73	752	825	20	8
绍兴市	14	394	408	31	0

续表9

设区市	监督检查项目数量/个			违法违规项目数量/个	
	市级	县级	小计	小计	其中：立案查处
金华市	85	652	737	167	0
衢州市	86	342	428	8	0
舟山市	81	83	164	3	0
台州市	221	1061	1282	15	15
丽水市	133	472	605	5	5
合计	1256	8762	10018	601	45

（四）水土保持信用监管

按照谁监管、谁认定原则，结合遥感监管、监督检查，对方案审批、跟踪检查、验收核查、举报等过程中发现的违法违规问题，依法依规实施“两单”管理。2021年，共有34家建设单位、编制单位被列入重点关注名单。

（五）水土保持设施验收报备

2021年，全省共有2357个生产建设项目完成了水土保持设施自主验收报备。其中，省级项目21个，市级319个，县级项目2017个，见表10。

表10　2021年各设区市水土保持设施验收报备情况

设区市	市级/个	县级/个	小计/个
杭州市	21	386	407
宁波市	52	309	361
温州市	23	283	306
嘉兴市	41	217	258
湖州市	10	138	148
绍兴市	2	124	126
金华市	28	150	178
衢州市	17	47	64

续表10

设区市	市级/个	县级/个	小计/个
舟山市	27	36	63
台州市	72	241	313
丽水市	26	86	112
合计	319	2017	2336

四、水土流失综合治理

（一）总体状况

2021年，全省新增水土流失治理面积428.96km²，超额完成了年度下达的350km²治理任务。其中自然资源部门实施75.61km²，水利部门实施247.28km²，农业农村部门实施16.79km²，林业部门实施88.67km²，其他部门实施0.61km²。实施梯田13.43km²，水土保持林38.46km²，经济林8.31km²，种草1.37km²，封禁治理352.25km²，其他措施15.14km²，见表11。

（二）水土保持工程建设

2021年，全省实施省级及以上补助资金水土保持工程30个，其中国家水土保持重点工程8个，省级水土保持项目22个。新增水土流失治理面积245km²，总投资1.83亿元，其中中央财政补助资金1640万元，省级财政补助资金8778.4万元。持续深化生态清洁小流域建设，见表12和表13。

表11 2021年各设区市水土流失治理完成情况

设区市	新增水土流失治理面积/km²	分项治理措施/km²					
		梯田	水土保持林	经济林	种草	封禁治理	其他措施
杭州市	58.53	0.00	3.91	0.00	0.72	50.78	3.12
宁波市	23.75	0.07	0.00	1.47	0.00	22.21	0.00
温州市	79.3	1.26	18.18	0.51	0.00	59.35	0.00
湖州市	25.16	0.00	1.78	0.00	0.00	16.73	6.65
绍兴市	31.26	2.08	0.00	0.61	0.00	26.41	2.16
金华市	39.51	1.38	0.85	0.95	0.65	35.53	0.15
衢州市	50.77	0.32	2.94	2.50	0.00	45.01	0.00
舟山市	11.91	1.13	4.29	0.00	0.00	3.78	2.71
台州市	35.11	1.25	6.43	2.23	0.00	24.96	0.24
丽水市	73.66	5.94	0.08	0.04	0.00	67.49	0.11
合计	428.96	13.43	38.46	8.31	1.37	352.25	15.14

表12 2021年国家水土保持重点工程一览表

序号	县（市、区）	项目名称	建设性质	新增水土流失治理面积/km²	总投资/万元	中央财政补助资金/万元	省级财政补助资金/万元
1	建德市	大同镇万兴、下湖等生态清洁型小流域水土流失综合治理项目	新建	11.68	980.12	230	241
2		杨村桥镇绪塘溪生态清洁型小流域水土流失综合治理项目	新建	6.02	411.35	100	166
3	安吉县	后山坞生态清洁小流域水土流失综合治理工程	新建	8.00	700.00	230	320
4	新昌县	新昌钦寸水库水源地水土流失综合治理工程	续建	24.40	2500.00	390	700
5	开化县	丰盈坦等4条小流域水土流失综合治理项目	新建	6.61	489.93	120	330
6		长虹等6条小流域水土流失综合治理项目	新建	6.29	407.08	59	315

续表12

序号	县（市、区）	项目名称	建设性质	新增水土流失治理面积/km^2	总投资/万元	中央财政补助资金/万元	省级财政补助资金/万元
7	开化县	下湾等4条小流域水土流失综合治理项目	新建	9.80	815.86	231	490
8	松阳县	安民溪小流域水土流失综合治理项目	新建	9.60	912.28	280	432
合　计				82.40	7216.62	1640	2994

表13　2021年省级水土保持项目一览表

序号	县（市、区）	项　目　名　称	建设性质	新增水土流失治理面积/km^2	总投资/万元	省级财政补助资金/万元
1	富阳区	骆家、湾里，和家桥等5条生态清洁小流域项目	新建	4.35	452.10	140
2	淳安县	2021年度淳安县界首乡水土流失综合治理项目	新建	9.00	455.13	400
3	瓯海区	泽雅片水土流失综合治理项目（一期）	新建	17.14	500.00	160
4	泰顺县	雅阳镇桥底等4条小流域，泗溪镇古院、长岗头、桥底（泗溪片）小流域，于柳峰乡桥底（柳峰片）、西坳（柳峰片）小流域水土流失综合治理	新建	12.29	838.71	700
5	德清县	桥南、舍北、溪北3条小流域小流域水土流失治理项目	新建	5.20	278.57	115
6	长兴县	合溪南涧新槐片区小流域水土流失综合治理项目	新建	7.50	494.13	150
7	衢江区	依坦、麻蓬等6条小流域水土流失综合治理项目	新建	6.89	507.86	144
8	江山市	青阳殿溪小流域水土流失综合治理项目	新建	10.20	691.78	459
9	舟山市	潮面（毛竹山区域）等4条小流域水土流失综合治理项目	新建	9.50	685.34	380
10	岱山县	枫树水库水源地综合整治项目	新建	1.02	136.30	45.9

续表13

序号	县（市、区）	项目名称	建设性质	新增水土流失治理面积/km²	总投资/万元	省级财政补助资金/万元
11	临海市	小芝镇石溪、乌石头等两条小流域水土流失综合治理项目	新建	3.67	205.90	140
12	临海市	牛头山水库上游生态清洁型小流域水土流失综合治理项目	新建	15.30	1000.00	609
13	仙居县	澎溪港小流域水土流失综合治理工程	新建	5.00	532.47	200
14	龙泉市	横溪生态清洁小流域项目	新建	6.80	383.60	200
15	龙泉市	沙潭、梧桐口等生态清洁小流域项目	新建	4.30	296.40	150
16	龙泉市	龙泉溪生态清洁小流域项目	新建	6.40	302.00	200
17	云和县	小顺大坑流域水土流失治理项目	新建	6.20	845.00	300
18	缙云县	浣溪小流域（浣溪、东山、五里碑三条小流域）水土流失综合治理项目	续建	7.63	646.93	0
19	遂昌县	2021年度新路湾镇大侯周小流域，濂竹乡石壁、安门等4条小流域水土流失综合治理项目	新建	5.00	439.05	290
20	遂昌县	2021年度应村乡下溪滩、下坑小流域水土流失综合治理项目	新建	4.51	331.07	260
21	松阳县	枫坪小流域水土流失综合治理项目	新建	10.70	797.05	481.5
22	景宁县	飞云江流域水土流失综合治理项目	新建	4.00	271.90	260
合计				162.60	11091.29	5784.4

（三）典型案例

1. 松阳县安民溪小流域水土流失综合治理项目

项目区位于黄南水库上游，涉及浙江省仙霞岭水土流失重点预防区。项目概算总投资912.28万元，水土保持措施面积9.60km²。项目设计不仅结合了美丽乡村、美丽田园建设，更与浙西南红色革命根据地的规划充分结合。项目实施后，不仅有效控制了区域内新的水土流失，改善了生态环境和农业生产条件，促进了当地水土资源的可持续利用，也有利于打造松阳县安民乡红色小镇的品牌形象，进一步推动区域旅游业的发展，将生态文明建设与经济社会发展更好地融为一体。

2. 江山市青阳殿溪小流域水土流失综合治理项目

项目区位于江山港支流青阳殿溪，项目概算总投资691.78万元，水土保持措施面积10.2km²。项目建设把水土流失综合治理与农村河道水系整治、乡村人居环境改善结合起来，通过封育治理、经济林地治理、村庄绿化美化、护岸及景观拦沙堰等措施，在有效控制水土流失的同时，改善了小流域生态环境，保护了水源水质，极大地提升了人居环境，实现了流域内岸绿景美水畅的优美环境。

五、国家水土保持示范创建

2021年，全省7县（园区、工程）成功入选水利部2021年度国家水土保持示范名单。其中，新昌县、长兴县、桐庐县入选“国家水土保持示范县”；德清县东苕溪水土保持科技示范园入选“国家水土保持科技示范园”；舟山500kV联网输变电工程（第二联网通道）、泰顺县珊溪水库（泰顺畲乡）生态清洁小流域、淳安县下姜生态清洁小流域入选“国家水土保持示范工程”。

（一）示范县

1. 新昌县

近年来，新昌县坚持“生态兴县”发展战略，以绿水青山为出发点，持续推进水土保持工作，加快水土流失治理步伐。将水土保持工作纳入国民经济和社会发展五年规划纲要，通过多部门联合管理，形成政府统一领导、多部门协作的水土流失防治机制。以精准监督为着力点，坚持智慧管理、数字赋能，建成新昌县水土保持智慧监管平台，实现数据信息跨部门全面共享和协同管理，达到水土保持全生命周期智慧监管。以综合治理为落脚点，坚持创新模式生态共富。将水土保持生态治理与水源地保护、美丽乡村建设相结合，大力实施封育治理、经济林地治理等小型水土保持工程，实现水土流失治理、面源污染控制和人居环境改善的共建和统一，助力乡村振兴，实现生态共富。

2. 长兴县

长兴县以习近平生态文明思想为指引，践行“绿水青山就是金山银山”的理念，以水土保持强监管为抓手，探索出具有长兴县特色的水土保持“长兴模式”。开展工业园区水土保持总体方案编制、审批工作，实施企业入园备案登记，水保审批“即办件”当天办理。在企业项目实施过程中，由园区统一开展水土保持监测和验收工作，实现工业平台审批“零中介”服务。建立水土保持信息化管理平台，打通投资项目一体化审批平台数据，实现“审批—监测—验收”全过程电子化档案管理。建立健全“政府主导、部门协作、社会参与”治理模式，形成小流域综合治理、矿山和茶园生态修复以及林地保护水土流失综合防治体系。打造了南太湖万亩平台，龙之梦、虹东矿等废弃矿山利用典型样板。

3. 桐庐县

桐庐县以“生态立县”为战略，以水土资源可持续利用和改善民生为目标，走出了“绿色崛起、转型跨越”的水土保持生态文明建设富民强县之路。围绕“建设山清水秀民富县强的美丽中国桐庐样本”总体要求，形成政府主导、水保搭台、部门协作、社会参与的水土流失防治格局，被评为“中国最美县城”。统筹“山、水、林、田、湖、草”系统治理，打造桐庐样板，实施小流域治理、生态清洁小流域建设、经济林治理、矿山治理、绿化造林工程，生态经济获得长足发展，水土流失治理成效显著。作为浙江省人大唯一授权的企业投资项目审批改革先行县，探索区域（街道）水土保持方案审批改革，并成功实现政府部门间的水土保持工作数字化协同，监管示范作用明显。

（二）科技示范园

德清县东苕溪水土保持科技示范园以生态文明科普教育为中心思想，建成水土保持技术示范区、水保科普教育区、科学实验区、生态修复区和生态休闲区等5个功能片区。集中展示了河湖平原区的水土保持技术与模式、浙江省水土保持重要成果，同时拥有应用现代声光电技术的“水土保持科普体验馆”和秉承传统中国水利文化的“水情馆”，形成特色鲜明的“一园两馆”文化体系。在建设过程中，注重生态景观提升，充分运用景观生态学、园林生态学原理和系统工程方法，因地制宜布设各项措施，将水土保持元素、水土保持文化充分融入到园区景观建设中，做到工程措施精细化，植物措施景观化。

（三）示范工程

1. 舟山500kV联网输变电工程（第二联网通道）

工程针对输变电工程特点，专项开展《山丘区架空输电线路工程水土保持设计施工关键技术研究》《浙江省典型输变电工程环境保护、水土保持措施设计及投资标准专题研究》相关课题研究，为架空输电线路的水土保持提供技术支撑和决策支持。山地塔基采用全方位高低腿设计，线路跨越林区时采用加高塔架跨越设计，首次采用直升机立塔架线，减少了水土流失。积极发展生态循环经济，优化设计与施工做到弃渣全部综合利用。首创输电工程海岸线生态化修复技术，对所占用的区域采用不同的生物修复措施，打造了海岛地区生态修复的样板。本工程成功树立了海洋输电工程水土保持、生态文明建设标杆。

2. 泰顺县珊溪水库（泰顺畲乡）生态清洁小流域

珊溪水库（泰顺畲乡）小流域以水库水源地保护为切入点，以助推绿色发展和乡村振兴为目标，以守护“温州人民的大水缸”——珊溪水库水源地水质安全为核心，整合多部门资金，按照“山、水、林、田、湖、草”系统治理的理念，实施生态修复、水土流失治理、河道综合整治、农业面源污染防治、农村环境整治、农村产业结构调整等“六大”工程，有效保护了温州市500万人的饮水安全。创新工程建管模式，通过“以奖代补”实现“以水养水”，通过EPC建管模式提高工程质量，通过将小流域水土流失治理工程实施纳入当地政府重要工作目标责任制考核来提升工程管护水平。按照2003年习总书记现场扶贫时“下得来、稳得住、富得起”的九字真言，将小流域综合治理与畲乡文化相结合，助力区域畲乡特色经济发展，在青山绿水中汲取“脱贫”力量，实现了“生态优、村庄美、产业兴、百姓富”的发展目标，小流域所在司前镇被评为全国脱贫攻坚先进集体。

3. 淳安县下姜生态清洁小流域

下姜小流域位于淳安县西南部的枫

树岭镇，“十三五”期间，淳安县谋划并实施下姜生态清洁小流域，加大资金投入力度，多部门协同推进，累计投入资金5.6亿元。将小流域划分为生态自然恢复区、综合治理区和河湖周边整治区进行综合防治，构建“山水林田湖草”系统治理的生态清洁型小流域建设措施体系，实施了水土流失治理、河道综合整治、农村人居环境整治等“六大”工程，运行管护机制健全并落实了管护经费。下姜小流域将水土流失治理项目与农村产业发展有机结合，打造四大乡村旅游基地，形成了生产发展、产业兴旺、人民富裕的产业发展格局，走出了一条“绿富美”的乡村振兴模式。通过项目的实施，总结并推广了节水灌溉和面源污染防治、垃圾分类处理“猪定律”“生态处理＋有机肥源＋绿色种植”污水治理新模式等一系列水土保持实用新技术，形成可推广复制的示范。

索　　引

Index

379～386 页

索 引

说 明

1. 本索引采用内容分析法编制，年鉴中有实质检索意义的内容均予以标引，以便检索使用。
2. 本索引基本上按汉语拼音间序排列。具体排列方法为：以数字开头的，排在最前面；汉字款目按首字的汉语拼音字母（同音字按声调）顺序排列，同音同调按第二个字的字母音序排列，依此类推。
3. 本索引款目后的数字表示内容所在正文的页码，数字后的字母 a、b 分别表示左栏和右栏。
4. 为便于读者查阅，出现频率特别高的款目仅索引至条目及条目下的标题，不再进行逐一检索。

0～9

A

B

C

K

L

M

N

O

P

Q

T

W

X

Y

Z